www.kuhminsa.com

한 발 앞서는 출판사 구민사

KUH
MIN
SA

#604, Mullaebuk-ro 116, Yeongdeungpo-gu
Seoul, Republic of Korea

T. 02 701 7421
F. 02 3273 9642

Email kuhminsa@kuhminsa.co.kr

자 격 증 시 험
접   수   부   터
자   격   증
수   령   까   지

필기 원서 접수

큐넷 회원 가입 후
(www.q-net.or.kr)
인터넷 접수만 가능
사진 파일, 접수비
(인터넷 결제) 필요
응시자격 요건
반드시 확인할것

필기시험

입실 시간 미준수 시
시험 응시 불가
준비물 : 수험표,
신분증, 필기구 지참

필기 합격 확인

큐넷 사이트에서 확인
(www.q-net.or.kr)

실기 원서 접수

큐넷 회원 가입 후
(www.q-net.or.kr)
응시 자격 서류는
실기시험 접수기간
(4일 내)에 제출
해야만 접수 가능

합격

한 발 앞서나가는 출판사
구민사에서 시작하세요!

실기시험
필답형과 작업형으로 분류. 원서 접수 시 선택한 장소와 시간에 맞게 시험을 봅니다.
준비물 : 수험표, 신분증, 필기구 지참

최종합격 확인
큐넷 사이트에서 확인 (www.q-net.or.kr)

자격증 신청
인터넷으로 신청 (수첩형 자격증의 경우 내 방신청 폐지 예정)

자격증 수령
상장형 자격증은 인터넷으로 합격자 발표 당일부터 발급 가능
수첩형 자격증은 인터넷 신청 후 우편 수령만 가능(등기비용 발생)

CONTENTS

PART 1 일반기계기사 실기 필답형

제1장 나사(screw) — 3

1. 나사의 명칭 — 3
2. 리드, 리드각, 마찰계수 — 4
3. 나사의 역학 — 4
4. 나사의 효율 — 5
5. 볼트 설계 — 6
6. 너트 설계 — 8
7. 3각나사와 사다리꼴 나사 설계 — 9
8. 나사잭(나사 프레스, Screw Press) 설계 — 9
9. 나사의 이완 방지법 — 11

제2장 키, 핀, 코터 — 12

1. 키(Key) — 12
2. 핀(Pin) — 14
3. 코터(Cotter) — 15

제3장 리벳 이음(Rebet Joint) — 17

1. 리벳 이음의 종류 — 17
2. 리벳 이음의 강도 설계 — 18
3. 리벳의 지름과 피치 — 19
4. 리벳 이음의 효율 — 20
5. 보일러용 리벳 이음 — 20
6. 편심하중을 받는 리벳 이음 — 20

제4장 용접 이음(Weld Joint) — 22

1. 맞대기 이음강도 설계 — 22
2. 필렛 이음 강도 설계 — 22
3. 축선이 편심되어 있는 부재의 필렛 이음 — 23
4. 편심하중을 받는 부재의 필렛 이음 — 24

제5장 축(Shaft) — 26

1. 축 설계 — 26
2. 축의 위험속도 — 29

제6장 베어링(Bearing) — 31

1. 엔드 저널 베어링 — 31
2. 피벗 저널 베어링 — 32
3. 칼라 저널 베어링 — 33
4. 구름 베어링 — 33

제7장 축이음(Shaft Joint) — 36

1. 원통 커플링 — 36
2. 클램프 커플링(분할 원통 커플링) — 37
3. 플랜지 커플링 — 37
4. 유니버설 조인트 — 39
5. 클러치 — 39

제8장 마찰차(Friction Wheel) — 42

1. 원통 마찰차(평마찰차) — 42
2. 홈(붙이) 마찰차 — 43
3. 원추 마찰차 — 44
4. 무단 변속 마찰차 — 45

제9장 기어전동(Gear Drive) — 46

1. 스퍼기어 — 46
2. 전위기어 — 49
3. 헬리컬 기어 — 50
4. 베벨기어 — 52
5. 웜과 웜휠 — 53
6. 유성기어 — 56
7. 기어 트레인 — 57

제10장 벨트전동(Belting) — 58

1. 평벨트 전동장치 — 58
2. V벨트 전동장치 — 60

제11장 체인전동(Chain Drive) — 62

1. 롤러체인 — 62

제12장 로프전동(Rope Drive) — 64

1. 로프 풀리의 종류 및 피치원의 지름 — 64
2. 면 로프 설계 — 64
3. 와이어 로프의 응력 — 66
4. 로프의 장력과 처짐 — 66

제13장 브레이크(Brake) — 68

1. 블록 브레이크 — 68
2. 내확 브레이크 — 70
3. 밴드 브레이크 — 71
4. 디스크 브레이크 — 73

제14장 플라이 휠과 래칫 휠 — 74

1. 플라이 휠(Fly Wheel, 관성차) — 74
2. 래칫 휠(Ratchet Wheel)과 폴(Pawl) — 75

제15장 스프링(Spring) — 76

1. 원통 코일 스프링 — 76
2. 원추 코일 스프링 — 77
3. 겹판 스프링 — 78

제16장 배관 설계 — 79

1. 내압을 받는 얇은 파이프 설계 — 79
2. 두꺼운 파이프 설계 — 79

제17장	기출문제		80
2015	과년도문제(1회)		80
	과년도문제(2회)		86
	과년도문제(4회)		93
2016	과년도문제(1회)		99
	과년도문제(2회)		106
	과년도문제(4회)		113
2017	과년도문제(1회)		121
	과년도문제(2회)		128
	과년도문제(4회)		136
2018	과년도문제(1회)		143
	과년도문제(2회)		150
	과년도문제(4회)		158
2019	과년도문제(1회)		165
	과년도문제(2회)		171
	과년도문제(4회)		177
2020	과년도문제(1회)		183
	과년도문제(2회)		189
	과년도문제(4회)		194
2021	과년도문제(1회)		200
	과년도문제(2회)		206
	과년도문제(4회)		213
2022	과년도문제(1회)		221
	과년도문제(2회)		231
	과년도문제(4회)		239
2023	과년도문제(1회)		247
	과년도문제(2회)		256
	과년도문제(4회)		265
2024	과년도문제(1회)		273
	과년도문제(2회)		282
	과년도문제(3회)		291

PART 2

일반기계기사 실기 작업형

제1장 기계제도   303

1. 도면해독   303
2. KS규격   325

제2장 일반기계기사 실기 작업형 해설 도면   357

1. 동력전달장치-1   358
2. 드릴지그-1   362
3. 동력전달장치-3   366
4. 클램프-1   370
5. 편심왕복장치-1   374
6. 드릴지구-2   378
7. 기어박스   382
8. 바이스   386
9. 래크와 피니언   390
10. 리밍지그   394

제3장 일반기계기사 실기 작업형 문제   398

1. 동력전달장치-1 & 드릴지그-1   398
2. 동력전달장치-3 & 클램프-1   407
3. 편심왕복장치-1 & 드릴지그-2   412
4. 기어박스 & 바이스   417
5. 레크와 피니언 & 리밍지그   422

PREFACE

본 교재는 일반기계기사의 2차 실기(필답형&작업형) 시험을 대비하는 수험생들을 위한 수험서이다. 본인은 다년간 강의 경험을 토대로 출제문제를 완전 분석하여 본 교재를 집필하였다.

이 책의 주 내용은 필답형 대비 기계요소설계로 기계요소의 종류 그리고 작업형 대비 자주 출제되는 도면을 해결하기 위한 10개의 도면을 선정하여 구성하였다.

◆ 기계요소의 종류
1. 체결용 요소 : 나사, 키, 핀, 코터, 리벳, 용접
2. 축계 요소 : 축, 베어링, 축이음(커플링, 클러치)
3. 동력전달용 요소 : 마찰차, 기어, 벨트, 체인, 로프
4. 운동조정용 요소 : 브레이크, 플라이 휠, 스프링
5. 관 및 관이음 요소

◆ 기계도면
1. 동력전달장치
2. 편심구동장치
3. V-벨트전동장치
4. 치공구장치

기계를 설계하는데 있어서는 위에서 분류된 기계요소의 원리, 역학적인 이론 등을 잘 알아야 하고 또한 실무 경험을 갖고 있어야 가능하다. 일반기계기사를 취득하게 되면 기계설계를 할 수 있는 기본을 갖춘 것으로 생각해도 좋다.

2009년부터 2차 실기 시험은 필답형 50%, 작업형(2D&3D) 50%로 구성된다.
2차 실기 시험의 합격은 필답형에서 30점 이상, 작업형 30점 이상 등 기본 몇 점을 받느냐가 중요하다. 경험적으로 보면 적어도 50점 중 30점 이상은 받는 것을 기본 전략으로 생각하고 준비해야 한다. 이와 같은 점수를 받는데 있어서 답안지 작성시 실수하지 않도록 하여야 한다. 즉, 필답형은 주관식으로 답안지 작성 시 실수하지 않도록 충분히 다음과 같은 유의사항을 고려하여 연습이 있어야 한다.

◆ 수검자 유의사항
1. 답안지 작성은 흑색 또는 청색 필기구(연필류 제외)만을 사용한다.
2. 답안지 작성 시 계산식과 답을 함께 기재한다. 만약 답이 정답이라도 계산식이 없거나 틀린 것은 오답으로 처리한다.
3. 중간 계산식 및 최종 정답은 소수점 이하 셋째 자리에서 반올림하여 둘째 자리까지만 구하여 기재한다. 그리고 문제마다 요구사항이 따로 있을 시에는 그에 따른다.
4. 답안을 정정하는 일은 가능한 없도록 하여야 하며 부득이 정정을 요할 시에는 1개소에 2회까지 정정하도록 한다. 정정 부분에 감독관의 날인을 받아야 하는지 확인한다.
5. 모든 답은 단위를 표기하여야 한다. 단, 단위 표기를 요구하지 않을 시에는 그에 따르면 된다.
6. 답안지에 낙서나 필요치 않은 기호 등의 표시가 있을 때는 부정행위로 간주할 수 있으므로 주의한다.

작업형은 2D 도면과 3D 도면을 출력 제출하여야 채점에 들어가는 만큼 주어진 시간에 도면을 최대한 완성하여 출력 제출을 목표로 마무리하는 연습이 있어야만 한다. 감점을 받더라도 반드시 시간 내 완성 도면을 출력해야 함을 말씀 드리고 싶다.

마지막으로 시험장에 들어가서 문제지를 받으면 시험지의 이상 유무(有無)를 반드시 확인하고, 수검자 유의사항들을 꼼꼼히 읽어 본 다음 차분하게 문제를 풀어 답안을 작성하도록 한다.

아무쪼록, 본 교재를 통하여 뜻한 바 목적을 이루기를 바라며 내용 중 오류 및 잘못된 점이 있다면 수험생들의 기탄없는 충고를 받아들여 최고의 수험서가 될 수 있도록 최선의 노력을 다할 것이다. 끝으로 이 책이 출간되기까지 애를 쓰신 도서출판 구민사 조규백 대표님과 직원분들께 감사드린다.

저자 씀

CONSTRUCT

Ⅰ. 기계요소설계 내용의 핵심을 정리하여 중요공식과 문제를 수록하였다.
Ⅱ. 최근 과년도 출제문제와 해설을 실어 혼자서도 공부하기에 충분하도록 하였다.
Ⅲ. 작업형실기시험 예상문제 및 해답을 수록하여 실전시험에 대비하였다.
Ⅳ. SI 단위의 문제를 넣어 현재 출제되고 있는 문제의 단위를 해결할 수 있게 하였다.

01 과년도 문제 및 해설 수록

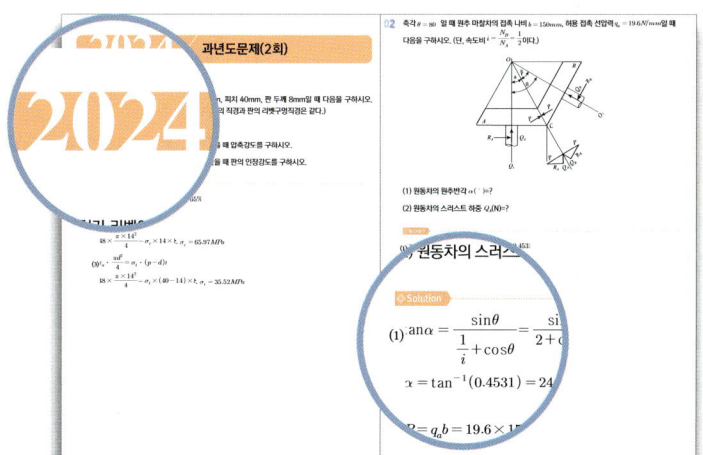

최근 과년도문제와 해설을 실어 혼자서도 충분히 공부할 수 있도록 하였습니다.

02 작업형실기시험 수록

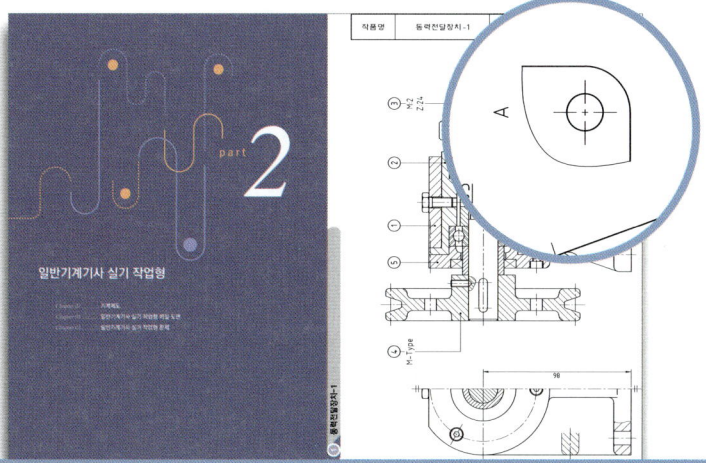

작업형실기시험 예상문제, 도면, 해답을 수록하여 실전시험에 대비하였습니다.

일반기계기사 실기 출제기준

직무분야	기계	자격종목	일반기계기사	적용기간	2024.1.1~2026.12.31

직무내용 : 기계공학에 관한 지식을 활용하여, 기계 요소 및 시스템에 대한 설계, 원가계산, 제작, 설치, 보전 등을 수행하는 직무이다.

수행준거 : 1. 요소부품의 요구 기능과 특성을 고려하여 재질을 검토하고 결정할 수 있다.
    2. 제품의 구성품으로서 해당요소부품의 적합한 재질을 선정하기 위하여 소재별 열처리 및 강도에 대한 최적의 방안을 수립할 수 있다.
    3. 요소설계에서 요구하는 기능과 성능에 적합한 공차를 적용하고 검토할 수 있다.
    4. 기계제작에 필요한 요소부품의 재질을 선정하고 형상과 크기를 결정할 수 있다.
    5. 각 기계 구성품의 체결을 목적으로 강도, 강성, 경제성, 수명을 고려하여 체결요소를 설계할 수 있다.
    6. 동력전달시스템에서 요구되는 동력전달요소의 구조와 기능을 파악하여 설계하고 검토할 수 있다.
    7. 동력전달 요소들을 구성하여 기계의 성능을 충족시킬 수 있도록 설계할 수 있다.
    8. 고객의 요구사항에 맞는 기능을 수행하기 위하여 유공압 요소를 활용하여 시스템을 설계할 수 있다.
    9. CAD 프로그램을 활용하여 제도 규칙에 따른 2D 도면을 작성하고, 확인하여 가공 및 제작에 필요한 2D도면 정보를 도출할 수 있다.
    10. 요소부품의 기능에 최적한 형상, 치수 및 주요공차를 파악하고, 조립도와 부품도에서 설계방법, 재질, 작업설비 및 방법을 결정할 수 있다.
    11. 단순형상과 복합형상의 모델링 데이터를 생성하기 위해 모델링 작업을 수행할 수 있다.
    12. 설계도면에 준하여 모델링을 분석하고 모델링 데이터를 출력할 수 있다.

실기검정방법	복합형	시험시간	필답형 : 2시간, 작업형 : 5시간 정도

실기과목명	주요항목
기계설계 실무	1. 요소부품재질선정
	2. 요소부품재질검토
	3. 요소공차검토
	4. 요소부품설계검토
	5. 체결요소설계
	6. 동력전달요소설계
	7. 동력전달장치설계
	8. 유공압시스템설계
	9. 2D도면작업
	10. 도면검토
	11. 형상모델링 작업
	12. 형상모델링검토

필답형[기사(산업기사, 전문사무), 기능사, 기능장] 유의사항

1. 시험문제지를 받는 즉시 응시하고자 하는 종목의 문제지가 맞는지 여부를 확인하여야 합니다.
2. 시험문제지 총면수·문제번호 순서·인쇄상태 등을 확인하고, 수험번호 및 성명은 답안지 매장마다 기재하여야 합니다.
3. 수험자 인적사항 및 답안작성(계산식 포함)은 흑색 또는 청색 필기구만 사용하되, 동일한 한가지 색의 필기구만 사용하여야 하며 흑색, 청색을 제외한 유색 필기구 또는 연필류를 사용하거나 2가지 이상의 색을 혼합 사용하였을 경우 그 문항은 0점 처리됩니다.
4. 답란에는 문제와 관련 없는 불필요한 낙서나 특이한 기록사항 등을 기재하여서는 안 되며 부정의 목적으로 특이한 표식을 하였다고 판단될 경우에는 모든 문항이 0점 처리됩니다.
5. 답안을 정정할 때에는 반드시 정정부분을 두 줄(=)로 그어 표시하여야 하며, 두 줄로 긋지 않은 답안은 정정하지 않은 것으로 간주합니다.(수정테이프, 수정액 사용불가)
6. 계산문제는 반드시 「계산과정」과 「답」란에 계산과정과 답을 정확히 기재하여야 하며 계산과정이 틀리거나 없는 경우 0점 처리됩니다. (단, 계산연습이 필요한 경우는 연습란을 이용하여야하며, 연습란은 채점대상이 아닙니다.)
7. 계산문제는 최종 결과 값(답)에서 소수 셋째자리에서 반올림하여 둘째 자리까지 구하여야 하나 개별문제에서 소수처리에 대한 요구사항이 있을 경우 그 요구사항에 따라야 합니다.(단, 문제의 특수한 성격에 따라 정수로 표기하는 문제도 있으며, 반올림 한 값이 0이 되는 경우는 첫 유효숫자까지 기재하되 반올림하여 기재하여야 합니다.)
8. 답에 단위가 없으면 오답으로 처리됩니다.(단, 문제의 요구사항에 단위가 주어졌을 경우는 생략되어도 무방합니다.)
9. 문제에서 요구한 가지 수(항수)이상을 답란에 표기한 경우에는 답란기재 순으로 요구한 가지 수(항수)만 채점하여 한 항에 여러 가지를 기재하더라도 한 가지로 보며 그 중 정답과 오답이 함께 기재되어 있을 경우 오답으로 처리됩니다.
10. 한 문제에서 소문제로 파생되는 문제나, 가지수를 요구하는 문제는 대부분의 경우 부분배점을 적용합니다.
11. 부정 또는 불공정한 방법(시험문제 내용과 관련된 메모지사용 등)으로 시험을 치른 자는 부정행위자로 처리되어 당해 검정을 중지 또는 무효로 하고, 3년간 국가기술 자격검정의 응시자격이 정지됩니다.
12. 복합형 시험의 경우 시험의 전 과정(필답형, 작업형)을 응시하지 않은 경우 채점대상에서 제외합니다.
13. 저장용량이 큰 전자계산기 및 유사 전자제품 사용시에는 반드시 저장된 메모리를 초기화한 후 사용하여야 하며, 시험위원이 초기화 여부를 확인할시 협조하여야 합니다. 초기화되지 않은 전자계산기 및 유사 전자제품을 사용하여 적발시에는 부정행위로 간주합니다.
14. 시험위원이 시험 중 신분확인을 위하여 신분증과 수험표를 요구할 경우 반드시 제시하여야 합니다.
15. 시험중에는 통신기기 및 전자기기(휴대용 전화기 등)를 지참하거나 사용할 수 없습니다.
16. 문제 및 답안(지), 채점기준은 일체 공개하지 않습니다.
17. 국가기술자격 시험문제는 일부 또는 전부가 저작권법상 보호되는 저작물이고, 저작권자는 한국산업인력공단입니다. 문제의 일부 또는 전부를 무단 복제, 배포, 출판, 전자출판 하는 등 저작권을 침해하는 일체의 행위를 금합니다.

※ 수험자 유의사항 미준수로 인한 채점상의 불이익은 수험자 본인에게 책임이 있음

필답형 실기시험 답안작성 시 유의사항 관련 참고사항 알림

◆ 우리 공단에서 시행하는 필답형 시험(기능장, 기사·산업기사, 기능사, 전문사무) 답안작성 시 유의사항 중 고객님이 잘못 이해할 수 있거나 오해의 소지가 있는 사항에 대하여 아래와 같이 알려드리니 시험 준비에 참고하시기 바랍니다. (※ 참고로 유의사항 중 일부 항목은 종목별 특성에 따라 다를 수 있습니다.)

◆ 답안작성 시 연필을 사용하였을 경우 채점제외 관련하여(3항 관련)

- 연필로 작성된 답안지는 답안내용을 지우개로 지우고 대리작성을 통한 부정행위 개연성의 사전방지 차원에서 채점제외 됩니다.

◆ 연습란 여백 부문의 불필요한 낙서 또는 연필 자국을 깨끗이 지워야 하는지에 대해(4항 관련)

- 문제지 연습란 여백 등 부문은 채점을 하지 않음으로 연필자국을 지우개로 지울 필요가 없습니다. 채점은 답란 부문에 대해서만 적용됩니다.

◆ 답안작성 시 충분한 연습란 여백 공간제공과 관련하여

- 답안작성 시 연습란 여백 부족의 불편사항이 없도록 충분한 여백공간을 제공토록 문제 편집 시 고려하였으며, 만일 부족 시 답란부문을 제외한 빈 공간을 활용하여도 무방합니다.

◆ 시험문제 부문에 밑줄을 긋는 등의 표시가 채점에 관련되는지 유무

- 시험도중 문제부문에 밑줄 표시 등을 하여도 채점에 불이익이 전혀 없습니다. 다만, 답안작성란에는 문제에서 요구한 답안(계산과정을 요구한 경우 계산과정 포함)만을 작성하여야 합니다.

필답형 시험 채점 관련 안내사항

아래 사항은 필답형 시험 「수험자 유의사항」을 준수하지 않아 발생한 실제 사례입니다. 아래 내용을 숙지하시어 답안 작성에 착오 없으시길 바랍니다.

답안 작성 관련 사항
필답형 실기시험 답안은 반드시 흑색 또는 청색의 한 가지 색상의 필기구만 사용하여 작성해야 하며, 정정은 두 줄을 그어 표시합니다.

◆ 잘못된 답안 작성 사례(※수험자 유의사항 3,4,5항에 의거함)

- 유색펜(빨간색, 녹색 등) 및 연필 사용
- 2가지 이상의 색 혼합 사용
- 답란에 불필요한 낙서 및 특이사항 기록
- 계산식은 연필로 답안은 볼펜 기재
- 답안 수정 시 두 줄을 긋지 않고 이어서 답안 작성
- ※2009년 기사 제1회 연필 및 유색펜 사용으로 해당 문항 0점 처리된 사례 51건 발생

계산 문제 관련 사항
계산 문제의 경우 계산식(과정)과 답이 모두 맞아야 정답으로 인정되며 일부만 맞은 경우에 부분점수가 인정되지 않으니 오해 없으시길 바랍니다.

◆ 정답으로 인정되지 않는 사례(※수험자 유의사항 6,7,8항에 의거함)

- (단순 이기 착오 및 실수 등으로 인해)계산식은 틀리고 답은 맞은 경우 또는 계산식은 맞고 답은 틀린 경우
- 계산식과 답이 모두 맞았지만 단위를 누락하거나 틀린 단위를 기재한 경우(단, 문제에 단위가 주어진 경우는 단위를 누락해도 무방함)
- 최종 결과값 소수 셋째 자리에서 반올림하여 둘째 자리까지 구하지 않은 경우(단, 문제에 별도 기준이 주어진 경우에는 문제 기준에 따름)
- 문제 특성상 정수로 표기하는 문제에서 소수로 표시한 경우

부분 점수 관련 사항
부분 점수는 개별 문제마다 별도의 채점기준에 의거하여 부여되므로, 수험자 개인의 기준에 따라 가 채점한 경우 실제 점수와 차이가 있을 수 있습니다. 문제에서 요구한 가지 수 이상을 기재해도 요구한 가지 수까지만 채점하며, 정답과 오답이 함께 기재된 경우에는 오답으로 처리합니다. (※수험자 유의사항 16항에 의거함)

채점 재료 공개 관련사항
필기시험과는 달리 필답형 실기시험의 경우 문제 및 답안(지), 채점기준으로 비공개로 일체 공개하지 않습니다. 아울러 과제별·문제별 세부 점수내역 공개가 불가하오니 이점 양해 바랍니다.

부분점수 관련사항 세부설명

Q-NET 기재 : 문제에서 요구한 가지 수 이상을 기재해도 요구한 가지 수 까지만 채점하며, 정답과 오답이 함께 기재된 경우에는 오답으로 처리합니다.

※ 문제에서 요구한 가지 수 이상을 기재해도 요구한 가지 수까지만 채점

질문) 대한민국의 광역시 이름 3가지만 쓰시오?

수험자 기재) ① 광주 ② 천안 ③ 대구 ④ 부산

☞ 요구한 3번까지만 채점, 따라서 1번은 정답, 2번은 오답, 3번은 정답으로 득점이 부여됩니다.(4번 부산 부분은 채점 대상 제외)

※ 정답과 오답이 함께 기재된 경우 오답처리

질문) 대한민국의 수도는?

수험자 기재) ① 서울, ② 부산

☞ 정답과 오답을 함께 기재한 경우이므로 오답처리(0점)됩니다.

※ 가지 수 요구 문제 및 정답과 오답이 함께 기재된 경우

질문) 대한민국의 광역시 이름 3가지만 쓰시오?

수험자 기재) ① 광주 ② 인천 ③ 천안 ④ 대구

☞ 1번은 정답, 2번은 오답(정답과 오답기재 : 0점), 3번은 정답으로 득점이 부여됩니다.

☞ 수험자 분들이 오해하는 부분으로 크게 보아(1번-정답, 2번-오답, 3번-정답) 정답과 오답이 함께 기재된 경우이므로 총득점 0점이라고 판단하는 것은 잘못임

일반기계기사 실기 필답형

Chapter 01 _____ 나사
Chapter 02 _____ 키, 핀, 코너
Chapter 03 _____ 리벳 이음
Chapter 04 _____ 용접 이음
Chapter 05 _____ 축
Chapter 06 _____ 베어링
Chapter 07 _____ 축이음
Chapter 08 _____ 마찰차
Chapter 09 _____ 기어전동

Chapter 10 _____ 벨트전동
Chapter 11 _____ 체인전동
Chapter 12 _____ 로프전동
Chapter 13 _____ 브레이크
Chapter 14 _____ 플라이휠과 래칫 휠
Chapter 15 _____ 스프링
Chapter 16 _____ 배관 설계
Chapter 17 _____ 기출문제

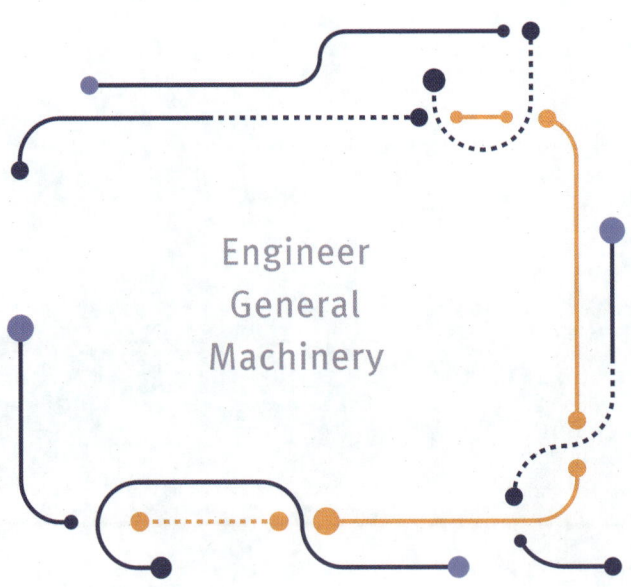

chapter 1 나사(Screw)

❶ 나사의 명칭

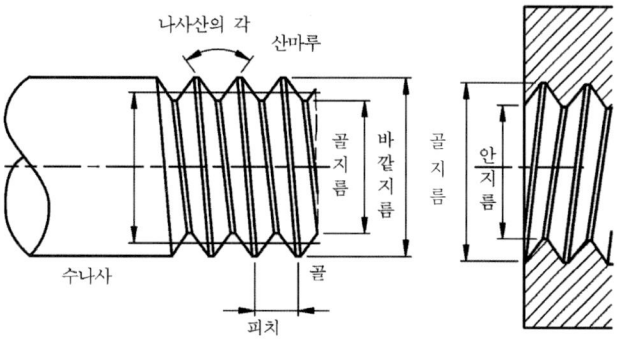

[그림 1-1 3각나사]

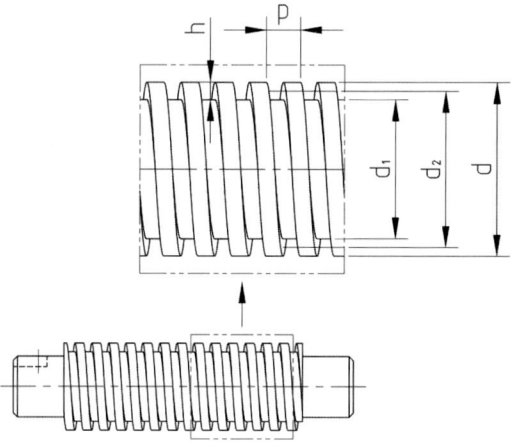

d: 외경, 호칭지름

d_1: 골지름

d_2: 유효지름

p: 피치

h: 산의 높이

[그림 1-2 사각나사]

2 리드, 리드각, 마찰계수

1) 리드(l)

$$l = np, \ n: 줄 수 또는 중 수$$

2) 리드각(α)

$$\tan\alpha = \frac{l}{\pi d_2} = \frac{np}{\pi d_2}$$

① 1중 나사: $\tan\alpha = \dfrac{p}{\pi d_2}$, $n = 1$

② 1중 나사 = 1줄 나사

③ 2줄 이상이면 다줄 나사로 분류

3) 마찰계수와 마찰각

$$\mu = \tan\rho, \ \mu: 나사면의 마찰계수, \ \rho: 마찰각(\text{deg})$$

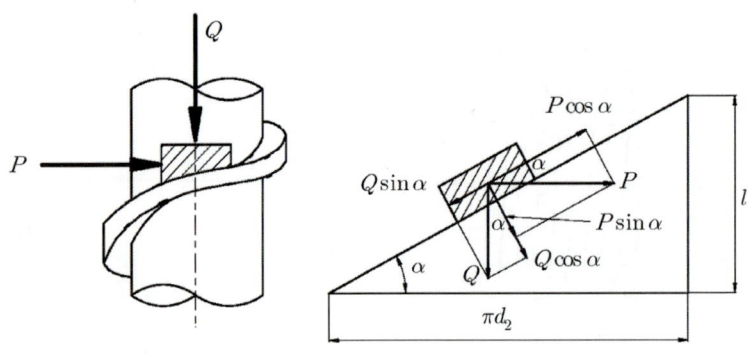

[그림 1-3 나사면에 작용하는 힘]

3 나사의 역학

1) 나사의 회전력(P: 체결력)

$$P = Q \cdot \tan(\alpha + \rho) = Q \cdot \frac{p + \mu\pi d_2}{\pi d_2 - \mu p} \ [\text{N, kN}]$$

① Q: 축 하중[N, kN]

② 사각나사 및 1중 나사에 적용

③ 다줄 나사면, $\tan\alpha = \dfrac{l}{\pi d_2} = \dfrac{np}{\pi d_2}$ 적용

④ 오른나사에 적용

2) 나사의 회전토크

$$T = P \cdot \dfrac{d_2}{2} \, [\text{N} \cdot \text{m}, \text{J}, \text{kJ}]$$

$$= Q \cdot \tan(\alpha + \rho) \cdot \dfrac{d_2}{2} = Q \cdot \dfrac{p + \mu\pi d_2}{\pi d_2 - \mu p} \cdot \dfrac{d_2}{2}$$

3) 나사를 푸는 힘(P')

$$P' = Q \cdot \tan(\rho - \alpha)$$

① 자립조건(자결조건: 나사가 스스로 풀리지 않을 조건): $\rho \geq \alpha$

4 나사의 효율

1) 회전력으로 정의

$$\eta = \dfrac{\text{마찰이 없을 때 회전력}}{\text{마찰이 있을 때 회전력}} = \dfrac{\tan\alpha}{\tan(\rho + \alpha)} \, [\%]$$

2) 일로부터 정의

$$\eta = \dfrac{\text{1회전시 나사가 이룬 일(출력일)}}{\text{1회전시 나사가 준 일(입력일)}} = \dfrac{Q \cdot p}{2\pi T} \, [\%]$$

① 자립 조건을 만족하는 나사의 효율: $\rho = 2$ 일 때 나사의 효율

$$\eta = \dfrac{\tan\alpha}{\tan 2\alpha} < 0.5$$

② 나사의 최대 효율: $\alpha = 45° - \dfrac{\rho}{2}$ 일 때

$$\eta_{\max} = \tan^2\left(45° - \dfrac{\rho}{2}\right)$$

5 볼트 설계

1) 축 하중만 받는 볼트(아이 볼트) 설계

① 골지름을 계산하여 KS 규격 표로부터 외경을 선택해야 할 경우

- 골지름을 구해 외경을 선택

$$\sigma_a = \frac{Q}{\pi d_1^2/4} < 0.5$$

d_1: 골지름(mm), Q: 축 하중(N, kN), σ_a: 허용인장응력(N/mm², MPa)

② 외경을 바로 구하는 경우 : 경험식 적용

$$d = \sqrt{\frac{2Q}{\sigma_a}}$$

d: 외경, 바깥지름, 호칭지름(mm)

2) 볼트 체결부에 추가 하중이 작용하는 경우

- 추가하중을 볼트와 결합 부재가 나눠 갖는 경우

① 볼트가 받는 하중 Q_b(N, kN)

$$Q_b = k_b \delta_b = \frac{k_b}{k_b + k_p} \cdot Q$$

k_b: 볼트의 강성계수(N/mm)

δ_b: 추가하중에 의한 볼트의 신장량(mm)

k_p: 결합 부재의 강성계수(N/mm)

$k_b + k_p$: 합성 강성계수(N/mm)

Q: 볼트와 결합 부재에 가해지는 추가하중(N, kN)

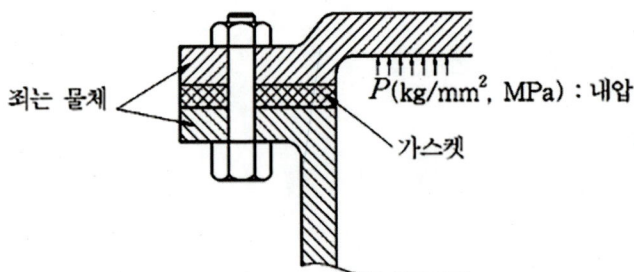

$Q = P \cdot A$(N)

P: 실린더 내압(MPa)

A: 실린더 내부 면적(mm²)

[그림 1-4 볼트와 결합 부재에 추가하중이 가해지는 예]

② 결합 부재가 받는 하중 (N, kN)

$$Q_p = k_p \delta_p = \frac{k_p}{k_p + k_p} \cdot Q$$

δ_p: 추가하중에 의한 결합 부재의 수축량, $\delta_b = \delta_p$

③ 볼트에 가해지는 최대하중(Q_{max})과 인장강도(σ_t)

$$Q_{max} = Q_0 + Q_b (\text{N, kN})$$

$$\sigma_t = \frac{Q_{max}}{\pi d_1^2 / 4} < \sigma_a$$

Q_0: 볼트에 가해지는 초기하중(N, kN), σ_a: 허용 인장응력(MPa, N/mm²)

3) 축 하중과 비틀림 모멘트를 동시에 받는 볼트

– 스패너로 조이는 볼트와 너트 체결 상태, 나사 프레스 등
– 너트 자리면 마찰 또는 나사 칼라부 마찰 등 고려가 될 수 있음

① 호칭지름

$$d = \sqrt{\frac{8Q}{3\sigma_a}} \; (\text{mm})$$

Q: 축 하중(N, kN), σ_a: 허용 인장응력(MPa, N/mm²)

② 너트 자리면 또는 나사 칼라부 마찰 비틀림 모멘트 T_f [N·m, J, kJ]

$$T_f = \mu_f Q \cdot \frac{d_f}{2}$$

μ_f: 자리면 마찰계수, d_f: 자리면 마찰 평균 직경(mm)

③ 볼트 체결부 비틀림 모멘트

$$T_B = Q \cdot \tan(\alpha + \rho) \cdot \frac{d_2}{2} \; [\text{N} \cdot \text{m, J, kJ}]$$

$$= Q \cdot \frac{p + \mu \pi d_2}{\pi d_2 - \mu p} \cdot \frac{d_2}{2}$$

④ 전체 비틀림 모멘트(총괄 모멘트)

$$T = F \cdot l = T_B + T_f \; [\text{N} \cdot \text{m, J, kJ}]$$

$$= Q \cdot \left(\frac{p + \mu \pi d_2}{\pi d_2 - \mu p} \cdot \frac{d_2}{2} + \mu_f \cdot \frac{d_f}{2} \right)$$

F: 스패너에 가해지는 하중(N, kN)
l: 스패너의 유효길이(mm)

$$T = \tau_a \cdot Z_p = \cdot \frac{d_f}{2}$$

τ_a: 볼트의 허용 전단응력(MPa, N/mm²), Z_p: 볼트의 극단면계수(mm³)

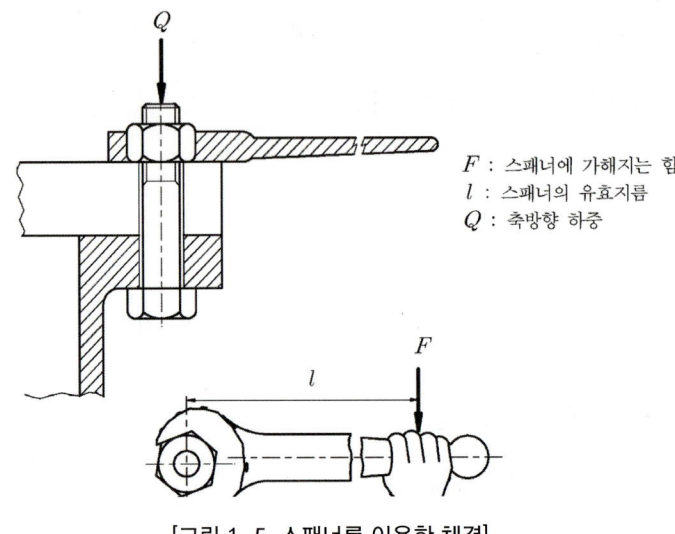

F : 스패너에 가해지는 힘
l : 스패너의 유효지름
Q : 축방향 하중

[그림 1-5 스패너를 이용한 체결]

6 너트 설계

1) 접촉 면압력(q, MPa, N/mm²)

$$q = \frac{Q}{A} = \frac{Q}{\frac{\pi(d^2 - d_1^2)}{4t}Z} = \frac{Q}{\pi d_2 h Z} \leq q_a$$

Z: 너트 내부의 산수

q_a: 허용 접촉면압력(MPa, N/mm²)

2) 너트의 높이(H, mm)

$$H = Z \cdot p = \frac{Q \cdot p}{\pi d_2 h q_a}$$

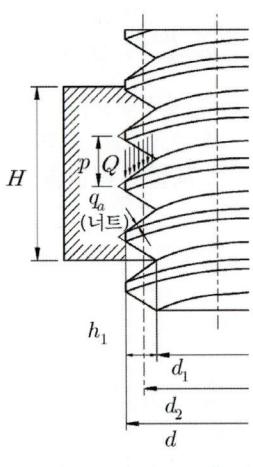

[그림 1-6 너트의 높이]

7 3각나사와 사다리꼴 나사 설계

1) 나사산의 각도(β)

① 3각나사
- 미터나사(M): $\beta = 60°$
- 유니파이나사(UN): $\beta = 60°$

② 사다리꼴나사
- 미터계(TM): $\beta = 30°$
- 인치계(TW): $\beta = 29°$
- 미터 사다리꼴나사(Tr): $\beta = 30°$

2) 상당 마찰계수(μ')와 상당 마찰각(ρ')

$$\mu' = \frac{\mu}{\cos\left(\frac{\beta}{2}\right)} = \tan\rho'$$

3) 나사의 회전력(체결력)

$$P = Q \cdot \tan(\alpha + \rho') = Q \cdot \frac{p + \mu'\pi d_2}{\pi d_2 - \mu' p} \ [\text{N, kN}]$$

4) 나사의 회전토크(비틀림 모멘트)

$$T = P \cdot \frac{d_2}{2} \ [\text{N} \cdot \text{m, J, kJ}]$$

$$= Q \cdot \tan(\alpha + \rho') \cdot \frac{d_2}{2} = Q \cdot \frac{p + \mu'\pi d_2}{\pi d_2 - \mu' p} \cdot \frac{d_2}{2}$$

5) 나사의 효율

$$\eta = \frac{\tan\alpha}{\tan(\rho' + \alpha)} \ [\%]$$

8 나사잭(나사 프레스, Screw Press) 설계

1) 수나사 봉의 호칭지름

− 축 하중과 비틀림 모멘트가 동시에 작용

$$d = \sqrt{\frac{8Q}{3\sigma_a}} \ (\text{mm})$$

2) 총괄 비틀림 모멘트

$$T = F \cdot l = T_B + T_m \ [\text{N} \cdot \text{m, J, kJ}]$$
$$= Q \cdot \left(\frac{p + \mu \pi d_2}{\pi d_2 - \mu p} \cdot \frac{d_2}{2} + \mu_m \cdot \frac{d_m}{2} \right)$$

F: 레버(핸들)에 가하는 하중(N, kN)

l: 레버(핸들)의 유효길이(mm)

μ_m: 칼라 자리면 마찰계수

d_m: 칼라 자리면 마찰 평균 직경(mm)

T_B: 수나사부 비틀림 모멘트

T_m: 칼라부 비틀림 모멘트

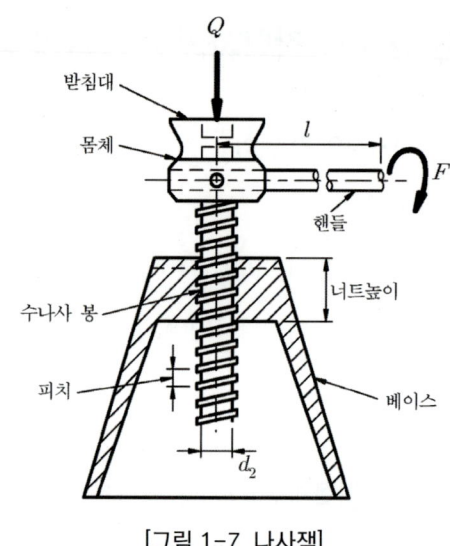

[그림 1-7 나사잭]

① 사각나사인지 사다리꼴나사인지 확인할 것

② 사다리꼴나사이면 마찰계수는 상당 마찰계수로, 마찰각은 상당마찰각으로 바꿔 계산할 것

$$T = Q \cdot \left(\frac{p + \mu' \pi d_2}{\pi d_2 - \mu' p} \cdot \frac{d_2}{2} + \mu_m \cdot \frac{d_m}{2} \right)$$

③ 칼라부 마찰을 무시하고 출제되기도 함

3) 레버에 작용하는 굽힘 모멘트와 굽힘응력

① 굽힘 모멘트(M: N·m, J, kJ)

$$M = F \cdot l$$

② 굽힘응력(σ_b: MPa, N/mm²)

$$\sigma_b = \frac{M}{Z} = \frac{F \cdot l}{\pi \delta^3 / 32} \leq \sigma_{ba}$$

Z: 레버의 단면계수(mm³), δ: 레버의 직경(mm)

σ_{ba}: 허용 굽힘응력(MPa, N/mm²)

[그림 1-8. 나사잭 입체도]

4) 나사잭의 효율

$$\eta = \frac{Q \cdot p}{2\pi T} \ [\%]$$

if) 칼라부 마찰을 무시하고 나사부 마찰만 고려 시

$$\eta = \frac{\tan \alpha}{\tan(\alpha + \rho)} = \frac{Q \cdot p}{2\pi T_B} \ [\%]$$

5) 너트의 높이

$$H = Z \cdot p = \frac{Q \cdot p}{\pi d_2 h q_a} = \frac{Q \cdot p}{\dfrac{\pi(d^2 - d_1^2)}{4} q_a}$$

6) 소요 동력(L: kW, PS)

$$L = \frac{Q \cdot V}{1000 \cdot \eta} \text{ (kW)}$$

V: 나사를 올리는 속도(m/s)

η: 나사의 효율(%)

① 나사의 효율은 안 주어지면 무시하고 푼다.

② 동력의 단위

$1\text{PS} = 75\text{kg}_f \cdot \text{m/s} = 0.735\text{kW} = 632.3\text{kcal/h}$

$1\text{kW} = 102\text{kg}_f \cdot \text{m/s} = 1.36\text{PS} = 860\text{kcal/h}$

9 나사의 이완 방지법

– 너트의 풀림 방지법

1) 로크너트(lock nut) 사용

2) 분할핀(split pin)

3) 세트나사(set screw)

4) 와셔(스프링와셔, 평와셔 등) 사용

5) 철사를 끊어 와셔 대용으로 사용하는 방법

2 chapter 키, 핀, 코터

1 키(Key)

1 묻힘 키(성크 키, 사각 키) 설계

1) 호칭표시(sn)

폭 × 높이 × 길이 = $b \times h \times l$ (mm)

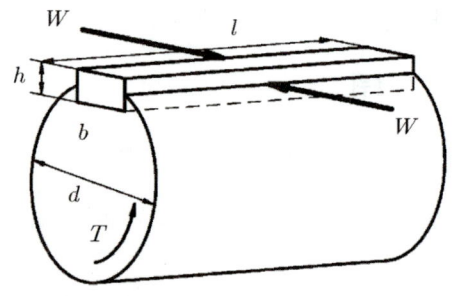

2) 축 토크(T: N·m, J, kJ)

$$T = W \cdot \frac{d}{2} = \frac{H}{\omega} = \tau_a \cdot Z_p$$

W: 축의 회전력(N)

d: 축의 직경(mm)

H: 축 동력(kW, PS)

ω: 축의 각속도(rad/s)

τ_a: 축의 허용전단응력(MPa, N/mm²)

Z_p: 축의 극단면계수(mm³)

(a) 키의 전단   (b) 키의 압축

[그림 2-1 묻힘키 파괴]

$$T = 974 \times 9.8 \cdot \frac{H_{kw}}{N} = 9545.2 \cdot \frac{H_{kw}}{N}$$

$$T = 716.2 \times 9.8 \cdot \frac{H_{PS}}{N} = 7018.76 \cdot \frac{H_{PS}}{N}$$

H_{kw}: 축 동력(kW), H_{PS}: 축 동력(PS), N: 축의 회전수(rpm, rev/min)

3) 키의 전단강도(τ_k: MPa, N/mm²)

$\tau_k = \dfrac{2T}{bld} \leq \tau_{a'}$, τ_a: 키의 허용 전단응력(MPa, N/mm²)

4) 키의 압축강도(σ_c: MPa, N/mm²)

$$\sigma_c = \frac{4T}{bld} \leq \sigma_{ca'}, \quad \sigma_{ca}: \text{키의 허용 압축응력(MPa, N/mm²)}$$

① 묻힘 깊이 $t = \frac{h}{2}$일 때 적용, 문제 풀 때 항상 확인 필요

5) 키의 접촉 면압력(q: MPa, N/mm²)

$$q = \frac{4T}{hld} \leq q_{a'}$$

① 묻힘키의 경우, 접촉 면압력은 압축강도와 동일

6) 키의 길이

① 키의 허용 전단강도만 주어지면 전단강도에서 구함
② 키의 허용 압축강도만 주어지면 압축강도에서 구함
③ 키의 허용 전단강도와 압축강도 둘 다 주어진 경우면 둘 다 계산하여 큰 값을 선택

② 스플라인

1) 접촉 면압력(q: MPa, N/mm²)

$$q = \frac{F}{A} = \frac{F}{(h-2c)lZ} \leq q_a$$

F: 축의 회전력(N), h: 스플라인 높이(mm)
c: 모떼기(mm), l: 스플라인 길이(mm)
Z: 스플라인 잇수

$$h = \frac{d_2 - d_1}{2}$$

d_1: 스플라인 안지름, 호칭지름(mm), d_2: 스플라인의 바깥지름, 외경(mm)

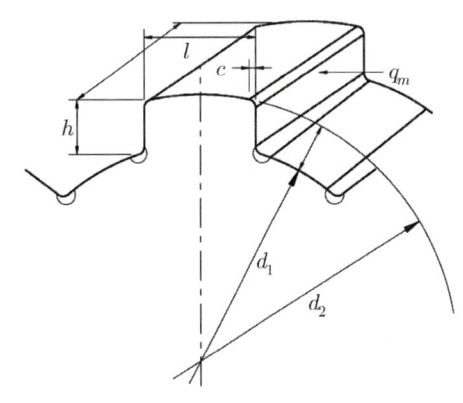

[그림 2-2 스플라인]

2) 전달 토크(비틀림 모멘트 T: N·m, J, kJ)

$$T = \eta q A \cdot \frac{d}{2} = \eta q \cdot (h-2c)lZ \cdot \frac{d_1 + d_2}{4}$$

η: 접촉효율(%), d: 평균직경(mm)

$$d = \frac{d_2 - d_1}{4}$$

① 접촉효율은 문제 상에서 주어지지 않으면 무시하고 푼다.
② 현장에서는 보통 75%를 고려하고 있다.

2 핀(Pin)

1 너클핀 설계

1) 핀의 전단강도(τ_p: MPa, N/mm²)

$$\tau_p = \frac{W}{\pi d^2/4 \times 2} \leq \tau_a$$

W: 축 하중(N, kN), d: 핀의 직경(mm)

① 전단 면적은 2곳 발생

2) 핀의 면압강도(q: MPa, N/mm²)

$$q = \frac{W}{A} = \frac{W}{bd} = \frac{W}{md^2} \leq q_a$$

$b = md$, b: 핀과 로드의 접촉 폭(mm), m: 재료의 프와송 수

3) 핀의 굽힘강도(σ_b: MPa, N/mm²)

$$\sigma_b = \frac{M}{Z} = \frac{Wl/8}{\pi d^3/32} \leq \sigma_{ba}$$

M: 굽힘 모멘트(N·mm), Z: 단면계수(mm³), l: 핀의 길이(mm)

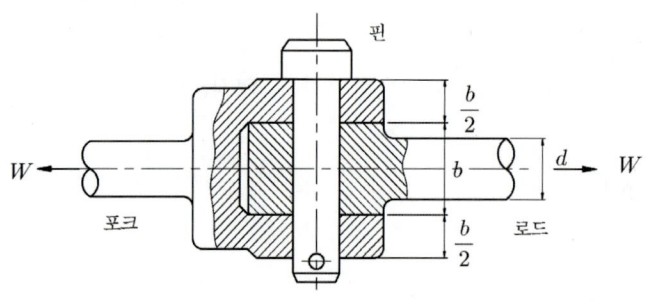

[그림 2-3 너클핀]

3 코터(Cotter)

1 코터의 강도 설계

1) 코터의 전단강도(τ_c: MPa, N/mm²)

$$\tau_c = \frac{W}{A} = \frac{W}{2bh} \leq \tau_a$$

W: 축 하중(N), h: 코터의 폭(mm)
b: 코터의 두께(mm)

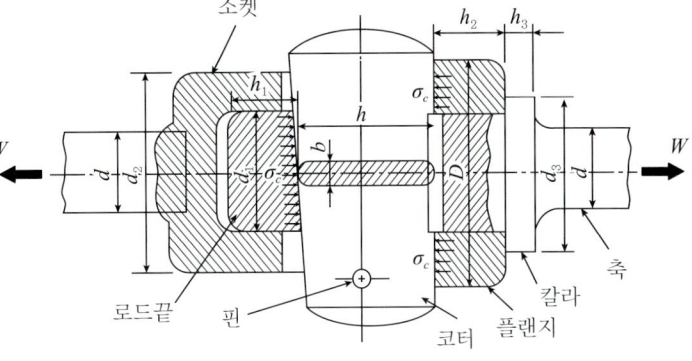

[그림 2-4 코터이음]

2) 축의 인장강도(σ_t: MPa, N/mm²)

$$\sigma_t = \frac{W}{A} = \frac{W}{\pi d^2/4} \leq \sigma_a$$

d: 축 직경(mm)

3) 로드와 코터 사이의 인장강도(σ_{tr}: MPa, N/mm²)

$$\sigma_{tr} = \frac{W}{(\pi d_1^2/4 - d_1 b)} \leq \sigma_{ta'}$$

d_1: 로드의 지름(mm)

4) 로드와 코터 사이의 압축강도(σ_{cr}: MPa, N/mm²)

$$\sigma_{cr} = \frac{W}{A} = \frac{W}{d_1 b} \leq \sigma_{ca}$$

① 면적은 투상면적 적용

5) 로드 끝단의 전단강도(τ_r: MPa, N/mm²)

$$\tau_r = \frac{W}{A} = \frac{W}{2h_1 d_1} \leq \tau_{a'}$$

h_1: 로드 끝 길이(mm)

① 전단면적 2개 적용

6) 소켓과 코터 사이의 인장강도(: MPa, N/mm²)

$$\sigma_{ts} = \frac{W}{\pi(D^2 - d_1^2)/4 - (D - d_1)b} \leq \sigma_{ta'}$$

D: 플랜지의 지름(mm), d_2: 소켓의 바깥지름(mm)

7) 소켓과 코터 사이의 압축강도(σ_{cs}: MPa, N/mm²)

$$\sigma_{cs} = \frac{W}{(D - d_1)b} \leq \sigma_a$$

① 면적은 투상면적 적용

8) 소켓 끝단의 전단강도(τ_S: MPa, N/mm²)

$$\tau_s = \frac{W}{2(D - d_1)h_2} \leq \tau_{a'}$$

h_2: 플랜지 끝의 길이(mm)

① 전단면적 2개 적용

9) 코터의 굽힘강도(σ_{bc}: MPa, N/mm²)

$$\sigma_{bc} = \frac{M}{Z} = \frac{Wl/8}{bh^2/6} \leq \sigma_{ba}$$

3장 리벳 이음 (Rebet Joint)

1. 리벳 이음의 종류

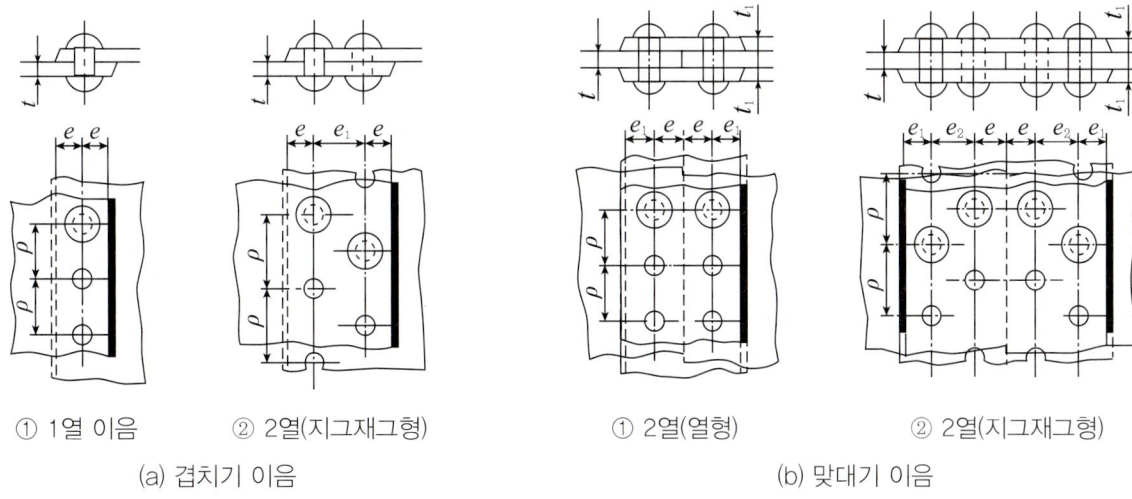

① 1열 이음　　② 2열(지그재그형)　　① 2열(열형)　　② 2열(지그재그형)

(a) 겹치기 이음　　　　　　　　　　(b) 맞대기 이음

[그림 3-1 리벳 이음의 종류]

1) 겹치기 이음

① 1줄 겹치기 리벳 이음

② 다줄 겹치기 리벳 이음: 2줄 이상

2) 맞대기 이음

① 한쪽 덮개 판 맞대기 이음

② 양쪽 덮개 판 맞대기 이음

2 리벳 이음의 강도 설계

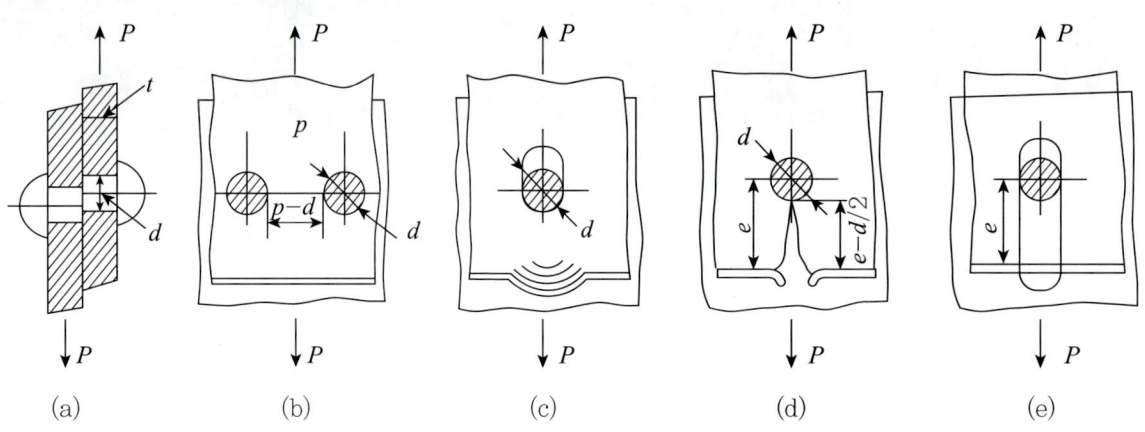

[그림 3-2 리벳 이음의 강도]

1) 리벳의 전단강도(τ_r: MPa, N/mm^2) : 그림 3-2(a)

① 겹치기 이음과 한쪽 덮개판 맞대기 이음

$$\tau_r = \frac{P}{A} = \frac{P}{\pi d^2/4} \leq \tau_a$$

P : 1피치당 하중(N), d : 리벳의 직경(mm)

· 다줄 이음일 경우: $\tau_r = \frac{P}{A} = \frac{P}{n \cdot \pi d^2/4} \leq \tau_a$, : 줄 수

② 양쪽 덮개판 맞대기 이음

$$\tau_r = \frac{P}{A} = \frac{P}{n \cdot 2 \cdot (\pi d^2/4)} \leq \tau_a \text{ 복전단 적용, 리벳 1개단 전단면 2개 발생}$$

$$\tau_r = \frac{P}{A} = \frac{P}{1.8n \cdot (\pi d^2/4)} \leq \tau_a \text{ 복전단의 경우 안전을 고려 1.8배로 계산}$$

2) 판의 인장강도(: MPa, N/mm^2) : 그림 3-2(b)

$$\sigma_t = \frac{P}{A} = \frac{P}{(p-d)t} \leq \sigma_{ta}$$

p : 피치(구멍과 구멍사이 거리, mm), d : 리벳구멍 직경(mm)

t : 판의 두께

3) 판 또는 리벳의 압축강도(: MPa, N/mm^2) : 그림 3-2(c)

$$\sigma_c = \frac{P}{A} = \frac{P}{dt} \leq \sigma_{ca}$$

① 여기서, 면적은 투상면적

- 다줄일 경우: $\sigma_c = \dfrac{P}{ndt} \leq \sigma_a$

4) 판의 가장자리 발생 굽힘강도(σ_b: MPa, N/mm^2) : 그림 3-2(d)

$$\sigma_b = \dfrac{M}{Z} = \dfrac{Pd/s}{(e-d/2)^2 t/6} = \dfrac{3Pd}{(2e-d)^2 t} \leq \sigma_{ba}$$

e : 리벳 중심에서 판 끝까지의 거리(mm)

5) 판이 리벳 폭으로 발생하는 전단강도(τ_s: MPa, N/mm^2) : 그림 3-2(e)

$$\tau_s = \dfrac{P}{A} = \dfrac{P}{2et} \leq \tau_a$$

3 리벳의 지름과 피치

1) 리벳의 지름

"리벳의 전단저항과 압축저항을 같게 설계"

① 겹치기 리벳 이음

$$P = \tau_r \dfrac{\pi d^2}{4} n = \sigma_c d t n, \ d = \dfrac{4\sigma_c t}{\pi \tau_r}$$

② 양쪽 덮개판 맞대기 이음

$$P = \tau_r \cdot 1.8 \cdot \dfrac{\pi d^2}{4} n = \sigma_c d t n, \ d = \dfrac{4\sigma_c t}{1.8 \pi \tau_r}$$

2) 피치

"리벳의 전단저항과 판의 인장저항을 같게 설계"

① 겹치기 리벳 이음

$$P = \tau_r \dfrac{\pi d^2}{4} n = \sigma_t (p - d) t, \ p = d + \dfrac{1.8 n \pi d^2 \tau_r}{4 \sigma_t t}$$

② 양쪽 덮개판 맞대기 이음

$$P = \tau_r \cdot 1.8 \cdot \dfrac{\pi d^2}{4} n = \sigma_t (p - d) t, \ p = d + \dfrac{1.8 n \pi d^2 \tau_r}{4 \sigma_t t}$$

4 리벳 이음의 효율

1) 판의 효율(η_p: %)

$$\eta_p = 1 - \frac{d}{p}$$

2) 리벳의 효율(η_r: %)

① 겹치기 리벳 이음

$$\eta_r = 1 - \frac{n\pi d^2 \tau_r}{4\sigma_t pt}$$

② 양쪽 덮개판 맞대기 이음

$$\eta_r = 1 - \frac{1.8n\pi d^2 \tau_r}{4\sigma_t pt}$$

3) 리벳 이음의 효율

리벳 이음의 효율은 판의 효율과 리벳의 효율 중 작은 값을 선택한다.

5 보일러용 리벳 이음

1) 리벳 이음 판 두께(t: mm)

$$t = \frac{PDS}{2\sigma_{max}\eta} + C$$

P: 용기 내압(MPa, N/mm²), D: 내경(mm), S: 안전율, 안전계수

σ_{tmax}: 최대인장강도(MPa, N/mm²), η: 이음효율(%), C: 부식여유(mm)

6 편심하중을 받는 리벳 이음

1) 각각의 리벳이 받는 직접 전단하중(F_1: N)

$$F_1 = \frac{W}{Z}$$

W: 편심하중(N), Z: 리벳 수

2) 비틀림 모멘트에 의해 리벳에 걸리는 최대 전단하중(F_2: N)

$$k = \frac{WL}{N_1 r_1^2 + N_2 r_2^2 + N_3 r_3^2 + \cdots}$$

k: 비례상수(N/mm), L: 편심거리(mm)

r_1, r_2, r_3: 도심에서 각 리벳까지 거리(mm)

N_1, N_2, N_3: r_1, r_2, r_3에서 각각의 리벳 수

$$F_2 = kr_{max} = kr_3$$

3) 최대 전단하중(합성하중, F_{max}: N)

$$F_{max} = \sqrt{F_1^2 + F_2^2 + 2F_1 F_2 \cos\theta}, \quad \cos\theta = \frac{r_2}{r_1}$$

4) 리벳에 작용하는 최대 전단응력(τ_{max}: MPa, N/mm^2)

$$\tau_{max} = \frac{F_{max}}{A} = \frac{F_{max}}{\pi d^2/4} \leq \tau_a$$

d: 리벳의 직경(mm)

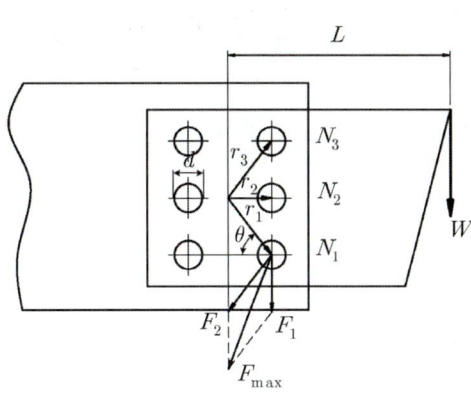

[그림 3-3 편심 하중을 받는 리벳 이음]

4 chapter 용접 이음 (Weld Joint)

1 맞대기 이음강도 설계

1) 용접부 인장강도(σ_t: MPa, N/mm²)

$$\sigma_t = \frac{W}{A} = \frac{W}{tl} \leq \sigma_{ta}$$

t: 용접 두께, 판의 두께(mm)

l: 판의 폭(mm)

W: 가로 하중(N)

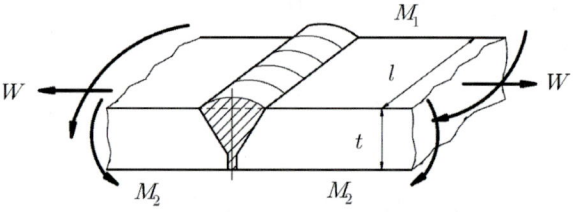

[그림 4-1 맞대기 용접 이음]

2) 용접부의 굽힘강도(σ_b: MPa, N/mm²)

① 판의 폭 방향으로 모멘트 M_1이 작용할 때

$$\sigma_{b1} = \frac{M_1}{Z_1} = \frac{M_1}{tl^2/6} \leq \sigma_{ba}$$

[그림 4-2 겹치기 이음]

② 판의 두께 방향으로 모멘트 M_2가 작용할 때

$$\sigma_{b2} = \frac{M_2}{Z_2} = \frac{M_2}{t^2l/6} \leq \sigma_{ba}$$

2 필렛 이음 강도 설계

1) 겹치기 이음

① 각목(용접부 목두께, t: mm)

$$t = f\cos 45° = 0.707f$$

f: 용접 사이즈(mm), 각장, 용접다리 등

② 용접부 전단강도(τ: MPa, N/mm²)

$$\tau_t = \frac{W}{2tl} = \frac{W}{2f\cos 45° l} \leq \tau_a$$

③ 용접부 인장강도(σ_t: MPa, N/mm²)

$$\sigma_t = \frac{P}{2tl} = \frac{P}{2f\cos 45° l} \leq \sigma_{ta}$$

2) T형 이음

① 하중 W에 의한 인장강도(σ_t: MPa, N/mm²)

$$\sigma_t = \frac{W}{2tl} = \frac{W}{2f\cos 45° l}$$

② 모멘트 M_1에 의한 굽힘강도 :

전단력 F에 의한 굽힘응력

$$\sigma_{b1} = \frac{M_1}{Z_1} = \frac{3Fl_1}{tl_2^2}$$

③ 모멘트 M_2에 의한 굽힘강도 : 수평하중 P에 의한 굽힘응력

$$\sigma_{b2} = \frac{M_2}{Z_2} = \frac{12(t+f/2) \cdot Pl_1}{l_2[(f+2t)^3 - f^3]}$$

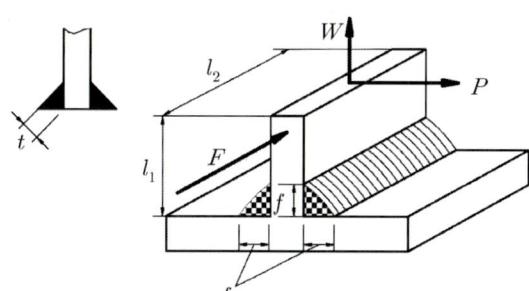
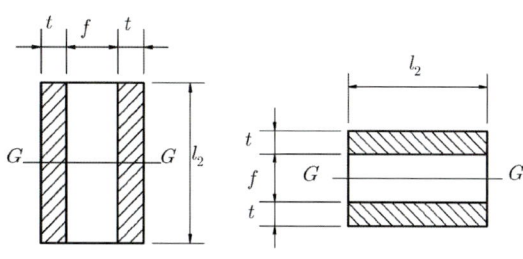

[그림 4-3 T형 용접 이음]

3) 비틀림 모멘트를 받는 원형 환봉 이음

$$T = F \cdot \frac{D}{2} (\text{N/mm})$$

$$\tau = \frac{F}{A} = \frac{2T/D}{\pi Dt} = \frac{2T}{\pi D^2 f \cos 45°} (\text{MPa, N/mm}^2)$$

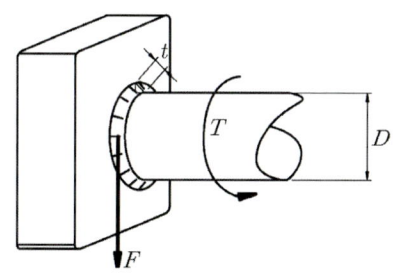

[그림 4-4 원형 환봉 이음]

3 축선이 편심되어 있는 부재의 필렛 이음

1) 용접부 전단강도

$$\tau = \frac{W}{A} = \frac{W}{tl} = \frac{W}{f\cos 45° l} (\text{MPa, N/mm}^2)$$

$$l = l_1 + l_2 \,(\text{mm})$$

2] 상·하단 용접부의 길이

$$x = x_1 + x_2$$

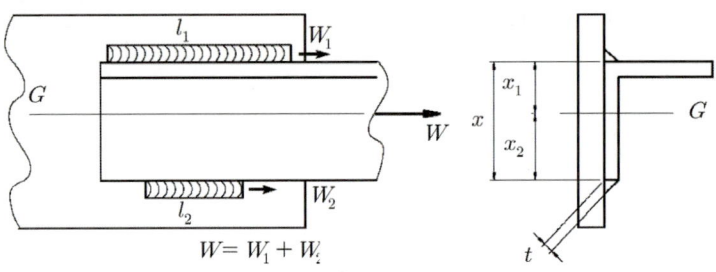

[그림 4-5 축선이 편심된 부재의 용접 이음]

$$l_1 = \frac{l}{x} \cdot x_2, \quad l_2 = l - l_1 = \frac{l}{x} \cdot x_1$$

4 편심하중을 받는 부재의 필렛 이음

1] 직접 전단응력

$$\tau_1 = \frac{W}{A} = \frac{W}{lt} = \frac{\dfrac{W}{l}}{f\cos 45°} \quad (\text{MPa, N/mm}^2)$$

l: 용접부 길이(mm), W: 편심하중(N)

2] 비틀림 전단응력

① 각목당 단면 2차 극모멘트(I_0: mm³)

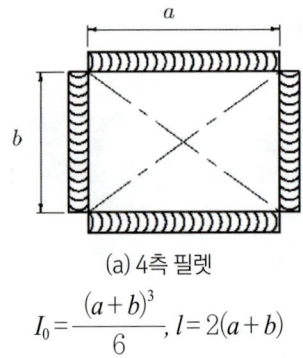 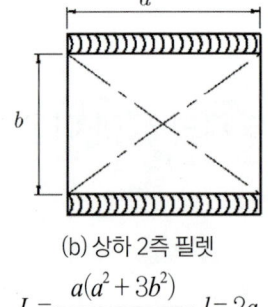 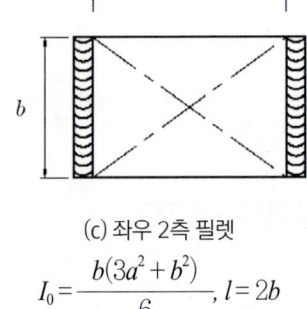

(a) 4측 필렛 (b) 상하 2측 필렛 (c) 좌우 2측 필렛

$$I_0 = \frac{(a+b)^3}{6}, \; l = 2(a+b) \quad I_0 = \frac{a(a^2+3b^2)}{6}, \; l = 2a \quad I_0 = \frac{b(3a^2+b^2)}{6}, \; l = 2b$$

[그림 4-6 편심하중을 받는 용접 이음 부의 예]

$$T = WL(\text{N}-\text{mm})$$

$$\tau_2 = \frac{T \cdot \tau_{max}}{tI_0} \text{ (MPa, N/mm}^2\text{)}$$

$$\tau_{max} = \sqrt{(a/2)^2 + (b/2)^2}, \quad \cos\theta = \frac{a/2}{r_{max}}$$

3) 최대 전단응력(합성 전단응력)

$$\tau_{max} = \sqrt{\tau_1^2 + \tau_2^2 + 2\tau_1\tau_2\cos\theta} \leq \tau_a$$

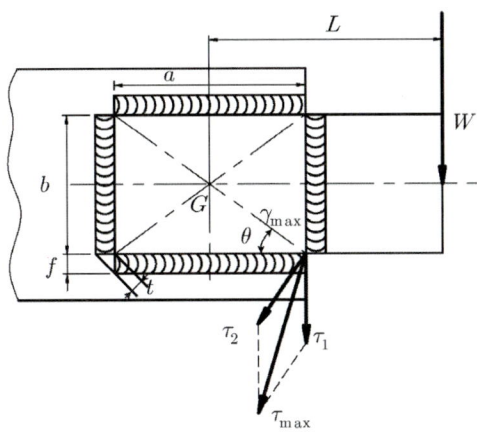

[그림 4-7 편심하중을 받는 필렛 용접 이음]

5 chapter 축(Shaft)

1 축 설계

1) 굽힘 모멘트(M)만 받는 축

$$\sigma_b = \frac{M}{Z} \leq \sigma_{ba} \text{ (MPa, N/mm}^2\text{)}$$

M: 굽힘 모멘트(N/mm)

Z: 단면계수(mm^3)

① 실축

$$\sigma_{ba} = \frac{M}{\pi d_2 / 32}$$

d: 축 지경(mm)

② 중공축

$$\sigma_{ba} = \frac{M}{\dfrac{\pi d_2^3}{32} \cdot (1-x^4)}, \quad x = \frac{d_1}{d_2}$$

d_1: 내경(mm), d_2: 외경(mm), x: 내·외경비

[표 5-1 원형도형의 단면의 성질]

축 단면	단면 2차 모멘트 I	극단면 2차 모멘트 $I_p = 2I$	단면 계수 (Z)	극단면 계수 $Z_p = 2Z$
	$\dfrac{\pi}{64}d^4$	$\dfrac{\pi}{32}d^4$	$\dfrac{\pi}{32}d^3$	$\dfrac{\pi}{16}d^3$
(중공축)	$\dfrac{\pi}{64}(d_2^4 - d_1^4)$	$\dfrac{\pi}{32}(d_2^4 - d_1^4)$	$\dfrac{\pi}{32} \cdot \dfrac{d_2^4 - d_1^4}{d_2}$	$\dfrac{\pi}{16} \cdot \dfrac{d_2^4 - d_1^4}{d_2}$

2) 비틀림 모멘트(T)만 받는 축

① 강도 위주 축 설계

$$\tau = \frac{T}{Z_p} \leq \tau_a \; (\text{MPa},\; \text{N/mm}^2)$$

$$T = 974000 \times 9.8 \frac{H_{kW}}{N}(\text{N}-\text{mm}) = 716200 \times 9.8 \frac{HP}{N}(\text{N}-\text{mm}),\; Z_p: \text{극단면 계수}(\text{mm}^3)$$

- 실축 $\quad \tau_a = \dfrac{T}{\pi d^3/16}$

- 중공축 $\quad \tau_a = \dfrac{T}{\dfrac{\pi d_2^3}{16} \cdot (1-x^4)}$

② 강성도 위주 축 설계

$$\theta = \frac{TL}{GI_p}(\text{rad}) \times \frac{180}{\pi}(\text{Deg})$$

L: 축의 길이(mm), G: 횡탄성계수, 전단탄성계수(GPa, MPa, N/mm^2)

I_P: 극단면 2차 모멘트(mm^4)

- 실축 $\quad \theta = \dfrac{TL}{G\dfrac{\pi d^4}{64}}(\text{rad}) \times \dfrac{180}{\pi}(\text{Deg})$

- 중공축 $\quad \theta = \dfrac{TL}{G\dfrac{\pi d_2^4(1-x^4)}{64}}(\text{rad}) \times \dfrac{180}{\pi}(\text{Deg})$

③ 강도와 강성도 둘 다 고려 시 축 설계

- 강도와 강성도로부터 구한 축 직경 중 실축과 중공축의 외경 결정 시에는 큰 값을 선택

3) 굽힘과 비틀림 모멘트 둘 다 받는 축(이론적인 설계 방법)

① 상당 비틀림 모멘트(T_e) 고려〈최대 전단응력설 적용하는 방법〉

$$T_e = \sqrt{M^2 + T^2},\; \tau_a = \frac{T_e}{Z_p}$$

② 상당 굽힘 모멘트(M_e) 고려〈최대 주응력설 적용하는 방법〉

$$M_e = \frac{1}{2}(M + \sqrt{M^2 + T^2}),\; \sigma_{ba} = \frac{M_e}{Z}$$

③ 상당 비틀림 모멘트와 상당 굽힘 모멘트 둘 다 고려하는 경우

- 둘 다 계산하여 실축의 직경과 중공축의 외경을 구할 때는 큰 값을 선택하고 종공축의 내경을 구할 때는 작은 값을 선택한다.

4) 동적효과계수를 고려하는 경험식을 적용하는 경우

① 상당 비틀림 모멘트(T_e) 고려〈최대 전단응력설 적용하는 방법〉

$$T_e = \sqrt{(k_m M)^2 + (k_t T)^2} \; , \; \tau_a = \frac{T_e}{Z_p}$$

k_m: 굽힘 모멘트의 동적효과계수, k_t: 비틀림 모멘트의 동적효과계수

② 상당 굽힘 모멘트(M_e) 고려〈최대 주응력설 적용하는 방법〉

$$M_e = \frac{1}{2}[(k_m M) + \sqrt{(k_m M)^2 + (k_t T)^2}] \; , \; \sigma_{ba} = \frac{M_e}{Z}$$

5) 묻힘키 적용에 따른 축 직경 설계

① 비틀림만을 고려한 강도 위주 설계 시 이론 축 직경

$$\tau_a = \frac{T}{Z_p} = \frac{T}{\pi d_0^3/16} \; , \; d_0: \text{이론적인 축 지름(mm)}$$

② 축의 묻힘 깊이를 고려하여 축 직경 결정하는 방법

$d = d_0 + r_1$

r_1: 축의 묻힘 깊이

묻힘 키의 치수(KS B 1311)

키의 치수 너비×높이($b \times h$)	r_1	r_2	적용하는 축지름(d)
4×4	2.5	1.5	10초과 13이하
5×5	3	2	13초과 20이하
7×7	4	3	20초과 30이하
10×8	4.5	3.5	30초과 40이하
12×8	4.5	3.5	40초과 50이하

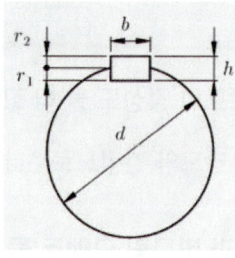

축의 지름(KS B 0408)

… 4, 4.5, 5, 6, 7, 8, 9, 10, 11, 12, 13, 14, 16, 18, 19, 20, 22, 24, 25, 28, 30, 32, 38, 40, 42, 45, 48, 50, 55, 60, 63, 65, …

[그림 5-1 키의 묻힘 깊이를 고려한 축 설계]

③ 묻힘 깊이를 고려한 계수 값을 적용하는 방법

$\alpha = \dfrac{1}{0.7} \sim \dfrac{1}{0.85}$ 정도의 값을 적용하는 경우

④ Moore 계수를 고려하는 경우

– 키홈 붙이 축과 키홈이 없는 축의 탄성한도에 있어서 비틀림 강도의 비

$$\beta = 1 + 0.2\frac{b}{d_0} + 1.1\frac{t}{d_0}$$

$$d = \beta d_0$$

b: 묻힘 키 폭(mm), $0-t$: 키의 묻힘 깊이(mm)

6) 축의 중량 계산

$$W = \gamma AL(\text{N, kN})$$

γ: 비중량(N/mm³), A: 단면적(mm²), L: 길이(mm)

① 실축 $A = \dfrac{\pi d_2}{4}$

② 중공축 $A = \dfrac{\pi(d_2^2 - d_1^2)}{4} = \dfrac{\pi d_2^2}{4} \cdot (1 - x^2)$

2 축의 위험속도

1) 위험속도

$$N_{cr} = \frac{30}{\pi}\sqrt{\frac{g}{\delta}}\,(\text{rpm}),\ g = 9.8(\text{m/s}^2),\ \delta\text{: 축의 정적 최대 처짐(m)}$$

$$N_{cr} = 300\sqrt{\frac{1}{\delta}}\,(\text{rpm}),\ \delta\text{: 축의 정적 최대 처짐(cm)}$$

2) 축의 중앙에 1개 회전체

① 축의 중앙에 정적 최대 처짐

$$\delta = \frac{Pl^3}{48EI}\,(\text{cm})$$

P: 중앙의 회전체 무게(N), l: 축의 길이(cm)

E: 축의 종탄성계수, 세로탄성계수(N/cm²), I: 단면 2차 모멘트(cm⁴)

② 위험속도

$$N_{cr} = 300\sqrt{\frac{1}{\delta}}\,(\text{rpm})$$

3) 던커레이(Dunkerley) 실험식

$$\frac{1}{N_{cr}^2} = \frac{1}{N_0^2} + \frac{1}{N_1^2} + \frac{1}{N_2^2} + \cdots$$

N_0: 축의 자중만 고려 시 위험속도(rpm)

$N_1, N_2, \cdots$: 축에 각각의 회전체만 매달려 있을 때 위험속도(rpm)

① 축의 자중만 고려 시 위험속도를 구하는 경험식

$$N_0 = 654 \cdot \frac{d^2}{l^2} \cdot \sqrt{\frac{E}{\omega}} \text{(rpm)}$$

$\omega = \gamma \cdot A = \gamma \cdot \dfrac{\pi d^2}{4}$ (N/cm): 단위 길이당 무게

d: 축 직경(mm, cm, m), l: 축의 길이(mm, cm, m)

② 축에 매달려 있는 각각의 회전체만의 위험속도

$$N_{1,2,\cdots} = 114.6 \cdot d^2 \cdot \sqrt{\frac{E(a+b)}{Wa^2b^2}} \text{(rpm)}$$

W: 각각의 회전체의 무게(N) — $W_{1,2,\cdots}$

a: 축의 좌측 끝단에서 각각의 회전체까지 거리(cm)

b: 축의 우측 끝단에서 각 회전체까지 거리(cm)

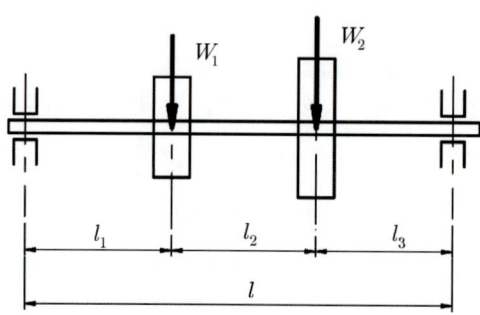

[그림 5-2 축의 위험속도]

6 chapter 베어링 (Bearing)

1. 엔드 저널 베어링

1) 베어링 압력(p: MPa, N/mm²)

$$p = \frac{W}{A} = \frac{W}{dl} \leq p_a$$

W: 베어링 하중(N, 레이디얼 방향)

d: 저널의 직경(mm), l: 저널의 길이(mm)

2) 저널의 굽힘응력(σ_b: MPa, N/mm²)

$$\sigma_b = \frac{W}{Z} = \frac{W \cdot l/2}{\pi d_2/32} \leq \sigma_{ba}$$

3) 발열계수(압력·속도계수) ($p \cdot V$: MPa·m/s, N/mm²·m/s)

$$p \cdot V = \frac{W}{dl} \cdot \frac{\pi dN}{60 \times 1000} \leq p \cdot V_a$$

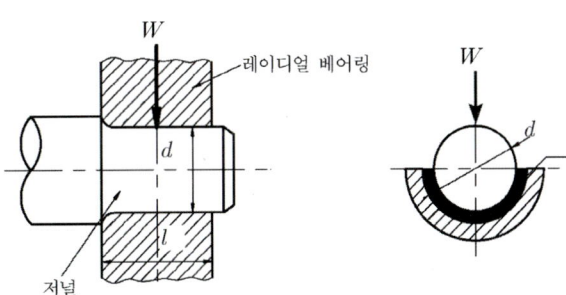

[그림 6-1 엔드 저널 베어링]

2 피벗 저널 베어링

1) 중실

① 베어링 압력

$$p = \frac{W}{\pi d_2/4} \leq p_a$$

W: 스러스트 하중(N, 베어링 하중)

d: 저널 직경(mm)

② 압력·속도계수

$$p \cdot V = \frac{W}{\pi d_2/4} \cdot \frac{\pi \times \frac{d}{2} \times N}{60 \times 1000} \leq p \cdot V_a$$

2) 중공

① 베어링 압력

$$p = \frac{W}{\pi(d_2^2 - d_1^2)/4} \leq p_a$$

d_2: 저널의 외경(mm) 또는 베어링의 외경(바깥지름)

d_1: 저널의 내경(mm) 또는 베어링의 내경(안지름)

② 압력·속도계수

$$p \cdot V = \frac{W}{\pi(d_2^2 - d_1^2)/4} \cdot \frac{\pi \times \frac{d_1 + d_2}{2} \times N}{60 \times 1000} \leq p \cdot V_a$$

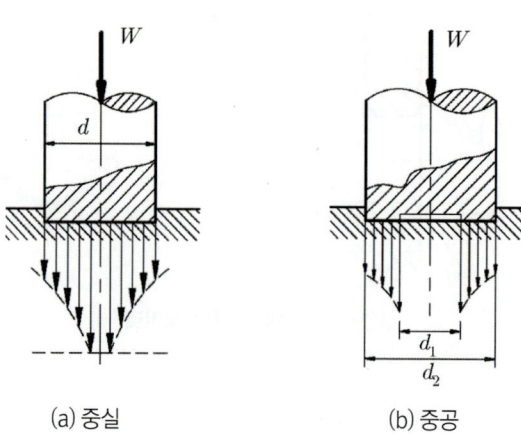

(a) 중실   (b) 중공

[그림 6-2 피벗 저널 베어링]

3 칼라 저널 베어링

① 베어링 압력

$$p = \frac{W}{\pi(d_2^2 - d_1^2)/4 \cdot Z} \leq p_a$$

Z: 칼라의 수

d_1: 칼라의 안지름(mm) 또는 축의 직경

d_2: 칼라의 바깥지름(mm) 또는 칼라의 지름

② 압력·속도계수

$$p \cdot V = \frac{W}{\pi(d_2^2 - d_1^2)/4 \cdot Z} \cdot \frac{\pi \times \frac{d_1 + d_2}{2} \times N}{60 \times 1000} \leq p \cdot V_a$$

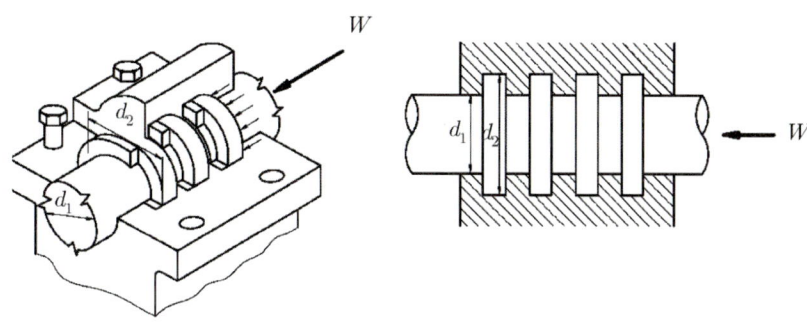

[그림 6-3 칼라 저널 베어링]

4 구름 베어링

1) 구름 베어링의 호칭표시와 안지름 번호

No. 6203 또는 No. 6308

① 62나 63은 구름 베어링의 계열기호이다.

- 6: 단열 깊은 홈 볼 베어링
- 2: 치수계열 02, 3: 치수계열 03

② 03과 08은 구름 베어링의 안지름 번호

- 03은 17mm, 08은 40mm이다. 안지름 번호는 구름 베어링의 내륜 안지름을 표시한 것이다.

00	안지름 10mm
01	안지름 12mm
02	안지름 15mm
03	안지름 17mm
04	안지름 20mm

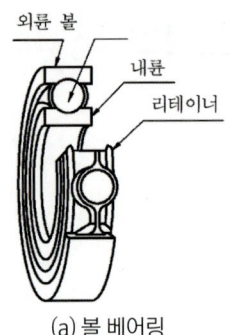 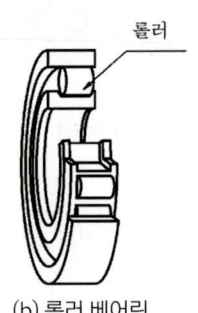

(a) 볼 베어링   (b) 롤러 베어링

[그림 6-4 구름 베어링]

2) 한계속도지수(dN: mm·rpm)

$$dN = 안지름 \times 최대 회전수$$

d: 베어링의 안지름(mm), N: 축의 분당 회전수(rpm)

3) 정격 수명(L_n: rev, 10^6 회전 단위)

$$L_n = \left(\frac{C}{f_w P}\right)^r \times 10^6$$

r: 베어링 지수(볼: $r=3$, 롤러: $r=10/3$)

C: 기본 동적 부하용량(N), 기본 부하용량

f_w: 하중 계수(1.0~3.0), P: 이론 베어링 하중(N)

① 기본 부하용량이란 33.3rpm으로 500시간을 견딜 수 있는 베어링 하중

$$33.3 \times 500 \times 60 \approx 10^6 \text{rev}$$

② 실제 베어링 하중은 하중계수 곱하기 이론 베어링 하중이다.

$$실제 베어링 하중 = f_w \times P$$

4) 수명 시간(L_n: hr)

$$L_n = \left(\frac{L_n}{60N}\right) = 500 \cdot \left(\frac{C}{f_w P}\right)^r \cdot \frac{33.3}{N}$$

① 속도계수 $f_n = \sqrt[r]{\dfrac{33.3}{N}}$

② 수명계수 $f_n = f_n\left(\dfrac{C}{f_w P}\right)$

$$L_h = 500 \cdot (f_h)^r$$

5) 등가하중

스러스트 하중과 레이디얼 하중이 동시에 작용하는 경우

① 등가 레이디얼 하중(P_r: N)

$$P_r = XVF_r + YF_t$$

X: 레이디얼 계수, Y: 스러스트 계수, V: 회전계수

F_r: 레이디얼 하중(N), F_t: 스러스트 하중(N)

[표 6-1 구름 베어링의 V, X 및 Y 값]

베어링 형식		내륜회전하중	외륜회전하중	단열			복열				e
				$F_t/VF_r > e$			$F_t/VF_r \leq e$		$F_t/VF_r > e$		
		V		X		Y	X	Y	X	Y	
깊은 홈 볼 베어링	F_a/C_o = 0.014	1	1.2	0.56		2.30	1	0	0.56	2.30	0.19
	= 0.028					1.99				1.99	0.12
	= 0.056					1.71				1.71	0.26
	= 0.084					1.55				1.55	0.28
	= 0.11					1.45				1.45	0.30
	= 0.17					1.31				1.31	0.34
	= 0.28					1.15				1.15	0.38
	= 0.42					1.04				1.04	0.42
	= 0.56					1.00				1.00	0.44

② 등가 스러스트 하중

$$P_t = XF_r + YF_t$$

6) 평균 유효하중(P_m: N)

하중이 거의 직선적으로 최대하중(P_{max})에서 최소하중(P_{min})까지 반복하여 가해지는 경우

$$P_m = \frac{P_{min} + 2P_{max}}{3}$$

chapter 7 축이음(Shaft Joint)

1 원통 커플링

1) 원통과 축 사이에 발생하는 접촉 면압력(q_m: MPa, N/mm²)

$$q_m = \frac{W}{A} = \frac{W}{d\frac{l}{2}} \leq q_a$$

W: 원통을 졸라매는 힘(N), d: 축 직경(mm), l: 양 축과 원통의 접촉 길이(mm)

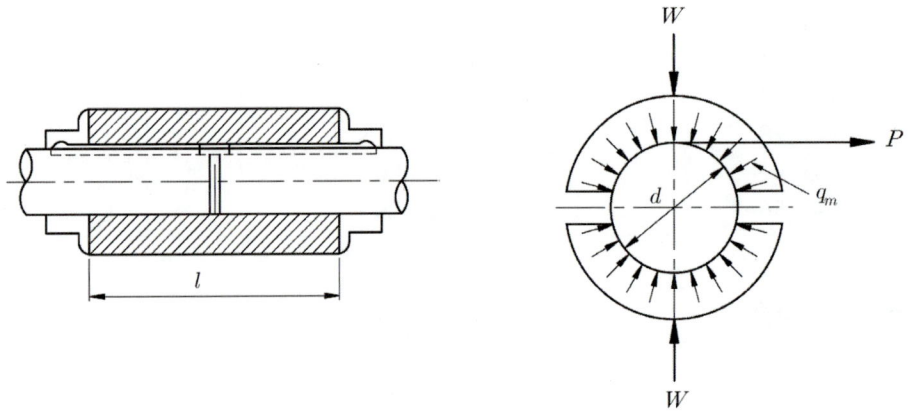

[그림 7-1 원통 커플링]

2) 회전력(P: N)

$$P = \pi\mu W, \quad \mu: 마찰계수$$

3) 전달 토크(T: N·m, J, N·mm; 축 토크)

$$T = P \cdot \frac{d}{2} = \pi\mu W \cdot \frac{d}{2} = \pi\mu q_m d \frac{l}{2} \cdot \frac{d}{2}$$

$$= 974000 \times 9.8 \frac{H_{kW}}{N}(\text{N} \cdot \text{mm}) = 716200 \times 9.8 \frac{HP}{N}(\text{N} \cdot \text{mm})$$

$$= \tau_s \cdot Z_p$$

H_{kW}, HP: 동력 각각 kW와 마력(PS)

τ_s: 축의 허용전단응력(MPa, N/mm²), Z_p: 축의 극단면계수(mm³)

2 클램프 커플링(분할 원통 커플링)

1) 볼트에 작용하는 하중(Q: N)

$$Q = \sigma_t \cdot A = \sigma_t \cdot \frac{\pi \delta^2}{4}$$

σ_t: 볼트의 인장응력(MPa, N/mm²), δ: 볼트의 직경(mm)

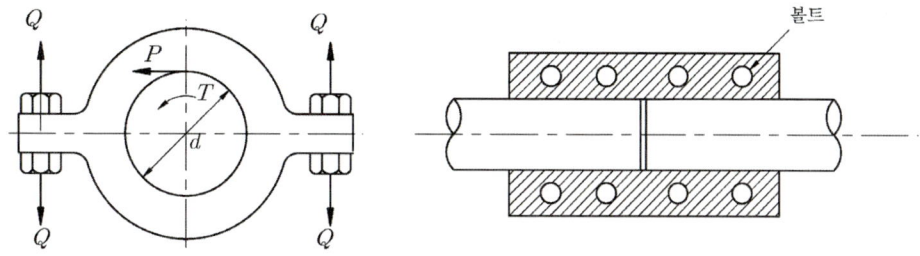

[그림 7-2 클램프 커플링]

2) 축을 조이는 중(W: N)

$$W = Q \cdot \frac{Z}{2} = \sigma_t \cdot \frac{\pi d_2}{4} \cdot \frac{Z}{2}$$

Z: 볼트 수

3) 전달 토크

$$T = P \cdot \frac{d}{2} = \pi \mu W \cdot \frac{d}{2} = \pi \mu Q \frac{Z}{2} \cdot \frac{d}{2} = \pi \mu \sigma_t \frac{Z}{2} \cdot \frac{d}{2}$$

① 회전력　　$P = \pi \mu W = \pi \mu Q \dfrac{Z}{2}$

3 플랜지 커플링

1) 볼트의 전단응력(τ_B: MPa, N/mm²)

– 상급 플랜지 설계

$$T = T_B = \tau_B A \cdot \frac{D_B}{2} = \tau_B \frac{\pi \delta^2}{4} Z \cdot \frac{D_B}{2}$$

T: 축 토크, 축의 비틀림 모멘트(N·mm), T_B: 볼트 전단 토크(N·mm)

D_B: 볼트 구멍의 피치원 지름(mm), δ: 볼트의 지름(mm), Z: 볼트의 수

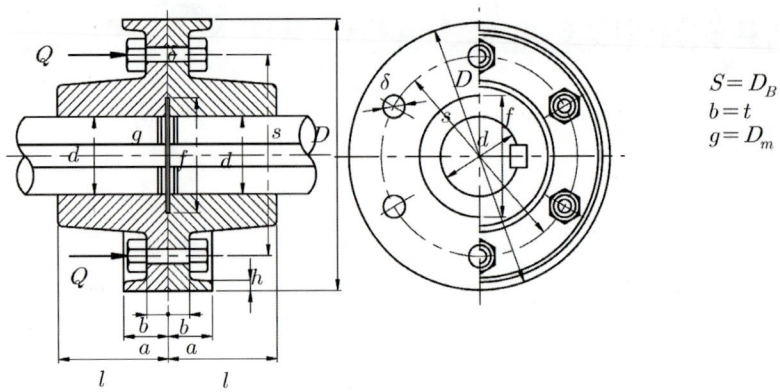

[그림 7-3 플랜지 커플링]

① 플랜지 면마찰 토크(T_f: N·mm)

$$T_f = \mu W \cdot \frac{D_f}{2} = \mu QZ \cdot \frac{D_f}{2}$$

W: 축 하중, 스러스트 하중, 추력(N), D_f: 마찰면 평균 직경(mm)

Q: 볼트 축 하중(N), Z: 볼트 수

② 볼트 전단 토크와 플랜지 면 마찰 토크 둘 다 고려하는 경우

$$T = T_B + T_f$$

2) 볼트의 인장응력(σ_t: MPa, N/mm²)

$$\sigma_t = \frac{Q}{A} = \frac{Q}{\frac{\pi \delta^2}{4}} \leq \sigma_{ta}$$

δ: 볼트의 직경(mm)

3) 플랜지 뿌리부 두께(t: mm) : 플랜지 뿌리부 전단

$$T_f = \tau_f \cdot A \cdot \frac{D_1}{2} = \tau \cdot \pi D_1 t \cdot \frac{D_1}{2}$$

τ_f: 플랜지 전단응력(MPa, N/mm²), D_1: 플랜지 안지름(mm), 플랜지 뿌리부의 지름

4 유니버셜 조인트

1) 주동축과 종동축의 회전수비

$$\frac{N_B}{N_A} = \frac{\omega_B}{\omega_A} = \frac{\cos\alpha}{1 - \sin^2\theta \cdot \sin^2\alpha}$$

A: 주동축, B: 종동축, N: 분당 회전수(rpm)

ω: 각속도(rad/s), α: 두 축선의 교차각(Deg)

θ: 주동축의 회전각(Deg)

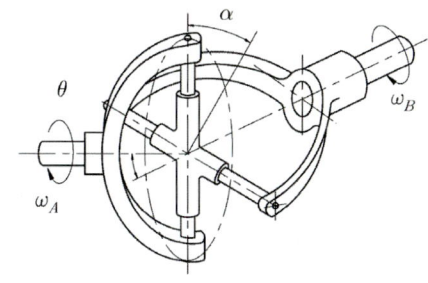

[그림 7-4 유니버셜 조인트]

2) 종동축의 회전각(ϕ: Deg)과 토크비

$$\phi = \frac{T_A}{T_B} = \frac{N_B}{N_A}$$

T_A: 주동축 토크(N·mm), T_B: 종동축 토크(N·mm)

3) 종동축의 최대·최소 회전수

① 종동축의 최대 회전수: $\theta = 90°$

$$N_{B\max} = \frac{\cos\alpha}{1 - \sin^2\alpha} N_A = \frac{1}{\cos\alpha} N_A$$

② 종동축의 최소 회전수:

$$N_{B\min} = \cos\alpha \, N_A$$

5 클러치

1) 맞물림 클러치(사각 클러치, Claw Clutch)

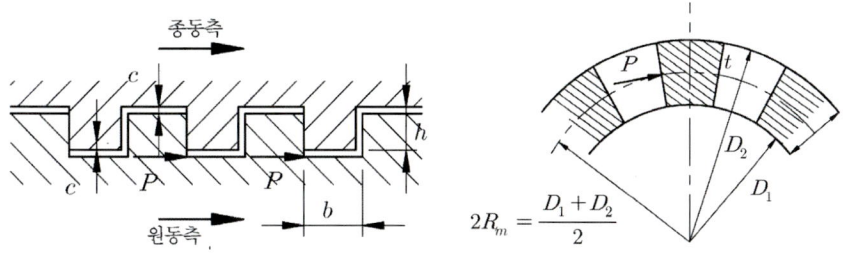

[그림 7-5 클로우 클러치]

① 클로우의 굽힘 모멘트(M: N·mm)와 굽힘응력(σ_b: N/mm², MPa)

$$M = P_t h, \quad Z = \frac{tb^2}{6}$$

P_t: 클로우 1개에 작용하는 하중(N), b: 클로우 폭(mm), t: 클로우 두께(mm)
h: 클로우 높이(mm), c: 틈새(mm), Z: 단면계수(mm³)

$$\sigma_t = \frac{M}{Z} = \frac{6P_t h}{tb^2}$$

$$t = \frac{D_2 - D_1}{2}, \quad b = \frac{D_2 + D_1}{2} \cdot \frac{\pi}{2Z}$$

D_1: 클로우 안지름(mm), D_2: 클로우 바깥지름(mm)

② 접촉 면압력(q: N/mm², MPa)

$$q = \frac{P_t}{(h-c) \cdot t} \leq q_a$$

③ 비틀림 모멘트(T: N·mm)와 클로우 전단응력(τ_c: N/mm², MPa)

$$T = P \cdot \frac{D}{2} = P_t n \cdot \frac{D_2 + D_1}{4} = q(h-c)tn \cdot \frac{D_2 + D_1}{4}$$

D: 클로우의 평균직경(mm), n: 클로우 수(이빨 수)

$$\tau_c = \frac{P}{A} = \frac{2T}{DA}$$

$$DA = \frac{D_2 + D_1}{2} \cdot \frac{\pi(D_2^2 - D_1^2)}{4} \cdot \frac{1}{2} = D \cdot bt \cdot n$$

④ 최대 전단응력

$$\tau_{max} = \sqrt{\left(\frac{\sigma_b}{2}\right)^2 + \tau_c^2} \leq \tau_a$$

2) 원판(단판) 클러치와 다판 클러치

① 원판 클러치의 면압력(q: MPa, N/mm²)

$$q = \frac{W}{\pi(D_2^2 - D_1^2)/4} = \frac{W}{\pi D b} \leq q_a$$

W : 축 하중(N)
D_1: 원판 클러치의 안지름(mm)
D_2: 원판 클러치의 바깥지름(mm)
D: 평균지름(mm)
b: 원판 클러치의 폭(너비, mm)

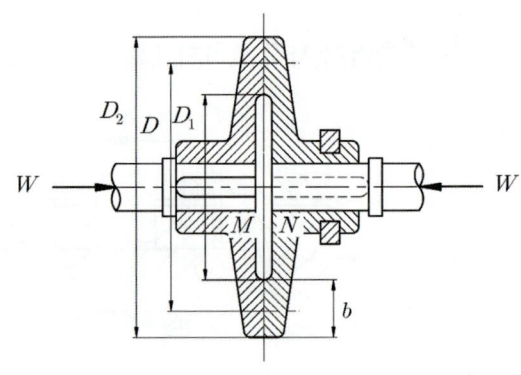

[그림 7-6 원판 클러치]

$$D = \frac{D_2 + D_1}{2}, \quad b = \frac{D_2 - D_1}{2}$$

② 원판 클러치의 전달 토크(T: N·m, J, N·mm)

$$T = \mu W \cdot \frac{D}{2} = \mu q \pi D b \cdot \frac{D}{2}$$

$$= \mu q \frac{\pi(D_2^2 - D_1^2)}{4} \cdot \frac{D_1 + D_2}{4}$$

③ 다판 클러치의 면압력(q: MPa, N/mm²)

$$q = \frac{W}{\pi(D_2^2 - D_1^2)/4 \cdot Z} = \frac{W}{\pi D b Z} \leq q_a$$

Z: 접촉면의 수

④ 다판 클러치의 전달 토크(T: N·m, J, N·mm)

$$T = \mu W \cdot \frac{D}{2} = \mu q \pi D b Z \cdot \frac{D}{2}$$

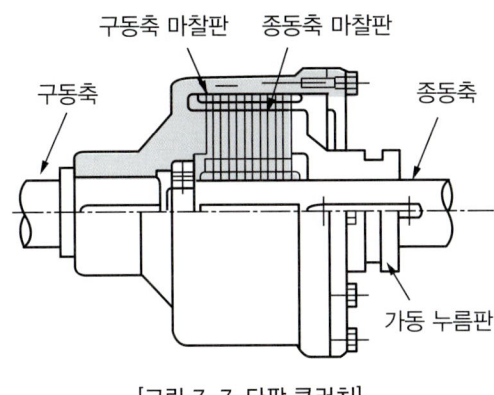

[그림 7-7 다판 클러치]

3) 원추 클러치

① 축 하중(W : N)과 접촉면의 수직력(Q : N)과의 관계

$$W = Q \cdot (\sin\alpha + \mu\cos\alpha)$$

α: 원추반각(Deg), 원추면의 경사각

② 접촉 면압력(q : MPa, N/mm²)

$$q = \frac{Q}{\pi D b} \leq q_a$$

D: 평균직경(mm), b: 접촉 폭(mm)

$$D = \frac{D_2 + D_1}{2}, \quad b = \frac{D_2 - D_1}{2\sin\alpha}$$

$$D = D_1 + b\sin\alpha$$

③ 전달 토크(T : N·m, J, N·mm)

$$T = \mu Q \cdot \frac{D}{2} = \mu' W \cdot \frac{D_1 + D_2}{4}$$

μ': 상당 마찰계수, 유효 마찰계수

$$\mu' = \frac{\mu}{\sin\alpha + \mu\cos\alpha}$$

$$T = \mu q \pi D b \cdot \frac{D}{2}$$

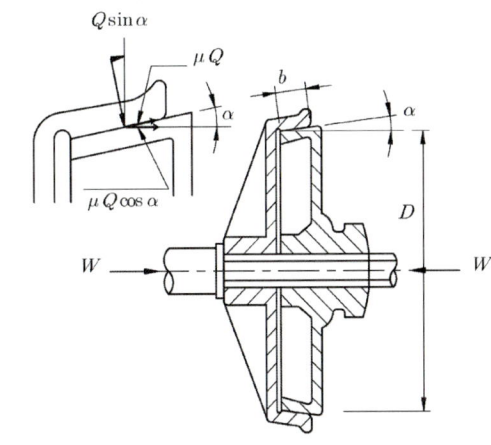

[그림 7-8 원추(원뿔) 클러치]

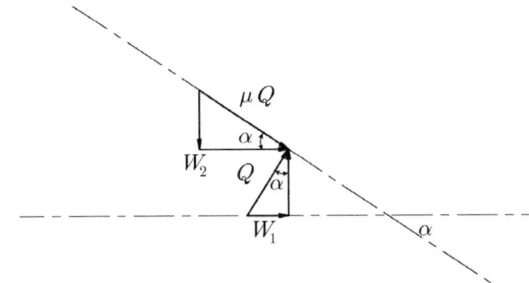

[그림 7-9 축 하중과 수직력의 관계]

8 chapter / 마찰차(Friction Wheel)

1 원통 마찰차(평마찰차)

1) 회전속도(V : m/s) 와 속도비(속비, i)

$$V = \frac{\pi D_A N_A}{60 \times 1000} = \frac{\pi D_B N_B}{60 \times 1000}$$

$$i = \frac{N_B}{N_A} = \frac{D_A}{D_B}$$

D_A: 주동차(구동차, 원동차)의 직경(mm)

D_B: 종동차의 직경(mm)

N_A: 주동차의 회전수(rpm)

N_B: 종동차의 회전수(rpm)

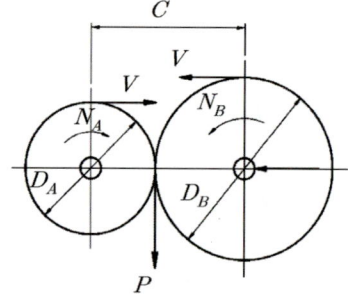

(a) 외접형　　　　(b) 내접형

[그림 8-1 원통 마찰차(평마찰차)]

2) 중심거리(축간거리, C : mm)

① 외접형: 회전 방향 반대

$$C = \frac{D_A + D_B}{2}$$

② 내접형: 회전 방향 동일

$$C = \frac{D_B - D_A}{2}$$

3) 선압

단위 폭당 작용력(수직력, f : N/mm)

$$f = \frac{W}{b} \leq f_a$$

W: 반경방향의 밀어 붙이는 하중(N)

b: 접촉 폭(너비, mm)

4) 회전력(전달력, P : N)

$$P = \mu W = \mu f b$$

μ: 마찰계수

5) 전달 동력(H)

$$H = \frac{P \cdot V}{1000} = \frac{\mu W}{1000} \cdot \frac{\pi DN}{60 \times 1000} (\text{kW})$$

$$H = \frac{P \cdot V}{735} = \frac{\mu W}{735} \cdot \frac{\pi DN}{60 \times 1000} (\text{PS})$$

$$1kW = 102 kg_f \cdot m/s = 1000 N \cdot m/s$$
$$1PS = 75 kg_f \cdot m/s = 735 N \cdot m/s$$
$$1kW = 1.36 PS, \ 1PS = 0.735 kW$$

6) 전달 토크(T : N·mm)

① 주동축

$$T_A = P \cdot \frac{D_A}{2} = 974000 \times 9.8 \frac{H_{kW}}{N_A} = 716200 \times 9.8 \frac{H_{PS}}{N_A}$$

② 종동축

$$T_B = P \cdot \frac{D_B}{2} = 974000 \times 9.8 \frac{H_{kW}}{N_B} = 716200 \times 9.8 \frac{H_{PS}}{N_B}$$

2 홈(붙이) 마찰차

1) 평균 회전속도

$$V = \frac{\pi D_A N_A}{60 \times 1000} = \frac{\pi D_B N_B}{60 \times 1000}$$

D_A: 주동차의 평균직경(mm)

D_B: 종동차의 평균직경(mm)

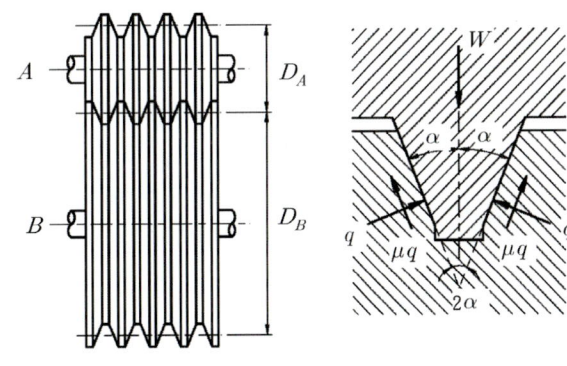

[그림 8-2 홈붙이 마찰차]

2) 밀어붙이는 힘 W(N) 와 접촉부의 수직력 Q(N)

$$W = Q(\sin\alpha + \mu\cos\alpha)$$

α: 원추 반각(Deg), 피치 원추각, 홈의 반각

3) 상당 마찰계수(유효 마찰계수 μ')

$$\mu' = \frac{\mu}{\sin\alpha + \mu\cos\alpha}$$

4) 홈의 수(Z) 와 선압력(f : N/mm)

$$f = \frac{Q}{L} = \frac{Q}{2lZ} = \frac{Q}{2\frac{h}{\cos\alpha}Z} \fallingdotseq \frac{Q}{2hZ} \leq f_a$$

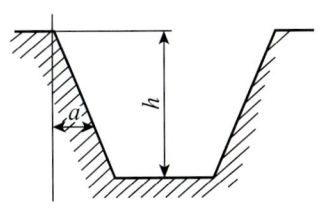

[그림 8-3 홈의 깊이]

l: 홈 내의 사선길이(mm), h: 홈의 높이(mm), 홈의 깊이

L: 접촉부 전체 사선의 길이(mm), 접촉부에 해당하는 길이

$$h = 0.3\sqrt{\mu'W} = 0.3\sqrt{\mu Q}$$

$$Z = \frac{Q}{2hf} = \frac{L}{2h}$$

5) 회전력(전달력, P : N)

$$P = \mu Q = \mu'W$$
$$= \mu fL \fallingdotseq \mu f \cdot 2hZ$$

3 원추 마찰차

1) 원추 모선의 길이(L: mm)

$$L = \frac{D_A}{2\sin\gamma_A} = \frac{D_B}{2\sin\gamma_B}$$

D_A: 주동차의 평균직경(mm)

D_B: 종동차의 평균직경(mm)

γ_A: 주동차의 원추반각(Deg)

γ_B: 종동차의 원추반각(Deg)

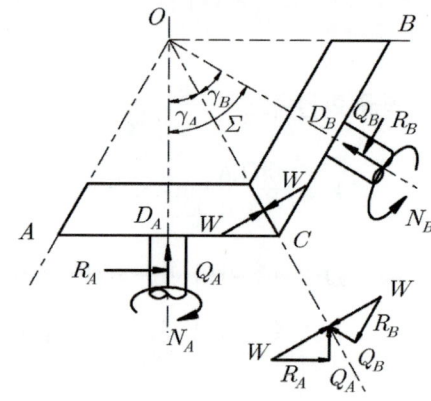

[그림 8-4 원추 마찰차]

2) 속도비(i)

$$i = \frac{N_B}{N_A} = \frac{D_A}{D_B} = \frac{\sin\gamma_A}{\sin\gamma_B}$$

N_A: 주동차의 회전수(rpm), N_B: 종동차의 회전수(rpm)

3) 피치 원추각(원추 반각)

– 외접 원추 마찰차

$$\tan\gamma_A = \frac{\sin\Sigma}{\frac{1}{i} + \cos\Sigma}, \quad \tan\gamma_B = \frac{\sin\Sigma}{i + \cos\Sigma}$$

$$\Sigma = \gamma_A + \gamma_B, \quad \Sigma: 축각(\text{Deg})$$

4) 축 하중

① 레이디얼 하중(R : N)

$$R_A = W\cos\gamma_A, \ R_B = W\cos\gamma_B$$

W: 사폭에 직각으로 밀어붙이는 하중(N)

② 스러스트 하중

$$Q_A = W\sin\gamma_A, \ Q_B = W\sin\gamma_B$$

4 무단 변속 마찰차

1) 평판형 무단 변속 마찰차

$$x_{\min} \leq x \leq x_{\max}$$

x: 종동차의 이동 변위

① 속도비($i_{\min} \sim i_{\max}$)

$$i_{\min} = \frac{N_{B\min}}{N_A} = \frac{2x_{\min}}{D_B}, \ i_{\max} = \frac{N_{B\max}}{N_A} = \frac{2x_{\max}}{D_B}$$

② 회전속도(V : m/s)

$$V_{\min} = \frac{\pi(2x_{\min})N_A}{60 \times 1000} = \frac{\pi D_B N_{B\min}}{60 \times 1000}$$

$$V_{\max} = \frac{\pi(2x_{\max})N_A}{60 \times 1000} = \frac{\pi D_B N_{B\max}}{60 \times 1000}$$

③ 전달동력(H : kW)

$$H_{kW} = \frac{\mu W_{\max} \cdot V_{\min}}{1000} = \frac{\mu W_{\min} \cdot V_{\max}}{1000}$$

④ 선압력(f : N/mm)

$$f = \frac{W_{\max}}{b} \leq f_a$$

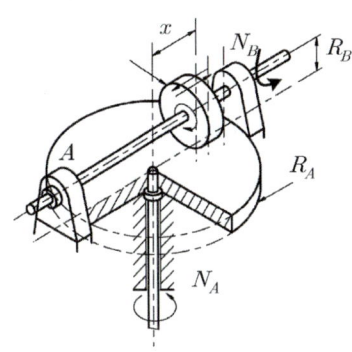

[그림 8-5 원판 무단 변속 마찰차]

9 chapter 기어전동(Gear Drive)

1 스퍼기어

1) 이의 크기

① 모듈(m)

$$m = \frac{D}{Z}$$

D: 피치원 지름(mm)

Z: 잇수, 치수

② 원주피치(p : mm)

$$p = \frac{\pi D}{Z} = \pi m$$

③ 지름피치(p_d)

$$p_d = \frac{Z}{D(in)} = \frac{25 \cdot 4}{m}$$

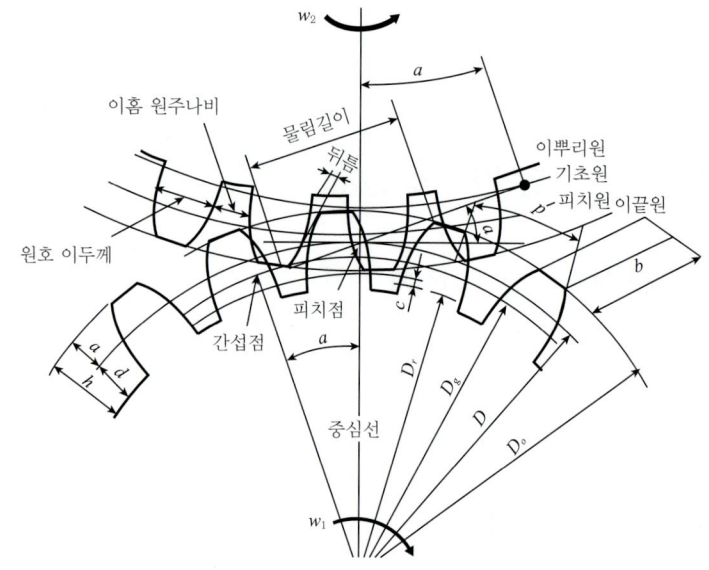

[그림 9-1 기어의 각부 치수]

2) 스퍼기어의 각부의 치수

① 피치원의 지름

$$D = mZ$$

② 중심거리(축간거리, A: mm)

$$A = \frac{D_1 + D_2}{2} = \frac{m(Z_1 + Z_2)}{2}$$

D_1: 피니언의 지름(mm), 소치차, 소기어

D_2: 기어의 지름(mm), 대치차, 대기어

Z_1: 피니언의 잇수, Z_2: 기어의 잇수

③ 이끝원지름(D_o: mm)

$$D_o = D + 2a = m(Z + 2)$$

— 표준 스퍼기어: 어덴덤(이끝 높이) $a = m$, 이 두께 $t = \frac{p}{2}$,

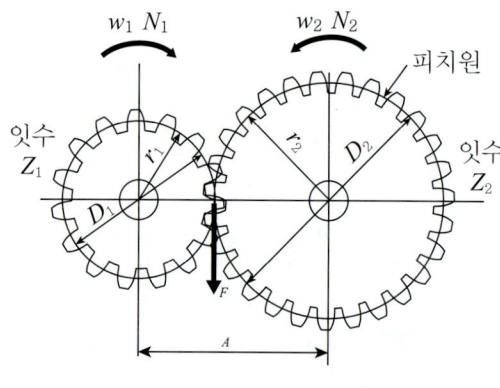

[그림 9-2 기어의 치수]

디덴덤(이뿌리 높이) $d = a + c = m + 0.25m = 1.25m$(최대), c: 이끝 틈새

이의 높이 $h = a + d$

이뿌리원지름 $D_r = D - 2d = m(Z - 2 \times 1.25)$

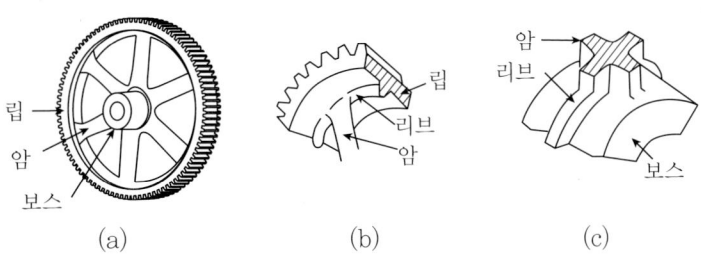

[그림 9-3 기어 각부의 명칭]

④ 기초원지름(D_g: mm)

$D_g = D\cos\alpha$, α: 압력각(Deg)

⑤ 법선피치(p_n: mm)

$$p_n = \frac{\pi D_g}{Z} = p\cos\alpha$$

⑥ 속도(V: m/s) 및 속도비(속비, i)

$$V = \frac{\pi DN}{60 \times 1000} = \frac{\pi mZN}{60 \times 1000}$$

$$i = \frac{N_2}{N_1} = \frac{D_1}{D_2} = \frac{Z_1}{Z_2}$$

N_1: 주동축 회전수(rpm), N_2: 종동축 회전수(rpm)

3) 전달력(회전력, 피치원의 접선력, F 또는 F'': N)

① 루이스(Lewis) 굽힘강도 고려

– 피니언과 기어 양쪽에서 다 계산 시 작은 값 선택

$$F = f_\omega f_v \sigma_b bpy = f_\omega f_v \sigma_b bmY$$

f_ω: 하중계수(0.67~0.8, 문제 상에서 안주면 무시, 즉 1로 놓고 계산)

f_v: 속도계수

$V = 0.5~10m/s$이면 $f_v = \dfrac{3.05}{3.05 + V}$ (보통기어, 저속용); $10m/s$ 미만 적용

$V = 5~20m/s$이면 $f_v = \dfrac{6.1}{6.1 + V}$ (정밀기어, 중속용); $10m/s$ 이상 적용

σ_b: 굽힘응력(MPa, N/mm²), 굽힘강도

b: 치폭(이 나비, mm), $p = \pi m$: 원주피치(mm), m: 모듈

y: 치형계수(강도계수), $Y = \pi y$: (상당)치형계수

② 헤르쯔(Hertz) 면압강도 고려

$$F' = f_v Kmb \cdot \left(\frac{2Z_1 Z_2}{Z_1 + Z_2}\right)$$

K: 비응력 계수(접촉면 응력 계수: MPa, N/mm²)

③ 굽힘강도와 면압강도 둘 다 고려 시 전달하중은 안전을 고려하여 작은 값 선택

4) 전달동력(H: kW, PS)

$$H_{kW} = \frac{F \cdot V}{1000} \text{ or } HP = \frac{F \cdot V}{735}$$

① 최대 전달동력은 안전상 허용 가능한 최대 전달력(F)으로 계산한다.

5) 전달토크(T: N·mm, N·m, J)

① 주동축 토크

$$T_1 = F \cdot \frac{D_1}{2} = 974000 \times 9.8 \frac{H_{kW}}{N_1} = 716200 \times 9.8 \frac{HP}{N_1} (\text{N} \cdot \text{mm})$$

② 종동축 토크

$$T_2 = F \cdot \frac{D_1}{2} = 974000 \times 9.8 \frac{H_{kW}}{N_2} = 716200 \times 9.8 \frac{HP}{N_2} (\text{N} \cdot \text{mm})$$

6) 이(齒)에 작용하는 하중

① 치면(잇면)에 작용하는 하중(F_n: N)

$$F_n = \frac{F}{\cos\alpha}$$

② 축에 수직한 하중(F_v: N)

$F_v = F\tan\alpha$

- 베어링 하중은 치면에 작용하는 하중을 이용하여 구한다.

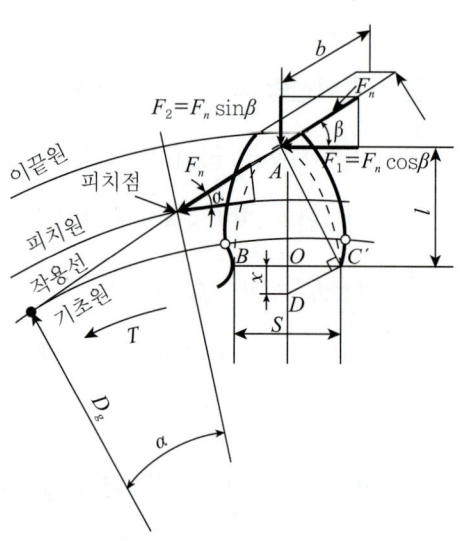

[그림 9-4 이에 작용하는 하중]

2 전위기어

1) 언더컷의 한계잇수(Z_g)

$$Z_g = \frac{2}{\sin^2 \alpha}$$

① 언더컷 방지법
- 이 높이를 감소시킨다.
- 압력각을 증가(20°)시킨다.
- 한계 잇수 이상으로 한다.
- 전위기어를 사용한다.
- 피니언의 잇수를 최소 잇수로 한다.
- 이끝 면을 깎아 내거나 피니언의 이뿌리 면을 반지름 방향을 파낸다.

② 전위기어 사용 목적
- 이의 간섭에 따른 언더컷의 방지를 목적으로 한다.
- 이의 강도 조정을 위한 이 두께를 변화시키고자 할 때
- 물림률, 미끄럼률을 적당히 취하여 운전 성능을 향상시키고자 할 때
- 중심거리를 그대로 두고 잇수비를 바꾸고자 할 때
- 변환기어 등에서 이 끝을 예리하게 하기 위하여 사용한다.

2) 전위계수(x)

$$x = 1 - \frac{Z}{2}\sin^2 \alpha$$

3) 전위량(X)

$$X = mx$$

4) 전위기어의 이끝원 지름(D_0)

$$D_0 = D + 2a + 2X = m(Z + 2 + 2x)$$

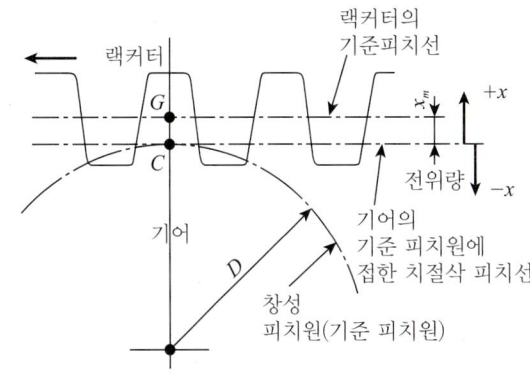

[그림 9-5 전위기어의 전위량]

5) 중심거리 증가계수(y)

$$y = \frac{Z_1 + Z_2}{2} \cdot \left(\frac{\cos\alpha}{\cos\alpha_b} - 1 \right)$$

α_b: 물림 압력각(Deg) – 인벌류트함수표를 이용

$$\text{inv } \alpha_b = 2\tan\alpha \cdot \left(\frac{x_1 + x_2}{Z_1 + Z_2} \right) + \text{inv } \alpha$$

6) 중심거리(A: mm)

$$A = m \left(\frac{Z_1 + Z_2}{2} + y \right)$$

[표 9-1 인벌류트 함수표]

$\alpha[°]$	0	0.2	0.4	0.6	0.8
14.000	0.00498	0.00520	0.00543	0.00566	0.00590
15.000	0.00615	0.00640	0.00667	0.00693	0.00721
16.000	0.00749	0.00778	0.00808	0.00839	0.00870
17.000	0.00902	0.00936	0.00969	0.01004	0.01040
18.000	0.01076	0.01113	0.01152	0.01191	0.01231
19.000	0.01272	0.01313	0.01356	0.01400	0.01445
20.000	0.01490	0.01537	0.01585	0.01634	0.01684
21.000	0.01734	0.01786	0.01840	0.01894	0.01949
22.000	0.02005	0.02063	0.02122	0.02182	0.02243
23.000	0.02305	0.02368	0.02433	0.02499	0.02566

3 헬리컬 기어

1) 축직각 모듈(m_s) 과 치직각 모듈(m_n) 의 관계

$$m_s = \frac{m_n}{\cos\beta}$$

β: 비틀림 각(Deg)

2) 헬리컬기어의 각부 치수

① 피치원 지름(D: mm)

$$D = m_s Z = \frac{m_n}{\cos\beta} \cdot Z$$

Z: 헬리컬기어 잇수

② 이끝원 지름(바깥지름, D_o: mm)

$$D_o = D + 2a = m_n \left(\frac{Z}{\cos\beta} + 2 \right)$$

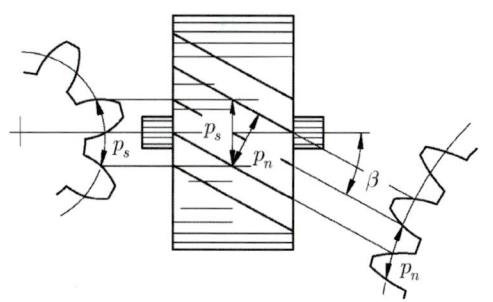

[그림 9-6 헬리컬 기어의 치형방식]

③ 중심거리(A: mm)

$$A = \frac{D_1 + D_2}{2} = \frac{m_n(Z_1 + Z_2)}{2\cos\beta}$$

④ 상당 평치차(기어) 잇수(Z_e)

$$Z_e = \frac{Z}{\cos^3\beta}$$

⑤ 곡률 반지름(스퍼기어의 피치원 반지름, R_e: mm)

$$R_e = \frac{m_n Z_e}{2} = \frac{m_e Z}{2\cos^3\beta}$$

⑥ 스퍼기어의 피치원의 지름(D_e: mm)

$$D_e = 2R_e = m_n Z_e = \frac{m_n Z}{\cos^3\beta}$$

3) 전달하중(전달력, 피치원의 접선력, 회전력, F: N)

① 굽힘강도 고려

$$F = f_\omega f_v \sigma_b b m_n Y_e$$

Y_e: 수정 (상당)치형계수 – π 포함된 값

② 면압강도 고려

$$F' = f_v \frac{C_\omega}{\cos^3\beta} K b m_n \frac{2Z_1 Z_2}{Z_1 + Z_2}$$

C_ω: 면압계수(0.75~1.0)

4) 헬리컬기어에 작용하는 하중

① 치면에 걸리는 수직하중(F_n: N)

$$F_n = \frac{F}{\cos\alpha \cdot \cos\beta}$$

② 축에 작용하는 직각하중(F_v: N)

$$F_v = F_n \sin\alpha = F \cdot \frac{\tan\alpha}{\cos\beta}$$

③ 축 하중(스러스트 하중, F_t: N)

$$F_t = F \cdot \tan\beta$$

4 베벨기어

1) 일반 계산식

① 원추 모선의 길이(L: mm)

$$L = \frac{D_A}{2\sin\gamma_A} = \frac{D_B}{2\sin\gamma_B}$$

D_A: 주동 베벨기어의 평균직경(mm)
D_B: 종동 베벨기어의 평균직경(mm)
γ_A: 주동 베벨기어의 원추반각(Deg)
γ_B: 종동 베벨기어의 원추반각(Deg)

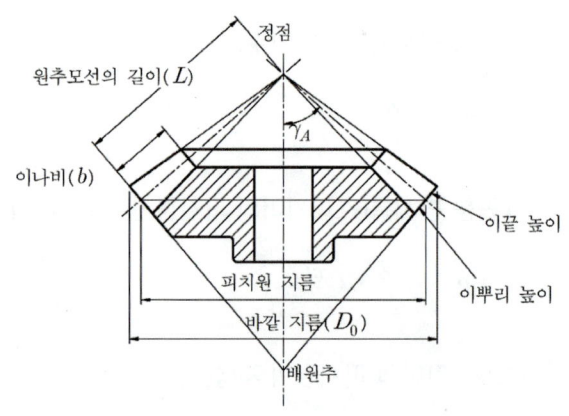

[그림 9-7 베벨기어]

② 속도비(i)

$$i = \frac{N_B}{N_A} = \frac{D_A}{D_B} = \frac{\sin\gamma_A}{\sin\gamma_B}$$

N_A: 주동 베벨기어의 회전수(rpm), N_B: 종동 베벨기어의 회전수(rpm)

③ 피치 원추각(원추 반각)

$$\tan\gamma_A = \frac{\sin\Sigma}{\frac{1}{i} + \cos\Sigma}, \quad \tan\gamma_B = \frac{\sin\Sigma}{i + \cos\Sigma}$$

Σ: 축각(Deg), $\Sigma = \gamma_A + \gamma_B$

– 마이터 베벨기어: 축각 $\Sigma = 90°$, $i = 1$

④ 바깥지름($D_\circ$: mm)

$$D_\circ = D + 2a \cdot \cos\gamma = m(Z + 2\cos\gamma)$$

⑤ 상당평치차 잇수(Z_e)

$$Z_e = \frac{Z}{\cos\gamma}$$

⑥ 베벨기어 계수(λ)

$$\lambda = \frac{L-b}{L}$$

b: 치 폭(이 너비, mm)

2) 전달하중(전달력, 피치원의 접선력, F: N)

① 굽힘강도 고려

$$F = f_\omega f_v \sigma_b b m_n Y_e \lambda$$

② 면압강도 고려 – 미국 기어 제작 협회 추천 공식

$$F' = 16 \cdot 4 \cdot b \cdot \sqrt{D_A} \cdot f_m \cdot f_s$$

f_m: 재료계수, f_s: 사용기계에 의한 계수

3) 전달동력(H)

$$H = \frac{F \cdot V}{1000}(kW) = \frac{F \cdot V}{735}(PS)$$

F: 굽힘강도 고려한 것과 면압강도 고려한 경우 중 작은 값(N)

V: 전달속도(m/s)

5 웜과 웜휠

1) 일반 계산식

① 축직각 피치(p_s)와 치직각 피치(p_n)

$p_s = \pi m_s$, $p_n = \pi m_n$

$p_n = p_s \cos\beta$

β: 웜의 리드각(Deg), m_s: 축직각 모듈, m_n: 치직각 모듈

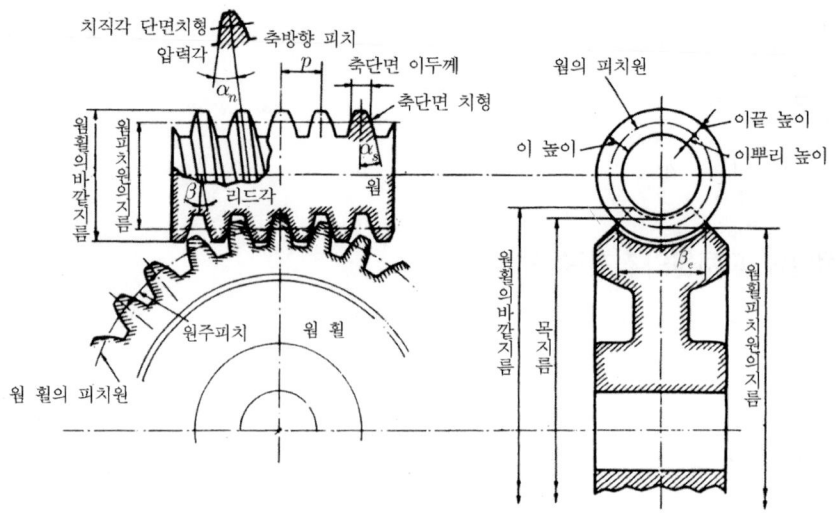

[그림 9-8 웜과 웜휠]

② 웜의 리드(L: mm) 및 리드각(β: Deg)

$$L = Z_w \cdot p_s$$

$$\tan\beta = \frac{L}{\pi D_w}$$

Z_w: 웜의 잇수, D_w: 웜의 피치원 지름(mm)

③ 웜휠의 피치원 지름(D_g)과 잇수(Z_g)

$$D_g = m_s \cdot Z_g$$

$$p_s = \frac{L}{Z_w} = \frac{\pi D_g}{Z_g} = \pi m_s$$

④ 중심거리(C: mm)

$$C = \frac{D_w + D_g}{2}$$

⑤ 속도비

$$i = \frac{N_g}{N_w} = \frac{Z_w}{Z_g} = \frac{L}{\pi D_g}$$

N_w: 웜의 회전수(rpm), N_g: 웜휠의 회전수(rpm)

⑥ 웜의 회전속도(V_w: m/s)와 웜휠의 회전속도(V_g: m/s)

$$V_w = \frac{\pi D_w N_w}{60 \times 1000},\ V_g = \frac{\pi D_g N_g}{60 \times 1000}$$

2) 효율과 동력

$$\eta = \frac{\tan\beta}{\tan(\beta+\rho)} = \frac{H_o}{H}$$

η: 웜의 효율(%), H_o: 출력(kW, PS) – 실제동력, H: 입력(kW, PS) – 이론동력

ρ: 마찰각(Deg), $\tan\rho = \dfrac{\mu}{\cos\alpha}$

μ: 마찰계수, α: 압력각(Deg)

3) 웜휠의 전달하중(전달력, F_g: N)

① 굽힘강도 고려

$$F_g = f_w f_v \sigma_b p_n b y$$

p_n: 치직각 모듈

– 금속재료일 때: $f_v = \dfrac{6.1}{6.1+V_g}$, 합성수지일 때: $f_v = \dfrac{1+0.25V_g}{1+V_g}$

② 면압강도 고려 시

$$F'_g = f_v \phi D_g b_e K$$

ϕ: 웜의 리드각에 의한 계수, b_e: 웜휠의 유효 이나비(mm)

K: 내마멸 계수(MPa, N/mm^2)

$b_e = \sqrt{D_{ow}^2 - D_w^2}$, D_{ow}: 웜의 바깥지름(외경, mm)

4) 전달 동력(H: kW, PS)

$$H = \frac{F_w \cdot V_w}{1000} = \frac{F_g \cdot V_g}{1000} \text{(kW)}$$

$$H = \frac{F_w \cdot V_w}{735} = \frac{F_g \cdot V_g}{735} \text{(PS)}$$

F_w: 웜의 회전력(N), F_g: 웜휠의 회전력(N)

$V_w =$: 웜의 회전속도(m/s), V_g: 웜휠의 회전속도(m/s)

5) 전달 토크(T: N·mm)

$$T_w = F_w \cdot \frac{D_w}{2} = 974000 \times 9.8 \frac{H_{kW}}{N_w} = 716200 \times 9.8 \frac{HP}{N_w}$$

$$T_g = F_g \cdot \frac{D_g}{2} = 974000 \times 9.8 \frac{H_{kW}}{N_g} = 716200 \times 9.8 \frac{HP}{N_g}$$

6) 웜과 웜휠에 작용하는 하중

① 웜의 피치원에 작용하는 접선력($P_1 = F_w$: N)

$$P_1 = P_n(\cos\alpha \cdot \sin\gamma + \mu\cos\gamma)$$

P_n: 잇면(치면)에 수직한 힘(F_n: N)

γ: 리드각(β: Deg)

② 웜휠의 피치원에 작용하는 접선력($P_2 = F_g$: N)

$$P_2 = P_n(\cos\alpha \cdot \cos\gamma - \mu\sin\gamma)$$

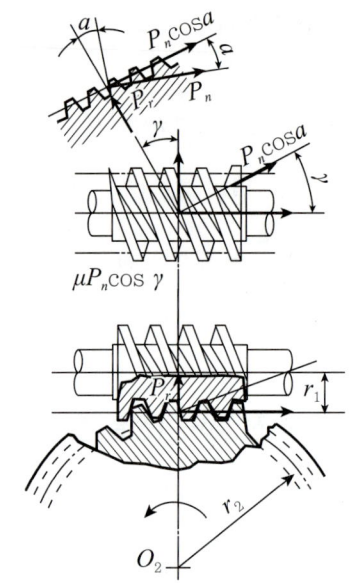

[그림 9-9 웜과 웜휠에 작용하는 하중]

6 유성기어

계산 방법의 한 예로써 태양기어 A를 고정하고 아암 H를 유성기어 B와 함께 축 O_A의 둘레를 회전시켰을 때 유성기어 B의 회전수는 다음 표와 같은 방법으로 결정할 수 있다.

[표 9-2 유성기어의 회전수 계산 방법]

회전상태 \ 기어장치의 각 부재	태양기어(A)	유성기어(B)	아암(H)
전체 고정	$+N_H$	$+N_H$	$+N_H$
아암 고정	$-N_H$	$-N_H \times (-1)\dfrac{Z_A}{Z_B}$	0
유효 회전수 (종미 회전수)	0	$(+N_H) + (-N_H) \times (-1)\dfrac{Z_A}{Z_B}$	$+N_H$

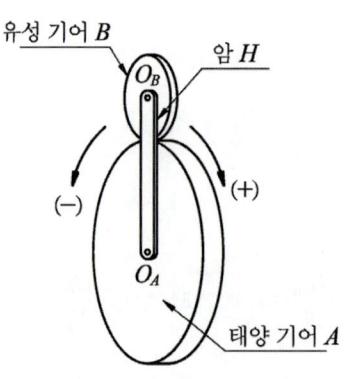

[그림 9-10 유성기어 장치]

7 기어 트레인

1) 단식 기어열

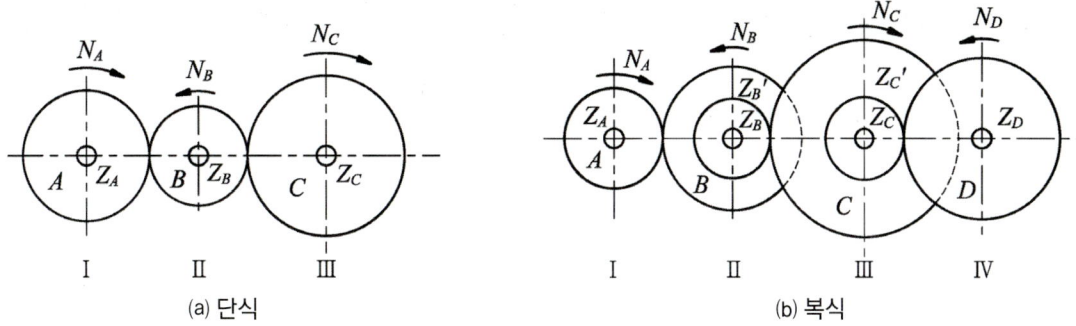

[그림 9-11 기어 트레인(기어열)]

$$i = \frac{N_C}{N_A} = \frac{Z_A}{Z_C}$$

2) 복식 기어열

$$i = \frac{N_D}{N_A} = \frac{Z_A \cdot Z_B \cdot Z_C}{Z_D \cdot Z_{B'} \cdot Z_{C'}}$$

10 chapter 벨트전동(Belting)

1 평벨트 전동장치

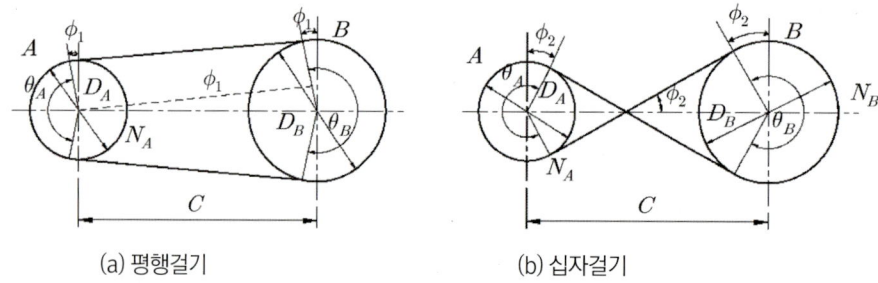

(a) 평행걸기   (b) 십자걸기

[그림 10-1 평벨트 전동]

1) 벨트의 회전속도(V: m/s) 와 속도비(i)

$$V = \frac{\pi D_A N_A}{60 \times 1000} = \frac{\pi D_B N_B}{60 \times 1000}$$

D_A: 원동차 풀리의 직경(mm), D_B: 종동차 풀리의 직경(mm)

N_A: 원동차 풀리의 회전수(rpm), N_B: 종동차 풀리의 회전수(rpm)

$$i = \frac{N_B}{N_A} = \frac{D_A}{D_B}$$

2) 벨트의 접촉각(θ: Deg)

① 평행걸기(바로걸기)

$$\theta_A = 180 - 2 \cdot \sin^{-1}\left(\frac{D_B - D_A}{2C}\right),\ \theta_B = 180 + 2 \cdot \sin^{-1}\left(\frac{D_B - D_A}{2C}\right)$$

하첨자 A는 원동차, B는 종동차를 나타냄

C: 축간거리(중심거리: mm)

② 엇걸기(십자걸기)

$$\theta = 180 \pm 2 \cdot \sin^{-1}\left(\frac{D_A + D_B}{2C}\right),\ \theta = \theta_A = \theta_B$$

3) 벨트의 길이(L: mm)

① 평행걸기

$$L = 2C + \frac{\pi(D_A + D_B)}{2} + \frac{(D_A - D_B)^2}{4C}$$

② 엇걸기

$$L = 2C + \frac{\pi(D_A + D_B)}{2} + \frac{(D_A + D_B)^2}{4C}$$

4) 벨트의 장력

① 초장력(T_0: N)

$$T_0 = \frac{T_t + T_s}{2}$$

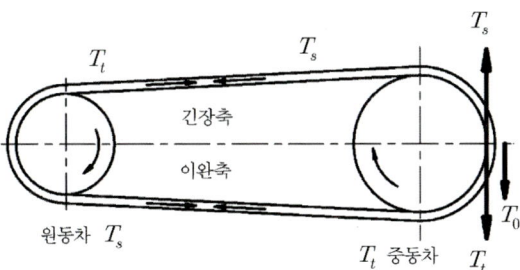

[그림 10-2 벨트의 장력]

② 장력비($e^{\mu\theta}$)

$$e^{\mu\theta} = \frac{T_t - T_g}{T_s - T_g}$$

μ: 마찰계수, θ(rad): 접촉각

③ 유효장력(P_e: N): 회전력, 전달력

$$P_e = T_t - T_s$$

④ 부가장력(T_g: N): 벨트속도 V가 10m/s 이상일 때 원심력 고려

$$T_g = \frac{\omega V^2}{g}$$

ω: 단위 길이당 하중(N/m), g: 표준 중력가속도(9.8m/s²)

$\omega = \gamma \cdot A = \gamma \cdot bt$

γ: 벨트의 비중량(N/m³), b: 벨트 폭(mm), t: 벨트 두께(mm), A: 벨트 단면적(mm²)

⑤ 긴장측 장력(허용장력, 안전상 허용 가능한 최대 인장력, T_t: N)

$$T_t = P_e \frac{e^{\mu\theta}}{e^{\mu\theta} - 1} + T_g$$

⑥ 이완측 장력(T_s: N)

$$T_s = P_e \frac{1}{e^{\mu\theta} - 1} + T_g$$

> ─ 부가장력 무시할 경우
>
> ($V < 10m/s$일 때)
>
> · $e^{\mu\theta} = \dfrac{T_t}{T_s}$
>
> · $T_t = P_e \dfrac{e^{\mu\theta}}{e^{\mu\theta} - 1}$, $T_s = P_e \dfrac{1}{e^{\mu\theta} - 1}$

5) 벨트의 인장응력(σ_t: MPa, N/mm²)

$$\sigma_t = \frac{T_t}{A\eta} = \frac{T_t}{bt\eta} \leq \sigma_{ta}$$

6) 전달 동력(H: kW, PS)

$$H = \frac{P_e \cdot V}{1000} = \frac{(T_t - T_s) \cdot V}{1000}(\text{kW}), \ H = \frac{P_e \cdot V}{735} = \frac{(T_t - T_s) \cdot V}{735}(\text{PS})$$

$$H = (T_t - T_g)\frac{(e^{\mu\theta} - 1)}{e^{\mu\theta}} \cdot \frac{V}{1000} = (T_s - T_g)(e^{\mu\theta} - 1) \cdot \frac{V}{1000}(\text{kW})$$

$$H = (T_t - T_g)\frac{(e^{\mu\theta} - 1)}{e^{\mu\theta}} \cdot \frac{V}{735} = (T_s - T_g)(e^{\mu\theta} - 1) \cdot \frac{V}{735}(\text{PS})$$

7) 전달 토크(T: N·mm)

① 주동축

$$T_A = P_e \cdot \frac{D_A}{2} = 974000 \times 9.8\frac{H_{kW}}{N_A} = 716200 \times 9.8\frac{HP}{N_A}$$

② 종동축

$$T_B = P_e \cdot \frac{D_B}{2} = 974000 \times 9.8\frac{H_{kW}}{N_B} = 716200 \times 9.8\frac{HP}{N_B}$$

2 V벨트 전동장치

1) 상당 마찰계수(유효 마찰계수, 겉보기 마찰계수, 등가 마찰계수, 환산 마찰계수, 외관 마찰계수, μ')

$$\mu' = \frac{\mu}{\sin\alpha + \mu\cos\alpha}$$

μ: 마찰계수, α: 홈의 반각(Deg)

2) 장력

① 장력비($e^{\mu'\theta}$)

$$e^{\mu'\theta} = \frac{T_t - T_g}{T_s - T_g}$$

μ': 상당 마찰계수, θ(rad): 접촉각

- 벨트의 회전속도가 10m/s 미만이면 부가장력 무시

② 긴장측 장력(T_t: N)과 이완측 장력(T_s: N)

$$T_t = P_e\frac{e^{\mu'\theta}}{e^{\mu'\theta} - 1} + T_g, \ T_s = P_e\frac{1}{e^{\mu'\theta} - 1} + T_g$$

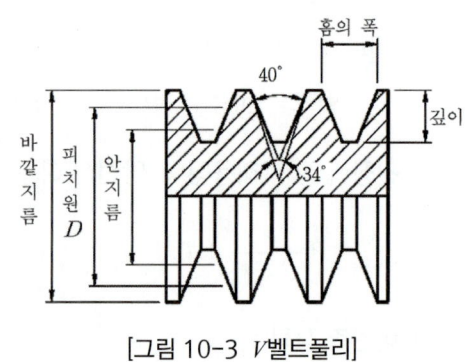

[그림 10-3 V벨트풀리]

3) 벨트의 가닥수(Z)

$$Z = \frac{H}{H_0 k_1 k_2}$$

H: 전체 전달동력(kW, PS), H_0: 벨트 1가닥의 전달동력(kW, PS)

k_1: 접촉각 수정계수, k_2: 부하 수정계수

$T_t = \sigma_{ta} \cdot A\eta$: 1가닥 긴장측 장력

$T_g = \dfrac{\omega V^2}{g}$: 1가닥에 대한 부가장력

$H = (T_t - T_g)\dfrac{(e^{\mu\theta} - 1)}{e^{\mu\theta}} \cdot \dfrac{V}{1000} = (T_s - T_g)(e^{\mu\theta} - 1) \cdot \dfrac{V}{1000}$ (kW)

11 chapter 체인전동 (Chain Drive)

1 롤러체인

1) 평균속도(V: m/s)

$$V = \frac{\pi D_A N_A}{60 \times 1000} = \frac{\pi D_B N_B}{60 \times 1000}$$

D_A: 주동 스프라켓 휠의 직경(mm), D_B: 종동 스프라켓 휠의 직경(mm)

N_A: 주동 스프라켓 휠의 회전수(rpm), N_B: 종동 스프라켓 휠의 회전수(rpm)

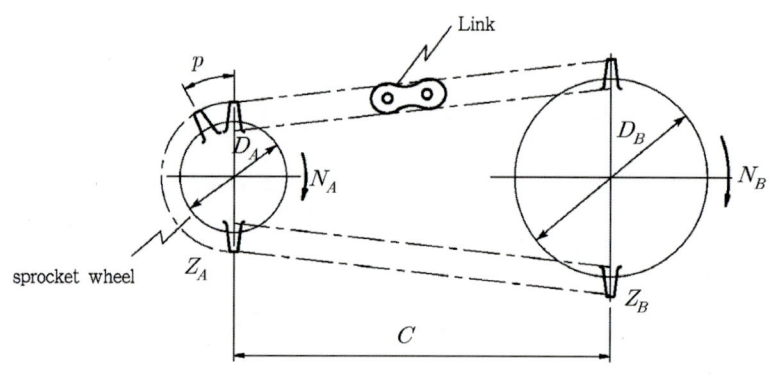

[그림 11-1 체인전동]

2) 속도 변동률(ε: %)

$$\varepsilon = \frac{V_{max} - V_{min}}{V_{max}} \times 100 = \left(1 - \cos\frac{180}{Z}\right) \times 100$$

3) 속도비(i)

$$i = \frac{N_B}{N_A} = \frac{Z_A}{Z_B}$$

4) 스프라켓 휠의 피치원의 지름(D: mm)

$$D = \frac{p}{\sin\left(\frac{180}{Z}\right)}$$

p: 원주 피치(mm), Z: 스프라켓 휠의 잇수

5) 스프라켓 휠의 바깥지름(D_o: mm)

$$D_o = p\left(0.6 + \cot\frac{180}{Z}\right)$$

① 롤러의 반지름(R)

$$D_o = D + 2R$$

② 스프라켓 휠의 이뿌리원 지름(D_b: mm)

$$D_b = D - 2R$$

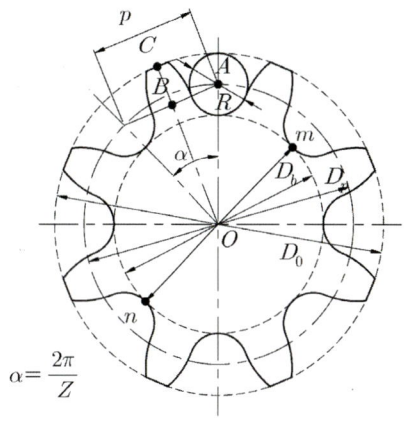

[그림 11-2 스프로킷 휠의 피치원 지름]

6) 체인의 길이(L: mm)와 링크 수(L_n)

$$L = L_n p = 2C + \frac{(Z_A + Z_B) \cdot p}{2} + \frac{0.0257 p^2 (Z_B - Z_A)^2}{C}$$

$$L_n = \frac{L}{p} = \frac{2C}{p} + \frac{Z_A + Z_B}{2} + \frac{0.0257 p (Z_B - Z_A)^2}{C}$$

7) 파단하중(F_b: N)과 허용하중(F_a: N)

$$F_a = \frac{F_b \cdot m}{S \cdot K}$$

m: 다열계수, S: 안전율(안전계수), K: 부하계수

8) 전달동력(H: kW, PS)

$$H = \frac{F_a \cdot V}{1000}\text{(kW)}, \quad H = \frac{F_a \cdot V}{735}\text{(PS)}$$

12 chapter 로프전동 (Rope Drive)

1 로프 풀리의 종류 및 피치원의 지름(D: mm)

1) 와이어 로프

$$D \geq 50d$$

d: 로프의 지름(mm)

2) 마 로프

$$D > 40d$$

3) 면 로프

$$D > 30d$$

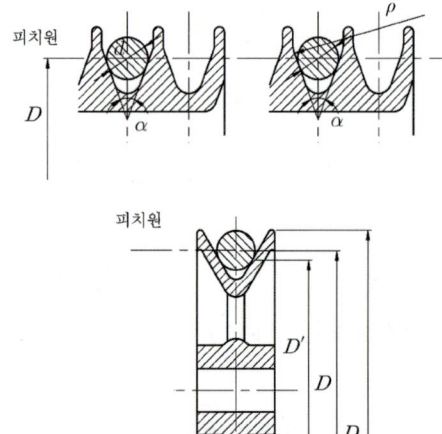

[그림 12-1 로프 풀리 홈과 피치원 지름]

2 면 로프 설계

1) 원동 풀리의 접촉각(θ: Deg)

$$\theta = 180° - 2 \cdot \sin^{-1}\left(\frac{D_2 - D_1}{2C}\right)$$

D_1: 주동 풀리의 피치원 지름(mm)

D_2: 종동 풀리의 피치원 지름(mm)

C: 중심거리, 축간거리(mm)

2) 상당 마찰계수(μ')

$$\mu' = \frac{\mu}{\sin\frac{\alpha}{2} + \mu\cos\frac{\alpha}{2}}$$

μ: 마찰계수, α: 홈 각(Deg)

3) 로프의 평균 회전속도(V: m/s)

$$V = \frac{\pi DN}{60 \times 1000}$$

N: 로프 풀리의 회전수(rpm)

4) 장력비($e^{\mu'\theta}$)

$$e^{\mu'\theta} = \frac{T_t - T_g}{T_s - T_g}$$

T_t: 긴장측 장력(N), T_s: 이완측 장력(N)

T_g: 부가장력(N) – 원심력 고려 시 적용

$T_g = \frac{\omega V^2}{g}$, ω: 단위 길이당 로프의 무게(N/m)

5) 전체 로프 가닥수에 대한 긴장측 장력(T_t: N)

$$T_t = P_e \cdot \frac{e^{\mu'\theta}}{(e^{\mu'\theta} - 1)} + T_g$$

P_e: 전체 가닥수에 대한 유효장력(N)

T_g: 전체 가닥수에 대한 부가장력(N)

6) 로프의 인장응력(σ_t: MPa, N/mm²)

$$\sigma_t = \frac{T_t}{\frac{\pi d^2}{4} \cdot n}$$

n: 가닥수, 소선의 수

7) 전달동력(H: kW, PS)

$$H = \frac{(T_t - T_g) \cdot (e^{\mu'\theta} - 1)}{e^{\mu'\theta}} \cdot \frac{V}{1000}\text{(kW)} = \frac{(T_t - T_g) \cdot (e^{\mu'\theta} - 1)}{e^{\mu'\theta}} \cdot \frac{V}{735}\text{(PS)}$$

3 와이어 로프의 응력

1) 로프에 작용하는 인장응력(σ_t: MPa, N/mm²)

$$\sigma_t = \frac{T_t}{\frac{\pi d^2}{4} \cdot n}$$

2) 로프에 발생하는 굽힘응력(: MPa, N/mm²)

$$\sigma_b = C \cdot \frac{E}{D} d$$

C: 수정계수$\left(\frac{3}{8}\right)$, E: 와이어의 종탄성계수(GPa, N/mm²)

3) 로프에 걸리는 최대응력

$$\sigma_{max} = \sigma_t + \sigma_b \leq \sigma_a$$

4 로프의 장력(T: N)과 처짐(h: mm)

1) 로프의 장력

$$T_A = \sqrt{V^2 + H^2} = \frac{\omega l^2}{8h} \cdot \sqrt{1 + \frac{16h^2}{l^2}} = H + \omega h$$

l: 축간거리, 중심거리(mm)

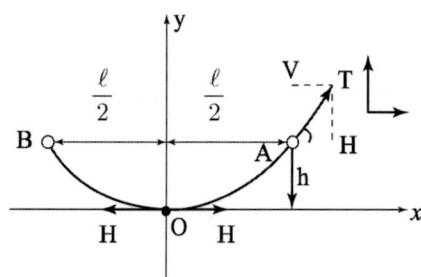

$\begin{bmatrix} T : \text{로프 장력} \\ V \ \& \ H : T\text{의 수직\&수평성분} \\ H : x \text{에 관계없이 일정} \\ V = w \cdot x, \ w : \text{단위길이당 무} \end{bmatrix}$

[그림 12-2 로프의 장력]

2) 접촉점(A)에서 접촉점(B) 까지 길이(L: mm)

$$L = l\left(1 + \frac{8}{3} \cdot \frac{h^2}{l^2}\right)$$

① 로프 전체 길이(L_t: mm)

$$L = \pi D + 2l\left(1 + \frac{8}{3} \cdot \frac{h^2}{l^2}\right)$$

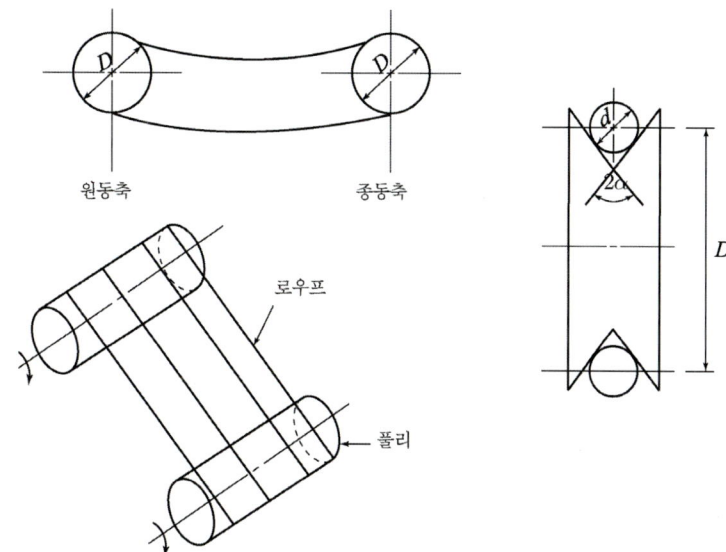

[그림 12-3 로프 풀리의 처짐과 길이]

13 chapter / 브레이크(Brake)

1 블록 브레이크

1) 면압력(q_m: MPa, N/mm²)

$$q_m = \frac{W}{A} = \frac{W}{be} \leq q_a$$

W: 드럼이 블록을 밀어내는 힘(N)
b: 블록의 폭(너비, mm)
e: 블록의 길이(mm)

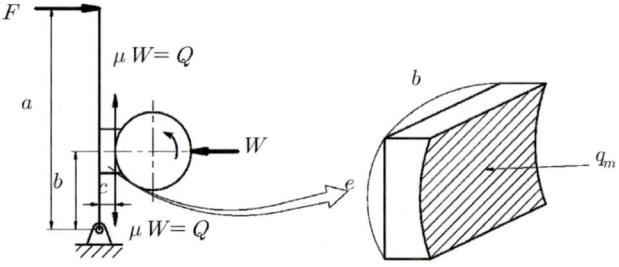

[그림 13-1 블록 브레이크]

$$e = \frac{D}{2} \cdot \theta(rad) = \frac{D}{2} \cdot \theta° \times \frac{\pi}{180°}$$

D: 드럼의 직경(mm), θ: 드럼과 블록의 접촉각(rad or deg)

2) 제동력(Q: N)

$$Q = \mu W = \mu q_m \cdot be$$

3) 제동동력(H: kW, PS)

$$H = \frac{Q \cdot V}{1000}(kW) = \frac{Q \cdot V}{735}(PS)$$

$$H = \frac{\mu W}{1000} \cdot \frac{\pi DN}{60 \times 1000}(kW) = \frac{\mu W}{735} \cdot \frac{\pi DN}{60 \times 1000}(PS)$$

4) 제동토크(T_f: N·mm)

$$T_f = Q \cdot \frac{D}{2} = \mu W \cdot \frac{D}{2}$$
$$= 974000 \times 9.8 \frac{H_{kW}}{N} = 716200 \times 9.8 \frac{HP}{N}$$

5) 브레이크 용량(w_f: MPa·m/s, N/mm²·m/s)

$$w_f = \frac{H}{A} = \frac{\mu WV}{A} = \mu q_m V$$

6) 조작력

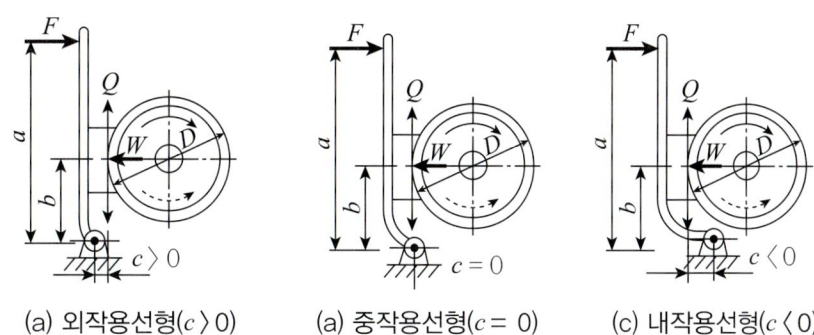

(a) 외작용선형($c > 0$)　　(a) 중작용선형($c = 0$)　　(c) 내작용선형($c < 0$)

[그림 13-2 블록 브레이크의 종류]

① 외작용선용 블록 브레이크($c > 0$)

− 우회전

$$Fa - Wb - Qc = 0,\ Fa - Wb - \mu Wc = 0$$

$$F = \frac{W}{a}(b + \mu c) = \frac{Q}{\mu a}(b + \mu c)$$

− 좌회전

$$Fa - Wb + Qc = 0,\ Fa - Wb + \mu Wc = 0$$

$$F = \frac{W}{a}(b - \mu c) = \frac{Q}{\mu a}(b - \mu c)$$

② 중작용선용 블록 브레이크($c = 0$)

− 우회전 & 좌회전

$$Fa - Wb = 0,\ F = W\frac{b}{a} = \frac{Q}{\mu}\frac{b}{a}$$

③ 내작용선용 블록 브레이크($c < 0$)

− 우회전

$$Fa - Wb + Qc = 0,\ Fa - Wb + \mu Wc = 0$$

$$F = \frac{W}{a}(b - \mu c) = \frac{Q}{\mu a}(b - \mu c)$$

− 좌회전

$$Fa - Wb - Qc = 0,\ Fa - Wb - \mu Wc = 0$$

$$F = \frac{W}{a}(b + \mu c) = \frac{Q}{\mu a}(b + \mu c)$$

※ 자동 잠금(자동 체결): 외작용($c > 0$)의 좌회전과 내작용($c < 0$)의 우회전 시 $b \leq \mu c$일 때 자동으로 브레이크가 걸림

2 내확 브레이크

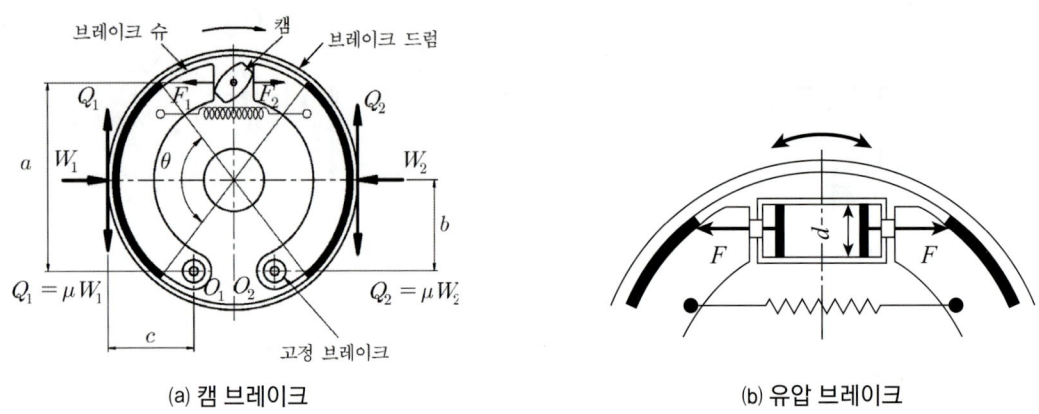

[그림 13-3 내확 브레이크]

1) 제동력(Q: N)

$$Q = Q_1 + Q_2 = \mu(W_1 + W_2)$$

W: 드럼이 슈를 밀어내는 힘(N), 마찰면에 작용하는 수직력

2) 제동 동력(H: kW, PS)

$$H = \frac{Q \cdot V}{1000} = \frac{Q}{1000} \cdot \frac{\pi DN}{60 \times 1000} \text{(kW)}$$

$$H = \frac{Q \cdot V}{735} = \frac{Q}{735} \cdot \frac{\pi DN}{60 \times 1000} \text{(PS)}$$

V: 드럼의 회전속도(m/s), D: 드럼의 직경(mm)

N: 드럼의 분당 회전수(rpm)

3) 제동 토크(T_f: N·mm)

$$T_f = Q \cdot \frac{D}{2}$$

4) 작동력(조작력, F: N)

① 우회전

$$-F_1 \cdot a + \mu W_1 \cdot c + W_1 \cdot b = 0$$

$$F_1 = \frac{W_1}{a} \cdot (b + \mu c) = \frac{Q_1}{\mu a} \cdot (b + \mu c)$$

$$F_2 \cdot a + \mu W_2 \cdot b - W_2 \cdot b = 0$$

$$F_2 = \frac{W_2}{a} \cdot (b - \mu c) = \frac{Q_2}{\mu a} \cdot (b - \mu c)$$

② 좌회전

$$-F_1 \cdot a - \mu W_1 \cdot c + W_1 \cdot b = 0$$

$$F_1 = \frac{W_1}{a} \cdot (b - \mu c) = \frac{Q_1}{\mu a} \cdot (b - \mu c)$$

$$F_2 \cdot a - \mu W_2 \cdot b - W_2 \cdot b = 0$$

$$F_2 = \frac{W_2}{a} \cdot (b + \mu c) = \frac{Q_2}{\mu a} \cdot (b + \mu c)$$

5) 제동 유압(p: MPa, N/mm²)

$$F_1 = F_2 = F$$

$$p = \frac{F}{A} = \frac{F}{\frac{\pi d^2}{4}}$$

A: 유압 실린더 내부 단면적(mm²), d: 실린더 내경(mm)

3 밴드 브레이크

1) 제동력(Q: N)

$$Q = T_t - T_s$$

① 긴장측 장력(T_t: N)

$$T_t = Q \frac{e^{\mu\theta}}{(e^{\mu\theta} - 1)}, \quad e^{\mu\theta} = \frac{T_t}{T_s} : 장력비$$

μ: 마찰계수, θ: 접촉각(rad), B: 밴드 폭($= b$)

② 이완측 장력(T_s: N)

$$T_s = Q \frac{1}{(e^{\mu\theta} - 1)}$$

2) 밴드의 인장응력(σ_t: MPa, N/mm²)

$$\sigma_t = \frac{T_t}{bt} \leq \sigma_a$$

b: 밴드 폭(mm), t: 밴드의 두께(mm)

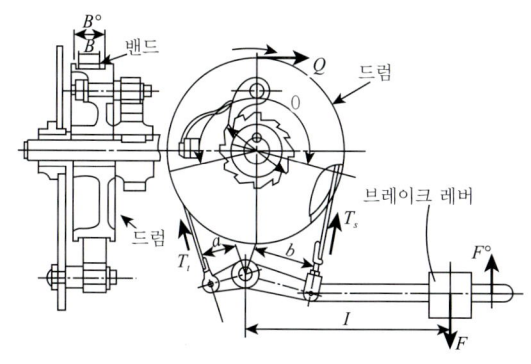

[그림 13-4 밴드 브레이크]

3) 접촉 면압력(q: MPa, N/mm²)

$$q = \frac{W}{A}, \ A = \pi Db \cdot \frac{\theta°}{360}$$

W: 밴드를 드럼에 접촉시키는 힘(N), A: 접촉 면적(mm²), D: 드럼의 직경(mm)

① 브레이크 용량(w_f: MPa·m/s)

$$w_f = \frac{H}{A} = \frac{Q \cdot V}{A} = \frac{\mu W \cdot V}{A} = \mu q \cdot V$$

H: 제동 동력(kW, W, PS), V: 드럼의 회전속도(m/s), N: 드럼의 회전수(rpm)

$$V = \frac{\pi DN}{60 \times 1000}$$

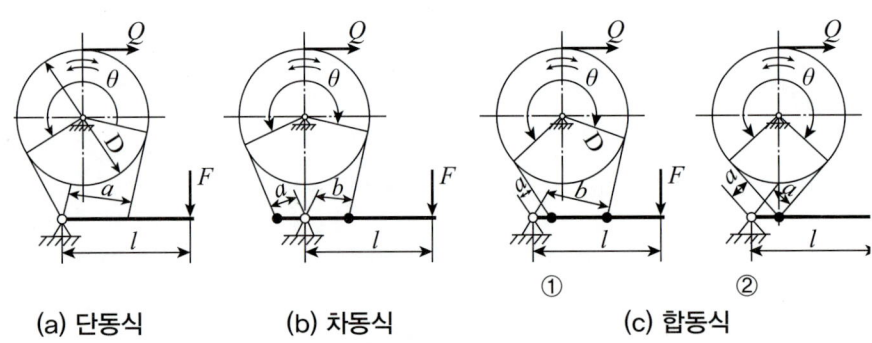

(a) 단동식 (b) 차동식 (c) 합동식

[그림 13-5 밴드 브레이크의 종류]

4) 조작력(작용력)

① 단동식

– 우회전

$$Fl = T_s a = 0, \ F = T_s \frac{a}{l} = \frac{a}{l} \frac{Q}{e^{\mu\theta} - 1}$$

– 좌회전

$$Fl = T_t a = 0, \ F = T_t \frac{a}{l} = \frac{a}{l} Q \frac{e^{\mu\theta}}{e^{\mu\theta} - 1}$$

② 차동식

– 우회전

$$Fl - T_s b + T_t a = 0, \ F = \frac{Q}{l} \frac{b - ae^{\mu\theta}}{e^{\mu\theta} - 1}$$

– 좌회전

$$Fl - T_t b + T_s a = 0, \ F = \frac{Q}{l} \frac{be^{\mu\theta} - a}{e^{\mu\theta} - 1}$$

③ 합동식

– 우회전 & 좌회전

$$Fl - T_t a - T_s a = 0, \quad F = \frac{a}{l} Q \frac{e^{\mu\theta} + 1}{e^{\mu\theta} - 1}$$

④ 디스크 브레이크

1) 접촉면의 법선력(F_n: N)

$$F_n = \frac{F}{\sin\beta}$$

F: 입력 힘, 잡아 주는 힘(N)

β: 원추각(deg)

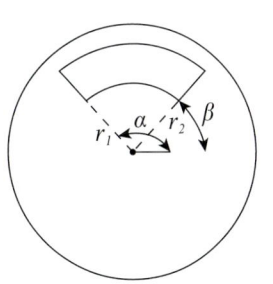
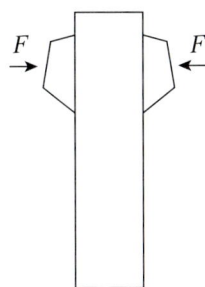

[그림 13-6 캘리퍼 브레이크]

2) 제동 토크(T: N·mm)

$$T = F_t \cdot \frac{D_e}{2}$$

F_t: 제동력(N), D_e: 등가 지름(mm)

$$F_t = \mu F_n, \quad D_e = \frac{2(D^3 - D_o^3)}{3(D^2 - D_o^2)}$$

D: 외부 지름(mm), D_o: 내부 지름(mm)

3) 면압력(q: MPa, N/mm²)

$$q = \frac{F_n}{A} = \frac{F_n}{NbL}$$

b: 폭(너비, mm), L: 접촉 길이(mm)

N: 브레이크 수

$$L = \frac{D_s}{2} \cdot \alpha$$

$$D_s = \frac{D + D_o}{2} : 평균 지름(mm)$$

α: 접촉각(rad)

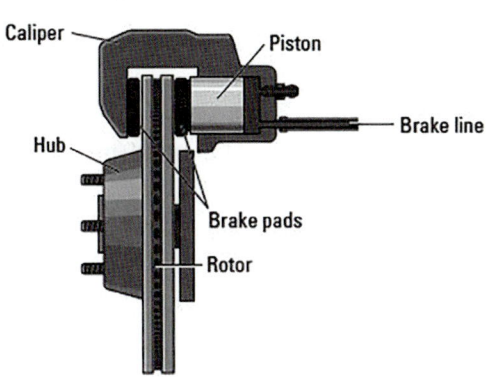

[그림 13-7 캘리퍼 브레이크의 구조]

14 chapter 플라이 휠과 래칫 휠

1 플라이 휠(Fly Wheel, 관성차)

1) 속도 변동률(δ)과 평균전달토크(T_m: N·mm)

$$\delta = \frac{\omega_{max} - \omega_{min}}{\omega_{mean}}$$

ω: 각속도(rad/s), ω_{max}: 최대, ω_{min}: 최소, $\omega_{mean}(=\omega)$: 평균

$$\omega = \frac{2\pi N}{60}, \quad N\text{: 평균 회전수(rpm)}$$

$$T_m = 974000 \times 9.8 \frac{H_{kW}}{N} = 716200 \times 9.8 \frac{HP}{N}$$

2) 1사이클당 발생하는 평균 에너지(소비하는 에너지, E: N·mm)

① 4사이클 기관

$$E = 4\pi T_m$$

② 2사이클 기관

$$E = 2\pi T_m$$

3) 질량관성모멘트(J: kg-m², N·m·s²)

$$J = \frac{\pi \gamma t}{2g}(R_2^4 - R_1^4)$$

γ: 비중량(N/m³), t: 림의 폭(두께, mm)
R_1: 내경의 반지름(mm), R_2: 외경의 반지름(mm)

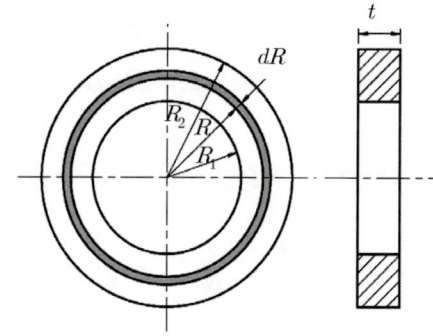

[그림 14-1 플라이 휠]

4) 과잉 에너지(소비 에너지, ΔE: N·mm)와 에너지 변동계수(q)

$$\Delta E = \frac{1}{2}J(\omega_{max}^2 - \omega_{min}^2) = \delta \omega^2 J$$

$$q = \frac{\Delta E}{E}$$

5) 플라이 휠의 인장강도(σ_t: MPa, N/mm²)

$$\sigma_t = \frac{\gamma \cdot V^2}{g} = \frac{\gamma}{g} \cdot R^2 \omega^2$$

R: 평균 반지름(mm)

2 래칫 휠(Ratchet Wheel)과 폴(Pawl)

1) 래칫 휠의 지름(D: mm)과 회전토크(T: N·mm)

$$p = \frac{\pi D}{Z}$$

$$T = P \cdot \frac{D}{2}$$

p: 래칫 휠의 이의 피치(mm)

Z: 래칫 휠의 잇수

P: 폴에 걸리는 힘(N)

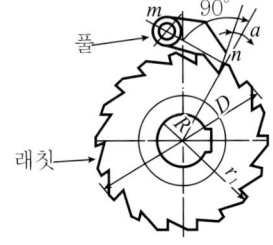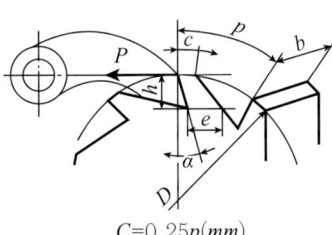

[그림 14-2 외측 래칫 휠과 폴]

2) 래칫 휠 이의 높이(h: mm), 폭(b: mm)과 피치의 관계(외측 래칫 휠)

$$h = 0.35p, \ b = 0.25p, \ e = 0.5p, \ \phi = \frac{b}{p}$$

ϕ: 이 나비(폭) 계수, e: 이 뿌리의 두께(mm), c: 이 끝의 두께(mm)

α: 이의 각(deg)

3) 면압력(q: MPa, N/mm²)

$$q = \frac{P}{bh} \leq q_a$$

4) 굽힘응력(σ_b: MPa, N/mm²)

$$\sigma_b = \frac{M}{Z} = \frac{Ph}{\frac{be^2}{6}} \leq \sigma_a$$

5) 전단응력(τ: MPa, N/mm²)

$$\tau = \frac{P}{A} = \frac{P}{be} \leq \tau_a$$

15 chapter 스프링(Spring)

1 원통 코일 스프링

1) 스프링 상수(k: N/mm)와 후크의 법칙

$$P = k\delta$$

P: 스프링 하중(N), δ: 변형량(mm), 처짐

① 스프링의 합성

- 직렬연결

$$\frac{1}{k_e} = \frac{1}{k_1} + \frac{1}{k_2} + \cdots$$

k_e: 합성 스프링 상수(N/mm)

- 병렬연결

$$k_e = k_1 + k_2 + \cdots$$

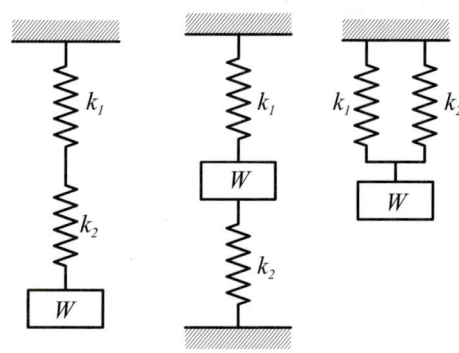

[그림 15-1 스프링의 합성]

2) 최대 비틀림 전단응력(τ: MPa, N/mm²)

$$\tau_{max} = K\frac{16PR}{\pi d^3} \leq \tau_a$$

$PR = T$: 비틀림 모멘트(N·mm)

$R = \dfrac{D}{2}$: 스프링의 평균 반지름(mm)

d: 소선의 직경(mm)

D: 스프링의 평균직경(mm)

$K = \dfrac{4C-1}{4C-4} + \dfrac{0.615}{C}$, $C = \dfrac{D}{d}$

K: 왈의 응력수정계수, C: 스프링 지수

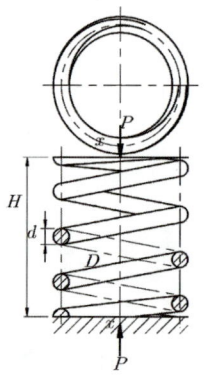 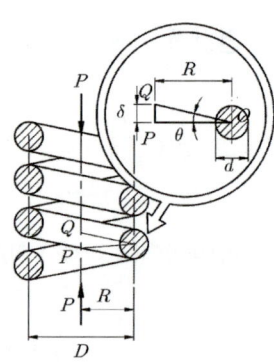

[그림 15-2 원통 코일 스프링]

3) 스프링의 처짐(δ: mm)

$$\delta = \frac{64nPR^3}{Gd^4}$$

n: 유효권수, G: 횡 탄성계수, 가로 탄성계수, 전단 탄성계수(GPa, N/mm²)

4) 총 감김수(N_t)

$$N_t = n + (x_1 + x_2)$$

$x_1 + x_2$: 무효권수(무효 감김수, 자리 감김수), x_1, x_2: 코일 양끝부의 자리 감김수

① $x_1 = x_2 = 1$: 스프링 선단만이 다음의 자유 코일에 접할 때

② $x_1 = x_2 = 0.75$: 스프링의 선단이 다음의 코일에 접하지 않고 연삭부의 길이가 3/4 감김일 때

③ 압축 코일 스프링일 때: $N_t = n + (x_1 + x_2)$

④ 인장 코일 스프링일 때: $N_t = n$

5) 자유높이(H: mm)

$$H_s = (N_t - 1)d + x$$

H_s: 밀착 높이(mm), x: 코일 끝부의 두께 합

$H = H_s + \delta \simeq nd + \delta +$ 여유값

6) 탄성 에너지(U: N·m)

$$U = \frac{1}{2}P\delta = \frac{32nP^2R^3}{Gd^4}$$

2 원추 코일 스프링

1) 처짐(δ: mm)

$$\delta = \frac{16Pn}{Gd^4} \cdot (R_1^2 + R_2^2) \cdot (R_1 + R_2)$$

R_1: 작은 원의 반지름(mm)

R_2: 큰 원의 반지름(mm)

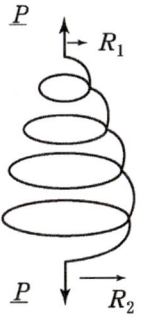

[그림 15-3 원추 코일 스프링]

3 겹판 스프링

1) 굽힘응력(σ_b: MPa, N/mm²)

$$\sigma_b = \frac{3Pl}{2nbh^2} \leq \sigma_a$$

l: 스팬의 길이(mm), n: 판의 매수

b: 판의 폭(mm), h: 판의 높이(mm)

$l_e = l - 0.5e$

l_e: 유효길이(mm)

e: 죔쇠붙이 나비(mm)

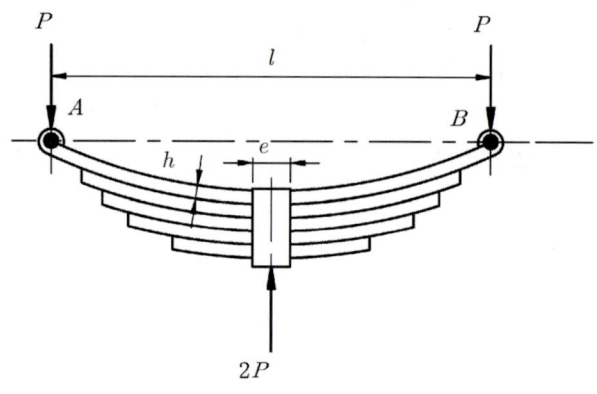

[그림 15-4 양쪽지지 겹판 스프링]

2) 변형량(처짐, δ: mm)

$$\delta = \frac{3Pl^3}{8Enbh^3}$$

E: 종탄성계수(GPa, N/mm²)

16 chapter 배관 설계

내압을 받는 얇은 파이프 설계

1) 유량(Q: m³/s) 과 평균속도(m/s)

$$Q = AV = \frac{\pi D^2}{4} V$$

D: 파이프 내경(mm)

2) 파이프의 두께(t: mm)

$$t = \frac{pD}{2\sigma_a \eta} + C = \frac{pDS}{2\sigma_{max} \eta} + C$$

p: 내압(내부 압력, MPa, N/mm²), σ_a: 허용 인장응력(MPa, N/mm²)

η: 이음효율(%), C: 부식여유(mm), S: 안전율(안전계수)

σ_{max}: 최대 인장강도, 극한강도(MPa, N/mm²)

3) 파이프의 외경(D_o: mm)

$$D_o = D + 2t$$

두꺼운 파이프 설계

1) 최대 인장응력

$$\sigma_t = \frac{p(r_2^2 + r_1^2)}{(r_2^2 - r_1^2)} \leq \sigma_a$$

17 기출문제

2015 과년도문제(1회)

01 10kW, 450rpm으로 동력을 전달하는 와이어 로프 풀리가 있다. 양로프 풀리의 지름이 500mm, 와이어 로프 사이의 마찰계수는 0.15이다. 다음을 구하라. (단, 와이어 로프의 종탄성계수는 196GPa이다.) [6점]

(1) 로프의 속도 V[m/sec]
(2) 로프의 작용하는 인장력 T_t[N]
(3) 1개의 로프에 걸리는 최대응력 σ_{max}[MPa]

Solution

(1) $V = \dfrac{\pi DN}{60 \times 1000} = \dfrac{\pi \times 500 \times 450}{60 \times 1000} = 11.78$m/sec

(2) $H_{kW} = \dfrac{T_t \cdot (e^{\mu\theta} - 1) \cdot V}{102 \cdot e^{\mu\theta}}$

$10 = \dfrac{T_t \times (e^{0.15 \times \pi} - 1) \times 11.78}{102 \times (e^{0.15 \times \pi}) \times 9.8}$, $T_t = 2258.17N$

(3) $d \leq \dfrac{D}{50} = \dfrac{500}{50} = 10$mm

$\sigma_t = \dfrac{T_t}{\dfrac{\pi}{4}d^2} = \dfrac{4 \times 2258.17}{\pi \times 10^2} = 28.75$N/mm^2

$\sigma_b = \dfrac{3}{8} \cdot \dfrac{E \cdot d}{D} = \dfrac{3}{8} \cdot \dfrac{196 \times 10^3 \times 10}{500} = 1470$N/mm^2

$\sigma_{max} = \sigma_t + \sigma_b = 28.75 + 1470 = 1498.75$N/mm^2

02 최대축 하중 Q = 49kN으로 최대양정 200mm인 나사잭이 있다. 나사의 마찰계수는 0.1, 하중받침대와 스러스트 칼라 사이의 구름 마찰계수는 0.01이고 스러스트 칼라 평균지름은 60mm이다. 다음을 구하라. (단, 나사산의 허용접촉압력은 14.7MPa, 핸들의 허용굽힘응력은 137.2MPa이다.) [6점]

(1) 수나사의 호칭을 다음 표로부터 결정하라. (단, 압축강도만 고려하고 허용압축응력은 49MPa이다.)

호칭	P	d	d_2	d_1
TM36	6	36	33.0	29.5
TM40	6	40	37.0	33.5
TM45	8	45	41.0	36.5
TM50	8	50	46.0	41.5
TM55	8	55	51.0	46.5

(2) 암나사부의 높이 H[mm]를 구하라.

(3) 나사를 돌리는 핸들의 길이 ℓ[mm]와 지름 δ[mm]를 구하라. (단, 핸들을 돌리는 힘은 392N이다.)

Solution

(1) $\sigma_c = \dfrac{4Q}{\pi d_1^2}$, $49 = \dfrac{4 \times 49 \times 10^3}{\pi \times d_1^2}$, $d_1 = 35.68$mm

∴ 표로부터 TM45 선택

(2) $q = \dfrac{4 \cdot Q}{\pi(d^2 - d_1^2) \cdot Z}$, $14.7 = \dfrac{4 \times 49 \times 10^3}{\pi(45^2 - 36.5^2) \times Z}$, $Z = 6.13 ≒ 7$

$H = Z \cdot p = 7 \times 8 = 56$mm

(3) $\mu' = \dfrac{\mu}{\cos\dfrac{\beta}{2}} = \dfrac{0.1}{\cos\left(\dfrac{30°}{2}\right)} = 0.1035$

$T = Q\left(\dfrac{\mu'\pi d_2 + p}{\pi d_2 - \mu' p} \cdot \dfrac{d_2}{2} + \mu_f \cdot \dfrac{d_f}{2}\right)$

$T = 49 \times 10^3 \times \left(\dfrac{0.1035 \times \pi \times 41.0 + 8}{\pi \times 41.0 - 0.1035 \times 8} \times \dfrac{41.0}{2} + 0.01 \times \dfrac{60}{2}\right) = 182.13 \times 10^3$N·mm

$T = F \cdot \ell$, $182.13 \times 10^3 = 392 \times \ell$, $\ell = 459.52$mm

$\sigma_b = \dfrac{32 \cdot M}{\pi \cdot \delta^3}$, $137.2 = \dfrac{32 \times 182.13 \times 10^3}{\pi \times \delta^3}$, $\delta = 23.82$mm

03 축간거리 2m의 직경 100mm, 500mm인 두 풀리에 1겹 가죽벨트를 사용하여 바로걸기로 1.8kW를 전달하려고 한다. 가죽벨트와 풀리 사이의 마찰계수가 0.3, 벨트의 허용응력이 1.96MPa, 벨트의 이음효율이 60%, 벨트의 폭이 127mm이다. 작은 풀리의 회전수가 1150rpm일 때 다음을 구하라. [5점]

(1) 유효장력 P_e[N]

(2) 긴장측장력 T_t[N], 이완측장력 T_s[N]

(3) 축에 걸리는 벨트의 총하중 W[N]

Solution

(1) $V = \dfrac{\pi \cdot D_1 \cdot N_1}{60 \times 1000} = \dfrac{\pi \times 100 \times 1150}{60 \times 1000} = 6.02\text{m/sec}$

$H_{kW} = \dfrac{P_e \cdot V}{102}$, $1.8 = \dfrac{P_e \times 6.02}{102 \times 9.8}$, $P_e = 298.88\text{N}$

(2) $\theta_1 = 180° - 2 \cdot \sin^{-1}\left(\dfrac{D_2 - D_1}{2C}\right) = 180° - 2 \times \sin^{-1}\left(\dfrac{500-100}{2 \times 2000}\right) = 168.52°$

$e^{\mu\theta} = e^{\left(0.3 \times 168.52 \times \frac{\pi}{180}\right)} = 2.42$

$T_t = P_e \cdot \dfrac{e^{\mu\theta}}{e^{\mu\theta}-1} = 298.88 \times \dfrac{2.42}{2.42-1} = 509.36\text{N}$

$T_t = \sigma_a \cdot b \cdot t \cdot \eta$, $509.36 = 1.96 \times 127 \times t \times 0.6$, $t = 3.41\text{mm}$

$T_s = T_t - P_e = 509.36 - 298.88 = 210.48\text{N}$

(3) $W = \sqrt{T_t^2 + T_s^2 - 2T_t \cdot T_s \cdot \cos\theta_1}$
$= \sqrt{509.36^2 + 210.48^2 - 2 \times 509.36 \times 210.48 \times \cos 168.52} = 716.85\text{N}$

04 65kW, 300rpm으로 회전하는 축의 허용전단응력 $\tau_s = 29.4\text{N/mm}^2$이고 묻힘키의 폭 b와 높이 h가 같을 때 다음을 구하라. (단, 묻힘키의 허용전단응력은 축의 허용전단응력과 같고 길이 ℓ은 축 지름의 1.5배이다.) [4점]

(1) 축의 직경 d[mm]

(2) 묻힘키의 호칭 $b \times h \times \ell$[mm]

Solution

(1) $T = 974000\dfrac{H_{kW}}{N} = \tau_s \cdot \dfrac{\pi d^3}{16}$

$974000 \times 9.8 \times \dfrac{65}{300} = 29.4 \times \dfrac{\pi d^3}{16}$, $d = 71.02\text{mm}$

(2) $\tau_k = \dfrac{2T}{b\ell d} = \dfrac{2T}{1.5 \cdot b \cdot d^2}$

$29.4 = \dfrac{2 \times 974000 \times 9.8 \times 65}{1.5 \times b \times 71.02^2 \times 300}$, $b = 18.6$

$h = b = 18.6\text{mm}$

$\ell = 1.5d = 1.5 \times 71.02 = 106.53\text{mm}$

∴ $b \times h \times \ell = 18.6 \times 18.6 \times 106.53$

05 표준스퍼기어의 피니언 회전수 600rpm, 기어의 회전수 200rpm, 기어의 굽힘강도 127.4MPa, 치형계수 0.11, 중심거리 300mm, 압력각 14.5°, 전달동력 18.5kW일 때 다음을 결정하라. (단, 치폭 $b = 3.18p$로 계산한다.) [5점]

(1) 전달속도 V[m/sec]

모듈 (m)	3	4	5	6
	3.5	4.5	5.5	6.5
	3.8	-	-	-

(2) 루이스 굽힘강도식을 이용하여 모듈 m을 표에서 선정하라.

◆ Solution

(1) $i = \dfrac{N_2}{N_1} = \dfrac{D_1}{D_2} = \dfrac{200}{600} = \dfrac{1}{3}$, $D_2 = 3D_1$

$C = \dfrac{D_1 + D_2}{2} = \dfrac{4D_1}{2} = 2D_1$, $D_1 = \dfrac{300}{2} = 150\text{mm}$

$V = \dfrac{\pi D_1 \cdot N_1}{60 \times 1000} = \dfrac{\pi \times 150 \times 600}{60 \times 1000} = 4.71 \text{m/sec}$

(2) $H_{kW} = \dfrac{F \times V}{102}$, $18.5 = \dfrac{F \times 4.71}{102 \times 9.8}$, $F = 3926.24\text{N}$

$F = f_v \cdot \sigma_b \cdot b \cdot p \cdot y = f_v \cdot \sigma_b \cdot (3.18p^2) \cdot y = f_v \cdot \sigma_b \cdot (3.18 \cdot \pi^2 \cdot m^2) \cdot y$

$3926.24 = \left(\dfrac{3.05}{3.05 + 4.71}\right) \times 127.4 \times 3.18 \times \pi^2 \times m^2 \times 0.11$

$m = 4.77$

∴ 표로부터 $m = 5$로 선정

06 500rpm, 300mm 지름의 원통마찰차에서 3kW을 전달하려 할 때, 다음을 구하라. (단, 허용접촉선압력 9.8MPa, 마찰계수 0.25로 외접상태이다.) [4점]

(1) 원주속도 V[m/sec]

(2) 마찰차의 폭 b[mm]

◆ Solution

(1) $V = \dfrac{\pi D N}{60 \times 1000} = \dfrac{\pi \times 300 \times 500}{60 \times 1000} = 7.85 \text{m/sec}$

(2) $H_{kW} = \dfrac{\mu \cdot f \cdot b \cdot V}{102}$

$3 = \dfrac{0.25 \times 9.8 \times b \times 7.85}{102 \times 9.8}$, $b = 155.92\text{mm}$

07 베어링하중 17.64kN, 회전수 600rpm의 엔드저널베어링에서 저널의 지름은 얼마인가? (단, 허용 베어링 압력은 0.98MPa이며 저널의 길이 $\ell = 2.5$이다. d는 저널의 지름이다.) [3점]

Solution

$$p = \frac{W}{d \cdot \ell} = \frac{W}{2.5d^2}, \quad 0.98 = \frac{17.64 \times 10^3}{2.5d^2}, \quad d = 84.85 \text{mm}$$

08 겹판 스프링에서 스팬이 1400mm, 강판의 나비 80mm, 두께 15mm, 판의 수 4개이고 밴드의 나비가 100mm일 경우 다음을 구하라. (단, 스프링에 작용하는 하중은 3310N이고 마찰계수가 0.2, 스팬의 유효길이 $\ell_e = \ell - 0.5e$, 스프링의 종탄성계수 $E = 20.58 \times 10^4 \text{N/mm}^2$이다.) [5점]

(1) 허용굽힘응력 σ_b[MPa]

(2) 처짐 δ[mm]

(3) 고유진동수 f[Hz]

Solution

(1) $\sigma_b = \dfrac{3P \cdot \ell_e}{2nbh^2} = \dfrac{3 \times 3310 \times (1400 - 0.5 \times 100)}{2 \times 4 \times 80 \times 15^2} = 93.09 \text{N/mm}^2$

(2) $\delta = \dfrac{3P \cdot \ell_e^3}{8nbh^3 E} = \dfrac{3 \times 3310 \times (1400 - 0.5 \times 100)^3}{8 \times 4 \times 80 \times 15^3 \times 20.58 \times 10^4} = 13.74 \text{mm}$

(3) $f = \dfrac{\omega}{2\pi} = \dfrac{1}{2\pi}\sqrt{\dfrac{g}{\delta}} = \dfrac{1}{2\pi} \cdot \sqrt{\dfrac{9.8}{13.74 \times 10^{-3}}} = 4.25 \text{Hz}$

09 클램프 커플링으로 지름 50mm인 축을 연결하여 200rpm, 5kW의 동력을 전달하려고 한다. 다음을 구하라. (단, 마찰계수 0.25, 볼트 6개, 볼트의 지름 18mm(골지름 15.294mm)이다.) [5점]

(1) 커플링으로 전달한 토크 T[N·m]

(2) 볼트 1개가 받는 힘 Q[kN]

(3) 볼트 1개에 작용하는 인장응력 σ_t[MPa]

Solution

(1) $T = 974 \times 9.8 \dfrac{H_{kW}}{N} = 974 \times 9.8 \times \dfrac{5}{200} = 238.63 \text{N} \cdot \text{m}$

(2) $T = \pi \mu W \cdot \dfrac{d}{2} = \pi \mu Q \cdot \dfrac{Z}{2} \cdot \dfrac{d}{2}$

$238.63 \times 10^3 = \pi \times 0.25 \times Q \times \dfrac{6}{2} \times \dfrac{50}{2}, \quad Q = 4.05 \text{kN}$

(3) $\sigma_t = \dfrac{Q}{A} = \dfrac{4 \cdot Q}{\pi d_1^2} = \dfrac{4 \times 4.05 \times 10^3}{\pi \times 15.294^2} = 22.05 \text{MPa}$

10 그림과 같은 측면 필렛용접 이음에서 허용전단응력이 49MPa일 때 길이 ℓ를 구하라. (단, 용접 사이즈는 14mm이고, 하중 W는 135kN이다.) [3점]

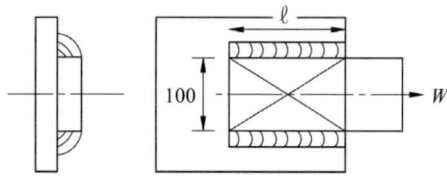

Solution

$$\tau = \frac{W}{2t \cdot \ell} = \frac{W}{2f\cos45° \cdot \ell}$$

$$49 = \frac{135 \times 10^3}{2 \times 14 \times \cos45° \times \ell}, \quad \ell = 139.15\text{mm}$$

11 안지름 400mm, 내압 0.65MPa의 실린더커버를 8개의 볼트로 체결하려 한다. 볼트 재료의 허용인장응력을 47.04MPa로 할 때 다음을 구하라. [4점]

(1) 볼트 1개가 받는 하중 Q[kN]

호칭	M10	M11	M12	M14	M16	M18	M20
골지름	8.316	9.376	10.106	11.835	13.835	15.294	17.294

(2) 볼트의 규격을 표에서 선정하라.

Solution

(1) $Q = \dfrac{p \cdot A}{Z} = \dfrac{0.65}{8} \times \dfrac{\pi \times 400^2}{4} = 10.21 \times 10^3 \ N = 10.21\text{kN}$

(2) $\sigma_a = \dfrac{4Q}{\pi d_1^2}$, $47.04 = \dfrac{4 \times 10.21 \times 10^3}{\pi \times d_1^2}$, $d_1 = 16.623\text{mm}$

∴ 표로부터 M20선정

2015 과년도문제(2회)

01 50번 롤러 체인의 파단하중이 21.658N, 피치 19.05mm, 중심거리 750mm, 잇수 16 및 48인 체인 전동장치가 있다. 다음을 구하라. (단, 안전율은 15이고, 부하계수는 1.0이다.) [4점]

(1) 허용인장력 P[kN]

(2) 링크의 수 L_n

◆ Solution

(1) $P = \dfrac{F}{S \cdot K} = \dfrac{21.658}{15 \times 1.0} = 1443.87\text{N} \doteqdot 1.444\text{kN}$

(2) $L_n = \dfrac{2C}{p} + \dfrac{(Z_1 + Z_2)}{2} + \dfrac{0.0257p(Z_2 - Z_1)^2}{C}$

$= \dfrac{2 \times 750}{19.05} + \dfrac{(16+48)}{2} + \dfrac{0.0257 \times 19.05 \times (48-16)^2}{750}$

$= 111.41 \doteqdot 112$

02 600rpm으로 15kW의 동력을 전달하는 전동축에 작용하는 굽힘 모멘트가 294J인 경우 축지름을 구하라. (단, 축재료의 허용전단응력을 49MPa로 하고 동적효과계수 $k_m = 1.6$, $k_t = 1.2$이다.) [3점]

◆ Solution

$T = 974 \times 9.8 \dfrac{H_{kW}}{N} = 974 \times 9.8 \times \dfrac{15}{600} = 238.63\text{J}$

$T_e = \sqrt{(k_m \cdot M)^2 + (k_t \cdot T)^2} = \tau \cdot \dfrac{\pi d^3}{16}$

$\sqrt{(1.6 \times 294)^2 + (1.2 \times 238.63)^2} = 49 \times 10^6 \times \dfrac{\pi d^3}{16}$

$d = 0.03854\text{m} = 38.54\text{mm}$

03 No. 6210 깊은 홈 볼 베어링을 사용하여 850rpm으로 레이디얼 하중 2450N, 스러스트 하중 1176N을 동시에 받게 할 때 다음을 결정하라. (단, 기본 정격 하중 C_0 = 20,678N이고 기본동정격 하중 C = 26,950N이다. V, X 및 Y값은 아래 표를 이용하여 내륜하중에 복렬 베어링으로 한다. 그리고 하중계수 f_w = 1.0이다.) [5점]

베어링의 계수 V, X 및 Y값

베어링 형식		내륜회전하중	외륜회전하중	단열		복렬				e
				$F_a/VF_r>e$		$F_a/VF_r\le e$		$F_a/VF_r>e$		
		V		X	Y	X	Y	X	Y	
깊은 홈 볼 베어링	F_a/C_o=0.014 =0.028 =0.056 =0.084 =0.11 =0.17 =0.28 =0.42 =0.56	1	1.2	0.56	2.30 1.99 1.71 1.55 1.45 1.31 1.15 1.04 1.00	1	0	0.56	2.30 1.99 1.71 1.55 1.45 1.31 1.15 1.04 1.00	0.19 0.12 0.26 0.28 0.30 0.34 0.38 0.42 0.44
앵귤러 볼 베어링	α=20° =25° =30° =35° =40°	1	1.2	0.43 0.41 0.39 0.37 0.35	1.00 0.87 0.76 0.56 0.57	1	1.09 0.92 0.78 0.66 0.55	0.70 0.67 0.63 0.60 0.57	1.63 1.41 1.24 1.07 0.93	0.57 0.58 0.80 0.95 1.14
자동 조심 볼 베어링		1	1	0.4	0.4× cotα	1	0.42× cotα	0.65	0.65× cotα	1.5× tanα
매그니토 볼 베어링		1	1	0.5	2.5	–	–	–	–	0.2
자동 조심 롤러 베어링 원추 롤러 베어링 $\alpha\ne 0$		1	1.2	0.4	0.4× cotα	1	0.45× cotα	0.67	0.67× cotα	1.5× tanα
스러스트 볼 베어링	α=45° =60° =70°	–	–	0.66 0.92 1.66	1	1.18 1.90 3.66	0.59 0.54 0.52	0.66 0.92 1.66	1	1.25 2.17 4.67
스러스트 롤러 베어링		–	–	tanα	1	1.5× tanα	0.67	tanα		1.5× tanα

(1) 등가레이디얼 하중 P_r = ? [kN]

(2) 수명시간 L_h = ? [hr]

◆ Solution

(1) $\dfrac{F_a}{C_0} = \dfrac{1176}{20678} = 0.057$, 표로부터 $e = 0.26$ 선택, $V = 1.0$

$\dfrac{F_a}{V \cdot F_r} = \dfrac{1176}{1 \times 2450} = 0.48 > 0.26$, $X = 0.56$, $Y = 1.71$

$P_r = XVF_r + YF_a = (0.56 \times 1.0 \times 2450 + 1.71 \times 1176) \times 10^{-3} = 3.38\text{kN}$

(2) $L_h = 500\left(\dfrac{C}{f_w \cdot P_r}\right)^r \cdot \dfrac{33.3}{N}$

$= 500 \times \left(\dfrac{26950}{1.0 \times 3.38 \times 10^3}\right)^3 \times \dfrac{33.3}{850} = 9929.37\text{hr}$

04 0.82kW를 전달하는 외접원추 마찰차의 축각이 80°이다. 원동차의 회전수는 500rpm, 평균지름은 300mm, 속도비는 $\frac{1}{2}$이다. 다음을 결정하라. [4점]

(1) 원동차의 원추 반각 r_1 = ? [deg]

(2) 회전력 P = ? [N]

Solution

(1) $\tan r_1 = \dfrac{\sin\Sigma}{\dfrac{1}{i}+\cos\Sigma} = \dfrac{\sin 80°}{2+\cos 80°} = 0.4531$

$r_1 = \tan^{-1}(0.4531) = 24.38°$

(2) $H_{kW} = \dfrac{P \cdot \pi D_1 \cdot N_1}{102 \times 60 \times 1000}$

$0.82 = \dfrac{P \times \pi \times 300 \times 500}{102 \times 60 \times 1000 \times 9.8}$, $P = 104.36\text{N}$

05 1.8kW, 1750rpm의 웜기어를 이용하여 속도비 $\dfrac{1}{12.5}$로 감속시켜 동력을 전달하려 한다. 웜은 4줄 나사로 축방향 방식으로 압력각 20°, 모듈 3.5, 중심거리 110mm로 하고 다음을 구하라. (단, 마찰계수는 0.15이다.) [6점]

(1) 웜효율 η = ? [%]

(2) 웜휠이 회전력 P = ? [N]

Solution

(1) $Z_g = \dfrac{Z_w}{i} = 4 \times 12.5 = 50$

$D_g = m \cdot Z_g = 3.5 \times 50 = 175\text{mm}$

$D_w = 2C - D_g = 2 \times 110 - 175 = 45\text{mm}$

$\ell = Z_w \cdot p_s = Z_w \cdot (\pi m_s) = 4 \times (\pi \times 3.5) = 45.98\text{mm}$

$\tan\beta = \dfrac{\ell}{\pi D_w} = \dfrac{43.98}{\pi \times 45} = 0.311$

$\beta = \tan^{-1}(0.311) = 17.28°$

$\tan\rho = \dfrac{\mu}{\cos\alpha} = \dfrac{0.15}{\cos 20°} = 0.1596$

$\rho = \tan^{-1}(0.1596) = 9.07°$

$\eta = \dfrac{\tan\beta}{\tan(\beta+\rho)} = \dfrac{\tan(17.28°)}{\tan(17.28°+9.07°)} = 0.628$

$\therefore \eta = 62.8\%$

(2) $i = \dfrac{N_g}{N_w}$, $N_g = \dfrac{1}{12.5} \times 1750 = 140\text{rpm}$

$H_{kW} = \dfrac{P \times V_g}{102\eta} = \dfrac{P \times \pi \times D_g \times N_g}{102 \times 60 \times 1000 \times 0.628}$

$1.8 = \dfrac{P \times \pi \times 175 \times 140}{102 \times 60 \times 1000 \times 9.8 \times 0.628}$, $P = 880.83\text{N}$

06 66kW, 300rpm을 전달하는 축의 지름이 30mm일 때 묻힘키를 설계하려고 한다. 묻힘키의 폭과 높이는 22×14이고 키재료의 항복강도는 333.2MPa이다. 다음을 구하라. (단, 키의 안전율은 2이다.) [4점]

(1) 회전토크 T = ? (N·m)

(2) 허용전단응력과 안전율을 고려하여 키의 길이 ℓ를 구하라.

> **Solution**
>
> (1) $T = 974 \times 9.8 \dfrac{H_{kW}}{N}$
>
> $\quad = 974 \times 9.8 \times \dfrac{66}{300} = 2099.94 \text{N·m}$
>
> (2) $\tau_k = \dfrac{2T}{b\ell d} = \dfrac{\tau_y}{S}$
>
> $\dfrac{333.2}{2} = \dfrac{2 \times 2099.94 \times 10^3}{22 \times \ell \times 30}$, $\quad \ell = 38.2 \text{mm}$

07 나사의 유효지름 63.5mm, 피치 4mm의 나사잭으로 49kN의 중량을 들어올리는 나사잭이 있다. 다음을 구하라. (단, 레버에 작용하는 힘을 294N, 마찰계수를 0.11로 한다.) [4점]

(1) 회전토크 T = ? (N·m)

(2) 레버의 길이를 구하라.

> **Solution**
>
> (1) $T = Q \cdot \dfrac{\mu \pi d_2 + p}{\pi d_2 - \mu p} \cdot \dfrac{d_2}{2}$
>
> $\quad = 49 \times \dfrac{0.11 \times \pi \times 63.5 + 4}{\pi \times 63.5 - 0.11 \times 4} \times \dfrac{63.5}{2} = 202.77 \text{N·m}$
>
> (2) $T = F \cdot \ell$, $\quad 202.77 = 294 \times \ell$, $\quad \ell = 689.69 \times 10^{-3} \text{m} = 689.69 \text{mm}$

08 1150rpm의 전동기 축에서 300rpm의 종동축으로 D형 V-belt를 이용하여 동력을 전달하는 기계장치가 있다. V 풀리의 지름을 300mm, 1150mm로 하고 축간거리는 1500mm이다. 다음을 구하라. (단, 마찰계수는 0.4, 벨트의 밀도는 1500kg/m^3, 접촉각수정계수 K_1 = 1.0, 부하수정계수 K_2 = 0.7, 벨트가닥수는 2가닥이다.) [6점]

V벨트의 치수 및 강도

형	a(mm)	b(mm)	단면적 A(mm^2)	$a°$	인장강도 (N)	허용장력 (N)
M	10.0	5.5	44.0	40	784 이상	78.4
A	12.5	9.0	83.0	40	1470 이상	147
B	16.5	11.0	137.5	40	2352 이상	235.2
C	22.0	14.0	236.7	40	3920 이상	392
D	31.5	19.0	467.1	40	8428 이상	842.8
E	38.0	25.5	732.3	40	11760 이상	1176

(1) 벨트 1가닥의 허용장력 T_t = ? [N]

(2) 전체 전달동력 H_kW = ? [kW]

◆ Solution

(1) 허용장력은 주어진 표로부터 D형 벨트이므로 선택하면
$T_t = 842.8$N

(2) $V = \dfrac{\pi D_1 \cdot N_1}{60 \times 1000} = \dfrac{\pi \times 300 \times 1150}{60 \times 1000} = 18.06$m/sec

$\omega = rA = \rho \cdot g \cdot A$

$T_g = \dfrac{\omega \cdot V^2}{g} = \rho \cdot A \cdot V^2 = 1500 \times (467.1 \times 10^{-6}) \times 18.06^2 = 228.53$N

$\theta = 180 - 2 \cdot \sin^{-1}(\dfrac{D_2 - D_1}{2C}) = 180 - 2 \cdot \sin^{-1}(\dfrac{1150-300}{2 \times 1500}) = 147.08°$

$\mu' = \dfrac{\mu}{\sin\alpha + \mu\cos\alpha} = \dfrac{0.4}{\sin 20° + 0.4 \times \cos 20°} = 0.56$

$e^{\mu'\theta} = e^{(0.56 \times 147.08 \times \frac{\pi}{180})} = 4.21$

$H_0 = \dfrac{(T_t - T_g) \cdot (e^{\mu'\theta} - 1) \cdot V}{102 \times e^{\mu'\theta} \cdot}$

$= \dfrac{(842.8 - 228.53) \times (4.21 - 1) \times 18.06}{102 \times 4.21 \times 9.8} = 8.46$kW

$H_{kW} = K_1 \cdot K_2 \cdot Z \cdot H_o = 1.0 \times 0.7 \times 2 \times 8.46 = 11.84$kW

09 그림과 같은 1줄 겹치기 리벳 이음에서 t = 12mm, d = 19mm, p = 75mm이다. 1피치의 하중이 11.76kN이라 할 때 다음을 구하라. [5점]

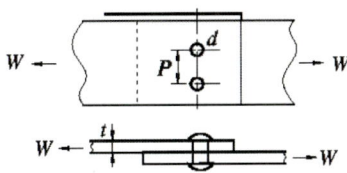

(1) 강판의 인장응력 σ_t = ? [MPa], 강판의 이음부의 인장응력이다.
(2) 리벳의 전단응력 τ_r = ? [MPa]
(3) 리벳 이음의 효율 η = ? [%], 강판의 허용인장응력은 σ_a = 39.2MPa이다.

Solution

(1) $\sigma_t = \dfrac{W}{(p-d)\cdot t} = \dfrac{17.76\times 10^3}{(75-19)\times 12} = 17.5\text{MPa}$

(2) $\tau_r = \dfrac{4W}{\pi d^2} = \dfrac{4\times 11.76\times 10^3}{\pi \times 19^2} = 41.48\text{MPa}$

(3) $\eta_p = 1-\dfrac{d}{p} = (1-\dfrac{19}{75})\times 100 = 74.67\%$

$\eta_r = \dfrac{\pi d^2 \cdot \tau_r}{4\sigma_a \cdot p \cdot t} = (\dfrac{\pi \times 19^2 \times 41.48}{4\times 39.2\times 75\times 12})\times 100 = 33.34\%$

$\therefore \eta = 33.34\%$

---

10 전체 중량이 9.8kN인 일반기계장치를 4개소에 균등하게 지지하여 처짐이 50mm가 생기는 코일 스프링의 소선의 지름은 16mm이다. 다음을 구하라. (단, 스프링 지수 C = 9, 횡탄성계수 G = 78.4×10³MPa이다.) [5점]

(1) 스프링의 유효권수 n = ?
(2) 소선에 작용하는 전단응력 τ = ? [MPa]

Solution

(1) $\delta = \dfrac{64\cdot n\cdot P\cdot R^3}{G\cdot d^4}$, $50 = \dfrac{64\times n\times 9.8\times 10^3\times (\dfrac{9\times 16}{2})^3}{78.4\times 10^3\times 16^4\times 4}$, $n = 4.39 \fallingdotseq 5$

(2) $K = \dfrac{4C-1}{4C-4}+\dfrac{0.615}{C} = \dfrac{4\times 9-1}{4\times 9-4}+\dfrac{0.615}{9} = 1.16$

$\tau = K\cdot \dfrac{16P\cdot R}{\pi d^3} = 1.16\times \dfrac{16\times 9.8\times 10^3\times (\dfrac{9\times 16}{2})}{\pi \times 16^3\times 4} = 254.43\text{MPa}$

11 그림과 같은 밴드브레이크에서 3.7kW, 100rpm의 동력을 제동하려고 한다. 레버에 작용시키는 힘 200N, 레버길이 800mm, 밴드의 접촉각 225°일 때 다음을 구하라. (단, 마찰계수는 0.3이다.) [4점]

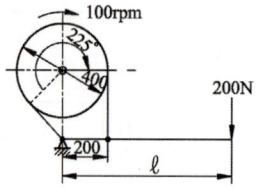

(1) 제동력 Q = ? [kN]
(2) 긴장측 장력 T_t = ? [kN]

◆ Solution

(1) $H_{kW} = \dfrac{Q \times \pi \cdot DN}{102 \times 60 \times 1000}$

$3.7 = \dfrac{Q \times \pi \times 400 \times 100}{102 \times 60 \times 1000 \times 9.8}$, $Q = 1765.91\text{N} \fallingdotseq 1.77\text{kN}$

(2) $e^{\mu\theta} = e^{(0.3 \times 225 \times \frac{\pi}{180})} = 3.25$

$T_t = Q \cdot \dfrac{e^{\mu\theta}}{e^{\mu\theta}-1} = 1.77 \times \dfrac{3.25}{3.25-1} = 2.56\text{kN}$

2015 과년도문제(4회)

01 외경 50mm로서 19.05mm 전진시키는데 3회전을 요하는 나사잭으로 하중 Q를 올리는데 쓰인다. 나사부 마찰계수가 0.3일 때 다음을 계산하라. (단, 너트의 유효지름은 $0.74d$로 한다.) [5점]

(1) 너트에 110mm 길이의 레버를 25N의 힘으로 돌리면 몇 kN의 하중을 올릴 수 있는가?

(2) 나사의 효율 $\eta[\%]$ = ?

Solution

(1) $d_2 = 0.74d = 0.74 \times 50 = 37\text{mm}$

$p = \dfrac{19.05}{3} = 6.35\text{mm}$

$T = F \cdot \ell = Q \cdot \dfrac{\mu \pi d_2 + p}{\pi d_2 - \mu p} \cdot \dfrac{d_2}{2}$

$25 \times 110 = Q \cdot \dfrac{0.3 \times \pi \times 37 + 6.35}{\pi \times 37 - 0.3 \times 6.35} \times \dfrac{37}{2}$

$Q = 412.3\text{N} \fallingdotseq 0.412\text{kN}$

(2) $\eta = \dfrac{Q \cdot p}{2\pi T} = \dfrac{412.3 \times 6.35}{2 \times \pi \times 25 \times 110} \times 100 = 15.15\%$

02 보스길이 100mm, 잇수 6, 모따기 0.4mm, 이 너비 9mm인 스플라인 축이 110rpm으로 회전할 때 다음을 구하라. (단, 허용접촉 면압력은 30N/cm², 접촉효율은 75%, d_1 = 46mm, d_2 = 50mm 이다.) [4점]

(1) 전달토크 $T[\text{N} \cdot \text{m}]$ = ?

(2) 최대 전달동력 $H_k W[\text{kW}]$ = ?

Solution

(1) $h = \dfrac{d_2 - d_1}{2} = \dfrac{50 - 46}{2} = 2\text{mm}$

$T = \eta \cdot q \cdot (h - 2C) \cdot \ell \cdot Z \cdot \dfrac{d_1 + d_2}{4}$

$= 0.75 \times 30 \times 10^{-2} \times (2 - 2 \times 0.4) \times 100 \times 6 \times \dfrac{46 + 50}{4}$

$= 3888\text{N} \cdot \text{mm} \fallingdotseq 3.89\text{N} \cdot \text{m}$

(2) $T = 974 \times 9.8 \dfrac{H_{kW}}{N}$, $3.89 = 974 \times 9.8 \times \dfrac{H_{kW}}{1100}$, $H_{kW} \fallingdotseq 0.45\text{kW}$

03 지름 600mm, 내압 1.22MPa인 보일러에서 강판의 두께를 구하라. (단, 최대 인장강도 350MPa, 리벳 이음의 효율 75%, 안전율은 5이다.) [3점]

Solution

$$t = \frac{P \cdot d \cdot S}{2\sigma_{tmax} \cdot \eta} = \frac{1.22 \times 600 \times 5}{2 \times 350 \times 0.75} = 6.97 \text{mm}$$

04 그림과 같이 900rpm으로 25kW를 전달하는 벨트전동장치가 있다. 풀리의 자중 W = 650N, 벨트의 긴장측 장력 T_t = 1500N, 이완측 장력 750N일 때 다음을 구하라. [6점]

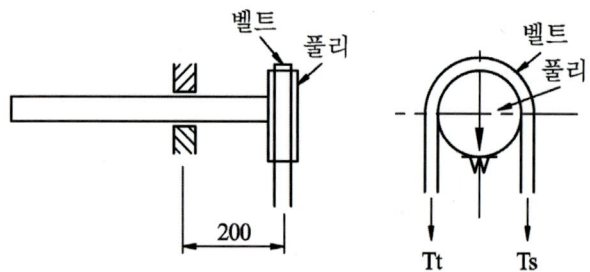

(1) 축에 작용하는 굽힘 모멘트 M =? [N · m]
(2) 축에 작용하는 비틀림 모멘트 T =? [N · m]
(3) 축의 허용전단응력이 38MPa일 때 축의 지름 d = ? [mm]

[표] 30, 32, 38, 40, 42, 45, 48, 50, 55, 60, 63

Solution

(1) $M = (W + T_t + T_s) \cdot \ell = (650 + 1500 + 750) \times 0.2 = 580 \text{N} \cdot \text{m}$

(2) $T = 974 \times 9.8 \frac{H_{kW}}{N} = 974 \times 9.8 \times \frac{25}{900} = 265.14 \text{N} \cdot \text{m}$

(3) $T_e = \tau_a \cdot \frac{\pi d^3}{16} = \sqrt{M^2 + T^2}$

$\sqrt{580^2 + 265.14^2} \times 10^3 = 38 \times \frac{\pi \cdot d^3}{16}$, $d = 44.05 \text{mm}$

표로부터 $d = 45 \text{mm}$ 선택

05 레이디얼 하중 1764N을 받는 단열홈형 볼베어링(No.6311)의 한계속도 지수는 200,000 mm · rpm이다. 다음을 구하라. (단, 하중계수 1.5, 기본동정격 하중 31.5kN이다.) [4점]

(1) 베어링의 최대 사용회전수 N[rpm]

(2) 베어링의 수명기간 L_h[hr]

Solution

(1) $N = \dfrac{200,000}{11 \times 5} = 3636.36 \text{rpm}$

(2) $L_h = 500 \cdot \left(\dfrac{C}{f_w \cdot P}\right)^r \cdot \dfrac{33.3}{N} = 500 \times \left(\dfrac{31.5 \times 10^3}{1.5 \times 1764}\right)^3 \times \dfrac{33.3}{3636.36} = 7725.2 \text{hr}$

06 축지름 120mm인 플랜지 커플링이 300rpm, 220kW의 동력을 전달한다. 플랜지 커플링의 볼트 수는 6개, 볼트 중심의 피치원 지름은 315mm일 때 다음을 구하라. (단, 볼트의 허용전단응력은 20MPa이다.) [5점]

(1) 축의 전달토크 T[J]

(2) 볼트의 지름 δ[mm]

Solution

(1) $T = 974 \times 9.8 \dfrac{H_{kW}}{N} = 974 \times 9.8 \times \dfrac{220}{300} = 6999.81 \text{J}$

(2) $T = \tau_B \cdot \dfrac{\pi \delta^2}{4} \cdot Z \cdot \dfrac{D_B}{2}$

$6999.81 \times 10^3 = 20 \times \dfrac{\pi \times \delta^2}{4} \times 6 \times \dfrac{315}{2}$, $\delta = 21.72 \text{mm}$

07 5.88kW의 동력을 전달하는 중심거리 450mm의 두 축이 홈마찰차로 연결되어 주동축 회전수가 400rpm, 종동축 회전수는 150rpm이며 홈각이 40°, 허용접촉선압은 38N/mm, 마찰계수는 0.3이다. 다음을 구하라. [4점]

(1) 홈마찰차를 미는 힘 W[N]

(2) 홈의 수 Z = ?, $h = 0.3\sqrt{\mu' \cdot W}$로 계산하여라.

Solution

(1) $i = \dfrac{N_2}{N_1} = \dfrac{D_1}{D_2}$, $C = \dfrac{D_1 + D_2}{2} = \dfrac{D_1}{2}(1 + \dfrac{N_1}{N_2})$

$450 = \dfrac{D_1}{2} \times (1 + \dfrac{400}{150})$, $D_1 = 245.45\text{mm}$

$V = \dfrac{\pi \cdot D_1 \cdot N_1}{60 \times 1000} = \dfrac{\pi \times 245.45 \times 400}{60 \times 1000} = 5.14\text{m/sec}$

$\mu' = \dfrac{\mu}{\mu\cos\alpha + \sin\alpha} = \dfrac{0.3}{0.3 \times \cos 20 + \sin 20} = 0.48$

$H_{kW} = \dfrac{\mu' \cdot W \cdot V}{102}$, $5.88 = \dfrac{0.48 \times W \times 5.14}{102 \times 9.8}$, $W = 2382.32\text{N}$

(2) $h = 0.3 \cdot \sqrt{\mu' W} = 0.3 \times \sqrt{0.48 \times 2382.32} = 10.14$

$f = \dfrac{Q}{2h \cdot Z} = \dfrac{\mu' \cdot W}{2h \cdot Z \cdot \mu}$

$38 = \dfrac{0.48 \times 2382.32}{2 \times 10.14 \times Z \times 0.3}$, $Z ≒ 4.95 = 5$

08 드럼축에 100rpm, 8.21kW의 전달동력이 작용하고 있는 그림과 같은 차동식 밴드브레이크 장치가 있다. 다음을 구하라. (단, 마찰계수 0.3, 밴드접촉각 120°이다.) [5점]

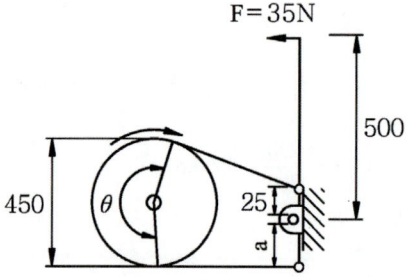

(1) 이완측 장력 T_s[N]

(2) 긴장측 장력 T_t[N]

(3) 밴드의 조작거리 a[mm]

Solution

(1) $e^{\mu\theta} = e^{(0.3 \times 120 \times \frac{\pi}{180})} = 1.87$

$V = \dfrac{\pi DN}{60 \times 1000} = \dfrac{\pi \times 450 \times 100}{60 \times 1000} = 2.36\text{m/sec}$

$H_{kW} = \dfrac{Q \cdot V}{102}$, $8.21 = \dfrac{Q \times 2.36}{102 \times 9.8}$, $Q = 3477.42\text{N}$

$T_s = Q \cdot \dfrac{1}{e^{\mu\theta} - 1} = 3477.42 \times \dfrac{1}{(1.87 - 1)} = 3997.03\text{N}$

(2) $T_t = T_s + Q = 3997.03 + 3477.42 = 7474.45\text{N}$

(3) $T_t \cdot a = F \cdot \ell + T_s \cdot b$

$7474.45 \times a = 35 \times 500 + 3997.03 \times 25$

$a = 15.71\text{mm}$

09 웜웜기어 동력전달 장치에서 감속비가 $\frac{1}{20}$, 웜웜축의 회전수 1500rpm, 웜의 모듈 6, 압력각 20°, 줄수 3, 피치원 지름 56mm, 웜휠의 치폭 45mm, 유효이나비는 36mm이다. 다음을 구하라. (단, 웜의 재질은 담금질강, 웜휠은 인청동을 사용한다.) [6점]

(1) 웜의 리드각 β[deg]

(2) 웜의 치직각 피치 P_n[mm]

(3) 최대 전달동력 H_kW[kW]

- 웜휠의 굽힘응력 σ_b = 166.6N/mm²
- 치형계수 y = 0.125
- 웜의 리드각에 의한 계수 φ = 1.25, β = 10~25°

내마멸계수 K

웜의 재료	웜휠의 재료	K(N/mm²)
강	인청동	411.6×10⁻³
담금질 강	주철	343×10⁻³
〃	인청동	548.8×10⁻³
〃	합성수지	833×10⁻³
주철	인청동	1038.8×10⁻³

◆ Solution

(1) 리드 $L = Z_w \cdot P_s = 3 \times \pi \times 6 = 56.55$mm

$$\beta = \tan^{-1}\left(\frac{L}{\pi D_w}\right) = \tan^{-1}\left(\frac{56.55}{\pi \times 56}\right) = 17.82°$$

(2) $p_n = p_s \cdot \cos\beta = \pi m \cdot \cos\beta = \pi \times 6 \times \cos 17.82 = 17.95$mm

(3) ① 굽힘강도에 의한 전달하중

$$D_g = m \cdot Z_g = m \cdot \frac{Z_w}{i} = 6 \times (3 \times 20) = 360\text{mm}$$

$$N_g = i \cdot N_w = \frac{1500}{20} = 75\text{rpm}$$

$$V_g = \frac{\pi \cdot D_g \cdot N_g}{60 \times 1000} = \frac{\pi \times 360 \times 75}{60 \times 1000} = 1.41\text{m/sec}$$

$$f_v = \frac{6.1}{6.1 + V_g} = \frac{6.1}{6.1 + 1.41} = 0.81$$

$$F_1 = f_v \cdot \sigma_b \cdot p_n \cdot b \cdot y = 0.81 \times 166.6 \times 17.95 \times 45 \times 0.125 = 13,625.33\text{N}$$

② 면압강도에 의한 전달하중

$$F_2 = f_v \cdot \phi \cdot D_g \cdot B_e \cdot K = 0.81 \times 1.25 \times 360 \times 36 \times 548.8 \times 10^{-3} = 7201.35\text{N}$$

- 안전상 작은 값을 허용전달하중으로 선택하여 동력결정

$$H_{kW} = \frac{F \cdot V_g}{102} = \frac{7201.35 \times 1.41}{102 \times 9.8} = 10.16\text{kW}$$

10 147kN의 인장하중을 받는 양쪽덮개판 맞대기 이음에서 리벳지름이 22mm이다. 리벳의 허용전단응력을 68.6MPa이라 할 때 리벳은 몇 개가 필요한가? [3점]

> **Solution**
>
> $\tau_a = \dfrac{W}{\dfrac{\pi d^2}{4} \times 1.8 \times n}$, $68.6 = \dfrac{4 \times 147 \times 10^3}{\pi \times 22^2 \times 1.8 \times n}$, $n = 3.13 ≒ 4$개

11 압력각 14.5°, 속도비 $\dfrac{1}{3.5}$, 피니언이 720rpm으로 22.05kW를 전달하는 스퍼기어 전동장치가 있다. 이 스퍼기어의 모듈이 5.0, 치폭이 50mm, 피치원상의 원주속도 2.64m/s일 때 다음을 구하라. (단, 치형계수는 아래표를 이용하도록 한다.) [5점]

(1) 피니언과 기어의 잇수 Z_1, Z_2
(2) 전달하중 F[N]
(3) 피니언과 기어의 재질을 결정하기 위한 굽힘강도 σ_1(N/mm²), σ_2(N/mm²)

치형계수 πy

Z \ α	14.5°	20°
12	0.237	0.277
13	0.249	0.292
14	0.261	0.308
15	0.270	0.319
...	...	...
43	0.352	0.411
49	0.357	0.422
60	0.369	0.433

> **Solution**
>
> (1) $V = \dfrac{\pi \cdot m \cdot Z_1 \cdot N_1}{60 \times 1000}$, $2.64 = \dfrac{\pi \times 5 \times Z_1 \times 720}{60 \times 1000}$, $Z_1 = 14$,
> $Z_2 = \dfrac{Z_1}{i} = 14 \times 3.5 = 49$, $f_v = \dfrac{3.05}{3.05 + V} = \dfrac{3.05}{3.05 + 2.64} = 0.536$
>
> (2) $H_{kW} = \dfrac{F \cdot V}{102}$, $22.05 = \dfrac{F \times 2.64}{102 \times 9.8}$, $F = 8348.93\text{N}$
>
> (3) $Z_1 = 14$일 때 $Y_1 = 0.261$, $Z_2 = 49$일 때 $Y_2 = 0.357$
> $\sigma_{b1} = \dfrac{F}{f_v \cdot m \cdot b \cdot Y_1} = \dfrac{8348.93}{0.536 \times 5 \times 50 \times 0.261} = 238.72\text{N/mm}^2$
> $\sigma_{b2} = \dfrac{F}{f_v \cdot m \cdot b \cdot Y_2} = \dfrac{8348.93}{0.536 \times 5 \times 50 \times 0.357} = 174.53\text{N/mm}^2$

2016 과년도문제(1회)

01 겹판 스프링에서 스팬의 길이 ℓ = 1500mm, 스프링의 나비 b = 120mm, 밴드의 나비 120mm, 판두께 12mm, 3600N의 하중이 작용하여 150MPa의 굽힘응력이 발생할 때 다음을 구하여라. (단, 세로탄성계수 E = 209GPa이며 유효길이 $\ell_e = \ell - 0.6e$이다.) [5점]

(1) 굽힘응력을 고려하여 판의 수 n를 구하라.

(2) 처짐 δ[mm]

(3) 고유 진동수 f[Hz]

Solution

(1) $\sigma_b = \dfrac{3P \cdot \ell_e}{2nbh^2} = \dfrac{3P \cdot (\ell - 0.6e)}{2nbh^2}$

$150 = \dfrac{3 \times 3600 \times (1500 - 0.6 \times 120)}{2 \times n \times 120 \times 12^2}$, $n = 2.975 ≒ 3$장

(2) $\delta = \dfrac{3P \cdot \ell_e^3}{8nbh^3 \cdot E} = \dfrac{3 \times 3600 \times (1500 - 0.6 \times 120)^3}{8 \times 3 \times 120 \times 12^3 \times 209 \times 10^3} = 30.24\text{mm}$

(3) $f = \dfrac{w}{2\pi} = \dfrac{1}{2\pi} \cdot \sqrt{\dfrac{g}{\delta}} = \dfrac{1}{2\pi} \times \sqrt{\dfrac{9.8}{30.24 \times 10^{-3}}} ≒ 2.87\text{Hz}$

02 다음의 나사의 종류는? [3점]

(1) 몸체를 침탄 담금질 처리를 하여 경화시킨 작은 나사로 드릴 구멍에 끼워 암나사를 내면서 죄는 나사는?

(2) 너트의 풀림을 방지하기 위한 너트로 2개의 너트를 끼워 아래에 위치한 너트이다.

(3) 담금질한 볼트로 리머 다듬질한 구멍에 넣어 체결하는 볼트이다.

Solution

(1) 태핑나사(tapping screw)
(2) 로크 너트(lock nut)
(3) 리머볼트(reamer bolt)

03 회전수 800rpm, 베어링 하중 4000N을 받는 엔드 저널 베어링이 있다. 허용베어링 압력이 0.6 MPa, $p \cdot V$ = 0.98MPa·m/s일 때 다음을 구하라. [4점]

(1) 베어링의 저널길이 ℓ[mm]

(2) 베어링 압력을 고려한 저널 직경 d[mm]

◆ Solution

(1) $p \cdot V = \dfrac{W}{d \cdot \ell} \times \dfrac{\pi d \cdot N}{60 \times 1000}$

$0.98 = \dfrac{4000}{\ell} \times \dfrac{\pi \times 800}{60 \times 1000}$, $\ell = 170.97$mm

(2) $p_a = \dfrac{W}{d \cdot \ell}$, $0.6 = \dfrac{4000}{d \times 170.97}$, $d = 38.99$mm

04 바깥지름 20mm, 유효지름 18mm, 골지름 16mm, 피치 4mm인 사다리꼴인 나사잭이 있다. 축하중이 5.5kN일 때 다음을 구하라. (단, 나사면 마찰계수는 칼라부 마찰계수 0.18이고 칼라부 평균지름 0.08, 35mm이다.) [5점]

(1) 들어 올리기 위한 토크 T[N·m]

(2) 레버길이가 420mm일 레버를 돌리는 힘 F[N]

(3) 허용접촉 면압력 p_a = 6.7MPa일 너트의 높이 H[mm]

◆ Solution

(1) $\beta = 30°$

$\mu' = \dfrac{\mu}{\cos\left(\dfrac{\beta}{2}\right)} = \dfrac{0.18}{\cos 15°} = 0.1863$

$T = Q\left(\dfrac{\mu' \pi d_2 + p}{\pi d_2 - \mu' p} \cdot \dfrac{d_2}{2} + \mu_f \cdot \dfrac{d_f}{2}\right)$

$= 5.5 \times \left(\dfrac{0.1863 \times \pi \times 18 + 4}{\pi \times 18 - 0.1863 \times 4} \times \dfrac{18}{2} + 0.08 \times \dfrac{35}{2}\right) = 20.59$N · m

(2) $T = F \cdot \ell$, $20.59 \times 10^3 = F \times 420$, $F = 49.02$N

(3) $H = \dfrac{Q \cdot p}{\dfrac{\pi}{4}(d^2 - d_1^2) \cdot p_a} = \dfrac{5.5 \times 10^3 \times 4}{\dfrac{\pi}{4} \times (20^2 - 16^2) \times 6.7} = 29.03$mm

05 원동차의 회전수 200rpm, 종동차의 회전수 100rpm, 중심거리 300mm인 외접형 원통마찰차가 있다. 원동차와 종동차의 지름을 구하라. [2점]

◆ Solution

$$C = \frac{D_1 + D_2}{2}, \quad i = \frac{N_2}{N_1} = \frac{D_1}{D_2}$$

$$C = \frac{D_1}{2}\left(1 + \frac{N_1}{N_2}\right), \quad 300 = \frac{D_1}{2} \times \left(1 + \frac{200}{100}\right), \quad D_1 = 200\text{mm}$$

$$D_2 = \frac{N_1 \cdot D_1}{N_2} = \frac{200 \times 200}{100} = 400\text{mm}$$

06 모듈 $m = 2$, 피니언 잇수 $Z_1 = 15$, 기어 잇수 $Z_2 = 24$인 전위기어의 다음을 구하라. (단, 모든 정답은 소수점 5번째 자리까지 구하고 다음 표를 이용하라.) [5점]

(1) 압력각 $\alpha = 14.5°$일 때 전위계수 $x_1, x_2 = ?$

(2) 두 기어에서 치면 높이(백래시)가 0이 되게 하는 물림 압력각 $\alpha_b = ?$ [deg]

(3) 전위기어의 중심거리 C[mm] = ?

◆ Solution

(1) $x_1 = 1 - \frac{Z_1}{2} \cdot \sin^2\alpha = 1 - \frac{15}{2} \times (\sin 14.5°)^2 = 0.52982$

$x_2 = 1 - \frac{Z_2}{2} \cdot \sin^2\alpha = 1 - \frac{24}{2} \times (\sin 14.5°)^2 = 0.24772$

(2) 함수 $B(\alpha_b) = \frac{m(x_1 + x_2)}{Z_1 + Z_2} = \frac{2 \times (0.52982 + 0.24772)}{15 + 24} = 0.03987$

함수 $B(\alpha_b)$를 이용하여 주어진 표로부터 물림 압력각 α_b를 선택

∴ $\alpha_b = 20.41°$

(3) 중심거리증가계수

$$y = \frac{Z_1 + Z_2}{2}\left(\frac{\cos\alpha}{\cos\alpha_b} - 1\right) = \frac{15 + 24}{2} \times \left(\frac{\cos 14.5°}{\cos 20.41°} - 1\right) = 0.64346$$

$$C = \left(\frac{Z_1 + Z_2}{2} + y\right) \cdot m = 2 \times \left(\frac{15 + 24}{2} + 0.64346\right) = 40.28692\text{mm}$$

$B(\alpha_b)$와 $B_v(\alpha_b)$의 함수표(14.5°)

α_b	0		2		4		6		8	
	B	B_v	B	B_v	B	B_v	B	B_v	B	B_v
15.0	.002 34	.002 30	.002 44	.002 39	.002 53	.002 49	.002 63	.022 58	.002 73	.002 68
1	.002 83	.002 77	.002 93	.002 87	.003 02	.002 96	.003 12	.003 05	.003 22	.003 15
2	.003 32	.003 24	.003 42	.003 34	.003 52	.003 44	.006 32	.003 53	.003 72	.003 63
3	.003 82	.003 72	.003 92	.003 82	.004 03	.003 91	.004 13	.004 01	.004 23	.004 11
4	.004 33	.004 20	.004 43	.004 30	.004 54	.004 40	.004 64	.004 49	.004 74	.004 59
5	.004 85	.004 69	.004 95	.004 79	.005 05	.004 88	.005 16	.004 98	.005 27	.005 08
6	.005 37	.005 18	.005 48	.005 27	.005 58	.005 37	.005 69	.005 47	.005 79	.005 57
7	.005 90	.005 67	.006 01	.005 77	.006 11	.335 86	.006 22	.005 96	.006 33	.006 06
8	.006 44	.006 13	.006 54	.006 26	.006 65	.006 36	.006 76	.006 46	.006 87	.006 56
9	.006 98	.006 66	.007 09	.006 76	.007 20	.006 86	.007 31	.006 96	.007 42	.007 06
16.0	.007 53	.007 16	.007 64	.007 26	.007 75	.007 37	.007 87	.007 47	.007 98	.007 57
1	.008 09	.007 67	.008 20	.007 77	.008 32	.007 87	.008 43	.007 87	.008 54	.008 08
2	.008 66	.008 18	.008 77	.008 28	.008 88	.008 38	.009 00	.008 49	.009 11	.008 59
3	.009 23	.008 69	.009 35	.008 79	.009 46	.008 90	.004 58	.009 00	.009 69	.009 10
4	.009 81	.009 21	.009 93	.009 21	.010 04	.009 42	.010 16	.009 52	.010 25	.009 62
5	.010 40	.009 73	.010 52	.009 83	.040 64	.009 94	.010 76	.010 04	.010 88	.010 15
6	.010 99	.010 25	.011 05	.010 30	.011 24	.010 46	.011 36	.010 57	.011 48	.010 67
7	.011 60	.010 78	.011 72	.010 89	.011 84	.010 99	.011 96	.011 09	.012 09	.011 20
8	.012 21	.011 31	.012 33	.011 42	.012 46	.011 52	.012 58	.011 63	.012 70	.011 74
9	.012 83	.011 85	.012 95	.011 95	.013 08	.012 06	.013 20	.012 17	.013 33	.012 28
17.0	.013 46	.012 38	.013 58	.012 49	.013 71	.012 60	.013 84	.012 71	.013 96	.012 82
1	.014 09	.012 93	.014 22	.013 03	.014 35	.013 14	.014 48	.013 25	.014 60	.013 36
2	.014 73	.013 47	.014 86	.013 58	.014 99	.013 69	.015 12	.013 80	.015 25	.013 91
3	.015 38	.014 02	.015 51	.014 13	.015 65	.014 24	.015 78	.014 35	.015 91	.014 46
4	.016 04	.014 57	.016 18	.014 69	.016 31	.014 80	.016 44	.014 91	.016 58	.015 02
5	.016 71	.015 13	.016 84	.015 24	.016 98	.015 35	.017 11	.015 47	.017 25	.015 58
6	.017 38	.015 69	.017 52	.015 80	.017 55	.015 92	.017 79	.016 03	.017 93	.016 14
7	.018 07	.016 26	.018 21	.016 37	.018 34	.016 48	.018 48	.016 60	.018 62	.016 71
8	.018 76	.016 82	.018 90	.016 94	.019 03	.017 05	.019 18	.017 17	.019 32	.017 28
9	.019 46	.017 40	.019 60	.017 51	.019 74	.017 62	.019 88	.017 74	.020 02	.017 85
18.0	.020 17	.017 97	.020 31	.018 09	.020 45	.018 20	.020 60	.018 32	.020 74	.018 43
1	.020 88	.018 55	.021 03	.018 67	.021 17	.018 78	.021 32	.018 90	.021 46	.019 02
2	.021 61	.019 13	.021 76	.019 25	.021 90	.019 37	.022 05	.019 48	.022 19	.019 60
3	.022 34	.019 72	.022 49	.019 84	.022 64	.019 96	.022 79	.020 70	.022 94	.020 19
4	.023 09	.020 31	.023 24	.020 43	.023 38	.020 55	.023 54	.020 67	.023 69	.020 79
5	.023 84	.020 90	.023 99	.021 02	.024 14	.021 14	.024 29	.021 26	.024 44	.021 38
6	.024 60	.021 50	.024 75	.021 62	.024 90	.021 74	.025 06	.021 86	.025 16	.021 98
7	.025 37	.022 10	.025 52	.022 23	.025 68	.022 35	.025 38	.022 47	.025 99	.022 59
8	.026 14	.022 71	.026 30	.022 83	.026 46	.022 95	.026 61	.023 08	.026 77	.023 20
9	.026 93	.023 32	.027 09	.023 44	.027 25	.023 56	.026 41	.023 69	.027 57	.023 81
19.0	.027 73	.023 93	.027 89	.024 06	.028 05	.024 18	.028 21	.024 30	.028 37	.024 43
1	.028 53	.024 55	.028 69	.024 67	.028 85	.024 80	.029 02	.024 92	.029 18	.025 05
2	.029 34	.025 17	.029 51	.025 29	.029 67	.025 42	.029 84	.025 55	.030 00	.025 67
3	.030 17	.025 80	.030 33	.025 92	.030 50	.026 05	.030 66	.026 17	.030 83	.026 30
4	.031 00	.026 43	.031 17	.026 55	.031 33	.026 68	.031 50	.026 80	.031 67	.026 93
5	.031 84	.027 06	.032 01	.027 19	.032 18	.027 31	.032 35	.027 44	.032 52	.027 57
6	.036 29	.027 69	.032 86	.027 82	.033 03	.027 95	.033 21	.028 08	.033 38	.028 21
7	.033 55	.028 34	.033 73	.028 46	.033 90	.028 59	.034 07	.028 72	.034 25	.028 85
8	.034 42	.028 98	.034 60	.029 11	.034 77	.029 24	.034 95	.029 37	.035 12	.029 50
9	.035 30	.029 63	.335 48	.029 76	.035 66	.029 89	.035 83	.030 01	.036 01	.030 15
20.0	.039 19	.030 28	.036 37	.030 41	.036 55	.030 54	.036 73	.030 67	.036 91	.030 81
1	.037 09	.030 94	.037 27	.031 07	.037 45	.031 20	.037 62	.031 33	.037 82	.031 47
2	.038 00	.031 60	.038 18	.031 73	.038 36	.031 86	.038 55	.032 00	.038 73	.032 13
3	.038 92	.062 26	.039 10	.032 40	.039 29	.032 53	.039 47	.032 66	.039 66	.032 80
4	.039 85	.032 93	.040 03	.033 07	.040 22	.033 20	.040 41	.033 33	.040 60	.033 47
5	.040 73	.033 60	.040 97	.033 74	.041 16	.033 87	.041 35	.034 01	.041 54	.034 14
6	.041 73	.034 28	.041 92	.034 42	.042 11	.034 55	.042 31	.034 69	.042 50	.034 82
7	.042 69	.034 96	.042 88	.035 09	.043 08	.035 26	.043 27	.035 37	.043 46	.035 51
8	.043 66	.035 65	.043 85	.035 78	.044 05	.035 92	.044 25	.036 06	.044 44	.036 20
9	.044 64	.036 33	.044 84	.036 47	.045 03	.036 61	.045 23	.036 75	.045 43	.036 89

07 두께가 4mm인 강판을 1줄 겹치기 리벳 이음을 할 때 다음을 구하라. (단, 강판의 인장응력과 압축응력 $\sigma_t = \sigma_c$ = 100MPa, 리벳의 전단응력 τ_r = 70MPa이다.) [6점]

(1) 리벳의 지름 d[mm]

(2) 피치 p[mm]

(3) 강판의 효율 η_p

(4) 리벳의 효율 η_r

◆ Solution

(1) $d = \dfrac{4t \cdot \sigma_c}{\pi \tau_r} = \dfrac{4 \times 4 \times 100}{\pi \times 70} = 7.28\text{mm}$

(2) $p = d + \dfrac{\pi d^2 \cdot \tau_r}{4t \cdot \sigma_t} = 7.28 + \dfrac{\pi \times 7.28^2 \times 70}{4 \times 4 \times 100} = 14.56\text{mm}$

(3) $\eta_p = 1 - \dfrac{d}{p} = (1 - \dfrac{7.28}{14.56}) \times 100 = 50\%$

(4) $\eta_r = \dfrac{\pi d^2 \cdot \tau_r}{4 \cdot \sigma_t \cdot p \cdot t} = \dfrac{\pi \times 7.28^2 \times 70}{4 \times 100 \times 14.56 \times 4} \times 100 = 50.03\%$

08 그림과 같이 블록 브레이크에서 브레이크 용량이 0.52N/mm²·m/s이고 마찰계수가 0.3일 때 다음을 구하라. [3점]

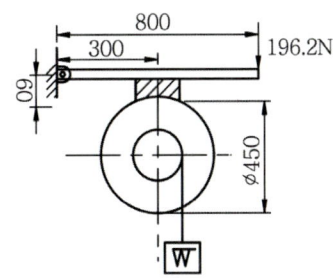

(1) 제동력 Q[N]

(2) 최대 회전수 N[rpm] = ? 브레이크의 허용면압력은 0.196N/mm²이다.

◆ Solution

(1) $F \cdot a - R \cdot b - \mu R \cdot c = 0$
196.2×800 − R(300+0.3×60)=0, R=493.58N, $Q = \mu R = 0.3 \times 493.58 = 148.07$N

(2) 브레이크 용량
$\mu q_a \cdot V = \mu q_a \cdot \dfrac{\pi \cdot D \cdot N}{60 \times 1000}$

$0.52 = 0.3 \times 0.196 \times \dfrac{\pi \times 450 \times N}{60 \times 1000}$, N=375.33rpm

09 접촉면의 안지름 120mm, 바깥지름 180mm의 원판 클러치가 350rpm으로 회전하고 있다. 다음을 구하라. (단, 마찰계수 = 0.2, 접촉면 압력을 0.2N/mm²로 한다.) [3점]

(1) 축에 작용하는 토크 μ[N·m]

(2) 전달동력 H_kW[kW]

Solution

(1) $T = \mu \cdot q \cdot \dfrac{\pi}{4}(D_2^2 - D_1^2) \cdot \dfrac{D_1 + D_2}{4}$

$= 0.2 \times 0.2 \times \dfrac{\pi}{4} \times (180^2 - 120^2) \times \dfrac{120 + 180}{4} \times 10^{-3} = 42.41 \text{N} \cdot \text{m}$

(2) $T = 974 \cdot \dfrac{H_{kW}}{N}$, $42.41 = 974 \times \dfrac{H_{kW}}{350} \times 9.8$

$H_{kW} = 1.56 \text{kW}$

10 잇수 Z = 6, 호칭지름 82mm의 스플라인 축이 250rpm으로 회전하고 있다. 이 측면의 허용면압을 19.6MPa로 하고 보스 길이를 150mm로 할 때 다음을 구하라. (단, 스플라인의 바깥지름은 88mm, 접촉효율은 75%이다.) [3점]

(1) 축 토크 T[kJ]

(2) 전달동력 H_kW[kw]

Solution

(1) $T = \eta \cdot q \cdot h \cdot \ell \cdot Z \cdot \dfrac{D}{2} = \eta \cdot q \cdot \left(\dfrac{D_2 - D_1}{2}\right) \cdot \ell \cdot Z \cdot \dfrac{D_1 + D_2}{4}$

$= 0.75 \times 19.6 \times \left(\dfrac{88 - 82}{2}\right) \times 150 \times 6 \times \dfrac{82 + 88}{4} = 1.69 \times 10^6 \text{N} \cdot \text{mm}$

∴ $T = 1.69 \text{kJ}$

(2) $T = 974000 \cdot \dfrac{H_{kW}}{N}$

$1.69 \times 10^6 = 974000 \times \dfrac{H_{kW}}{250} \times 9.8$, $H_{kW} = 44.26 \text{kW}$

11 지름이 각각 450mm, 650mm인 두 V-벨트 풀리에 1가닥의 가죽벨트를 걸어 12kW의 동력을 전달하고자 한다. 축간거리는 4m이고 작은 폴리의 회전수가 550rpm, 단위 길이당 벨트의 무게 ω = 1.5kg/m, 마찰계수 μ = 0.3, 홈각 2α = 40이다. 다음을 구하라. [6점]

(1) 상당마찰계수 μ' = ?

(2) 작은 풀리의 접촉각 θ[deg]

(3) 벨트에 작용하는 원심력을 고려하여 긴장측 장력 T_t[N]

Solution

(1) $\mu' = \dfrac{\mu}{\mu\cos\alpha + \sin\alpha} = \dfrac{0.3}{0.3 \times \cos 20° + \sin 20°} = 0.48$

(2) $\theta = 180 - 2 \cdot \sin^{-1}\left(\dfrac{D_2 - D_1}{2C}\right) = 180 - 2 \times \sin^{-1}\left(\dfrac{650 - 450}{2 \times 4 \times 10^3}\right) = 117.13°$

(3) $e^{\mu'\theta} = e^{\left(0.48 \times 177.13 \times \frac{\pi}{180}\right)} = 4.41$

$T_g = \dfrac{\omega \cdot V^2}{g} = \dfrac{1.5 \times 9.8}{9.8} \times \left(\dfrac{\pi \times 450 \times 550}{60 \times 1000}\right)^2 = 251.91\text{N}$

$H_{kW} = \dfrac{(T_t - T_g) \cdot (e^{\mu'\theta} - 1) \cdot V}{102 \cdot e^{\mu'\theta}}$

$12 = \dfrac{(T_t - 251.91) \times (4.41 - 1) \times \pi \times 450 \times 550}{102 \times 4.41 \times 60 \times 1000 \times 9.8}$

$T_t = 1448.98\text{N}$

12 홈붙이 마찰차에서 중심거리 500mm, 주동차와 종동차의 회전수가 각각 300rpm, 200rpm일 때 2.1kW를 전달하고자 한다. 다음을 구하라. (단, 마찰계수 μ = 0.15이고 홈각은 40°이다.) [5점]

(1) 상당마찰계수 μ' = ?

(2) 전달력 F[N]

(3) 밀어 붙이는 힘 W[N]

Solution

(1) $\mu' = \dfrac{\mu}{\mu\cos\alpha + \sin\alpha} = \dfrac{0.15}{0.15 \times \cos 20° + \sin 20°} = 0.31$

(2) $i = \dfrac{N_2}{N_1} = \dfrac{D_1}{D_2}$, $D_2 = \dfrac{D_1 \cdot N_1}{N_2}$

$C = \dfrac{D_1 + D_2}{2} = \dfrac{D_1}{2}\left(1 + \dfrac{N_1}{N_2}\right)$

$500 = \dfrac{D_1}{2} \times \left(1 + \dfrac{300}{200}\right)$, $D_1 = 400\text{mm}$

$H_{kW} = \dfrac{F \cdot V}{102}$, $2.1 = \dfrac{F \times \pi \times 400 \times 300}{102 \times 60 \times 1000 \times 9.8}$, $F = 334.09\text{N}$

(3) $F = \mu \cdot Q = \mu' \cdot W$

$W = \dfrac{F}{\mu'}$, $2.1 = \dfrac{334.09}{0.31} = 1077.71\text{N}$

2016 과년도문제(2회)

01 회전수 180rpm, 12kW를 제동하고자 하는 단동식 밴드브레이크가 있다. 350mm 직경의 드럼과 밴드의 접촉각은 220°, 마찰계수는 0.25, 밴드의 허용인장응력은 50MPa이다. 다음을 구하라. (단, 밴드두께 t = 3mm이다.)

(1) 제동력 Q[N]

(2) 긴장측 장력 T_t[N]

(3) 밴드의 최소폭 b[mm] (단, 밴드의 이음효율은 고려하지 않는다.)

Solution

(1) $H_{kW} = \dfrac{Q \cdot \pi \cdot D \cdot N}{102 \times 60 \times 1000}$

$12 = \dfrac{Q \times \pi \times 350 \times 180}{102 \times 60 \times 1000 \times 9.8}$, $Q = 3636.37\text{N}$

(2) $e^{\mu\theta} = e^{(0.25 \times \frac{220 \times \pi}{180})} = 2.61$

$T_t = Q \cdot \dfrac{e^{\mu\theta}}{e^{\mu\theta} - 1} = 3636.37 \times \dfrac{2.61}{2.61 - 1} = 5894.98\text{N}$

(3) $\sigma_a = \dfrac{T_t}{b \cdot t}$, $b = \dfrac{5894.98}{50 \times 3} = 39.33\text{m}$

02 핀이음에 5,000N이 작용할 때 다음을 구하라. (단, 핀 재료의 허용전단응력은 48MPa이고, $b = 1.4d$이다. d는 핀의 지름이다.)

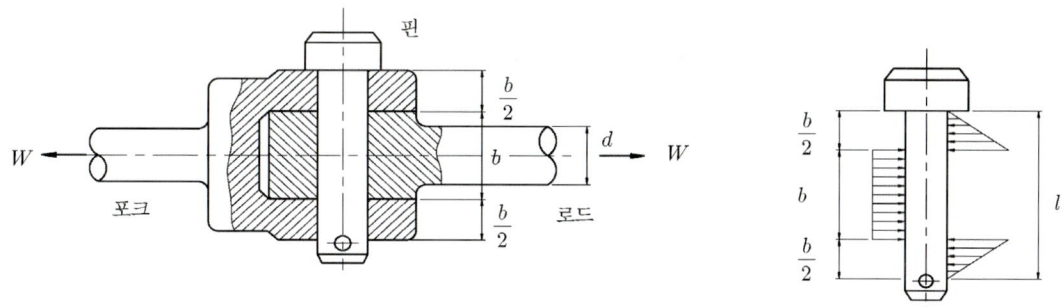

(1) 단순응력만 고려하여 핀의 지름 d[mm]를 구하라.

(2) 핀의 최대굽힘응력 $\sigma_{b\max}[\text{N/mm}^2]$

Solution

(1) $\tau_a = \dfrac{W}{2 \times \dfrac{\pi d^2}{4}}$, $48 = \dfrac{2 \times 5000}{\pi \times d^2}$, $d = 8.14\text{mm}$

(2) $\sigma_b = \dfrac{32 \times W \cdot \ell}{\pi d^3 \times 8} = \dfrac{32 \times 5000 \times (2 \times 1.4 \times 8.14)}{\pi \times 8.14^3 \times 8} = 269.02\text{N/mm}^2$

03 강재의 원통 스프링이 압축 하중을 받고 있다. 이 코일 스프링에 226N의 하중, 처짐 12mm, 소선의 지름 6mm, 코일의 평균지름 51mm이다. 다음을 구하라. (단, 재료의 횡 탄성계수 $G = 80.4 \times 10^3 \text{N/mm}^2$, 왈의 응력수정계수 $K = \dfrac{4C-1}{4C-4} + \dfrac{0.615}{C}$, $C = \dfrac{D}{d}$이다.)

(1) 유효감김수 n

(2) 최대 전단응력 $\tau_{\max}[\text{MPa}]$

Solution

(1) $\delta = \dfrac{64nP \cdot R^3}{G \cdot d^4}$, $12 = \dfrac{64 \times n \times 226 \times (\dfrac{51}{2})^3}{80.4 \times 10^3 \times 6^4}$, $n = 5.21 ≒ 6$

(2) $C = \dfrac{D}{d} = \dfrac{51}{6} = 8.5$

$K = \dfrac{4C-1}{4C-4} + \dfrac{0.615}{C} = \dfrac{4 \times 8.5 - 1}{4 \times 8.5 - 4} + \dfrac{0.615}{8.5} = 1.17$

$\tau_{\max} = K \cdot \dfrac{16P \cdot R}{\pi d^3} = 1.17 \times \dfrac{16 \times 226 \times (51/2)}{\pi \times 6^3} = 158.98\text{MPa}$

04 유효지름 18mm, 피치 8mm인 한 줄 사각나사의 연강제 나사봉을 갖는 나사잭으로 90kN의 하중을 올리려고 한다. 다음을 구하라. (단, 마찰계수는 0.19이다.)

(1) 하중을 들어올리는데 필요한 토크 T[N·m]

(2) 레버의 유효길이가 250mm일 때 레버 끝에 가하는 힘 F[N]

(3) 나사산의 허용면압력이 8MPa일 때 너트의 높이 H[mm]

Solution

(1) $T = Q \cdot \dfrac{\mu \pi d_2 + p}{\pi d_2 - \mu p} \cdot \dfrac{d_2}{2}$

$= 90 \times 10^3 \times \dfrac{0.19 \times \pi \times 18 + 8}{\pi \times 18 - 0.19 \times 8} \times \dfrac{18}{2} = 275.91\text{N} \cdot \text{m}$

(2) $T = F \cdot \ell$, $F = \dfrac{275.91 \times 10^3}{250} = 1103.64\text{N}$

(3) $Z = \dfrac{Q}{\pi d_2 \cdot h \cdot q} = \dfrac{90 \times 10^3}{\pi \times 18 \times (\frac{8}{2}) \times 8} = 49.74 ≒ 50$

$H = Z \cdot p = 50 \times 8 = 400\text{mm}$

05 400rpm, 7.5kW을 전달하는 평벨트 전동장치가 있다. 접촉각 180°의 평행걸기이고 풀리의 직경은 450mm, 벨트의 나비 50mm, 두께 4mm, 장력비는 2.36이다. 다음을 구하라. (단, 벨트의 이음효율은 80%이고 벨트의 굽힘에 대한 보정계수 $K_1 = 0.9$이다.)

(1) 벨트의 긴장측 장력 T_t[kN]

(2) 벨트의 굽힘응력을 고려하여 최대 인장응력 σ_{max}[MPa] (단, 벨트의 종탄성 계수 $E = 215$MPa 이다.)

Solution

(1) $V = \dfrac{\pi DN}{60 \times 100} = \dfrac{\pi \times 450 \times 400}{60 \times 1000} = 9.42\text{m/sec}$

$H_{kW} = \dfrac{T_t \cdot (e^{\mu\theta} - 1) \cdot V}{102 \cdot e^{\mu\theta}}$

$7.5 = \dfrac{T_t \times (2.36 - 1) \times 9.42}{102 \times 2.36 \times 9.8}$, $T_t = 1381.05\text{N} ≒ 1.38\text{kN}$

(2) $\sigma_t = \dfrac{T_t}{bt \cdot \eta} = \dfrac{1381.05}{50 \times 4 \times 0.8} = 8.63\text{MPa}$

$\sigma_b = K_1 \cdot E \cdot \dfrac{t}{D} = 0.9 \times 215 \times \dfrac{4}{450} = 1.72\text{MPa}$

$\sigma_{max} = \sigma_t + \sigma_b = 8.63 + 1.72 = 10.35\text{MPa}$

06 그림과 같이 필렛용접 이음에서 하중 5000N이 작용하고 있다. a = 200mm, b = 160mm, c = 130mm, 용접목길이 f = 9mm일 때 다음을 구하라.

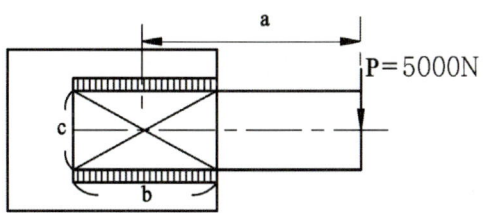

(1) 직접전단응력 τ_1[N/mm²]

(2) 비틀림 전단응력 τ_2[N/mm²]

(3) 최대 전단응력 τ_{max}[N/mm²]

Solution

(1) $\tau_1 = \dfrac{P}{2b \cdot t} = \dfrac{5000}{2 \times 160 \times 90 \times \cos 45°} = 2.46 \text{N/mm}^2$

(2) $I_o = \dfrac{b(3c^2 + b^2)}{6} = \dfrac{160 \times (3 \times 130^2 + 160^2)}{6} = 2034666.67 \text{mm}^3$

$\tau_2 = \dfrac{T \cdot r}{t \cdot I_o} = \dfrac{P \cdot a \cdot \sqrt{(\frac{b}{2})^2 + (\frac{c}{2})^2}}{f \cdot \cos 45° \cdot I_o}$

$= \dfrac{5000 \times 200 \times \sqrt{(\frac{160}{2})^2 + (\frac{130}{2})^2}}{9 \times \cos 45° \times 2034666.67} = 7.96 \text{N/mm}^2$

(3) $\cos\theta = \dfrac{(\frac{b}{2})}{\sqrt{(\frac{b}{2})^2 + (\frac{c}{2})^2}} = \dfrac{(\frac{160}{2})}{\sqrt{(\frac{160}{2})^2 + (\frac{130}{2})^2}} = 0.78$

$\tau_{max} = \sqrt{\tau_1^2 + \tau_2^2 + 2\tau_1 \cdot \tau_2 \cdot \cos\theta}$
$= \sqrt{2.46^2 + 7.96^2 + 2 \times 2.46 \times 7.96 \times 0.78} = 10.00 \text{N/mm}^2$

07 단열 앵귤러 볼베어링 7310에 2kN의 레이디얼 하중과 1.2kN의 스러스트 하중이 작용하고 있다. 외륜은 고정하고 내륜회전으로 사용하며 기본동정격 하중 58kN, 레이디얼 계수 0.46, 스러스트 계수 1.41일 때 다음을 구하라. (단, 회전수는 N = 2000rpm이다.)

(1) 등가하중 P_r[kN]

(2) 수명시간 L_h[h]

Solution

(1) $P_r = X \cdot V \cdot F_r + YF_t = XF_r + YF_t = 0.46 \times 2 + 1.41 \times 1.2 = 2.61 \text{kN}$

(2) $L_h = 500\left(\dfrac{C}{P_r}\right)^r \cdot \dfrac{33.3}{N} = 500 \times \left(\dfrac{58}{2.61}\right)^3 \times \dfrac{33.3}{2000} = 91,358.02 \text{h}$

08 14.7kW, 300rpm을 전달하는 전동축이 있다. 묻힘키의 $b \times h = 6 \times 6$이고 허용전단응력은 80MPa, 허용압축응력은 100MPa이다. 키홈이 없을 때 축의 지름은 40mm이고 허용전단응력은 60MPa이다. 다음을 구하라. (단, 키홈붙이 축과 키홈이 없는 축의 탄성한도에 있어서 비틀림강도의 비 $\beta = 1+0.2\dfrac{b}{d_o}+1.1 \times \dfrac{t}{d_o}$ 이고 키홈을 고려한 축지름 $d = \beta \cdot d_o$이다.)

(1) 축 토크 T[N·m]

(2) 키의 길이 ℓ[mm]를 다음 표에서 선택하라.

길이 l의 표준값

6	8	10	12	14	16	18	20	22	25	28
32	36	40	45	50	56	63	70	80	90	100
110	125	140	160	180	200					

(3) 키의 묻힘을 고려했을 때 축의 안전성을 평가하라. (단, 묻힘깊이 $t = \dfrac{h}{2}$이다.)

Solution

(1) $T = 974 \cdot \dfrac{H_{kW}}{N} = 974 \times \dfrac{14.7}{300} \times 9.8 = 467.71 \text{N} \cdot \text{m}$

(2) $\tau_K = \dfrac{2T}{b\ell_1 d}$, $80 = \dfrac{2 \times 467.71 \times 10^3}{6 \times \ell_1 \times 44.5}$, $\ell_1 = 48.72\text{mm}$

$d = \beta d_0 = (1 + 0.2 \cdot \dfrac{b}{d_o} + 1.1 \cdot \dfrac{t}{d_o}) \cdot d_0$

$= (1 + 0.2 \times \dfrac{6}{40} + 1.1 \times \dfrac{3}{40}) \times 40 = 44.5\text{mm}$

$\sigma_c = \dfrac{4T}{h\ell_2 d}$, $100 = \dfrac{4 \times 467.71 \times 10^3}{6 \times \ell_2 \times 44.5}$, $\ell_2 = 77.95\text{mm}$

$\ell_2 > \ell_1$이고 표로부터 선정하면

∴ $\ell = 80\text{mm}$

(3) $\tau = \dfrac{T}{Z_P} = \dfrac{16 \cdot T}{\pi d^3} = \dfrac{16 \times 467.71 \times 10^3}{\pi \times 44.5^3} = 27.03\text{MPa} < 60\text{MPa}$

축의 허용전단응력보다 작으므로 안전한 것으로 판단됨

09 표준 스퍼기어의 모듈 4, 잇수 60, 회전수 480rpm, 치폭 50mm일 때 다음을 구하라. (단, 기어의 굽힘강도는 160MPa이고 치형계수는 π를 포함하는 값으로 0.362이다.)

(1) 기어의 회전속도 V[m/sec]

(2) 루이스 굽힘강도에 의한 전달하중 F[N]

◆ Solution

(1) $V = \dfrac{\pi \cdot m \cdot Z \cdot N}{60 \times 1000} = \dfrac{\pi \times 4 \times 60 \times 480}{60 \times 1000} = 6.03 \text{m/sec}$

(2) $F = f_v \cdot \sigma_b \cdot b \cdot m \cdot Y = \dfrac{3.05}{3.05 + 6.03} \times 160 \times 50 \times 4 \times 0.362 = 3891.10 \text{N}$

10 축지름 40mm, 길이 900mm, 축에 매달린 디스크의 무게 30kg, 축을 지지하는 스프링의 스프링상수 $k = 70 \times 10^6$ N/m이다. 다음을 구하라. (단, 축의 세로탄성계수는 206GPa이다.)

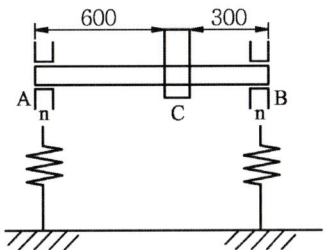

(1) 축의 처짐 δ[μm]

디스크의 처짐을 구하는 공식 : $\delta = \dfrac{Wa^2b^2}{3E \cdot I(a+b)}$

(2) 축의 자중을 무시할 때 구한 처짐에 의한 위험속도 N_{cr}[rpm]

◆ Solution

(1) ① 순수 스프링의 처짐

$\delta_A = \dfrac{R_A}{k} = \dfrac{30 \times 300 \times 9.8}{900 \times 70 \times 10^6} = 1.4 \times 10^{-6}$ m

$\delta_B = \dfrac{R_B}{k} = \dfrac{30 \times 600 \times 9.8}{900 \times 70 \times 10^6} = 2.8 \times 10^{-6}$ m

$\delta_C = (1.4 \times 10^{-6}) + \dfrac{600 \times (2.8 - 1.4) \times 10^{-6}}{900} = 2.33 \times 10^{-6}$ m

δ_c : 스프링의 처짐시 디스크가 매달려 있는 부분에서 처짐

② 디스크만 매달려 있을 때 처짐(주어진 공식적용)

$\delta_D = \dfrac{Wa^2 \cdot b^2}{3EI \cdot (a+b)} = \dfrac{64 \times (30 \times 9.8) \times 0.6^2 \times 0.3^2}{3 \times 206 \times 10^9 \times \pi \times 0.04^4 \times 0.9} = 1.36 \times 10^{-4}$ m

③ 최대처짐

$\delta = \delta_C + \delta_D = 2.33 \times 10^{-6} + 1.36 \times 10^{-4} = 1.3833 \times 10^{-4}$ m $= 138.33 \mu$m

(2) $N_{cr} = 300 \sqrt{\dfrac{1}{\delta}} = 300 \times \sqrt{\dfrac{1}{138.33 \times 10^{-4}}} \fallingdotseq 2550.72$ rpm

11 중심거리 500mm, 주동차 회전수 500rpm, 종동차 회전수 300rpm인 외접원통마찰차가 있다. 밀어붙이는 힘이 2.1kN일 다음을 구하라. (단, 마찰계수 μ = 0.3이다.)

(1) 주동차와 종동차의 지름 D_1 = ?, D_2 = ?

(2) 전달동력 H_kW[kW]

◆ Solution

(1) $\dfrac{N_2}{N_1} = \dfrac{D_1}{D_2}$, $D_2 = \dfrac{D_1 \cdot N_1}{N_2}$

$C = \dfrac{D_1 + D_2}{2} = \dfrac{D_1}{2}(1 + \dfrac{N_1}{N_2})$

$500 = \dfrac{D_1}{2} \times (1 + \dfrac{500}{300})$, $D_1 = 375\text{mm}$, $D_2 = 625\text{mm}$

(2) $H_{kW} = \dfrac{\mu W \cdot V}{102} = \dfrac{0.3 \times 2.1 \times 10^3 \times \pi \times 375 \times 500}{102 \times 60 \times 1000 \times 9.8} = 6.19\text{kW}$

2016 과년도문제(4회)

01 그림과 같이 2.2kW, 1750rpm의 전동기에 직결된 기어 감속장치에 640N의 하중이 축 중앙에 걸린다. 축의 재료는 연강으로 허용전단응력 34.3MPa, 허용굽힘응력 68.6MPa, 동적효과계수 K_m = 2.0, K_t = 1.5로 하여 다음을 구하라. (단, 축은 중공축으로 바깥지름은 20mm이다.) [5점]

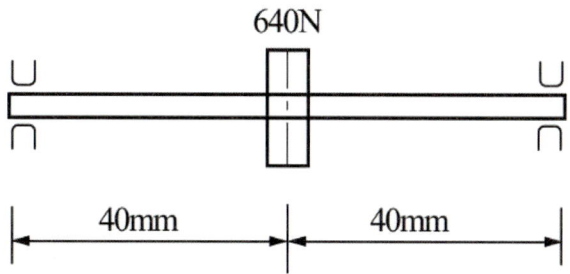

(1) 상당 비틀림 모멘트 T_e[J]
(2) 상당 굽힘 모멘트 M_e[J]
(3) 축의 무게는 무시하고 중공축의 안지름 d_1[mm]

◆ Solution

(1) $M = \dfrac{W \cdot L}{4} = \dfrac{640 \times 0.08}{4} = 12.8\text{J}$

$T = 974 \times 9.8 \dfrac{H_{kW}}{N} = 974 \times 9.8 \times \dfrac{2.2}{1750} = 12\text{J}$

$T_e = \sqrt{(K_m M)^2 + (K_t T)^2} = \sqrt{(2.0 \times 12.8)^2 + (1.5 \times 12)^2} = 31.29\text{J}$

(2) $M_e = \dfrac{1}{2}\{(K_m \cdot M) + T_e\} = \dfrac{1}{2} \times (2.0 \times 12.8 + 31.29) = 28.45\text{J}$

(3) ① $T_e = \tau_a \cdot \dfrac{\pi d_2^3}{16}(1 - x^4)$

$31.29 = 34.3 \times \dfrac{\pi \times 20^3}{16} \times (1 - x^4), \ x = 0.805$

$d_1 = x \cdot d_2 = 0.805 \times 20 = 16.10\text{mm}$

② $M_e = \sigma_a \cdot \dfrac{\pi d_2^3}{32}(1 - x^4)$

$28.45 \times 10^3 = 68.6 \times \dfrac{\pi \times 20^3}{32} \times (1 - x^4), \ x = 0.829$

$d_1 = x \cdot d_2 = 0.829 \times 20 = 16.58\text{mm}$

• 둘 다 만족하는 안지름 $d_1 = 16.10\text{mm}$

02 그림과 같이 15kW, 150rpm의 동력을 전달하는 축에 밴드브레이크가 있다. 접촉각 270°, 드럼의 지름 300mm, 두께의 3mm의 석면직물을 밴드로 μ = 0.4이다. ℓ은 500mm, a는 100mm일 때 다음을 구하라. (단, 밴드의 허용인장응력은 50MPa이고 $e^{\mu\theta}$ = 6.6이다.)[4점]

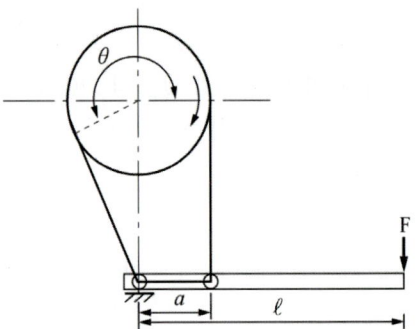

(1) 이완측 장력 T_s[N]
(2) 레버에 가하는 힘 F[N]
(3) 밴드의 나비 b[mm]

Solution

(1) $H_{kW} = Q \cdot \dfrac{\pi D \cdot N}{60 \times 1000}$

$15 \times 10^3 = Q \times \dfrac{\pi \times 300 \times 150}{60 \times 1000}$, $Q = 6366.2$N

$T_s = Q \cdot \dfrac{1}{e^{\mu\theta} - 1} = 6366.2 \times \dfrac{1}{6.6 - 1} = 1136.82$N

(2) $F \cdot \ell = T_s \cdot a$

$F = \dfrac{1136.82 \times 100}{500} = 227.36$N

(3) $T_t = T_s \cdot e^{\mu\theta} = 1136.82 \times 6.6 = 7503.01$N

$\sigma_t = \dfrac{T_t}{b \cdot t}$, $b = \dfrac{7503.01}{50 \times 3} = 50.02$mm

03 강판의 두께 14mm, 리벳의 지름 22mm, 피치 54mm인 1줄 겹치기 리벳 이음이 있다. 1피치당 13500N의 하중이 작용할 때 다음을 구하라. [5점]

(1) 강판의 인장응력 σ_t[MPa]

(2) 강판과 리벳 사이의 압축응력 σ_c[MPa]

(3) 리벳의 전단응력 τ_r[MPa]

(4) 강판의 효율 η_p[%]

◆ Solution

(1) $\sigma_t = \dfrac{W}{(P-d) \cdot t} = \dfrac{13500}{(54-22) \times 14} = 30.13 \text{MPa}$

(2) $\sigma_c = \dfrac{W}{d \cdot t} = \dfrac{13500}{22 \times 14} = 43.83 \text{MPa}$

(3) $\tau_r = \dfrac{W}{\dfrac{\pi d^2}{4}} = \dfrac{4 \times 13500}{\pi \times 22^2} = 35.51 \text{MPa}$

(4) $\eta_p = 1 - \dfrac{d}{p} = (1 - \dfrac{22}{54}) \times 100 = 59.26\%$

04 5.88kW의 동력을 전달하는 중심거리 450mm의 두 축이 홈마찰차로 연결되어 주동축 회전수가 400rpm, 종동축 회전수는 150rpm이며 홈각이 40°, 허용접촉선압은 38N/mm, 마찰계수는 0.3이다. 다음을 구하라. [4점]

(1) 홈마찰차를 미는 힘 W[N]

(2) 홈의 수 $Z = ?$, $h = 0.3\sqrt{\mu' \cdot W}$로 계산하여라.

◆ Solution

(1) $i = \dfrac{N_2}{N_1} = \dfrac{D_1}{D_2}$, $C = \dfrac{D_1 + D_2}{2} = \dfrac{D_1}{2}(1 + \dfrac{N_1}{N_2})$

$450 = \dfrac{D_1}{2} \times (1 + \dfrac{400}{150})$, $D_1 = 245.45 \text{mm}$

$V = \dfrac{\pi \cdot D_1 \cdot N_1}{60 \times 1000} = \dfrac{\pi \times 245.45 \times 400}{60 \times 1000} = 5.14 \text{m/sec}$

$\mu' = \dfrac{\mu}{\mu\cos\alpha + \sin\alpha} = \dfrac{0.3}{0.3 \times \cos 20 + \sin 20} = 0.48$

$H_{kW} = \dfrac{\mu' \cdot W \cdot V}{102}$, $5.88 = \dfrac{0.48 \times W \times 5.14}{102 \times 9.8}$, $W = 2382.32 \text{N}$

(2) $h = 0.3 \cdot \sqrt{\mu' W} = 0.3 \times \sqrt{0.48 \times 2382.32} = 10.14 \text{mm}$

$f = \dfrac{Q}{2h \cdot Z} = \dfrac{\mu' \cdot W}{2h \cdot Z \cdot \mu}$

$38 = \dfrac{0.48 \times 2382.32}{2 \times 10.14 \times Z \times 0.3}$, $Z ≒ 4.95 = 5$

05 다음과 같은 조건을 갖는 스퍼기어의 전달동력을 결정하라. ($\alpha = 20°$)

모듈	잇수		회전수	허용 굽힘강도	치형계수	하중계수	접촉응력계수
$m=4$	$Z_1=40$	$Z_2=60$	$N_1=500$rpm	90MPa	$y=0.154-\dfrac{0.912}{Z_1}$	0.8	0.53MPa

폭 $b = 10$m이고 치형계수 y는 π를 포함하고 있지 않은 값이다. [4점]

(1) 굽힘강도만을 고려한 경우 전달동력 H_1[kW]
(2) 면압강도 만을 고려한 경우 전달동력 H_2[kW]

◎ Solution

(1) $V = \dfrac{\pi \cdot m \cdot Z_1 \cdot N_1}{60 \times 1000} = \dfrac{\pi \times 4 \times 40 \times 500}{60 \times 1000} = 4.19$m/s

$y_1 = 0.154 - \dfrac{0.912}{Z_1} = 0.154 - \dfrac{0.912}{40} = 0.1312$

$f_v = \dfrac{3.05}{3.05 + V} = \dfrac{3.05}{3.05 + 4.19} = 0.421$

$F_1 = f_w \cdot f_v \cdot \sigma_b \cdot b \cdot m \cdot \pi y_1 = 0.8 \times 0.421 \times 90 \times 10 \times 4^2 \times \pi \times 0.1312$
$= 1999.03$N

(2) $F_2 = f_v \cdot K \cdot m \cdot b \cdot \dfrac{2Z_1 \cdot Z_2}{Z_1 + Z_2} = 0.421 \times 0.53 \times 4 \times 10 \times 4 \times \dfrac{2 \times 40 \times 60}{40 + 60}$
$= 1713.64$N

$H_2 = F_2 \cdot V = 1713.64 \times 4.19 \times 10^{-3} = 7.18$kW

06 그림과 같은 측면 필릿 용접 이음에서 허용전단응력이 40N/mm² 일 때 하중 W를 구하라. (단, 판재두께는 12mm이다.) [3점]

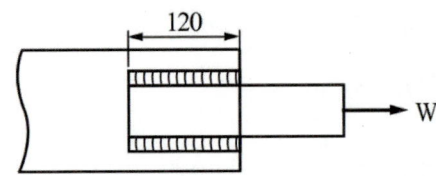

◎ Solution

$\tau = \dfrac{W}{A} = \dfrac{W}{2 \times f \times \cos 45° \times L}$
$W = 40 \times 2 \times 12 \times \cos 45° \times 120 = 81458.7$N $= 81.46$kN

07 지름의 70mm인 전동축에 회전수 300rpm으로 12kW를 전달가능한 묻힘키를 설계하고자 한다. 묻힘키의 폭과 높이는 20mm×13mm이고 키의 허용전단응력은 20MPa, 허용압축응력은 80MPa이다. 다음을 구하라. (단, 키의 묻힘깊이는 $\frac{h}{2}$이다.) [5점]

(1) 축의 전달토크 T[J]
(2) 키의 전단응력만 고려한 키의 길이 ℓ_1[mm]
(3) 키의 압축응력만 고려한 키의 길이 ℓ_2[mm]

◆ Solution

(1) $T = 974 \times 9.8 \frac{H_{kW}}{N} = 974 \times 9.8 \times \frac{12}{300} = 381.81 \text{J}$

(2) $\tau_K = \frac{2T}{b\ell_1 d}$, $20 = \frac{2 \times 381.81 \times 10^3}{20 \times \ell_1 \times 70}$, $\ell_1 = 27.27 \text{mm}$

(3) $\sigma_c = \frac{4T}{h \cdot \ell_2 \cdot d}$, $80 = \frac{4 \times 381.81 \times 10^3}{13 \times \ell_2 \times 70}$, $\ell_2 = 20.98 \text{mm}$

08 스프링 강제 코일 스프링을 하중 980N으로 압축한다. 이 코일 스프링의 평균지름 36mm, 소선의 지름 6mm, 전단탄성계수 80GPa, 왈의 응력수정계수 $K = \frac{4C-1}{4C-4} + \frac{0.615}{C}$이다. 다음을 구하라. (단, 코일 스프링의 유효감김수 n = 7이다.) [4점]

(1) 스프링의 처짐 δ[mm]
(2) 스프링의 전단응력 τ[MPa]

◆ Solution

(1) $C = \frac{D}{d} = \frac{36}{6} = 6.0$

$K = \frac{4C-1}{4C-4} + \frac{0.615}{C} = \frac{4 \times 6 - 1}{4 \times 6 - 4} + \frac{0.615}{6} = 1.25$

$\delta = \frac{64 \cdot n \cdot P \cdot R^3}{G \cdot d^4} = \frac{64 \times 7 \times 980 \times 18^3}{80 \times 10^3 \times 6^4} = 24.70 \text{mm}$

(2) $\tau = K \cdot \frac{16P \cdot R}{\pi d^3} = 1.25 \times \frac{16 \times 980 \times 18}{\pi \times 6^3} = 519.91 \text{N/mm}^2$

09 안지름 400mm, 내압 1MPa의 실린더 커버를 10개의 볼트로 체결하려 한다. 볼트재료의 허용인장력을 48MPa로 할 때 다음을 구하라. (단, 볼트에 작용하는 하중은 실린더커버 체결력의 $\frac{1}{3}$이다.) [4점]

(1) 볼트의 골지름 d_1[mm]
(2) 볼트 1개의 걸리는 압력에 의한 인장하중 W[kN]

Solution

(1) $Q = P \cdot A \cdot \dfrac{1}{3} = \sigma_t \cdot \dfrac{\pi d_1^2}{4}$

$1 \times \dfrac{\pi \times 400^2}{4} \times \dfrac{1}{3} = 48 \times \dfrac{\pi \times d_1^2}{4}$, $d_1 = 33.33\text{mm}$

(2) $W = \dfrac{P \cdot A}{n} = \dfrac{1 \times \dfrac{\pi \times 400^2}{4} \times 10^{-3}}{10} = 12.57\text{kN}$

---

10 단열 레이디얼 볼 베어링에 레이디얼 하중 5000N, 스러스트 하중 2100N를 회전수 200rpm으로 회전시켜 20,000시간의 설계수명을 주려고 한다. 내륜회전하중을 받을 때 다음과 같은 표를 이용하여 다음을 구하라. (단, 하중계수는 1.0 이다.) [6점]

[표 1] 레이디얼 볼 베어링의 계수 V, X 및 Y의 값

베어링의 형식	$\dfrac{iF_a}{C_0}$	$\dfrac{F_a}{C_0}$	V		X		Y		e
			내륜 회전 하중	외륜 회전 하중	단열 볼베어링 $\dfrac{F_a}{VF_r} > e$	복렬 볼베어링 $\dfrac{F_a}{VF_r} \leq e$ $\dfrac{F_a}{VF_r} > e$	단열 볼베어링 $\dfrac{F_a}{VF_r} > e$	복렬 볼베어링 $\dfrac{F_a}{VF_r} \leq e$	
깊은 홈 보올 베어링		0.014 0.028 0.056 0.084 0.11 0.17 0.28 0.42 0.56	1	1.2	0.56	1 0.56	2.30 1.99 1.71 1.55 1.45 1.31 1.15 1.04 1.00	0	2.30 1.99 1.71 1.55 1.45 1.31 1.15 1.04 1.00	0.19 0.22 0.29 0.28 0.30 0.34 0.38 0.42 0.44

[표 2] 단열 깊은 홈 볼베어링의 부하용량

호칭번호		안지름	6300	
번호		d	$C(N)$	$C_0(N)$
03		17	10600	6600
04		20	12500	7900
05		25	16600	10700
06		30	21800	14500
07		35	26100	18100
08		40	32000	22600
09		45	41500	30500
10		50	48500	36000

(1) 설계수명시간을 고려하여 베어링을 선택하라.

(2) 선정된 베어링으로 수명시간을 계산하라. 그리고 사용해도 좋은지 판단하라.

◆ Solution

(1) $\dfrac{F_a}{V \cdot F_r} = \dfrac{2100}{1 \times 5000} = 0.42 > e$

위의 조건을 만족시키는 것 중 하나를 선택하는데 중간에 해당하는 것을 〈표1〉로부터 $e = 0.3$을 취한다.

$\dfrac{F_a}{C_0} = 0.11$, $X = 0.56$, $Y = 1.45$를 선택

$P_r = X \cdot V \cdot F_r + Y \cdot F_a = 0.56 \times 1 \times 5000 + 1.45 \times 2100 = 5845\text{N}$

$L_h = 500 \cdot \left(\dfrac{C}{f_w \cdot P_r}\right)^r \cdot \dfrac{33.3}{N}$

$20,000 = 500 \times \left(\dfrac{C}{1.0 \times 5845}\right)^3 \times \dfrac{33.3}{200}$, $C = 36,335.66\text{N}$

계산된 C값의 직상위값을 〈표2〉로부터 선택한다.
그러면 $C = 41,500\text{N}$, $C_0 = 30,500\text{N}$의 N0.6309이다.

(2) 선택한 N0.6309를 사용가능한지 검산하면

$\dfrac{F_a}{C_0} = \dfrac{2100}{30500} = 0.069$

〈표1〉로부터 0.056과 0.084의 사이, $e = 0.29 \sim 0.28$이므로 $\dfrac{F_a}{V \cdot F_r} = 0.42$보다 작다는 것을 만족.

$\dfrac{F_a}{C_0} = 0.069$, $X = 0.56$, $Y = 1.55 - \left(\dfrac{0.084 - 0.069}{0.084 - 0.056}\right) \cdot (1.55 - 1.71) = 1.64$

$P_r = X \cdot V \cdot F_r + YF_a = 0.56 \times 1 \times 5000 + 1.64 \times 2100 = 6244\text{N}$

$L_h = 500 \cdot \left(\dfrac{C}{f_w \cdot P_r}\right)^r \times \dfrac{33.3}{N} = 500 \times \left(\dfrac{41500}{1.0 \times 6244}\right)^3 \times \dfrac{33.3}{200}$

$= 24,442.17\text{hr} > 20,000\text{hr}$

위의 결과를 보아 충분히 설계수명시간에 견딜 수 있는 것으로 판단되므로 N0.6309를 선정한다.

11 3000rpm의 모터에서 V 벨트에 의해 1800rpm으로 운전되는 종동축 풀리가 있다. 작은 쪽 풀리의 지름은 120mm이고 축간거리는 375mm이다. 가죽벨트와 주철제 풀리의 마찰계수는 0.3이고 벨트의 길이당 무게 1.65N/m 허용장력은 240N, 벨트가닥수는 2개, 접촉각수정계수 $K_1 = 0.98$, 부하수정계수 $K_2 = 0.7$이다. 아래의 표를 이용하여 다음을 구하라. [6점]

[표 1] 전달 동력과 V 벨트의 종류

전달동력(kW)	V 벨트의 속도(m/s)		
	10 이하	10~17	17 이상
1.5이하	A	A	A
1.5~3.5	B	B	A, B
3.5~7.4	B, C	B	B
7.4~18.4	C	B, C	B, C
18.4~36	C, D	C	C
36~73	D	C, D	C, D
73~110	E	D	D
110 이상	E	E	E

[표 2] V 벨트의 강도와 치수

형별	a (mm)	b (mm)	A (단면적) (mm²)	2α
A	12.5	9.0	83.0	40°
B	16.5	11.0	137.5	40°
C	22.0	14.0	236.7	40°
D	31.5	19.0	467.1	40°
E	38.0	25.5	732.3	40°

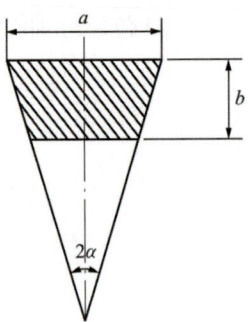

(1) 접촉각 θ_1를 구하라.

(2) 전달동력 H_kW[kW]

(3) 벨트의 폭 a[mm]

Solution

(1) $D_2 = \dfrac{D_1 \cdot N_1}{N_2} = \dfrac{120 \times 3000}{1800} = 200\text{mm}$

$\theta_1 = 180° - 2\sin^{-1}\left(\dfrac{D_2 - D_1}{2C}\right) = 180° - 2\sin^{-1}\left(\dfrac{200-120}{2 \times 375}\right) = 167.75°$

(2) $V = \dfrac{\pi \cdot D_1 \cdot N_1}{60 \times 1000} = \dfrac{\pi \times 120 \times 3000}{60 \times 1000} = 18.85 \text{m/sec}$

$T_g = \dfrac{w \cdot V^2}{g} = \dfrac{1.65 \times 18.85^2}{9.8} = 59.82\text{N}$

$\mu' = \dfrac{\mu}{\mu\cos\alpha + \sin\alpha} = \dfrac{0.3}{0.3 \times \cos 20° + \sin 20°} = 0.481$

$e^{\mu'\theta} = e^{(0.481 \times 167.75 \times \frac{\pi}{180})} = 4.09$

$H_0 = \dfrac{(T_t - T_g) \cdot (e^{\mu'\theta} - 1)}{e^{\mu'\theta}} \cdot V = \dfrac{(240 - 59.82) \times (4.09 - 1)}{4.09} \times 18.85 \times 10^{-3}$

$= 2.57\text{kW}$

$H_{kW} = H_0 \cdot Z \cdot K_1 \cdot K_2 = 2.57 \times 2 \times 0.98 \times 0.7 = 3.52\text{kW}$

표로부터 3.52kW, 18.85m/sec에 적당한 V 벨트 형식은 B형.(표1에서 선택)

(3) 〈표2〉의 B형에서 폭 a=16.5mm

2017 과년도문제(1회)

01 축 하중 60kN을 받는 나사잭에서 사각나사봉의 바깥지름 100mm, 골지름 80mm, 피치 16mm이다. 나사면의 마찰계수와 스러스트 칼라의 마찰계수는 0.15로 같고 스러스트 칼라의 자리면의 평균지름은 60mm이다. 다음을 구하라. [4점]

(1) 레버를 돌리는 토크 T[N·m]
(2) 나사잭의 효율 η[%]
(3) 하중물을 들어올리는 속도 V = 0.3m/min일 때 소요동력 L[kW] = ?

Solution

(1) $T = Q\left(\dfrac{\mu\pi d_2 + p}{\pi d_2 - \mu p} \times \dfrac{d_2}{2} + \mu_f \cdot \dfrac{d_f}{2}\right)$

$= 60 \times \left(\dfrac{0.15 \times \pi \times \dfrac{100+80}{2} + 16}{\pi \times \dfrac{100+80}{2} - 0.15 \times 16} \times \dfrac{100+80}{2 \times 2} + 0.15 \times \dfrac{60}{2}\right)$

$= 832.56 \text{N} \cdot \text{m}$

(2) $\eta = \dfrac{Q \cdot p}{2\pi T} = \dfrac{60 \times 16}{2 \times \pi \times 832.56} \times 100 = 18.35\%$

(3) $L = \dfrac{Q \cdot V}{102 \cdot \eta} = \dfrac{60 \times 10^3 \times 0.3}{102 \times 9.8 \times 0.1835 \times 60} = 1.64 \text{kW}$

02 그림과 같이 코터이음에서 축에 작용하는 축 하중을 45kN이라 할 때 다음을 구하라. 이음 각 부의 치수는 소켓의 바깥지름이 140mm, 소켓 내부의 로드의 지름이 70mm, 코터의 폭이 70mm, 코터의 두께가 20mm이다. [4점]

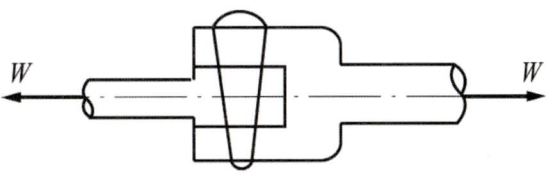

(1) 코터의 전단응력 τ_c[N/mm^2]
(2) 코터와 소켓 접촉부 압축응력 σ_c[N/mm^2]
(3) 코터의 굽힘응력 σ_b[N/mm^2]

Solution

(1) $\tau_r = \dfrac{W}{2b \cdot t} = \dfrac{45 \times 10^3}{2 \times 70 \times 20} = 16.07 \text{N/mm}^2$

(2) $\sigma_c = \dfrac{W}{(D-d) \cdot t} = \dfrac{45 \times 10^3}{(140-70) \times 20} = 32.14 \text{N/mm}^2$

(3) $\sigma_b = \dfrac{6 \cdot W \cdot D}{t \cdot b^2 \cdot 8} = \dfrac{6 \times 45 \times 10^3 \times 140}{8 \times 20 \times 70^2} = 48.21 \text{N/mm}^2$

03 그림과 같은 겹치기 이음에서 리벳의 지름은 14mm, 판 두께는 7mm, 판의 허용 인장응력은 68.6N/mm²이고, 강판에 작용하는 하중은 13.45kN이다. 다음을 구하라. [4점]

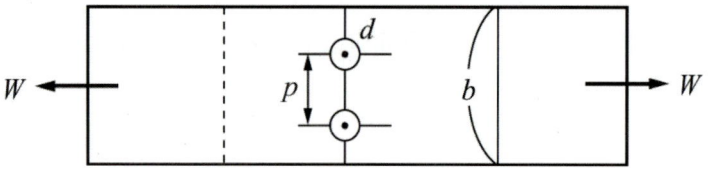

(1) 리벳의 전단응력 τ_r[N/mm²]

(2) 강판의 폭 b[mm]

(3) 강판의 압축응력 σ_c[N/mm²]

Solution

(1) $\tau_r = \dfrac{W}{\dfrac{\pi \cdot d^2}{4} \times n} = \dfrac{13.45 \times 10^3}{\dfrac{\pi \times 14^2}{4} \times 2} = 43.69 \text{N/mm}^2$

(2) $\sigma_t = \dfrac{W}{(b-2d) \cdot t}$, $68.6 = \dfrac{13.45 \times 10^3}{(b-2\times 14) \times 7}$, $b = 56.01 \text{mm}$

(3) $\sigma_c = \dfrac{W}{dt \cdot n} = \dfrac{13.45 \times 10^3}{14 \times 7 \times 2} = 68.62 \text{N/mm}^2$

04 NO.6210 단열 깊은 홈 볼 베어링에 레이디얼 하중 2940N, 스러스트 하중 980N이 작용하고 150rpm으로 회전한다. 다음을 구하라. (단, 내륜 회전 베어링이고 C_0 = 20678N, C = 26950N 이다.) [4점]

(1) 등가레이디얼 베어링 하중 P_r [N]

(2) 베어링 수명시간 L_h [h]

[표] 베어링의 계수 V, X 및 Y 값

베어링 형식		내륜회전하중	외륜회전하중	단열 $F_a/VF_r>e$		복열 $F_a/VF_r\le e$		$F_a/VF_r>e$		e
		V		X	Y	X	Y	X	Y	
깊은 홈 볼 베어링	F_a/C_o = 0.014 = 0.028 = 0.056 = 0.084 = 0.11 = 0.17 = 0.28 = 0.42 = 0.56	1	1.2	0.56	2.30 1.99 1.71 1.55 1.45 1.31 1.15 1.04 1.00	1	0	0.56	2.30 1.99 1.71 1.55 1.45 1.31 1.15 1.04 1.00	0.19 0.12 0.26 0.28 0.30 0.34 0.38 0.42 0.44
앵귤러 볼 베어링	α = 20° = 25° = 30° = 35° = 40°	1	1.2	0.43 0.41 0.39 0.37 0.35	1.00 0.87 0.76 0.56 0.57	1	1.09 0.92 0.78 0.66 0.55	0.70 0.67 0.63 0.60 0.57	1.63 1.41 1.24 1.07 0.93	0.57 0.58 0.80 0.95 1.14
자동 조심 볼 베어링		1	1	0.4	0.4×cotα	1	0.42×cotα	0.65	0.65×cotα	1.5×tanα
매그니토 볼 베어링		1	1	0.5	2.5	–	–	–	–	0.2
자동 조심 롤러 베어링 원추 롤러 베어링 $\alpha\ne 0$		1	1.2	0.4	0.4×cotα	1	0.45×cotα	0.67	0.67×cotα	1.5×tanα
스트러트 볼 베어링	α = 45° = 60° = 70°	–	–	0.66 0.92 1.66	1	1.18 1.90 3.66	0.59 0.54 0.52	0.66 0.92 1.66	1	1.25 2.17 4.67
스러스트 롤로 베어링		–	–	tanα	1	1.5×tanα	0.67	tanα		1.5×tanα

◆ Solution

(1) $V=1$, $\dfrac{F_a}{C_o}=\dfrac{980}{20678}=0.047$, $X=0.56$

$\dfrac{1.71-1.99}{0.056-0.028}=\dfrac{1.71-Y}{0.056-0.047}$, $Y=1.8$

$P_r = X\cdot V\cdot F_r + Y\cdot F_a = 0.56\times 1\times 2940 + 1.8\times 980 = 3410.4\text{N}$

(2) $L_h = 500\cdot\left(\dfrac{C}{P_r}\right)^r\cdot\dfrac{33.3}{N} = 500\times\left(\dfrac{26950}{3410.4}\right)^3\times\dfrac{33.3}{150} = 54775.12 h_r$

05 접촉면의 평균지름이 380mm, 원추면의 경사각이 10°인 원추 클러치에서 800rpm, 14.7kW를 전달한다. 마찰계수가 0.3일 때 다음을 구하라. [4점]

(1) 축토크 T [N·m]

(2) 축방향으로 미는 힘 W [N]

◆ Solution

(1) $T = 974 \times 9.8 \dfrac{H_{kW}}{N} = 974 \times 9.8 \times \dfrac{14.7}{800} = 175.39 \text{N} \cdot \text{m}$

(2) $T = \mu' \cdot W \cdot \dfrac{D}{2} = \dfrac{\mu}{\mu\cos\alpha + \sin\alpha} \cdot W \cdot \dfrac{D}{2}$

$175.39 \times 10^3 = \dfrac{0.3}{0.3 \times \cos 10° + \sin 10°} \times W \times \dfrac{380}{2}$, $W = 1443.4 \text{N}$

06 홈붙이 마찰차에서 원동차의 평균지름 250mm, 회전수 750rpm, 종동차의 평균지름 500mm이다. 홈각도는 40°이고 허용접촉면압력은 29.4N/mm이다. 다음을 구하라. (단, 마찰계수는 0.15이다.) [5점]

(1) 전달동력이 5kW일 때 전달하중 P [N]

(2) 홈마찰차를 밀어붙이는 힘 W [N]

(3) 홈의 깊이 $h = 0.30 \cdot \sqrt{\mu' \cdot W}$일 때 홈의 수 $Z = ?$

◆ Solution

(1) $H_{kW} = \dfrac{P \cdot V}{102} = \dfrac{P \times \pi \times D_1 \times N_1}{102 \times 60 \times 1000}$

$5 = \dfrac{P \times \pi \times 250 \times 750}{102 \times 60 \times 1000 \times 9.8}$, $P = 509.09 \text{N}$

(2) $\mu' = \dfrac{\mu}{\mu\cos\alpha + \sin\alpha} = \dfrac{0.15}{0.15 \times \cos 20° + \sin 20°} = 0.31$

$P = \mu' \cdot W$, $W = \dfrac{509.09}{0.31} = 1642.23 \text{N}$

(3) $h = 0.30 \cdot \sqrt{\mu' \cdot W} = 0.30\sqrt{P} = 0.30 \times \sqrt{509.09} \fallingdotseq 6.78 \text{mm}$

$P = \mu \cdot Q = \mu' \cdot W$

$Q = \dfrac{\mu' \cdot W}{\mu} = \dfrac{0.31 \times 1642.23}{0.15} = 3393.94 \text{N}$

$q_a = \dfrac{Q}{2h \cdot Z}$, $29.4 = \dfrac{3393.94}{2 \times 6.78 \times Z}$, $Z = 8.51 \fallingdotseq 9$개

07 워엄 기어전동장치에서 워엄은 피치가 31.4mm, 회전수 800rpm, 4줄 나사, 피치원의 지름이 64mm, 압력각 14.5°일 때 다음을 구하라. (단, 마찰계수 0.1에 전달동력은 22kW이다.) [5점]

(1) 워엄의 리드각 β[deg]

(2) 워엄의 회전력 F[N]

(3) 워엄의 잇면의 수직력 F_n[N]

Solution

(1) $\beta = \tan^{-1}\left(\dfrac{L}{\pi D_W}\right) = \tan^{-1}\left(\dfrac{4 \times 31.4}{\pi \times 64}\right) = 31.99°$

(2) $T = F \cdot \dfrac{D_W}{2}$, $974000 \times 9.8 \times \dfrac{2.2}{800} = F \times \dfrac{64}{2}$, $F = 8202.91\text{N}$

(3) $F = F_n(\cos\alpha \cdot \sin\beta + \mu \cdot \cos\beta)$

$F_n = \dfrac{8202.91}{\cos 14.5° \times \sin 31.99° + 0.1 \times \cos 31.99°} = 13723.88\text{N}$

08 No.50 롤러체인에서 작은 스프로킷의 잇수가 18, 회전수 600rpm이고 큰 스프로킷의 잇수 60, 피치 15.88mm, 파단하중 21658N, 안전율 15일 때 다음을 구하라. [5점]

(1) 허용 안정하중 F[N]

(2) 스프로킷의 회전속도 V[m/sec]

(3) 전달동력 H_kW[kW]

Solution

(1) $F = \dfrac{P}{S} = \dfrac{21658}{15} = 1443.87\text{N}$

(2) $V = \dfrac{p \cdot Z_1 \cdot N_1}{60 \times 1000} = \dfrac{15.88 \times 18 \times 600}{60 \times 1000} = 2.86\text{m/sec}$

(3) $H_{kW} = \dfrac{F \cdot V}{102} = \dfrac{1443.87 \times 2.86}{102 \times 9.8} = 4.13\text{kW}$

09 7.5kW, 1500rpm의 4사이클 단기통 디젤 기관에서 각속도 변동률이 $\dfrac{1}{100}$이고 에너지 변동계수는 1.3, 플라이 휠의 내외경비 0.6, 비중량 76.832kN/m³, 휠의 폭 50mm일 때 다음을 구하라.

(1) 1사이클당 발생하는 에너지 E[N·m]

(2) 질량 관성모멘트 J[kgm·m²]

(3) 플라이 휠의 바깥지름 D_2[mm]

Solution

(1) $E = 4\pi T = 4 \times \pi \times 974 \times 9.8 \times \dfrac{7.5}{1500} = 599.74 \text{N} \cdot \text{m}$

(2) $\triangle E = q \cdot E = \delta \cdot w^2 \cdot J$

$1.3 \times 599.74 = \dfrac{1}{100} \times (\dfrac{2\pi \times 1500}{60})^2 \times J,\ J = 3.16 \text{kg}_\text{m} \cdot \text{m}^2$

(3) $J = \dfrac{\pi \cdot \gamma \cdot t \cdot R_2^4}{2g}(1 - x^4)$

$3.16 = \dfrac{\pi \times 76.832 \times 10^3 \times 0.05 \times R_2^4}{2 \times 9.8} \times (1 - 0.6^4)$

$R_2 = 0.27710\text{m} = 277.10\text{mm}$

$D_2 = 554.20\text{mm}$

---

10 원통코일 스프링에서 압축 하중이 245N에서 441N까지 변동할 때 변형량이 16mm이다. 코일 스프링의 허용전단응력이 343N/mm², 스프링지수 6.5, 횡탄성계수 80.36GPa일 때 다음을 구하라.

(1) 소선의 직경 d[mm] (단, 왈의 응력수정계수 K = 1.22이다.)

(2) 유효권수 n

(3) 자유높이 H[mm] (단, 스프링이 굽혀질 염려가 있으므로 4mm의 여유를 고려한다.)

Solution

(1) $\tau_{\max} = K \cdot \dfrac{16P \cdot R}{\pi \cdot d^3} = K \cdot \dfrac{16 \cdot P \cdot (Cd/2)}{\pi \cdot d^3} = K \cdot \dfrac{8P \cdot C}{\pi \cdot d^2}$

$343 = 1.22 \times \dfrac{8 \times 441 \times 6.5}{\pi \times d^2},\ d = 5.1\text{mm}$

(2) $\delta = \dfrac{64 \cdot n(P_{\max} - P_{\min}) \cdot R^3}{G \cdot d^4}$

$16 = \dfrac{64 \times n \times (441 - 245) \times (6.5 \times 5.1/2)^3}{80.36 \times 10^3 \times 5.1^4},\ n = 16$

(3) $\delta_{\max} = \dfrac{64 \cdot n \cdot P_{\max} \cdot R^3}{G \cdot d^4} = \dfrac{64 \times 16 \times 441 \times (6.5 \times 5.1/2)^3}{80.36 \times 10^3 \times 5.1^4} = 37.82\text{mm}$

$H = d \cdot n + \delta_{\max} + 여유높이 = 5.1 \times 16 + 37.82 + 4 = 123.42\text{mm}$

> **참고**
> 1. 자유높이(H) : 스프링에 하중을 가하지 않을 때 높이.
> 2. 종횡비(H/D) : 종횡비가 크면 좌굴이 발생하므로 0.8~4 정도로 하여 스프링이 구부러질 가 없도록 한다.

11 출력 36kW, 회전수 1150rpm의 모터에 의하여 300rpm의 산업용기계를 운전하려고 한다. 축간 거리를 약 1.5m, 작은 풀리의 평균 지름이 300mm이다. 다음을 구하라. (단, 마찰계수는 0.3, 부하수정계수 0.7, 접촉각수정계수 1.0, 벨트의 비중량은 0.01176N/cm³이고, 벨트의 안전상 허용장력은 842.8N이다.)

(1) 벨트의 속도 V[m/sec]

(2) 원동풀리의 접촉각 θ[deg]

(3) V-벨트의 가닥수 Z (단, V-벨트의 단면적은 4.67cm²이다.)

Solution

(1) $V = \dfrac{\pi \cdot D_1 \cdot N_1}{60 \times 1000} = \dfrac{\pi \times 300 \times 1150}{60 \times 1000} = 18.06 \text{m/sec}$

(2) $\theta = 180° - 2 \cdot \sin^{-1}\left(\dfrac{D_2 - D_1}{2C}\right)$, $D_2 = D_1 \cdot \dfrac{N_1}{N_2} = 300 \times \dfrac{1150}{300} = 1150 \text{mm}$

$\theta = 180° - 2 \times \sin^{-1}\left(\dfrac{1150 - 300}{2 \times 1500}\right) = 147.08°$

(3) $\mu' = \dfrac{\mu}{\mu \cos\alpha + \sin\alpha} = \dfrac{0.3}{0.3 \times \cos 20° + \sin 20°} = 0.48$

$e^{\mu'\theta} = e^{\left(0.48 \times 143.08 \times \frac{\pi}{180}\right)} = 3.43$

$T_g = \dfrac{w \cdot V^2}{g} = \dfrac{\gamma \cdot A \cdot V^2}{g} = \dfrac{0.01176 \times 10^6 \times 4.67 \times 10^{-4} \times 18.06^2}{9.8} = 182.78 \text{N}$

$H_0 = \dfrac{(T_t - T_g) \cdot (e^{\mu'\theta} - 1) \cdot V}{102 \cdot e^{\mu'\theta}} = \dfrac{(842.8 - 182.78) \times (3.43 - 1) \times 18.06}{102 \times 3.43 \times 9.8} = 8.45 \text{kW}$

$Z = \dfrac{H_{kW}}{H_0 \cdot K_1 \cdot K_2} = \dfrac{36}{8.45 \times 1 \times 0.7} = 6.09 \doteqdot 7 \text{가닥}$

2017 과년도문제(2회)

01 벤드두께 3mm, 허용인장응력 50MPa, 레버의 길이 ℓ = 900mm, D_1 = 400mm, D_2 = 250mm, a = 30mm, b = 160mm 밴드 접촉부마찰계수 μ = 0.3, 권상동력 2.2kW, N = 90rpm 밴드접촉부 각도 θ = 220°이다. 다음을 구하라. [5점]

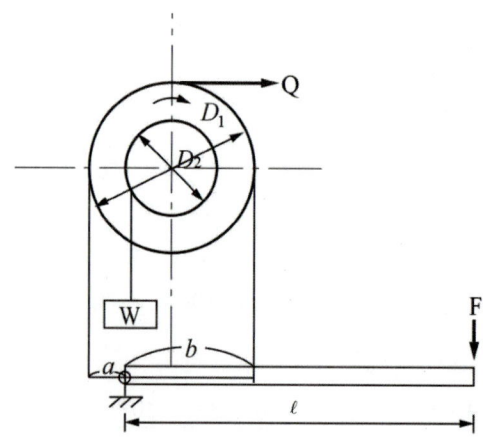

(1) 권상동력으로 권상 가능한 최대하중 W[N]

(2) 권상화물이 없을 때, 2.2kW의 동력으로 N = 90rpm 우회전 드럼으로 제동하고자 할 때 레버에 필요한 힘은 [N]?

(3) (2)의 조건으로 밴드의 최소 폭은 [mm]?

Solution

(1) $H_{kW} = \dfrac{W \cdot V}{102} = \dfrac{W \cdot \pi \cdot D_2 \cdot N}{102 \times 60 \times 1000}$

$2.2 = \dfrac{W \times \pi \times 250 \times 90}{102 \times 60 \times 1000 \times 9.8}$, $W = 1866.67$N

(2) $H_{kW} = \dfrac{Q \cdot V}{102} = \dfrac{Q \cdot \pi \cdot D_1 \cdot N}{102 \times 60 \times 1000}$

$2.2 = \dfrac{Q \times \pi \times 400 \times 90}{102 \times 60 \times 1000 \times 9.8}$, $Q = 1166.67$N

$F \cdot \ell + T_t \cdot a - T_s \cdot b = 0$

$F \cdot \ell + \dfrac{Q}{e^{\mu\theta} - 1}(e^{\mu\theta} \cdot a - b) = 0$

$e^{\mu\theta} = e^{(0.3 \times 220° \times \frac{\pi}{180°})} = 3.16$

$F \times 900 + \dfrac{1166.67}{(3.16 - 1)} \times (3.16 \times 30 - 160) = 0$, $F = 39.13$N

(3) $T_t = Q \cdot \dfrac{e^{\mu\theta}}{e^{\mu\theta} - 1} = 1166.67 \times \dfrac{3.16}{3.16 - 1} = 1706.8$N

$\sigma_t = \dfrac{T_t}{b \cdot t}$, $50 = \dfrac{1706.8}{b \times 3}$, $b = 11.38$mm

02 코일 스프링에서 최대하중 450N 작용 시 60mm 길이가 줄어들었다. 코일 스프링의 평균직경 D, 소선의 직경 d라 할 때 $D = 8d$ 관계를 만족한다. 스프링 소선의 허용전단응력은 240MPa, 가로탄성 계수 82GPa, 왈의 응력 수정계수 $K = \dfrac{4C-1}{4C-4} + \dfrac{0.615}{C}$일 때 다음을 구하라. [5점]

(1) 소선의 최소지름 d[mm]

(2) 스프링의 유효감김수[권]?

(3) 스프링의 자유높이는 얼마인가? (단, 최대하중적용, 스프링이 완전 밀착했다고 가정, 스프링 양 끝에 각 1권씩 무효감김이 있다.)

Solution

(1) $C = \dfrac{D}{d} = 8$

$K = \dfrac{4C-1}{4C-4} + \dfrac{0.615}{C} = \dfrac{4 \times 8 - 1}{4 \times 8 - 4} + \dfrac{0.615}{8} = 1.18$

$\tau_a = K \cdot \dfrac{16 W \cdot R}{\pi d^3} = K \cdot \dfrac{16 \cdot W \cdot (4d)}{\pi d^3}$

$240 = 1.18 \times \dfrac{16 \times 4 \times 450}{\pi \times d^2}$, $d = 6.71$mm

(2) $\delta = \dfrac{64 \cdot n \cdot W \cdot R^3}{G \cdot d^4} = \dfrac{64 \cdot n \cdot W \cdot (4d)^3}{G \cdot d^4}$

$60 = \dfrac{64 \times 4^3 \times n \times 450}{82 \times 10^3 \times 6.71}$, $n = 17.91 ≒ 18$권

(3) 총감김수 $N_t = n + (x_1 + x_2) = 18 + 1 + 1 = 20$권

밀착높이 $H_s = (N_t - 1) \cdot d + x$

여기서, x는 코일 양끝부의 두께의 합으로 주어져 있지 않으므로 무시

$H_s = (20-1) \times 6.71 = 127.49$mm

자유높이 $H = H_s + \delta = 127.49 + 60 = 187.49$mm

$\dfrac{H}{D} = \dfrac{187.49}{8 \times 6.71} = 3.49 < 4$, 종횡비가 0.8~4 범위 내에 있으므로 스프링이 구부러질 염려는 없다.

03 매분 350회전하는 지름 $D = 850$mm 평마찰차 전동장치가 있다. 2300N의 힘으로 두 마찰차를 서로 밀어 붙이면서 동력을 전달하고 있다. 마찰차의 접촉계수가 0.35일 때 다음을 구하라. [4점]

(1) 마찰차의 회전토크 T[N·m]

(2) 최대전달동력 H_kW[kW]

Solution

(1) $T = \mu W \cdot \dfrac{D}{2} = 0.35 \times 2300 \times \dfrac{0.85}{2} = 342.13$N·m

(2) $T = 974 \times \dfrac{H_{kW}}{N}$, $342.13 = 974 \times 9.8 \times \dfrac{H_{kW}}{350}$

$H_{kW} = 12.55$kW

04 두께 9mm인 강판의 1줄 겹치기 리벳 이음이 있다. 리벳지름이 14mm, 피치 40mm, 리벳의 허용전단응력이 250MPa일 때 다음을 구하라. [5점]

(1) 강판의 효율[%]

(2) 최대허용압축응력[N/mm²]

(3) 강판의 최대허용인장응력[N/mm²]

Solution

(1) $\eta_p = 1 - \dfrac{d}{p} = (1 - \dfrac{14}{40}) \times 100 = 65\%$

(2) $\tau_r \cdot \dfrac{\pi d^2}{4} = dt \cdot \sigma_c, \ \sigma_c = \dfrac{\pi d \cdot \tau_r}{4t} = \dfrac{\pi \times 14 \times 250}{4 \times 9} = 305.43 \text{N/mm}^2$

(3) $\tau_r \cdot \dfrac{\pi d^2}{4} = \sigma_t \cdot (p-d) \cdot t$

$250 \times \dfrac{\pi \times 14^2}{4} = \sigma_t \times (40-14) \times 9, \ \sigma_t = 164.46 \text{N/mm}^2$

05 18kW의 동력을 550rpm으로 전달하는 축지름 60mm에 대하여 묻힘키(폭×높이 = 18mm×11mm)가 조립되어 동력을 전달하고 있다. 키 재료의 허용압축응력은 45MPa, 허용전단응력은 20MPa, 키홈의 높이는 키 높이의 $\dfrac{1}{2}$이다. 다음을 구하라. [4점]

(1) 축에 작용하는 토크[N·m]

(2) 안전한 키의 최소 길이[mm]

Solution

(1) $T = 974 \cdot \dfrac{H_{kW}}{N} = 974 \times \dfrac{18}{550} \times 9.8 = 312.39 \text{N} \cdot \text{m}$

(2) $\tau_k = \dfrac{2T}{b \cdot \ell \cdot d}, \ 20 = \dfrac{2 \times 312.39 \times 10^3}{18 \times \ell \times 60}, \ \ell = 28.93 \text{mm}$

$\sigma_c = \dfrac{4T}{h \ell d}, \ 45 = \dfrac{4 \times 312.39 \times 10^3}{11 \times \ell \times 60}, \ \ell = 42.07 \text{mm}$

06 아래 그림과 같은 표준스퍼기어 전동장치가 있다.

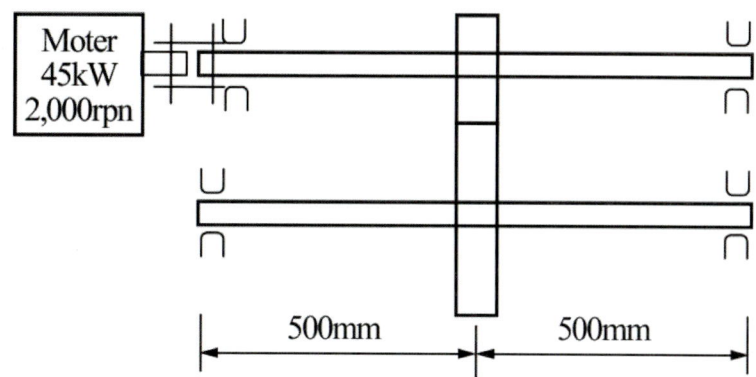

입력축은 45kW, 2000rpm의 동력과 회전수의 전동기로 구동되고 있으며 기어의 모듈 $m = 2$, 입력축 기어의 잇수는 24개 출력축 기어의 잇수는 38개, 기어의 압력각이 20일 때 다음을 구하라. [4점]

(1) 기어에서 허용굽힘강도를 고려한 기어의 최소폭 b[mm]? (단, 입력축 기어의 모듈기준으로 치형계수 $Y = \pi y = 0.337$, 출력축 기어의 모듈기준으로 치형계수 $Y = \pi y = 0.384$, 입력축에서 허용굽힘강도는 180MPa, 출력축에서 허용굽힘강도는 120MPa, 속도계수 $f_v = \dfrac{3.05}{3.05 + V}$, V는 기어의 회전속도[m/sec], 하중계수 $f_w = 0.8$이다.)

(2) 출력축에서 허용굽힘응력, 허용전단응력을 고려하여 안전한 축의 최소지름은? (단, 축 재료의 허용굽힘응력 70MPa, 허용전단응력 50MPa, 굽힘 모멘트에 의한 동적효과계수 1.7, 비틀림 모멘트에 의한 동적효과계수 1.3이다.)

◎ Solution

(1) $V = \dfrac{\pi m \cdot Z_1 \cdot N_1}{60 \times 1000} = \dfrac{\pi \times 2 \times 24 \times 2000}{60 \times 1000} = 5.03$ m/sec

$H_{kW} = \dfrac{F \cdot V}{102}$, $45 = \dfrac{F \times 5.03}{102 \times 9.8}$, $F = 8942.74$ N

① 피니언 $F_1 = f_w \cdot f_v \cdot \sigma_b \cdot b \cdot m \cdot Y = F_1$

$8942.74 = 0.8 \times \left(\dfrac{3.05}{3.05 + 5.03}\right) \times 180 \times b \times 2 \times 0.337$

$b = 244.1$ mm

② 기어 $8942.74 = 0.8 \times \left(\dfrac{3.05}{3.05 + 5.03}\right) \times 120 \times b \times 2 \times 0.384 = F_2$

$b = 321.33$ mm

$F_1 \geq F$, $F_2 \geq F$, ∴ $b = 321.33$ mm

(2) $i = \dfrac{N_2}{N_1} = \dfrac{Z_1}{Z_2}$, $N_2 = \dfrac{2000 \times 24}{38} = 1263.16$ rpm

$T = 974 \cdot \dfrac{H_{kW}}{N_2} = 974 \times 9.8 \times \dfrac{45}{1263.16} = 340.05$ N·m

치면의 수직력 $F_n = \dfrac{F}{\cos \alpha} = \dfrac{8942.74}{\cos 20°} = 9516.67$ N

$M = \dfrac{F_n \cdot \ell}{4} = \dfrac{9516.67 \times 1}{4} = 2379.18$ N·m

$$T_e = \sqrt{(k_m M)^2 + (k_t T)^2} = \tau_a \cdot \frac{\pi d^3}{16}$$

$$\sqrt{(1.7 \times 2379.18)^2 + (1.3 \times 340.05)^2} = 50 \times \frac{\pi \times d^3}{16}, \quad d = 7.46mm$$

$$M_e = \frac{1}{2}[(k_m M) + \sqrt{(k_m M)^2 + (k_t T)^2}] = \sigma_a \cdot \frac{\pi d^3}{32}$$

$$\frac{1}{2} \times [(1.7 \times 2379.18) + \sqrt{(1.7 \times 2379.18)^2 + (1.3 \times 340.05)^2}] = 70 \times \frac{\pi \times d^3}{32}, \quad d = 8.39mm$$

$$\therefore d = 8.39mm \text{ (큰 값 선택)}$$

07 공구압력각이 14.5°, 작은 기어의 잇수 16개, 큰 기어의 잇수 28개, 2개의 기어가 서로 외접상태에 있는 전위기어를 제작하고자 한다. 모듈은 4이고 아래의 인벌류트 함수표를 참조하여 다음을 구하라. [6점]

(1) 언더컷을 일으키지 않기 위한 두 기어의 이론 전위계수 x_1, x_2 = ?

(2) 치면놀이(백래시) = 0일 때 두 기어의 중심거리는?

(3) 기어의 총 이높이는? (단, 기어 조립부 간격은 $0.25 \times m$, m은 모듈이다.)

인벌류트 함수표

α	inv α	α	inv α	α	inv α	α	inv α
10.00	0.0017941	12.00	0.0031171	14.00	0.0049819	16.00	0.0074917
.05	0.0018213	.05	0.0031567	.05	0.0050364	.05	0.0075647
.10	0.0018489	.10	0.0031966	.10	0.0050912	.10	0.0076372
.15	0.0018767	.15	0.0032369	.15	0.0051465	.15	0.0077101
.20	0.0019048	.20	0.0032775	.20	0.0052022	.20	0.0077835
.25	0.0019332	.25	0.0033185	.25	0.0052582	.25	0.0078574
.30	0.0019619	.30	0.0033598	.30	0.0053147	.30	0.0079318
.35	0.0019909	.35	0.0034014	.35	0.0053716	.35	0.0080067
.40	0.0020201	.40	0.0034434	.40	0.0054290	.40	0.0080820
.45	0.0020496	.45	0.0034858	.45	0.0054867	.45	0.0081578
.50	0.0020795	.50	0.0035285	.50	0.0055448	.50	0.0082342
.55	0.0021096	55	0.0035716	55	0.0056034	55	0.0083110
.60	0.0021400	.60	0.0036150	.60	0.0056624	.60	0.0083883
.65	0.0021707	.65	0.0036588	.65	0.0057218	.65	0.0084661
.70	0.0022017	.70	0.0037029	.70	0.0057817	.70	0.0085444
.75	0.0022330	.75	0.0037474	.75	0.0058420	.75	0.0086232
.80	0.0022646	.80	0.0037923	.80	0.0059027	.80	0.0087025
.85	0.0022966	.85	0.0038375	.85	0.0059638	.85	0.0087823
.90	0.0023288	.90	0.0038831	.90	0.0060254	.90	0.0088626
.95	0.0023613	.95	0.0039291	.95	0.0060874	.95	0.0089434

α	inv α	α	inv α	α	inv α	α	inv α
19.00	0.0127151	21.00	0.0173449	23.00	0.0230491	25.00	0.0299754
.05	0.0128189	.05	0.0174738	.05	0.0232067	.05	0.0301655
.10	0.0129232	.10	0.0176034	.10	0.0233651	.10	0.0303566
.15	0.0130281	.05	0.0177337	.15	0.0235242	.15	0.0305485
.20	0.0131336	.20	0.0178646	.20	0.0236842	.20	0.0307413
.25	0.0132398	.25	0.0179963	.25	0.0238449	.25	0.0309350
.30	0.0133465	.30	0.0181286	.30	0.0240063	.30	0.0311295
.35	0.0134538	.35	0.0182616	.35	0.0241686	.35	0.0313250
.40	0.0135617	.40	0.0183953	.40	0.0243316	.40	0.0315213
.45	0.0136702	.45	0.0185296	.45	0.0244954	.45	0.0317185
.50	0.0137794	.50	0.0186647	.50	0.0246600	.50	0.0319166
.55	0.0138891	55	0.0188004	55	0.0248254	55	0.0321156
.60	0.0139995	.60	0.0189369	.60	0.0249915	.60	0.0323154
.65	0.0141104	.65	0.0190740	.65	0.0251585	.65	0.0325162
.70	0.0142220	.70	0.0192119	.70	0.0253263	.70	0.0327179
.75	0.0143342	.75	0.0193504	.75	0.0254948	.75	0.0329205
.80	0.0144470	.80	0.0194897	.80	0.0256642	.80	0.0331240
.85	0.0145604	.85	0.0196297	.85	0.0258344	.85	0.0333283
.90	0.0146744	.90	0.0197703	.90	0.0260053	.90	0.0335336
.95	0.0147891	.95	0.0199117	.95	0.0261771	.95	0.0337399

◆ Solution

(1) $x_1 = 1 - \dfrac{Z_1}{2} \cdot \sin^2\alpha = 1 - \dfrac{16}{2} \times (\sin 14.5°)^2 = 0.49848$

$x_2 = 1 - \dfrac{Z_2}{2} \cdot \sin^2\alpha = 1 - \dfrac{28}{2} \times (\sin 14.5)^2 = 0.12234$

(2) $inv\alpha_b = 2\tan\alpha \cdot \dfrac{x_1 + x_2}{Z_1 + Z_2} + inv\alpha$

$= 2 \times \tan 14.5° \times \dfrac{0.49848 + 0.12234}{16 + 28} + 0.0055448$

$= 0.0128423$

$\therefore \alpha_b = 19.05°$

중심거리증가계수 $y = \dfrac{Z_1 + Z_2}{2} \cdot (\dfrac{\cos\alpha}{\cos\alpha_b} - 1) = \dfrac{16 + 28}{2} \times (\dfrac{\cos 14.5°}{\cos 19.05°} - 1)$

$= 0.5333$

중심거리 $C = (\dfrac{Z_1 + Z_2}{2})m + y \cdot m = (\dfrac{16 + 28}{2}) \times 4 + 0.5333 \times 4$

$= 90.13 \text{mm}$

(3) 기어의 총 이높이

$H = (2m + C_k) - (x_1 + x_2 - y) \cdot m$, C_k : 기어 조립부 간격

$H = (2 \times 4 + 0.25 \times 4) - (0.49848 + 0.12234 - 0.5333) \times 4 = 8.65 \text{mm}$

08 베어링 간격이 1m인 축에 무게가 6867N인 풀리를 축 중앙에 매달았을 때 위험속도를 1800rpm으로 설계하려 한다. 다음을 구하라. (단, 축의 자중은 무시하고 세로탄성계수는 206.01GPa이다.) [3점]

(1) 위험속도 1800rpm 설계하기 위한 풀리 장착 부위에서 축의 처짐량은? [mm]

(2) 위험속도 1800rpm 설계하기 위한 축의 지름은 얼마인가? [mm]

◆ Solution

(1) $N_{cr} = 300\sqrt{\dfrac{1}{\delta}}$

$1800 = 300 \times \sqrt{\dfrac{1}{\delta}}$, $\delta = 0.028\text{cm} = 0.28\text{mm}$

(2) $\delta = \dfrac{W \cdot \ell^3}{48E \cdot I} = \dfrac{64 \cdot W \cdot \ell^3}{48 \cdot E \cdot \pi d^4}$

$0.28 = \dfrac{64 \times 6867 \times 1000^3}{48 \times 206.01 \times 10^3 \times \pi \times d^4}$, $d = 84.31\text{mm}$

09 20kN의 하중을 들어올리기 위한 나사잭이 있다. 30° 사다리꼴나사이며 유효지름 35mm, 골지름 30mm, 피치는 50mm, 1줄나사이다. 나사부 마찰계수 $\mu = 0.1$, 칼라부 마찰계수는 무시하며 나사 재질의 허용전단응력 50MPa이다. 다음을 구하라. [5점]

(1) 나사의 작용하는 회전토크 T[N·m]

(2) 나사에 작용하는 최대전단응력 τ_{max}[MPa] (단, 나사 재질은 연성이어서 인장응력과 전단응력이 동시에 작용함에 따른 최대전단응력값이다.)

(3) 나사 재질의 전단강도에 따른 안전계수 S_f=?

◆ Solution

(1) $\mu' = \dfrac{\mu}{\cos\dfrac{\beta}{2}} = \dfrac{0.1}{\cos\left(\dfrac{30}{2}\right)} = 0.1035$

$T = Q \cdot \dfrac{\mu'\pi d_2 + p}{\pi d_2 - \mu' p} \cdot \dfrac{d_2}{2} = 20 \times \dfrac{0.1035 \times \pi \times 35 + 50}{\pi \times 35 - 0.1035 \times 50} \times \dfrac{35}{2} = 205.03\text{N} \cdot \text{m}$

(2) $\tau = \dfrac{T}{Z_P} = \dfrac{16T}{\pi d_1^3} = \dfrac{16 \times (205.03 \times 10^3)}{\pi \times 30^3} = 38.67\text{MPa}$

$\sigma_t = \dfrac{Q}{A} = \dfrac{4Q}{\pi d_1^2} = \dfrac{4 \times (20 \times 10^3)}{\pi \times 30^2} = 28.29\text{MPa}$

$\tau_{max} = \sqrt{\left(\dfrac{\sigma_t}{2}\right)^2 + \tau^2} = \sqrt{\left(\dfrac{28.29}{2}\right)^2 + 38.67^2} = 41.18\text{MPa}$

(3) $S_f = \dfrac{\tau_a}{\tau_{max}} = \dfrac{50}{41.18} = 1.21$

10 피치 p = 19.85mm, 회전수 N = 400rpm으로 스프라켓 휠의 잇수 28개인 호칭번호 60인 롤러체인이 있다. 다음을 구하라. [4점]

(1) 체인의 평균속도 V[m/sec]

(2) 스프라켓 휠의 피치원 지름 D[mm]

(3) 체인의 속도 변동률 ε[%] (단, 속도변동률 $\varepsilon = \dfrac{V_{max} - V_{min}}{V_{max}}$, V_{max} : 체인의 최대속도, V_{min} : 체인의 최소속도이다.)

◆ Solution

(1) $V = \dfrac{p \cdot Z \cdot N}{60 \times 1000} = \dfrac{19.85 \times 28 \times 400}{60 \times 1000} = 3.71 \text{m/sec}$

(2) $D = \dfrac{p}{\sin(\dfrac{180}{Z})} = \dfrac{19.85}{\sin(\dfrac{180}{28})} = 177.29 \text{mm}$

(3) $\epsilon = \dfrac{V_{max} - V_{min}}{V_{max}} = (1 - \cos\dfrac{180}{Z}) = \left\{1 - \cos(\dfrac{180}{28})\right\} \times 100 = 0.63\%$

11 1500rpm, 8kW 동력을 발생하는 주동축과 800rpm으로 감속하여 종동축에 전달하는 평벨트 전동장치가 있다. 종동축 풀리 지름은 510mm, 벨트 접촉부 마찰계수는 0.28, 주동축 벨트의 접촉각은 165°, 벨트 1m당 질량은 0.3kg, 평행걸기일 때 다음을 구하라. [5점]

(1) 벨트의 회전속도 V[m/sec]

(2) 긴장측장력 T_t[N]

(3) 벨트 두께 5mm일 때 최소폭 b[mm] (단, 허용인장응력은 2MPa, 이음효율은 80%이다.)

◆ Solution

(1) $V = \dfrac{\pi D_2 \cdot N_2}{60 \times 1000} = \dfrac{\pi \times 510 \times 800}{60 \times 1000} = 21.36 \text{m/sec}$

(2) $e^{\mu\theta} = e^{(0.28 \times 165 \times \frac{\pi}{180})} = 2.24$

$T_g = 0.3 \times 21.36^2 = 136.87 \text{N}$

$H_{kW} = \dfrac{(T_t - T_g) \cdot (e^{\mu\theta} - 1) \cdot V}{102 \cdot e^{\mu\theta}}$

$8 = \dfrac{(T_t - 136.87) \times (2.24 - 1) \times 21.36}{102 \times 2.24 \times 9.8}$, $T_t = 813.17 \text{N}$

(3) $\sigma_t = \dfrac{T_t}{b \cdot t \cdot \eta}$, $2 = \dfrac{813.17}{b \times 5 \times 0.8}$, $b = 101.65 \text{mm}$

2017 과년도문제(4회)

01 소선의 지름 3mm, 코일의 평균지름 15mm인 인장코일 스프링에서 축방향으로 200N의 하중이 작용한다. 이 스프링의 유효감김수를 40으로 할 때 다음을 구하라. (단, 횡 탄성계수 G = 80GPa로 한다.)

(1) 코일 스프링의 처짐량은? (δ : mm)

(2) 전단응력 τ을 계산하고 스프링이 파손되지 않기 위하여 적절한 스프링의 재료를 아래에서 선택하라. (단, 안전율은 2 이상이고 선택가능한 스프링을 모두 선택한다.)

재료	기호	전단항복강도 τ_f(N/mm²)
스프링강선	SPS	705.6
경강선	HSW	896.7
피아노선	PWR	896.7
스테인리스 강선	STS	637

◆ Solution

(1) $\delta = \dfrac{64n \cdot P \cdot R^3}{Gd^4} = \dfrac{64 \times 40 \times 200 \times (\frac{15}{2})^3}{80 \times 10^3 \times 3^4} = 33.33\text{mm}$

(2) $C = \dfrac{D}{d} = \dfrac{15}{3} = 5\text{mm}$

$K = \dfrac{4C-1}{4C-4} + \dfrac{0.615}{C} = \dfrac{4 \times 5 - 1}{4 \times 5 - 4} + \dfrac{0.615}{5} = 1.31$

$\tau_{\max} = K \cdot \dfrac{16P \cdot R}{\pi d^3} = 1.31 \times \dfrac{16 \times 200 \times 7.5}{\pi \times 3^3} = 370.65\text{N/mm}^2 = \tau_a$

$\tau_f = \tau_a \cdot S = 370.65 \times 2 = 741.3\text{N/mm}^2$

∴ 사용가능한 스프링의 재질 : HSW, PWR

02 유효지름 450mm 보스 길이 80mm인 풀리를 평행키($b \times h$ =12mm×8mm)를 이용하여 지름 45mm 축에 조립한다. 풀리 유효지름부에 원주방향으로 1.8kN의 회전력이 작용할 때 다음을 구하라.

(1) 키의 전단응력 τ_k [N/mm²]

(2) 키의 압축응력 σ_c [N/mm²]

◈ Solution

(1) $\tau_k = \dfrac{2T}{b\ell d} = \dfrac{2(P \times \dfrac{D}{2})}{b\ell d} = \dfrac{2 \times 1.8 \times 10^3 \times 450}{12 \times 80 \times 45 \times 2} = 18.75 \text{N/mm}^2$

(2) $\sigma_c = \dfrac{4T}{h\ell d} = \dfrac{4 \times 1.8 \times 10^3 \times 450}{8 \times 80 \times 45 \times 2} = 56.25 \text{N/mm}^2$

03 잇수 6개인 스플라인으로 회전수 300rpm에 8kW의 동력을 전달한다. 스플라인에 조립되는 보스부의 길이를 58mm로 제한할 때 다음을 구하라. (단, 이 측면의 허용면압은 35MPa, 접촉효율은 75%이다.)

(1) 회전토크 T [J]

(2) 스플라인의 호칭지름 d_2[mm] (단, h = 2mm, C = 0.15mm이다.)

호칭지름	d_2	b	c	호칭지름	d_2	b	c
13	26	6	0.1	32	36	8	0.15
26	30	6	0.1	36	40	8	0.15
28	32	8	0.15	42	46	10	0.2

◈ Solution

(1) $T = 974 \times 9.8 \dfrac{H_{kW}}{N} = 974 \times 9.8 \times \dfrac{8}{300} = 254.54 \text{J}$

(2) $T = \eta \cdot q \cdot (h - 2c) \cdot \ell \cdot Z \cdot \dfrac{d_1 + d_2}{4}$

$254.54 \times 10^3 = 0.75 \times 35 \times (2 - 2 \times 0.15) \times 58 \times 6 \times \dfrac{d_1 + d_2}{4}$

$d_1 + d_2 = 65.56 \text{mm}, \ d_1 = 32 \text{mm}, \ d_2 = 36 \text{mm}$

호칭지름 $d_1 = 32 \text{mm}$

04 3ton의 무게를 가진 화물을 나사잭으로 들어올린다. 나사잭은 30° 사다리꼴이며 유효지름17mm, 피치 2mm, 바깥지름 18mm, 골지름 16mm이다. 마찰계수가 0.15일 때 다음을 구하라.

(1) 회전토크 T [J]

(2) 허용전단응력을 고려한 나사의 안전여부를 판단하라. (단, 허용전단응력 τ_a = 84MPa이다.)

◆ Solution

(1) $\mu' = \dfrac{\mu}{\cos\left(\dfrac{\beta}{2}\right)} = \dfrac{0.15}{\cos\left(\dfrac{30}{2}\right)} = 0.1553$

$T = Q \cdot \dfrac{\mu \pi d_2 + p}{\pi d_2 - \mu p} \cdot \dfrac{d_2}{2}$

$= 3 \times 9.8 \times 10^3 \times \dfrac{0.1553 \times \pi \times 17 + 2}{\pi \times 17 - 0.1553 \times 2} \times \dfrac{17}{2} = 48.45 \times 10^3 \text{N} \cdot \text{mm} = 48.45\text{J}$

(2) $\sigma = \dfrac{Q}{\dfrac{\pi}{4}d_1^2} = \dfrac{3 \times 10^3 \times 9.8}{\dfrac{\pi}{4} \times 16^2} = 146.22\text{N/mm}^2$

05 다음과 같은 블록 브레이크에서 a는 900mm, b는 200m, c는 24mm이고 드럼의 직경은 200mm이다. 다음을 구하라. (단, 드럼은 2.3kW의 동력을 360rpm이므로 전달하고 마찰계수는 0.25이다.)

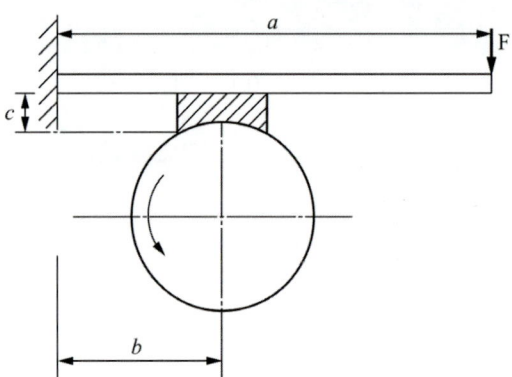

(1) 레버를 누르는 힘 F [N]

(2) 블록 브레이크의 용량($\mu q V$)이 2MPa·m/sec일 때 블록의 최소마찰면적 A [mm²]

◆ Solution

(1) $F \cdot a - W \cdot b + \mu W \cdot c = 0$

$H_{kW} = \dfrac{Q \cdot V}{102} = \dfrac{\mu W \cdot \pi \cdot D \cdot N}{102 \times 60 \times 1,000}$

$2.3 = \dfrac{0.25 \times W \times \pi \times 200 \times 360}{102 \times 60 \times 1,000 \times 9.8}$, $W = 2,439.4\text{N}$

$F \times 900 - 2,439.4 \times (200 - 0.25 \times 24) = 0$, $F = 525.83\text{N}$

(2) $\mu q \cdot V = \dfrac{H_{kW}}{A}$, $2 = \dfrac{2.3 \times 10^3}{A}$, $A = 1,150\text{mm}^2$

06 5ton의 하중을 받는 엔드저널의 지름 d와 길이 ℓ을 구하라. (단, 허용굽힘응력 σ_b = 49.05 MPa이고 허용베어링 압력 P_a =3.92MPa이다.)

◎ Solution

$$\frac{\ell}{d} = \sqrt{\frac{\pi \sigma_b}{16 P_a}} = \sqrt{\frac{\pi \times 49.05}{16 \times 3.92}} = 1.57, \quad \ell = 1.57d$$

$$P_a = \frac{W}{d \cdot \ell} = \frac{W}{1.57 d^2}, \quad 3.92 = \frac{5 \times 10^3 \times 9.8}{1.57 \times d^2}, \quad d = 89.23\text{mm}$$

$$\ell = 1.57d = 1.57 \times 89.23 = 140.09\text{mm}$$

07 공구압력각이 14.5°, 모듈이 3인 외접스퍼기어에서 Z_1 = 18, Z_2 =24이다. 이 한쌍의 기어에 언더컷이 일어나지 않도록 전위기어로 설계하고자 한다. 다음을 구하라.

(1) 최소 이론 전위계수 x_1, x_2 = ? (소수점 아래 5자리까지 계산하라.)

(2) 치면높이(백래시)가 0이 되기 위한 물림압력각[°]

(3) 두 전위기어의 중심거리 C[mm]

인벌류트 함수표

α	inv α	α	inv α	α	inv α	α	inv α
10.00	0.0017941	12.00	0.0031171	14.00	0.0049819	16.00	0.0074917
.05	0.0018213	.05	0.0031567	.05	0.0050364	.05	0.0075647
.10	0.0018489	.10	0.0031966	.10	0.0050912	.10	0.0076372
.15	0.0018767	.15	0.0032369	.15	0.0051465	.15	0.0077101
.20	0.0019048	.20	0.0032775	.20	0.0052022	.20	0.0077835
.25	0.0019332	.25	0.0033185	.25	0.0052582	.25	0.0078574
.30	0.0019619	.30	0.0033598	.30	0.0053147	.30	0.0079318
.35	0.0019909	.35	0.0034014	.35	0.0053716	.35	0.0080067
.40	0.0020201	.40	0.0034434	.40	0.0054290	.40	0.0080820
.45	0.0020496	.45	0.0034858	.45	0.0054867	.45	0.0081578
.50	0.0020795	.50	0.0035285	.50	0.0055448	.50	0.0082342
.55	0.0021096	55	0.0035716	55	0.0056034	55	0.0083110
.60	0.0021400	.60	0.0036150	.60	0.0056624	.60	0.0083883
.65	0.0021707	.65	0.0036588	.65	0.0057218	.65	0.0084661
.70	0.0022017	.70	0.0037029	.70	0.0057817	.70	0.0085444
.75	0.0022330	.75	0.0037474	.75	0.0058420	.75	0.0086232
.80	0.0022646	.80	0.0037923	.80	0.0059027	.80	0.0087025
.85	0.0022966	.85	0.0038375	.85	0.0059638	.85	0.0087823
.90	0.0023288	.90	0.0038831	.90	0.0060254	.90	0.0088626
.95	0.0023613	.95	0.0039291	.95	0.0060874	.95	0.0089434

α	inv α	α	inv α	α	inv α	α	inv α
19.00	0.0127151	21.00	0.0173449	23.00	0.0230491	25.00	0.0299754
.05	0.0128189	.05	0.0174738	.05	0.0232067	.05	0.0301655
.10	0.0129232	.10	0.0176034	.10	0.0233651	.10	0.0303566
.15	0.0130281	.05	0.0177337	.15	0.0235242	.15	0.0305485
.20	0.0131336	.20	0.0178646	.20	0.0236842	.20	0.0307413
.25	0.0132398	.25	0.0179963	.25	0.0238449	.25	0.0309350
.30	0.0133465	.30	0.0181286	.30	0.0240063	.30	0.0311295
.35	0.0134538	.35	0.0182616	.35	0.0241686	.35	0.0313250
.40	0.0135617	.40	0.0183953	.40	0.0243316	.40	0.0315213
.45	0.0136702	.45	0.0185296	.45	0.0244954	.45	0.0317185
.50	0.0137794	.50	0.0186647	.50	0.0246600	.50	0.0319166
.55	0.0138891	55	0.0188004	55	0.0248254	55	0.0321156
.60	0.0139995	.60	0.0189369	.60	0.0249915	.60	0.0323154
.65	0.0141104	.65	0.0190740	.65	0.0251585	.65	0.0325162
.70	0.0142220	.70	0.0192119	.70	0.0253263	.70	0.0327179
.75	0.0143342	.75	0.0193504	.75	0.0254948	.75	0.0329205
.80	0.0144470	.80	0.0194897	.80	0.0256642	.80	0.0331240
.85	0.0145604	.85	0.0196297	.85	0.0258344	.85	0.0333283
.90	0.0146744	.90	0.0197703	.90	0.0260053	.90	0.0335336
.95	0.0147891	.95	0.0199117	.95	0.0261771	.95	0.0337399

Solution

(1) $x_1 = 1 - \dfrac{Z_1}{2} \cdot \sin^2\alpha = 1 - \dfrac{18}{2} \times (\sin 14.5°)^2 = 0.43579$

$x_2 = 1 - \dfrac{Z_2}{2} \cdot \sin^2\alpha = 1 - \dfrac{24}{2} \times (\sin 14.5°)^2 = 0.24772$

(2) $\mathrm{inV}\alpha_b = 2\tan\alpha \cdot \dfrac{x_1 + x_2}{Z_1 + Z_2} + \mathrm{inv}\alpha$

$= 2 \times \tan(14.5°) \times \dfrac{0.43579 + 0.24772}{18 + 24} + 0.0055448 = 0.0139624$

∴ $\alpha_b = 19.55°$

(3) $y = \dfrac{Z_1 + Z_2}{2} \cdot \left(\dfrac{\cos\alpha}{\cos\alpha_b} - 1\right) = \dfrac{18 + 24}{2} \times \left(\dfrac{\cos 14.5°}{\cos 19.55°} - 1\right) = 0.5749$

$C = m \cdot \left(\dfrac{Z_1 + Z_2}{2} + y\right) = 3 \times \left(\dfrac{18 + 24}{2} + 0.5749\right) = 64.72\,\mathrm{mm}$

08 바깥지름이 7cm인 중공축이 600N·m 굽힘 모멘트와 1,500N·m 비틀림 모멘트를 동시에 받을 때 다음을 구하라.

(1) 상당굽힘 모멘트 M_e[J]

(2) 상당비틀림 모멘트 T_e[J]

(3) 축의 허용응력을 고려하여 안전한 중공축의 안지름 d_1[mm] (단, τ_a=128MPa, σ_{ba}=65MPa이다.)

◇ Solution

(1) $M_e = \frac{1}{2}(M + \sqrt{M^2 + T^2}) = \frac{1}{2} \times (600 + \sqrt{600^2 + 1,500^2}) = 1,107.77$ J

(2) $T_e = \sqrt{M^2 + T^2} = \sqrt{600^2 + 1,500^2} = 1,615.55$ J

(3) $T_e = \tau_a \cdot Z_p = \tau_a \cdot \frac{\pi d_2^3}{16}(1 - x^4)$

$1,615.55 \times 10^3 = 128 \times \frac{\pi \times 70^3}{16} \times (1 - x^4)$, $x = 0.9494$

$d_1 = x \cdot d_2 = 0.9494 \times 70 = 66.46$mm

$M_e = \sigma_{ba} \cdot Z = \sigma_{ba} \cdot \frac{\pi d_2^3}{32}(1 - x^4)$

$1,107.77 \times 10^3 = 65 \times \frac{\pi \times 70^3}{32} \times (1 - x^4)$, $x = 0.8383$

$d_1 = x \cdot d_2 = 0.8383 \times 70 = 58.68$mm

안전한 중공축의 안지름은 58.68mm

09 3.6kW의 동력을 전달하는 평벨트 전동장치에서 구동풀리의 지름은 140mm, 400rpm으로 회전한다. 축간거리가 1m인 곳에서 회전수가 $\frac{1}{4}$로 감속되어 작동할 때 다음을 구하라. (단, 평행걸기이며 두께 7mm의 가죽벨트로 허용인장응력은 6.5MPa이고, 접촉부마찰계수는 0.25, 이음효율은 85%이다.)

(1) 긴장측 장력 T_t[N]

(2) 벨트의 최소폭 b[mm]

◇ Solution

(1) $V = \frac{\pi \cdot D_1 \cdot N_1}{60 \times 1,000} = \frac{\pi \times 140 \times 400}{60 \times 1,000} = 2.93$m/sec

$\theta_1 = 180 - 2 \times \sin^{-1}(\frac{D_2 - D_1}{2C}) = 180 - 2 \times \sin^{-1}(\frac{140 \times 4 - 140}{2 \times 1,000}) = 155.76°$

$e^{\mu\theta} = e^{(0.25 \times 155.76 \times \frac{\pi}{180})} = 1.97$

$H_{kW} = T_t \cdot \frac{(e^{\mu\theta} - 1)}{e^{\mu\theta}} \cdot V$

$3.6 = T_t \times \frac{(1.97 - 1)}{1.97} \times 2.93 \times 10^{-3}$, $T_t = 2,495.34$N

(2) $\sigma_{ta} = \dfrac{T_t}{b \cdot t \cdot \eta}$, $6.5 = \dfrac{2{,}495.34}{b \times 7 \times 0.85}$, $b = 64.52 \text{mm}$

10 $0.3\text{m}^3/\text{sec}$의 유량이 흐르는 이음매가 없고, 두께가 얇은 강판에서 4MPa의 내압이 작용하고 있을 때 다음을 구하라. (단, 관 재료의 인장강도는 80MPa이고 유속은 12m/sec이다.)

(1) 관의 안지름 d[mm]

(2) 허용인장강도를 고려한 관의 최소 바깥지름 d_0[mm]

(단, 부식여유 $C = 6 \times (1 - \dfrac{P \cdot d}{66{,}000})$, 안전율 $S = 2$로 한다.)

Solution

(1) $Q = A \cdot V = \dfrac{\pi d^2}{4} \times V$

$0.3 = \dfrac{\pi \times d^2}{4} \times 12$, $d = 178.41 \times 10^{-3}\text{m} = 178.41\text{mm}$

(2) $t = \dfrac{P \cdot d \cdot S}{2\sigma_{tmax}} + C = \dfrac{4 \times 178.41 \times 2}{2 \times 80} + 6 \times (1 - \dfrac{4 \times 178.41}{66{,}000}) = 14.83\text{mm}$

$d_o = d + 2t = 178.41 + (2 \times 14.86) = 208.13\text{mm}$

11 5.5kW의 동력을 전달하는 외접 원추마찰차에서 두 축은 80의 각도로 교차한다. 원동차의 평균지름이 450mm이고 320rpm으로 회전하고 종동차는 원동차 회전수의 $\dfrac{3}{5}$으로 감속하여 운전한다. 마찰계수가 0.3이고 허용선압이 25N/mm일 때 다음을 구하라.

(1) 마찰차의 평균속도 V[m/sec]

(2) 허용접촉부 압력을 고려한 마찰차의 최소 접촉길이 b[mm]

(3) 원동차의 축 하중 Q[N]

Solution

(1) $V = \dfrac{\pi \cdot D_1 \cdot N_1}{60 \times 1{,}000} = \dfrac{\pi \times 450 \times 320}{60 \times 1{,}000} = 7.54\text{m/sec}$

(2) $H_{kW} = \mu W \cdot V$

$5.5 \times 10^3 = 0.3 \times W \times 7.54$, $W = 2{,}431.48\text{N}$

$f_a = \dfrac{W}{b}$, $b = \dfrac{2431.48}{25} = 97.26\text{mm}$

(3) $\tan \gamma_1 = \dfrac{\sin \Sigma}{\dfrac{1}{i} + \cos \Sigma} = \dfrac{\sin 80°}{\dfrac{5}{3} + \cos 80°} = 0.5351$

$\gamma_1 = \tan^{-1}(0.5351) = 28.15°$

$Q = W \cdot \sin \gamma_1 = 2{,}431.48 \times \sin(28.15°) = 1{,}147.13\text{N}$

2018 과년도문제(1회)

01 사각나사의 나사잭을 이용하여 하중물을 들어 올리려 한다. 나사잭의 d = 50mm, d_1 = 45mm, 리드 ℓ = 2.5mm일 때 다음을 구하라. (단, 마찰계수 μ = 0.12이다.)

(1) 나사의 유효지름 d_2[mm]

(2) 축 하중 Q[kN] (단, 스패너의 길이 L = 100mm, 조이는 힘 F = 25N이다.)

(3) 나사잭의 효율 η[%]

◎ Solution

(1) $d_2 = \dfrac{d_1 + d}{2} = \dfrac{45 + 50}{2} = 47.5\text{mm}$

(2) $T = T_B$

$F \cdot L = Q \cdot \dfrac{\mu \pi d_2 + p}{\pi d_2 - \mu p} \times \dfrac{d_2}{2}$

$25 \times 100 = Q \times \dfrac{0.12 \times \pi \times 47.5 + 2.5}{\pi \times 47.5 - 0.12 \times 2.5} \times \dfrac{47.5}{2}$

$Q = 768.18\text{N} = 0.768\text{kN}$

(3) $\eta = \dfrac{Q \cdot p}{2\pi T} = \dfrac{768.18 \times 2.5}{2\pi \times 25 \times 100} \times 100 = 12.23\%$

02 600rpm으로 회전하는 축을 지지하는 엔드저널 베어링의 베어링 하중이 12kN일 때 다음을 구하라. (단, 허용압력속도계수는 2.0N/mm²·m/sec이다.)

(1) 저널의 길이 ℓ[mm]

(2) 저널의 지름 d[mm] (단, ℓ = 1.5d이다.)

(3) 베어링압력 p[N/mm²]

◎ Solution

(1) $p \cdot V = \dfrac{W}{d \cdot \ell} \cdot \dfrac{\pi d \cdot N}{60 \times 1{,}000}$

$2.0 = \dfrac{12 \times 10^3 \times \pi \times 600}{\ell \times 60 \times 1{,}000}$, $\ell = 188.5\text{mm}$

(2) $d = \dfrac{\ell}{1.5} = \dfrac{188.5}{1.5} = 125.67\text{mm}$

(3) $p = \dfrac{W}{d \cdot \ell} = \dfrac{12 \times 10^3}{125.67 \times 188.5} = 0.51\text{N/mm}^2$

03 치직각 모듈 4.0, 잇수 45, 공구압력각 20°, 치폭 36mm, 비틀림각 25°, 회전수 300rpm인 헬리컬 기어의 허용굽힘응력 180MPa일 때 다음을 구하라. (단, 하중계수는 1.18이다.)

(1) 피치원 지름 D[mm], 상당평기어 잇수 Z_e = ?

(2) 굽힘강도를 고려한 전달동력 H[kW] (단, 상당지형계수 Y_e는 아래표를 이용한다.)

압력각 $α⁰$ \ 잇수 Z	43	50	60	75	100
14.5	0.352	0.357	0.365	0.369	0.374
20	0.411	0.422	0.433	0.443	0.454

(3) 축 하중 F_t[N]

Solution

(1) $D = \dfrac{m_n \cdot Z}{\cos\beta} = \dfrac{4.0 \times 45}{\cos 25°} = 198.61\text{mm}$

$Z_e = \dfrac{Z}{\cos^3\beta} = \dfrac{4.5}{(\cos 25°)^3} = 60.45 ≒ 61$

(2) $\dfrac{0.422 - 0.411}{50 - 43} = \dfrac{0.422 - Y_e}{50 - 45}$, $Y_e = 0.414$

$V = \dfrac{\pi \cdot D \cdot N}{60 \times 1{,}000} = \dfrac{\pi \times 198.61 \times 300}{60 \times 1{,}000} = 3.12\text{m/sec}$

$F = f_w \cdot f_v \cdot \sigma_b \cdot b \cdot m_n \cdot Y_e$

$= 1.18 \times \dfrac{3.05}{3.05 + 3.12} \times 180 \times 36 \times 4 \times 0.414 = 6{,}259.39\text{N}$

$H = F \cdot V = 6{,}259.39 \times 3.12 \times 10^{-3} = 19.53\text{kW}$

(3) $F_t = F \cdot \tan\beta = 6{,}259.39 \times \tan 25° = 2{,}918.8\text{N}$

---

04 속도비 $\dfrac{3}{5}$인 외접 원통마찰차의 구동차 회전수가 100rpm일 때 다음을 구하라. (단, 축간거리는 600mm이다.)

(1) 원동차와 종동차의 직경 D_1[mm], D_2[mm]

(2) 회전속도 V[m/sec]

Solution

(1) $i = \dfrac{N_2}{N_1} = \dfrac{D_1}{D_2}$, $D_2 = \dfrac{D_1}{i}$

$C = \dfrac{D_1 + D_2}{2} = \dfrac{D_1}{2}\left(1 + \dfrac{1}{i}\right)$

$600 = \dfrac{D_1}{2} \times \left(1 + \dfrac{5}{3}\right)$, $D_1 = 450\text{mm}$, $D_2 = 750\text{mm}$

(2) $V = \dfrac{\pi \cdot D_1 \cdot N_1}{60 \times 1{,}000} = \dfrac{\pi \times 450 \times 100}{60 \times 1{,}000} = 2.36\text{m/sec}$

05 원동풀리의 직경 200mm, 회전수 180rpm, 홈 각 38°인 V-Belt 전동장치가 있다. 원동축에서 830mm 떨어진 종동축은 60rpm으로 회전하고 있을 때 다음을 구하라. (단, 벨트의 풀리 사이의 마찰계수는 0.32이다)

(1) 벨트의 길이 L[mm]

(2) 전달동력 H[kW] (단, 벨트의 유효장력은 6,500N이다.)

(3) 벨트의 가닥수 Z (단, 벨트 1가닥의 긴장측 장력 4,000N, 접촉각수정계수 0.78, 부하수정계수 0.7이다.)

◈ Solution

(1) $i = \dfrac{N_2}{N_1} = \dfrac{D_1}{D_2}$, $\dfrac{60}{180} = \dfrac{200}{D_2}$, $D_2 = 600\text{mm}$

$L = 2C + \dfrac{\pi}{2}(D_1 + D_2) + \dfrac{(D_2 - D_1)^2}{4C}$

$= 2 \times 830 + \dfrac{\pi}{2} \times (200 + 600) + \dfrac{(600 - 200)^2}{4 \times 830} = 2,964.83\text{mm}$

(2) $V = \dfrac{\pi \cdot D_1 \cdot N_1}{60 \times 1,000} = \dfrac{\pi \times 200 \times 180}{60 \times 1,000} = 1.88\text{m/sec}$

$H = P_e \cdot V = 6,500 \times 1.88 \times 10^{-3} = 12.22\text{kW}$

(3) $\mu' = \dfrac{\mu}{\mu\cos\alpha + \sin\alpha} = \dfrac{0.32}{0.32 \times \cos(\frac{38}{2}) + \sin(\frac{38}{2})} = 0.51$

$\theta = 180 - 2 \times \sin^{-1}(\dfrac{D_2 - D_1}{2C}) = 180 - 2 \times \sin^{-1}(\dfrac{600 - 200}{2 \times 830}) = 152.11°$

$e^{\mu'\theta} = e^{(0.51 \times 152.11 \times \frac{\pi}{180})} = 3.87$

$H_o = T_t \cdot \dfrac{(e^{\mu'\theta} - 1)}{e^{\mu'\theta}} \cdot V = 4,000 \times \dfrac{(3.87 - 1)}{3.87} \times 1.88 \times 10^{-3} = 5.58\text{kW}$

$Z = \dfrac{H}{H_o \cdot k_1 \cdot k_2} = \dfrac{12.22}{5.58 \times 0.78 \times 0.7} = 4.01$

06 24kW, 400rpm으로 회전하는 축에 묻힘키를 사용한다. 묻힘키의 허용전단응력이 250MPa일 때 다음을 구하라. (단, 축과 묻힘키의 허용전단응력은 동일하다.)

(1) 축지름 d[mm]

(2) 묻힘키의 크기 $b \times h \times \ell$ (여기서, 폭 b과 높이 h는 동일하고, $\ell = 1.5d$로 한다. 그리고 mm 단위의 정수 답하라.)

Solution

(1) $T = 974,000 \times 9.8 \dfrac{H_{kW}}{N} = \tau_a \cdot \dfrac{\pi d^3}{16}$

$974,000 \times 9.8 \times \dfrac{24}{400} = 250 \times \dfrac{\pi \times d^3}{16}$, $d = 22.68\text{mm}$

(2) $\tau_k = \dfrac{2T}{b \ell d}$, $\ell = 1.5d = 1.5 \times 22.68 = 34.02\text{mm} \fallingdotseq 35\text{mm}$

$250 = \dfrac{2 \times 974,000 \times 9.8 \times 24}{b \times 35 \times 22.68 \times 400}$, $b = 5.77\text{mm} = 6\text{mm}$

07 길이 1.5m, 직경 50mm의 축의 중앙에 풀리가 매달려 있다. 풀리의 비중은 8.8, 축의 종탄성계수는 205.6GPa일 때 다음을 구하라. (단, 풀리의 외경은 600mm, 두께는 250mm이다.)

(1) 축의 자중만 고려시 처짐[μm] (단, 축의 비중은 풀리의 비중과 같다.)

(2) 축 중앙의 풀리만 고려 시 처짐[μm]

(3) 축의 양단 끝이 자유로이 지지되어 있을 때, 축의 위험속도 N_{cr}[rpm]

Solution

(1) $\omega = \gamma A = 8.8 \times 9,800 \times \dfrac{\pi \times 0.05^2}{4} = 169.33\text{N/m}$

$\delta = \dfrac{5\omega \cdot \ell^4}{384 E \cdot I} = \dfrac{5 \times 169.33 \times 1.5^4}{384 \times 205.6 \times 10^9 \times \dfrac{\pi \times 0.05^4}{64}} = 0.0001796\text{m} \fallingdotseq 176.96\mu\text{m}$

(2) $\delta = \dfrac{W \cdot \ell^3}{48 E \cdot I} = \dfrac{(\gamma \cdot V) \cdot \ell^3}{48 E \cdot I}$

$= \dfrac{8.8 \times 9,800 \times \dfrac{\pi \times 0.6^2}{4} \times 0.25 \times 1.5^3}{48 \times 205.6 \times 10^9 \times \dfrac{\pi \times 0.05^4}{64}} = 0.00679518\text{m} = 6,795.18\mu\text{m}$

(3) $N_o = 654 \dfrac{d^2}{\ell^2} \sqrt{\dfrac{E}{W}}$

$= 654 \times \dfrac{0.05^2}{1.5^2} \times \sqrt{\dfrac{205.6 \times 10^5}{169.33 \times 10^{-2}}} = 2,532.09\text{rpm}$

$N_1 = 114.6 d^2 \sqrt{\dfrac{E \cdot \ell}{W \cdot (\dfrac{\ell}{2})^2 \cdot (\dfrac{\ell}{2})^2}}$

$= 114.6 \times 5^2 \times \sqrt{\dfrac{205.6 \times 10^5 \times 150}{(8.8 \times 9,800 \times \dfrac{\pi \times 0.6^2}{4} \times 0.25) \times 75^2 \times 75^2}}$

$= 362.28\text{rpm}$

$\dfrac{1}{N_{cr}^2} = \dfrac{1}{N_0^2} + \dfrac{1}{N_1^2} = \dfrac{1}{2,532.09^2} + \dfrac{1}{362.28^2}$

$\therefore N_{cr} = 358.63\text{rpm}$

08 단동식 밴드브레이크에서 드럼의 회전수 100rpm, 3.7kW의 동력을 제동하려고 한다. 레버의 길이는 800mm, 마찰계수 0.31m 밴드의 접촉각 223°일 때 다음을 구하라.

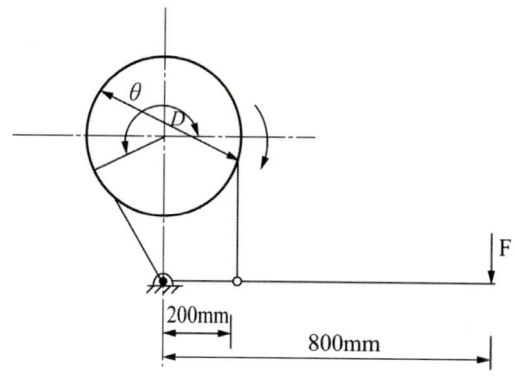

(1) 제동력 Q[N]

(2) 밴드의 긴장측 장력 T_t[N]

(3) 레버에 작용시키는 힘 F[N] (단, 드럼 직경 D = 400mm이다.)

◈ Solution

(1) $T = 974,000 \times 9.8 \cdot \dfrac{H_{kW}}{N} = Q \times \dfrac{D}{2}$

$974,000 \times 9.8 \times \dfrac{3.7}{100} = Q \times \dfrac{400}{2}$, $Q = 1,765.86\text{N}$

(2) $V = \dfrac{\pi \cdot D \cdot N}{60 \times 1000} = \dfrac{\pi \times 400 \times 100}{60 \times 1,000} = 2.09\text{m/sec}$

$T_t = Q \cdot \dfrac{e^{\mu\theta}}{e^{\mu\theta}-1}$, $e^{\mu\theta} = e^{(0.31 \times 223 \times \frac{\pi}{180})} = 3.34$

$T_t = 1,765.86 \times \dfrac{3.37}{3.34-1} = 2,520.5N$

(3) $T_s = T_t - Q = 2,520.5 - 1,765.86 = 754.64\text{N}$

$F \cdot \ell - T_s \cdot a = 0$

$F = \dfrac{a}{\ell}T_s = \dfrac{200}{800} \times 754.64 = 188.66\text{N}$

09 그림과 같은 1줄 겹치기 리벳 이음에서 리벳의 허용전단응력은 50MPa, 강판의 허용인장응력 70MPa이고 리벳의 지름은 14mm, 강판의 두께 7mm일 때 다음을 구하라.

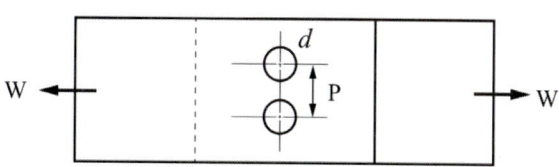

(1) 리벳의 전단저항 W[kN]

(2) 강판의 피치 P[mm]

(3) 강판의 효율 η_p[%]

Solution

(1) $W = \tau_r \cdot \dfrac{\pi d^2}{4} = 50 \times \dfrac{\pi \times 14^2}{4} = 7,696.9N \fallingdotseq 7.7kN$

(2) $W = \sigma_t \cdot (P-d) \cdot t$

$7.7 \times 10^3 = 70 \times (p-14) \times 7$, $p = 29.71mm$

(3) $\eta_p = 1 - \dfrac{d}{p} = (1 - \dfrac{14}{29.71}) \times 100 = 52.88\%$

10 150rpm으로 회전하는 깊은 홈 볼 베어링의 기본 동정격 하중이 45kN일 때 레이디얼 하중이 6kN, 8kN, 10kN, 12kN으로 주기적 반복 변동한다. 이때 다음을 구하라. (단, 베어링 하중계수 f_w =1.3이다.)

(1) 베어링의 평균유효하중 P_m[kN]

(2) 베어링의 수명시간 L_h[h]

Solution

1) $P_m = \dfrac{P_{\min} + 2P_{\max}}{3} = \dfrac{6 + (2 \times 12)}{3} = 10kN$

2) $L_h = (\dfrac{C}{f_w \cdot P_m})^r \times \dfrac{500 \times 33.3}{N} = (\dfrac{45}{1.3 \times 10})^3 \times \dfrac{500 \times 33.3}{150} = 4,603.95h$

참고 평균 유효 하중 : 베어링에 가해지는 하중이 여러 가지로 변동하는 경우에는 하중 P 대신에 평균 유효 하중으로 계산한다.

① 하중이나 회전수가 시간적으로 변동하는 경우

$$P_m = \sqrt[r]{\dfrac{t_1 N_1 P_1^r + t_2 N_2 P_2^r + \cdots + t_n N_n P_n^r}{t_1 N_1 + t_2 N_2 + \cdots + t_n N_n}}$$

여기서, t : 시간, N : 회전수, P : 베어링 하중,

r : 볼 베어링은 3, 롤러 베어링은 $\dfrac{10}{3}$으로 한다.

② 하중이 거의 직선적으로 최대 하중($P_{\max}$)에서 최소 하중($P_{\min}$)까지 반복해서 가해지는 경우

$$P_m = \dfrac{P_{\min} + 2P_{\max}}{3}$$

11 코일 스프링에서 최대하중 450N 작용시 60mm 길이가 줄어들었다. 코일 스프링의 평균직경 D, 소선의 직경 d라 할 때 $D = 8d$ 관계를 만족한다. 스프링 소선의 허용전단응력은 240MPa, 횡탄성계수 82GPa, 왈의 응력수정계수 $K = \dfrac{4C-1}{4C-4} + \dfrac{0.615}{C}$일 때 다음을 구하라.

(1) 소선의 최소지름 d[mm]

(2) 스프링의 유료감김수[권]

(3) 스프링의 자유높이 H[mm] (단, 스프링은 완전히 밀착된 상태이고, 무효권수는 스프링 양 끝단에 각 1권씩 있는 것으로 한다.)

◆ Solution

(1) $C = \dfrac{D}{d} = 8$

$K = \dfrac{4C-1}{4C-4} + \dfrac{0.615}{C} = 1.18$

$\tau_a = K \cdot \dfrac{16P \cdot R}{\pi d^3} = K \cdot \dfrac{16 \cdot P(4d)}{\pi d^3}$

$240 = 1.18 \times \dfrac{16 \times 4 \times 450}{\pi \times d^2}$, $d = 6.71\text{mm}$

(2) $\delta = \dfrac{64 \cdot n \cdot P \cdot R^3}{G \cdot d^4} = \dfrac{64.7 \cdot n \cdot P \cdot (4d)^3}{G \cdot d^4}$

$60 = \dfrac{64 \times 4^3 \times n \times 450}{82 \times 10^3 \times 6.71}$, $n = 17.91 ≒ 18$권

(3) $N_t = n + (x_1 + x_2) = 18 + (1+1) = 20$

$H = H_s + \delta = (N_t - 1) \cdot d + x + \delta$

$= (20-1) \times 6.71 + 60 = 187.49\text{mm}$

x : 코일 스프링 양끝부의 두께의 합이며 주어져 있지 않아 무시

2018 과년도문제(2회)

01 웜웜기어의 동력전달장치에서 감속비 $\frac{1}{20}$, 웜웜축의 회전수 1,500rpm, 웜의 모듈 6, 압력각 20°, 줄수 3, 피치원의 지름 56mm, 웜휠의 치폭 45mm, 유효이나비는 36mm이다. 다음을 구하라. (단, 웜웜의 재질은 담금질강, 웜휠을 인청동을 사용한다. 이때 내마멸계수 K =548.8×10⁻³N/mm², 웜휠의 굽힘응력 σ_b =166.6N/mm², 치형계수 y =0.125, 웜의 리드각에 의한 계수 φ = 1.25(β = 10~25)이다.)

(1) 웜기어의 속도 V[m/sec]
(2) 굽힘강도에 의한 전달하중 F_1[kN]
(3) 면압강도에 의한 전달하중 F_2[kN]
(4) 최대 전달동력 H_kW

Solution

(1) $D_g = m \cdot Z_g = m \cdot \dfrac{Z_w}{i} = 6 \times (3 \times 20) = 360\text{mm}$

$N_g = i \cdot N_w = \dfrac{1,500}{20} = 75\text{rpm}$

$V_g = \dfrac{\pi \cdot D_g \cdot N_g}{60 \times 1,000} = \dfrac{\pi \times 360 \times 75}{60 \times 1,000} = 1.41\text{m/sec}$

(2) $L = Z_w \cdot P_s = 3 \times \pi \times 6 = 56.55\text{mm}$

$\beta = \tan^{-1}\left(\dfrac{L}{\pi \cdot D_w}\right) = \tan^{-1}\left(\dfrac{56.55}{\pi \times 56}\right) = 17.82°, \ \phi = 1.25$ 적용

$P_n = P_s \cdot \cos\beta = \pi \times 6 \times \cos(17.82) = 17.95\text{mm}$

$F_1 = f_v \cdot \sigma_b \cdot P_n \cdot b \cdot y = \left(\dfrac{6.1}{6.1 + 1.41}\right) \times 166.6 \times 17.95 \times 45 \times 0.125$

$= 13,624.88\text{N} ≒ 13.62\text{kN}$

(3) $F_2 = f_v \cdot \phi \cdot D_g \cdot b_e \cdot K = \left(\dfrac{6.1}{6.1 + 1.41}\right) \times 1.25 \times 360 \times 36 \times 548.8 \times 10^{-3}$

$= 7,201.11\text{N} ≒ 7.2\text{kN}$

(4) $H_{kW} = F_2 \cdot V_g = 7.2 \times 10^3 \times 1.41 \times 10^{-3} = 10.15\text{kW}$

02 그림과 같이 브래킷을 M20 볼트 3개로 고정시킬 때 1개의 볼트에 생기는 하중을 다음에 따라 구하라.

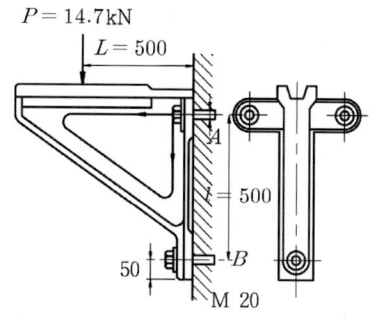

(1) 인장력 Q[N]

(2) 전단력 F[N]

(3) 볼트에 가해지는 최대하중 R[N]

◆ Solution

(1) $\Sigma M = 0$

$P \cdot L = 2Q_A(\ell+a) + Q_B \cdot a, \quad Q_B = \dfrac{a}{\ell+a} \cdot Q_A$

$14.7 \times 10^3 \times 500 = Q_A \left(2 \times 550 + \dfrac{50}{550} \times 50\right)$

$Q_A = 6,654.32\text{N}$

$Q_B = 604.94\text{N}$

(2) $F = \dfrac{P}{3} = \dfrac{14.7 \times 10^3}{3} = 4,900\text{N}$

(3) $R = \sqrt{Q_A^2 + F^2} = \sqrt{6,654.32^2 + 4,900^2} = 8,263.77\text{N}$

03 복렬 스러스트 볼 베어링의 접촉각 60°, 레이디얼 베어링 하중 2kN, 스러스트 베어링 하중 1.5kN, 500rpm으로 기본동정격 하중이 55.35kN이고 하중계수가 1.5일 때 다음을 구하라.

(1) 등가레이디얼 하중 P_r[N]

(2) 베어링 수명시간 L_h[N]

베어링의 계수 V, X 및 Y값

베어링 형식		내륜회전하중	외륜회전하중	단열 $F_a/VF_r>e$		복열 $F_a/VF_r \leq e$		복열 $F_a/VF_r>e$		e
		V		X	Y	X	Y	X	Y	
깊은 홈 볼 베어링	F_a/C_o = 0.014 = 0.028 = 0.056 = 0.084 = 0.11 = 0.17 = 0.28 = 0.42 = 0.56	1	1.2	0.56	2.30 1.99 1.71 1.55 1.45 1.31 1.15 1.04 1.00	1	0	0.56	2.30 1.99 1.71 1.55 1.45 1.31 1.15 1.04 1.00	0.19 0.12 0.26 0.28 0.30 0.34 0.38 0.42 0.44
앵귤러 볼 베어링	α = 20° = 25° = 30° = 35° = 40°	1	1.2	0.43 0.41 0.39 0.37 0.35	1.00 0.87 0.76 0.56 0.57	1	1.09 0.92 0.78 0.66 0.55	0.70 0.67 0.63 0.60 0.57	1.63 1.41 1.24 1.07 0.93	0.57 0.58 0.80 0.95 1.14
자동 조심 볼 베어링		1	1	0.4	0.4×cotα	1	0.42×cotα	0.65	0.65×cotα	1.5×tanα
매그니토 볼 베어링		1	1	0.5	2.5	–	–	–	–	0.2
자동 조심 롤러 베어링 원추 롤러 베어링 $\alpha \neq 0$		1	1.2	0.4	0.4×cotα	1	0.45×cotα	0.67	0.67×cotα	1.5×tanα
스트러트 볼 베어링	α = 45° = 60° = 70°	–	–	0.66 0.92 1.66	1	1.18 1.90 3.66	0.59 0.54 0.52	0.66 0.92 1.66	1	1.25 2.17 4.67
스러스트 롤로 베어링		–	–	tanα	1	1.5×tanα	0.67	tanα	1.5×tanα	

Solution

(1) 표로부터 $\dfrac{F_a}{V \cdot F_r} = \dfrac{1.5}{2} = 0.75 \leq 2.17$

$x = 1.90$, $Y = 0.54$, V는 무시

$P_r = X \cdot VF_r + YF_a = 1.90 \times 2 + 0.54 \times 1.5 = 4.61\text{kN}$

(2) $L_h = 500\left(\dfrac{C}{f_w \cdot P_r}\right)^r \cdot \dfrac{33.3}{N} = 500 \times \left(\dfrac{55.34}{1.5 \times 4.61}\right)^3 \times \dfrac{33.3}{500} = 17,068.1\text{hr}$

04 최고 사용압력이 150N/cm²인 중기를 안지름 3m의 보일러통에 저장하려고 한다. 리벳 이음의 효율이 75%, 강판의 인장강도를 540MPa, 안전율 5, 부식여유 1.0mm일 때 강판의 두께 t[mm]는 얼마인가?

> **Solution**
>
> $$t = \frac{P \cdot d \cdot S}{2\sigma_{tmax} \cdot \eta} + C = \frac{150 \times 10^{-2} \times 3,000 \times 5}{2 \times 540 \times 0.75} + 1.0 = 28.78 \text{mm}$$

05 축지름 60mm인 축에 성크키 $b \times h \times \ell = 15 \times 10 \times 22$로 회전체가 고정되어 있다. 키에 생기는 면압력 $q = 40\text{N/mm}^2$일 때 다음을 구하라.

(1) 성크키의 회전력 P[N]

(2) 토크 T[J]

> **Solution**
>
> (1) $q = \dfrac{P}{\dfrac{h}{2} \times \ell}$, $P = 40 \times \dfrac{10}{2} \times 22 = 4,400\text{N}$
>
> (2) $T = P \times \dfrac{d_2}{2} = 4,400 \times \dfrac{0.06}{2} = 132\text{J}$

06 그림과 같은 밴드브레이크에서 두께 3mm인 밴드로 접촉각을 270로 하여 지름 300mm의 드럼을 제동한다. 밴드의 장력비 $e\mu\theta$ = 6.6이고 밴드의 허용 인장응력은 50N/mm²이다. 다음을 구하라. (단, 드럼과 밴드 사이의 마찰계수는 0.4이고 레버에 작용하는 조작력 F = 150N이다.)

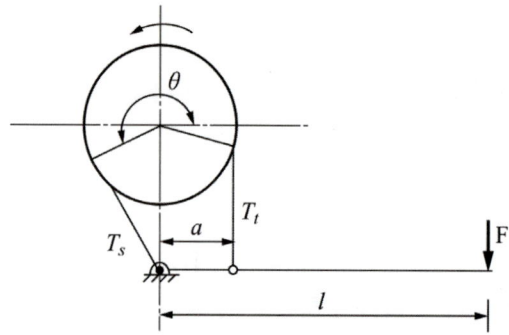

(1) 긴장측 장력 T_t[N] (ℓ = 300mm, a = 20mm)
(2) 밴드의 폭 b[mm]
(3) 드럼 우회전시 제동동력 H[kW] (단, 드럼은 150rpm으로 회전)

Solution

(1) $F \cdot \ell = T_t \cdot a$

$T_t = \dfrac{150 \times 300}{20} = 2,250\text{N}$

(2) $\sigma_t = \dfrac{T_t}{b \cdot t}$, $b = \dfrac{2,250}{50 \times 3} = 15\text{mm}$

(3) $F \cdot \ell = T_s \cdot a = Q\dfrac{a}{(e^{\mu\theta}-1)}$

$150 \times 300 = Q \times \dfrac{20}{(6.6-1)}$, $Q = 12,600N$

$H = \dfrac{Q \cdot V}{1,000} = \dfrac{12,600 \times \pi \times 300 \times 150}{1,000 \times 60 \times 1,000} = 29.69\text{kW}$

07 15kW, 200rpm의 동력을 100cm의 풀리로 동일 회전수로 다른 축에 전달할 때 3호(6×19)인 와이어로프를 이용한다. 로프의 전단하중 T_B = 4,000N이고 안전율은 4이다. 다음을 구하라. (단, 풀리의 홈 밑에는 가죽, 로프에는 약간의 기름이 있고 마찰계수는 0.2이다.)

(1) 와이어로프의 긴장측 장력 T_t[N]

(2) 와이어로프의 지름 d[mm] (표에서 선택)

3호(6×19) 로프의 파단 하중(P_B : kN)

종별 지름	꼬임 보통 도금 G종	종별 지름	꼬임 보통 도금 G종	종별 지름	꼬임 보통 도금 G종
4	8.1	18	164	(34)	–
5	12.7	20	203	35.5	639
6.3	20.1	22.4	254	(36)	–
8	32.4	(24)	(292)	37.5	731
9	41.1	25	317	(38)	–
10	50.7	(26)	(343)	40	811
11.2	63.6	28	397	42.5	915
(12)	(73)	30	456	45	1030
12.5	79.2	31.5	503	47.5	1140
14	99.3	(32)	(519)	50	1270
16	130	33.5	569		

(3) 안전하게 사용가능한지 판단하라.

◎ Solution

(1) $e^{\mu\theta} = e^{(0.2 \times \pi)} = 1.87$

$V = \dfrac{\pi \times 100 \times 200}{60 \times 100} = 10.47 \text{m/sec}$

$H_{kW} = \dfrac{T_t(e^{\mu\theta} - 1)}{e^{\mu\theta}} \cdot V$

$15 = \dfrac{T_t(1.87 - 1) \times 10.47 \times 10^{-3}}{1.87}$, $T_t = 3,079.41\text{N}$

(2) $P_B = T_t \cdot S = 3,079.41 \times 4 = 12,317.64\text{N} ≒ 12.32\text{kN}$

표로부터 직상위값으로 선택 $d = 5\text{mm}$

(3) 5mm의 와이어로프를 사용했을 때 파단하중은 12.7~15kN에 해당, 4,000N의 전단하중에는 충분히 견디므로 안전

08 길이 4m, 지름 50mm의 연강제 중심축이 200rpm으로 축 끝에 1°의 비틀림각이 생기게 하려한다. 다음을 구하라. (단, 횡탄성계수 0.83×105MPa이다.)

(1) 이때 동력 H[kW]

(2) 축의 비틀림 전단응력 τ[MPa]

◆ Solution

(1) $\theta = \dfrac{T \cdot \ell}{G \cdot I_P}$, $1 \times \dfrac{\pi}{180} = \dfrac{32 \times T \times 4{,}000}{0.83 \times 10^5 \times \pi \times 50^4}$

$T = 222{,}216.03 \text{N} \cdot \text{mm}$

$T = 974{,}000 \times 9.8 \dfrac{H}{N}$

$222{,}216.03 = 974{,}000 \times 9.8 \times \dfrac{H}{200}$, $H = 4.66 \text{kW}$

(2) $\tau = \dfrac{16 \cdot T}{\pi d^3} = \dfrac{16 \times 222{,}216.03}{\pi \times 50^3} = 9.05 \text{MPa}$

09 그림과 같은 필릿용접 이음에서 허용전단응력이 50MPa일 때 하중 W[N]을 구하라. (단, 용접 사이즈 f는 14mm이다.)

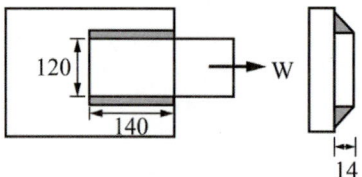

◆ Solution

$W = \tau \cdot (2t \cdot \ell) = 50 \times 2 \times 14 \times \cos 45° \times 140 = 138{,}592.93 \text{N}$

10 겹판 스프링에서 스팬이 1400mm, 강판의 나비 80mm, 두께 15mm, 판의 수 4개이고 밴드의 나비가 100mm일 경우 다음을 구하라. (단, 스프링의 인장응력 σ_t = 93MPa, 마찰계수가 0.2, 스팬의 유효길이 $\ell_e = \ell - 0.6e$, 스프링의 종탄성계수 $E = 20.58 \times 10^4 \text{N/mm}^2$이다.)

(1) 겹판 스프링에 가해지는 하중 P[N]

(2) 변형량 δ[mm]

(3) 고유진동수 f[Hz]

◆ Solution

(1) $\sigma_b = \dfrac{3P \cdot \ell_e}{2nbh^2}$

$93 = \dfrac{3 \times P \times (1{,}400 - 0.6 \times 100)}{2 \times 4 \times 80 \times 15^2}$, $P = 3{,}331.34 \text{N}$

(2) $\delta = \dfrac{3P \cdot \ell_e^3}{8Enbh^3}$

(3) $f = \dfrac{w}{2\pi} = \dfrac{1}{2\pi}\sqrt{\dfrac{g}{\delta}}$

11 그림과 같은 원통마찰차에서 지름 300mm, 회전수 50rpm으로 2kW를 전달한다. 축은 SM45C을 허용전단응력이 75MPa, 길이가 800mm이다. 다음을 구하라. (단, 동적효과계수 k_m =2.1, k_t = 1.5로 하고 마찰차의 허용전압은 10MPa, 마찰계수는 0.2로 외접상태에 있다.)

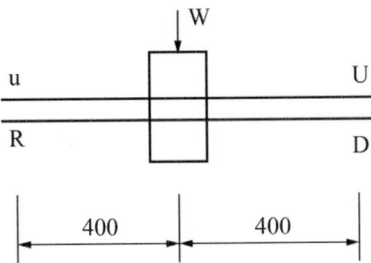

(1) 마찰차의 폭 b[m]
(2) 상당비틀림 모멘트를 고려한 축지름 d[mm] (축과 마찰차 무게 무시)

Solution

(1) $V = \dfrac{\pi \cdot D \cdot N}{60 \times 1,000} = \dfrac{\pi \times 300 \times 500}{60 \times 1,000} = 7.85 \text{m/sec}$

$H_{kW} = \dfrac{\mu W \cdot V}{102}$, $2 = \dfrac{0.2 \times W \times 7.85}{102 \times 9.8}$, $W = 1,273.38 \text{N}$

$b = \dfrac{W}{f} = \dfrac{1273.38}{10} = 127.34 \text{mm}$

(2) $T = 974000 \dfrac{H_{kW}}{N} = 974000 \times \dfrac{2}{500} \times 9.8 = 3,896 \text{N} \cdot \text{mm}$

$M = \dfrac{W \cdot \ell}{4} = \dfrac{1,273.38 \times 800}{4} = 254,676 \text{N} \cdot \text{mm}$

$T_e = \sqrt{(k_m \cdot M)^2 + (k_t \cdot T)^2}$
$\quad = \sqrt{(2.1 \times 254,676)^2 + (1.5 \times 3,896)^2} = 534,851.53 \text{N} \cdot \text{mm}$

$\tau_a = \dfrac{T_e}{Z_P} = \dfrac{16 \times T_e}{\pi \times d^3}$

$75 = \dfrac{16 \times 534,851.53}{\pi \times d^3}$, $d = 33.12 \text{mm}$

2018 과년도문제(4회)

01 유효지름 27.73mm, 피치 3.5mm인 M30인 나사의 마찰계수는 0.15이다. 다음을 계산하라. [4점]

(1) 나사의 효율[%]
(2) 나사의 자립조건을 만족하는지 효율로 확인하라.

◈ Solution

(1) $\alpha = \tan^{-1}\left(\dfrac{p}{\pi d_2}\right) = \tan^{-1}\left(\dfrac{3.5}{\pi \times 27.73}\right) = 2.3°$

$\mu' = \dfrac{\mu}{\cos(\beta/2)} = \dfrac{0.15}{\cos(60/2)} = 0.1732$

$\rho' = \tan^{-1}\mu' = \tan^{-1}(0.1732) = 9.83°$

$\eta = \dfrac{\tan\alpha}{\tan(\alpha+\rho')} = \dfrac{\tan 2.3}{\tan(2.3+9.83)} \times 100 = 18.69\%$

(2) 자립조건($\rho \geq \alpha$) 만족시 최대효율 $\rho = \alpha$일 때

$\eta = \dfrac{\tan\alpha}{\tan(2\alpha)} = \dfrac{\tan 2.3}{\tan(2\times 2.3)} \times 100 = 49.92\%$

나사의 자립조건 만족 시 나사의 효율 $\eta < 50\%$이어야 하므로 만족함.

02 300rpm으로 12kW를 전달시키는 묻힘키를 이용한 전동축이 있다. 키의 허용전단응력 3.0N/mm², 키의 허용압축응력 9.0N/mm²일 때 다음을 구하라. [4점] (단, 축은 강이며 허용전단응력은 키의 허용전단응력과 같으며 묻힘키의 폭과 높이는 20×13이다.)

(1) 축 지름[mm]을 구하라.
(2) 키의 길이[mm]를 구하라.

◈ Solution

(1) $T = 974000\dfrac{H_{kW}}{N} = \tau\dfrac{\pi d^3}{16}$

$974000 \times 9.8 \times \dfrac{12}{300} = 3.0 \times \dfrac{\pi \times d^3}{16}$, $d = 86.54$mm

(2) $\tau_k = \dfrac{2T}{bld} = \dfrac{2\times 974000 \times H_{kW}}{bldN}$

$3.0 = \dfrac{2\times 974000 \times 9.8 \times 12}{20 \times l \times 86.54 \times 300}$, $l = 147.06$mm

$\sigma_c = \dfrac{4T}{hld} = \dfrac{4\times 974000 \times H_{kW}}{hldN}$

$9.0 = \dfrac{4\times 974000 \times 9.8 \times 12}{13 \times l \times 86.54 \times 300}$, $l = 150.84$mm

147.06mm와 150.84mm 중 큰 값을 선택, 키의 길이 $l = 150.84$mm

03 그림과 같은 편심하중을 받는 필렛용접 이음에서 편심하중 20kN, 각목 7mm일 때 용접부 A에 대하여 다음을 구하라. [6점] (단, 용접부의 목두께당 극단면 2차모멘트 I_o = 2.855×10⁶mm³이다.)

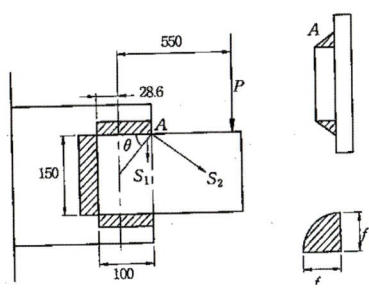

(1) 직접 전단응력 S_1[N/mm²]

(2) 비틀림 전단응력 S_2N/mm²]

(3) 최대전단응력 S[N/mm²]

◇ Solution

(1) $S_1 = \dfrac{P}{2a+b} = \dfrac{20 \times 10^3}{(2 \times 100 + 150) \times 7} = 8.16 \text{N/mm}^2$

(2) $S_2 = \dfrac{Tr}{tI_0} = \dfrac{20,000 \times 550 \times \sqrt{(75^2 + 71.4^2)}}{7 \times 2.885 \times 10^6} = 56.4 \text{N/mm}^2$

(3) $S = \sqrt{S_1^2 + S_2^2 + 2S_1 S_2 \cos\theta}$, $\cos\theta = \dfrac{71.4}{\sqrt{75^2 + 71.4^2}} = 0.69$

$S = \sqrt{8.16^2 + 56.4^2 + 2 \times 8.16 \times 56.4 \times 0.69} = 62.31 \text{N/mm}^2$

04 No.6204로 20,000시간의 수명을 갖는 한계속도지수 6,000의 단열 레디얼 볼베어링이 있다. 다음을 계산하라. [4점] (단, 하중계수 f_w = 1.5이고 기본 동정격 하중 C = 9.95kN이다.)

(1) 최대회전수 N[rpm]

(2) 최대 베어링하중 P[kN]

◇ Solution

(1) $N = \dfrac{6000}{4 \times 5} = 300 \text{rpm}$

(2) $L_h = 500 \left(\dfrac{C}{f_w P}\right)^r \dfrac{33.3}{N}$, $20,000 = 500 \times \left(\dfrac{9.95}{1.5 \times P}\right)^3 \times \dfrac{33.3}{300}$, $P = 0.93 \text{kN}$

05 600rpm, 30kW를 전달하는 전동모터 축이 있다. 마찰면 5개인 다판 클러치를 이용하여 회전축에 동력을 전달하고자 한다. 다판 클러치의 바깥지름은 260mm, 안지름 180mm, 마찰계수 0.2, 허용 접촉 면압력 0.2N/mm²일 때 다음을 계산하라. [6점]

(1) 회전토크 T[J]

(2) 축방향으로 밀어 붙이는 추력 W[kN]

(3) 면압력을 구하고 안전성을 판단하라.

◆ Solution

(1) $T = 974 \dfrac{H_{kW}}{N} = 974 \times 9.8 \times \dfrac{30}{600} = 477.26 \text{J}$

(2) $T = \mu W \dfrac{D_1 + D_2}{4}$, $477.26 = 0.2 \times W \times \dfrac{180 + 260}{4}$, $W = 21.69 \text{kN}$

(3) $q = \dfrac{W}{\dfrac{\pi(D_2^2 - D_1^2)}{4} \times z} = \dfrac{21.69 \times 10^3 \times 4}{\pi \times (260^2 - 180^2) \times 5} = 0.16 \text{N/mm}^2 < 0.2 \text{N/mm}^2$, 안전함.

06 전위스퍼기어의 공구 압력각 14.5°, 모듈 3, Z_1 = 12, Z_2 = 24이다. 다음을 계산하라. [6점]

인벌류트 함수표

α	inv α	α	inv α	α	inv α	α	inv α
10.00	0.0017941	12.00	0.0031171	14.00	0.0049819	16.00	0.0074917
.05	0.0018213	.05	0.0031567	.05	0.0050364	.05	0.0075647
.10	0.0018489	.10	0.0031966	.10	0.0050912	.10	0.0076372
.15	0.0018767	.15	0.0032369	.15	0.0051465	.15	0.0077101
.20	0.0019048	.20	0.0032775	.20	0.0052022	.20	0.0077835
.25	0.0019332	.25	0.0033185	.25	0.0052582	.25	0.0078574
.30	0.0019619	.30	0.0033598	.30	0.0053147	.30	0.0079318
.35	0.0019909	.35	0.0034014	.35	0.0053716	.35	0.0080067
.40	0.0020201	.40	0.0034434	.40	0.0054290	.40	0.0080820
.45	0.0020496	.45	0.0034858	.45	0.0054867	.45	0.0081578
.50	0.0020795	.50	0.0035285	.50	0.0055448	.50	0.0082342
.55	0.0021096	55	0.0035716	55	0.0056034	55	0.0083110
.60	0.0021400	.60	0.0036150	.60	0.0056624	.60	0.0083883
.65	0.0021707	.65	0.0036588	.65	0.0057218	.65	0.0084661
.70	0.0022017	.70	0.0037029	.70	0.0057817	.70	0.0085444
.75	0.0022330	.75	0.0037474	.75	0.0058420	.75	0.0086232
.80	0.0022646	.80	0.0037923	.80	0.0059027	.80	0.0087025
.85	0.0022966	.85	0.0038375	.85	0.0059638	.85	0.0087823
.90	0.0023288	.90	0.0038831	.90	0.0060254	.90	0.0088626
.95	0.0023613	.95	0.0039291	.95	0.0060874	.95	0.0089434
19.00	0.0127151	21.00	0.0173449	23.00	0.0230491	25.00	0.0299754
.05	0.0128189	.05	0.0174738	.05	0.0232067	.05	0.0301655
.10	0.0129232	.10	0.0176034	.10	0.0233651	.10	0.0303566
.15	0.0130281	.05	0.0177337	.15	0.0235242	.15	0.0305485
.20	0.0131336	.20	0.0178646	.20	0.0236842	.20	0.0307413
.25	0.0132398	.25	0.0179963	.25	0.0238449	.25	0.0309350
.30	0.0133465	.30	0.0181286	.30	0.0240063	.30	0.0311295
.35	0.0134538	.35	0.0182616	.35	0.0241686	.35	0.0313250
.40	0.0135617	.40	0.0183953	.40	0.0243316	.40	0.0315213
.45	0.0136702	.45	0.0185296	.45	0.0244954	.45	0.0317185
.50	0.0137794	.50	0.0186647	.50	0.0246600	.50	0.0319166
.55	0.0138891	55	0.0188004	55	0.0248254	55	0.0321156
.60	0.0139995	.60	0.0189369	.60	0.0249915	.60	0.0323154
.65	0.0141104	.65	0.0190740	.65	0.0251585	.65	0.0325162
.70	0.0142220	.70	0.0192119	.70	0.0253263	.70	0.0327179
.75	0.0143342	.75	0.0193504	.75	0.0254948	.75	0.0329205
.80	0.0144470	.80	0.0194897	.80	0.0256642	.80	0.0331240
.85	0.0145604	.85	0.0196297	.85	0.0258344	.85	0.0333283
.90	0.0146744	.90	0.0197703	.90	0.0260053	.90	0.0335336
.95	0.0147891	.95	0.0199117	.95	0.0261771	.95	0.0337399

(1) 전위계수 x_1, x_2 (소수점 5자리까지 계산하라)

(2) 전위량 X_1, X_2 (소수점 2자리까지 계산하라)

(3) 백래시가 0일 때 중심거리 C_f[mm]

Solution

(1) $x_1 = 1 - \dfrac{Z_1}{2}\sin^2\alpha = 1 - \dfrac{12}{2} \times (\sin 14.5)^2 = 0.62386$

$x_2 = 1 - \dfrac{Z_2}{2}\sin^2\alpha = 1 - \dfrac{24}{2} \times (\sin 14.5)^2 = 0.24772$

(2) $X_1 = mx_1 = 3 \times 0.62386 = 1.87 \text{mm}$, $X_2 = mx_2 = 3 \times 0.24772 = 0.74 \text{mm}$

(3) $\text{inv}\alpha_b = 2\tan\alpha \cdot \dfrac{x_1 + x_2}{Z_1 + Z_2} + \text{inv}\alpha$

$= 2 \times \tan 14.5 \times \dfrac{0.62386 + 0.24772}{12 + 24} + 0.0055448 = 0.0180673$

인벌류트 함수표로부터 물림압력각 $\alpha_b = 21.25°$

$y = \dfrac{Z_1 + Z_2}{2} \cdot \left(\dfrac{\cos\alpha}{\cos\alpha_b} - 1\right) = \dfrac{12 + 24}{2} \times \left(\dfrac{\cos 14.5}{\cos 21.25} - 1\right) = 0.69767$

$C_f = m\left(\dfrac{(Z_1 + Z_2)}{2} + y\right) = 3 \times \left(\dfrac{(12 + 24)}{2} + 0.69767\right) = 56.09 \text{mm}$

07 350rpm, 3.6kW의 모터축에 설치되어 있는 벨트전동에서 풀리의 지름 450mm, 650mm, 축간거리 4000mm, 마찰계수 0.2인 가죽벨트의 폭 127mm, 허용인장응력 2.0N/mm²이다. 다음을 구하라. [6점] (단, 벨트는 십자걸기이고 이음효율은 80%이다.)

(1) 접촉각 θ[deg]

(2) 긴장측장력 T_t[N]

(3) 벨트의 두께 t[mm]

Solution

(1) $\theta = 180 + 2\sin^{-1}\left(\dfrac{D_1 + D_2}{2C}\right) = 180 + 2 \times \sin^{-1}\left(\dfrac{450 + 650}{2 \times 4000}\right) = 195.81°$

(2) $e^{\mu\theta} = e^{\left(0.2 \times 195.81 \times \frac{\pi}{180}\right)} = 1.86$

$V = \dfrac{\pi D_1 N_1}{60 \times 1000} = \dfrac{\pi \times 450 \times 350}{60 \times 1000} = 8.25 \text{m/sec}$

$H_{kW} = \dfrac{T_t(e^{\mu\theta} - 1)V}{102 \, e^{\mu\theta}}$, $3.6 = \dfrac{T_t(1.86-1) \times 8.25}{102 \times 9.8 \times 1.86}$, $T_t = 943.39 \text{N}$

(3) $\sigma_a = \dfrac{T_t}{bt\eta}$, $2.0 = \dfrac{943.39}{127 \times t \times 0.8}$, $t = 4.64 \text{mm}$

08 2열 롤러 체인에서 주동 스프라켓의 잇수 18, 회전수 600rpm이고 피치는 15.88mm이다. 다음을 구하라. [6점] (단, 파단하중은 22.1kN이고 안전율은 15, 다열계수는 1.7이다.)

(1) 체인의 속도 V[m/sec]

(2) 체인의 허용장력 F[N]

(3) 속도변동률 ε[%]

Solution

(1) $V = \dfrac{pzN}{60 \times 1000} = \dfrac{15.88 \times 18 \times 600}{60 \times 1000} = 2.86 \text{m/sec}$

(2) $F = \dfrac{Pm}{S} = 22.1 \times \dfrac{1.7}{15} = 2.5 \text{kN}$

(3) $\varepsilon = \left\{1 - \cos\left(\dfrac{180}{z}\right)\right\} = \left\{1 - \cos\left(\dfrac{180}{18}\right)\right\} \times 100 = 1.52\%$

09 그림과 같은 밴드브레이크에서 드럼직경 500mm, 풀리 직경 100mm이고 하중 W = 9.0kN의 자유낙하를 방지하기 위하여 제동을 할 때 다음을 구하라. [4점] (단, 마찰계수 μ = 0.35, 장력비 $e^{\mu\theta}$ = 4.4이다.)

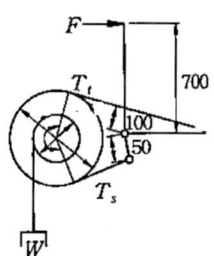

(1) 제동력 Q[kN]

(2) 조작력 F[N]

Solution

(1) $T = Q\dfrac{D}{2} = W\dfrac{d}{2}$, $Q = 9.0 \times \dfrac{100}{500} = 1.8 \text{kN}$

(2) $F \times 700 - T_t \times 100 + T_s \times 50 = 0$, $F \times 700 = Q\left(\dfrac{100e^{\mu\theta} - 50}{e^{\mu\theta} - 1}\right)$

$F \times 700 = 1.8 \times 10^3 \times \left(\dfrac{100 \times 4.4 - 50}{4.4 - 1}\right)$, $F = 303.90\text{N}$

10 스프링강제 코일 스프링을 하중 980N으로 압축한다. 소선의 지름 6mm, 스프링지수 6, 처짐 24.7mm로 할 때 다음을 구하라. [4점] (단, 스프링의 전단탄성계수 80,000N/mm^{2}이다.)

(1) 스프링의 유효권수 n

(2) 비틀림 응력 τ[N/mm^2]

> Solution

(1) $D = Cd = 6 \times 6 = 36$mm

$\delta = \dfrac{64nPR^3}{Gd^4}$, $24.7 = \dfrac{64 \times n \times 980 \times (36/2)^3}{80,000 \times 6^4}$, $n = 7$

(2) $K = \dfrac{4C-1}{4C-4} + \dfrac{0.615}{C} = \dfrac{4 \times 6 - 1}{4 \times 6 - 4} + \dfrac{0.615}{6} = 1.25$

$\tau = K\dfrac{16PR}{\pi d^3} = 1.25 \times \dfrac{16 \times 980 \times 36}{2 \times \pi \times 6^3} = 519.91$N/mm^2

2019 과년도문제(1회)

01 나사의 유효지름 63.5mm, 피치 4mm의 나사잭으로 3ton의 중량물을 들어올리기 위해 레버를 돌리는 힘은 245N, 마찰계수는 0.15이다. 다음을 구하라. [4점]

(1) 나사잭을 돌리는 토크 T[J]
(2) 레버의 유효길이 L[mm]

Solution

(1) $\alpha = \tan^{-1}\left(\dfrac{p}{\pi d_2}\right) = \tan^{-1}\left(\dfrac{4}{\pi \times 63.5}\right) = 1.15°$

$\rho = \tan^{-1}(\mu) = \tan^{-1}(0.15) = 8.53°$

$T = Q\tan(\alpha+\rho)\dfrac{d_2}{2} = 3 \times 9.8 \times \tan(1.15+8.53) \times \dfrac{63.5}{2} = 159.22\,\text{J}$

(2) $T = FL$, $159.22 \times 10^3 = 245 \times L$, $L = 649.88\,\text{mm}$

02 100번 롤러 체인용 스프로킷휠의 잇수가 30, 40이고 중심거리가 520mm로 동력을 전달할 때 다음을 구하라. [4점]

롤러체인의 호칭번호	피치(mm)	파단하중(kN)
40	12.70	14.2
50	15.88	22.1
60	19.05	32
80	25.40	56.5
100	31.75	88.5
120	38.10	128
140	44.45	174
160	50.80	227
200	63.50	354

(1) 각 스프로킷휠의 피치원 지름 D_1[mm], D_2[mm]
(2) 링크 수 L_n

◆ Solution

(1) $D_1 = \dfrac{p}{\sin\left(\dfrac{180}{Z_1}\right)} = \dfrac{31.75}{\sin\left(\dfrac{180}{30}\right)} = 303.75\text{mm}$

$D_2 = \dfrac{p}{\sin\left(\dfrac{180}{Z_2}\right)} = \dfrac{31.75}{\sin\left(\dfrac{180}{40}\right)} = 404.67\text{mm}$

(2) $L_n = \dfrac{2C}{p} + \dfrac{(Z_1 + Z_2)}{2} + \dfrac{0.0257p(Z_2 - Z_1)^2}{C}$

$= \dfrac{2 \times 520}{31.75} + \dfrac{(30+40)}{2} + \dfrac{0.0257 \times 31.75 \times (40-30)^2}{520} = 67.91, \ L_n = 68$

03 그림과 같은 단식 블록 브레이크를 가진 풀리의 중량물의 자유낙하를 방지하려고 한다. 레버에 작용하는 하중은 200N이고 드럼의 직경은 400mm이며 다음을 구하라. (단, 드럼과 블록 사이의 마찰계수는 0.3이다.) [4점]

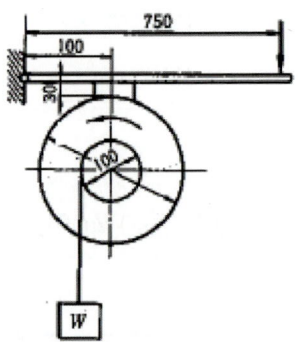

(1) 브레이크의 제동력 Q[N]

(2) 풀리 중량물의 무게 W[N]

◆ Solution

(1) $200 \times 750 - R \times 100 + 0.3 \times R \times 30 = 0, \ R = 1648.35\text{N}$
$Q = \mu R = 0.3 \times 1648.35 = 494.51\text{N}$

(2) $T = Q\dfrac{D}{2} = W\dfrac{d}{2}, \ 494.51 \times \dfrac{400}{2} = W \times \dfrac{100}{2}, \ W = 1978.04\text{N}$

04 750rpm, 5kW를 전달하는 홈각 40°의 홈붙이 마찰차가 있다. 원동차의 직경 250mm, 종동차의 직경 500mm일 때 다음을 구하라. (단, 허용선압력 f = 30N/mm이고 마찰계수는 0.15이다.) [5점]

(1) 홈붙이 마찰차를 밀어 붙이는 힘 W[N]

(2) 홈의 수 Z? (단, 홈의 깊이 $h = 0.28\sqrt{\mu' W}$ 이다.)

Solution

(1) $\mu' = \dfrac{\mu}{\sin\alpha + \mu\cos\alpha} = \dfrac{0.15}{\sin 20 + 0.15 \times \cos 20} = 0.31$

$H_{kw} = \mu' WV = \dfrac{0.31 \times W \times \pi \times 250 \times 750}{60 \times 1000} = 5 \times 10^3$, $W = 1642.89\text{N}$

(2) $h = 0.28\sqrt{\mu' W} = 0.28 \times \sqrt{0.31 \times 1642.89} = 6.32\text{mm}$

$Q = \dfrac{W}{\sin\alpha + \mu\cos\alpha} = \dfrac{1642.89}{\sin 20 + 0.15 \times \cos 20} = 3401.61\text{N}$

$f = \dfrac{Q}{2hZ}$, $30 = \dfrac{3401.61}{2 \times 6.32 \times Z}$, $Z = 9$

05 600rpm, 30kW를 전달하는 다판 클러치가 있다. 접촉면의 수는 4개이고 내외경비가 0.6일 때 다음을 구하라. (단, 마찰계수는 0.2, 허용접촉면압력이 0.2MPa이다.) [5점]

(1) 클러치의 바깥지름 D_2[mm]

(2) 클러치의 안지름 D_1[mm]

(3) 클러치를 밀어 붙이는 추력 W[kN]

Solution

(1) $D_1 = xD_2$

$T = 974000\dfrac{H_{kw}}{N} = \mu q_m \dfrac{\pi(D_2^2 - D_1^2)}{4} Z \dfrac{D_1 + D_2}{4} = \mu q_m \dfrac{\pi(1-x^2)D_2^2}{4} Z \dfrac{(1+x)D_2}{4}$

$974000 \times 9.8 \times \dfrac{30}{600} = 0.2 \times 0.2 \times \dfrac{\pi \times (1 - 0.6^2)}{4} \times 4 \times \dfrac{(1+0.6)}{4} \times D_2^3$

$D_2 = 245.72\text{mm}$

(2) $D_1 = 0.6 \times 245.72 = 147.43\text{mm}$

(3) $T = 974000\dfrac{H_{kw}}{N} = \mu W \dfrac{D_1 + D_2}{4}$

$974000 \times 9.8 \times \dfrac{30}{600} = 0.2 \times W \times \dfrac{147.43 + 245.72}{4}$, $W = 24.28\text{kN}$

06 14.7kW, 300rpm을 전달하는 전동축이 있다. 묻힘키의 폭 b = 6mm, 높이 h = 7mm이고 허용전단응력은 80MPa, 허용압축응력은 100MPa이다. 키홈이 없을 때 축의 지름은 30mm, 키홈 붙이 축과 키홈이 없는 축의 탄성한도에 있어서 비틀림강도의 비 $\beta = 1 + 0.2\dfrac{b}{d_0} + 1.1\dfrac{t}{d_0}$ 이고 키홈을 고려한 축지름 $d = \beta d_0$ 이다.

다음을 구하라. (단, 묻힘 깊이는 t = 3.5mm이다.) [5점]

(1) 묻힘키의 길이 ℓ[mm]

(2) 묻힘 깊이를 고려한 축의 비틀림전단응력 τ[MPa]

Solution

(1) $d = \beta d_0 = \left(1 + 0.2 \times \dfrac{6}{30} + 1.1 \times \dfrac{3.5}{30}\right) \times 30 = 35.05 \text{mm}$

$\tau_k = \dfrac{2T}{bld}$, $80 = \dfrac{2 \times 974000 \times 9.8 \times 14.7}{6 \times l \times 35.05 \times 300}$, $l = 55.6 \text{mm}$

$\sigma_c = \dfrac{4T}{hld}$, $100 = \dfrac{4 \times 974000 \times 9.8 \times 14.7}{7 \times l \times 35.05 \times 300}$, $l = 76.25 \text{mm}$

큰 값 선택, 키의 길이는 76.25mm

(2) $\tau = \dfrac{T}{Z_p} = \dfrac{974000 \times 9.8 \times 14.7 \times 16}{\pi \times 35.05^3 \times 300} = 55.32 \text{MPa}$

07 두께 10mm의 판을 지름 20mm의 리벳으로 1줄 겹치기 이음을 했을 때, 다음을 구하라. (단, 판의 허용인장응력 49MPa, 리벳의 허용전단응력 39.2MPa이다.) [4점]

(1) 피치 p[mm]

(2) 리벳 이음의 효율 η[%]

Solution

(1) $p = d + \dfrac{\pi d^2 \tau_r}{4t\sigma_t} = 20 + \dfrac{\pi \times 20^2 \times 39.2}{4 \times 10 \times 49} = 45.13 \text{mm}$

(2) $\eta_p = 1 - \dfrac{d}{p} = \left(1 - \dfrac{20}{45.13}\right) \times 100 = 55.68\%$

$\eta_r = \dfrac{\pi d^2 \tau_r}{4\sigma_t pt} = \dfrac{\pi \times 20^2 \times 39.2}{4 \times 49 \times 45.13 \times 10} \times 100 = 55.70\%$

∴ $\eta = 55.68\%$

08 치직각 모듈 4.0, 피니언 잇수 45, 기어의 잇수 75, 공구압력각 20°, 치폭 36mm, 비틀림각 25°, 회전수 300rpm인 헬리컬 기어로 20kW의 동력을 전달하고자 한다. 다음을 구하라. (단, 하중계수는 1.18이고 피니언과 기어는 주동축과 종동축의 중앙에 위치한다.) [5점]

(1) 피니언의 최대굽힘응력 σ_b[MPa] (단, 상당수정치형계수 $Y_e = \pi y_e = 0.414$이다.)

(2) 상당비틀림 모멘트를 고려하여 종동축의 크기를 결정하라. (단, 종동축의 길이는 1000mm이고 허용전단응력은 50MPa, 굽힘 모멘트의 동적효과계수 1.7이고 비틀림 모멘트의 동적효과계수 1.3이다.)

Solution

(1) $D = \dfrac{m_n Z}{\cos\beta} = \dfrac{4.0 \times 45}{\cos 25°} = 198.61 \text{mm}$

$V = \dfrac{\pi D N}{60 \times 1000} = \dfrac{\pi \times 198.61 \times 300}{60 \times 1000} = 3.12 \text{m/sec}$

$H_{kw} = FV, \quad F = \dfrac{20 \times 1000}{3.12} = 6410.26 \text{N}$

$F = f_w f_v \sigma_b b m_n Y_e$

$6410.26 = 1.18 \times \dfrac{3.05}{3.05 + 3.12} \times \sigma_b \times 36 \times 4.0 \times 0.414, \quad \sigma_b = 184.34 \text{MPa}$

(2) $i = \dfrac{N_2}{N_1} = \dfrac{Z_1}{Z_2}, \quad N_2 = \dfrac{300 \times 45}{75} = 180 \text{rpm}$

$T = 974 \dfrac{H_{kw}}{N_2} = 974 \times \dfrac{20}{180} \times 9.8 = 1060.58 \text{J}$

치면의 수직력 $F_n = \dfrac{F}{\cos\alpha \cos\beta} = \dfrac{6410.26}{\cos 20° \times \cos 25°} = 7526.86 \text{N}$

축의 수직력 $F_v = F_n \sin\alpha = 7526.86 \times \sin 20° = 2574.34 \text{N}$

$M = \dfrac{\sqrt{F^2 + F_v^2}\, L}{4} = \dfrac{\sqrt{6410.26^2 + 2574.34^2} \times 1000 \times 10^{-3}}{4} = 1726.97 \text{J}$

$T_e = \sqrt{(K_m M)^2 + (K_t T)^2} = \sqrt{(1.7 \times 1726.97)^2 + (1.3 \times 1060.58)^2} = 3243.48 \text{J}$

$\tau_a = \dfrac{T_e}{Z_p} = \dfrac{16 T_e}{\pi d^3}, \quad 50 = \dfrac{16 \times 3243.48 \times 10^3}{\pi \times d^3}, \quad d = 69.13 \text{mm}$

---

09 3.2mm의 피아노 선재로 코일 스프링을 만들 압축 하중 392N을 가했을 때 다음을 구하라. (단, 스프링상수는 24.5N/mm, 원통코일의 평균지름은 18mm, 전단탄성계수는 $82.32 \times 10^3 \text{N/mm}^2$이다.) [4점]

(1) 스프링의 변형량 δ[mm]

(2) 유효권수 n (정수로 결정하라.)

Solution

(1) $\delta = \dfrac{P}{k} = \dfrac{392}{24.5} = 16 \text{mm}$

(2) $\delta = \dfrac{64 n P R^3}{G d^4}, \quad 16 = \dfrac{64 \times n \times 392 \times 9^3}{82.32 \times 10^3 \times 3.2^4}, \quad n = 8$

10 3.6kN의 압축 하중이 작용하는 겹판 스프링에서 스팬이 1400mm, 강판의 나비 80mm, 두께 15mm, 밴드의 폭 100mm일 때 다음을 구하라. (단, 스프링의 굽힘응력 σ_b = 93MPa, 스팬의 유효길이 $l_e = l - 0.6e$, 스프링의 종탄성계수 $E = 20.58 \times 10^4 \text{N/mm}^2$이다.) [5점]

(1) 겹판의 수 n

(2) 겹판 스프링의 수축량 δ[mm]

(3) 고유진동수 f[Hz]

◆ Solution

(1) $l_e = l - 0.6e = (1400 - 0.6 \times 100) = 1340 \text{mm}$

$\sigma_b = \dfrac{3Pl_e}{2nbh^2}$, $93 = \dfrac{3 \times 3600 \times 1340}{2 \times n \times 80 \times 15^2}$, $n = 5$

(2) $\delta = \dfrac{3Pl_e^3}{8Enbh^3} = \dfrac{3 \times 3600 \times 1340^3}{8 \times 20.58 \times 10^4 \times 5 \times 80 \times 15^3} = 11.69 \text{mm}$

(3) $f = \dfrac{\omega}{2\pi} = \dfrac{1}{2\pi}\sqrt{\dfrac{g}{\delta}} = \dfrac{1}{2\pi} \times \sqrt{\dfrac{9.8}{11.69 \times 10^{-3}}} = 4.61 \text{Hz}$

11 420rpm으로 17640N을 지지하는 엔드저널베어링이 있다. 허용베어링압력은 2MPa, 허용굽힘응력은 58.8MPa이다. 다음을 구하라. (단, 저널과 베어링 사이의 마찰계수는 0.08이다.) [5점]

(1) 베어링 저널의 길이 ℓ[mm]

(2) 베어링 저널 직경 d[mm]

(3) 저널부 마찰손실동력 H_kW[kW]

◆ Solution

(1) $d = \dfrac{W}{lp_a}$, $\sigma_b = \dfrac{32W\cdot l}{2\pi d^3} = \dfrac{16p_a^3 l^4}{\pi W^2}$

$58.8 = \dfrac{16 \times 2^3 \times l^4}{\pi \times 17640^2} = 145.57 \text{mm}$

(2) $d = \dfrac{17640}{145.57 \times 2} = 60.59 \text{mm}$

(3) $H_{kw} = \mu WV = 0..08 \times 17640 \times \dfrac{\pi \times 60.59 \times 420}{60 \times 1000} \times 10^{-3} = 1.88 \text{kW}$

2019 과년도문제(2회)

01 무단 원판 변속마찰차에서 원동차의 지름이 500mm, 1500rpm으로 회전한다. 종동차의 나비가 80mm, 지름이 530mm이고 종동차의 이동 범위 x = 40~190mm라 할 때 다음을 구하라. [4점] (단, 마찰계수 0.2, 허용접촉 선압력 19.6N/mm이다.)

(1) 최저, 최대 속도[m/sec]

(2) 최저, 최대 동력[kW]

◆ Solution

(1) $V_{\min} = \dfrac{\pi \cdot 2x_{\min} \cdot N_1}{60 \times 1000} = \dfrac{\pi \times 80 \times 1500}{60 \times 1000} = 6.28 \text{m/sec}$

$V_{\max} = \dfrac{\pi \cdot 2x_{\max} \cdot N_1}{60 \times 1000} = \dfrac{\pi \times 380 \times 1500}{60 \times 1000} = 29.85 \text{m/sec}$

(2) $H_{\min} = \mu f b V_{\min} = 0.2 \times 19.6 \times 80 \times 6.28 \times 10^{-3} = 1.97 \text{ kW}$

$H_{\max} = \mu f b V_{\max} = 0.2 \times 19.6 \times 80 \times 29.85 \times 10^{-3} = 9.36 \text{ kW}$

02 M22 볼트에 하중 10kN이 작용하면서 추가로 0~20kN의 하중이 작용하고 이다. 볼트의 강성계수(탄성률, 등가 스프링상수)가 109N/m, 체결된 부재의 강성계수가(탄성률, 등가 스프링상수) 2.5×109N/m일 때 다음을 구하라. [4점] (단, 볼트의 골지름은 18.7mm이다.)

(1) 볼트에 걸리는 최대하중 $Q_{\max}$[kN]

(2) 볼트에 최대 인장응력 $\sigma_{\max}$[MPa]

◆ Solution

(1) 최대 추가하중(Q_s)에 의해 볼트에 부가되는 하중 Q_p

$Q_p = \dfrac{k_b}{k_b + k_p} Q_s = \dfrac{10^9}{10^9 + 2.5 \times 10^9} \times 20 = 5.71 \text{kN}$

$Q_{\max} = Q_0 + Q_p = 10 + 5.71 = 15.71 \text{kN}$

(2) $\sigma_{\max} = \dfrac{4 Q_{\max}}{\pi d_1^2} = \dfrac{4 \times 15.71 \times 10^3}{\pi \times 18.7^2} = 57.2 \text{MPa}$

03 제2형식 차동식 밴드브레이크에서 조작력 F = 220N(조작력은 조작대에 위에서 아래로 가해지고 있음), 힌지지점까지 거리 L = 800mm, 왼쪽 밴드에서 힌지지점까지 a = 80mm, 오른쪽 밴드에서 힌지지점까지 b = 150mm, 드럼의 직경은 D = 400mm이다. (단, 밴드의 허용인장응력은 78.4MPa이고 마찰계수는 0.3, 밴드의 접촉각은 225°이다.) [5점]

(1) 드럼이 좌회전하고 있을 때 제동력 Q[N]

(2) 400rpm으로 회전할 때 제동동력 H[kW]

(3) 밴드의 두께 2mm, 폭 8mm일 때 작용하는 인장응력 σ_t[MPa]를 구하고 안전성 여부를 판단하라.

Solution

(1) $FL - T_t b + T_s a = 0$, $e^{\mu\theta} = e^{(0.3 \times 225 \times \pi/180)} = 3.25$

$FL - Q\dfrac{(be^{\mu\theta} - a)}{(e^{\mu\theta} - 1)} = 0$, $220 \times 800 - Q \times \dfrac{(150 \times 3.25 - 80)}{(3.25 - 1)} = 0$, $Q = 971.78$N

(2) $H = Q \times \dfrac{\pi D N}{60 \times 1000} = 971.78 \times 10^{-3} \times \dfrac{\pi \times 400 \times 400}{60 \times 1000} = 8.14$kW

(3) $T_t = Q\dfrac{e^{\mu\theta}}{(e^{\mu\theta} - 1)} = 971.78 \times \dfrac{3.25}{2.25} = 1403.68$N

$\sigma_t = \dfrac{T_t}{bt} = \dfrac{1403.68}{2 \times 8} = 87.7$MPa, 허용인장응력 78.4MPa보다 크므로 불안전함.

04 접촉면의 안지름 285mm, 바깥지름 315mm, 접촉면의 폭 75mm, 원추면의 경사각이 11°인 원추클러치가 200rpm으로 회전할 때 다음을 구하라. (단, 마찰계수는 0.2, 접촉면압력이 0.294MPa이다.) [4점]

(1) 전달토크 T[J]

(2) 전달동력 H[kW]

Solution

(1) $D = \dfrac{D_1 + D_2}{2} = \dfrac{285 + 315}{2} = 300$mm

$T = \mu q_m \pi D b \dfrac{D}{2} = 0.2 \times 0.294 \times \pi \times 300 \times 75 \times \dfrac{300}{2} \times 10^{-3} = 623.45$J

(2) $T = 974 \times \dfrac{H}{N} = 974 \times \dfrac{H}{200} \times 9.8 = 623.45$, $H = 13.06$kW

05 그림과 같은 아이볼트에 F_1 = 6kN, F_2 = 8kN, F_3 = 15kN이 작용할 때 다음을 구하라. [4점]

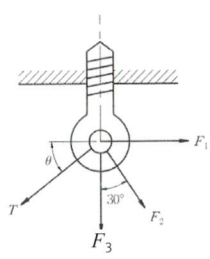

(1) θ = 38.9°일 때 T [kN]

(2) 호칭지름 10cm, 피치 3cm, 골지름 8cm일 때 최대인장응력은 몇 [MPa]인가?

Solution

(1) $\Sigma F_x = F_1 + F_2 \sin 30° - T \cos 38.9° = 0$
   $6 + 4 = T \cos 38.9°$, $T = 12.85$ kN

(2) $\Sigma F_y = F = F_3 + T \sin 38.9° + F_2 \cos 30° = 15 + 12.85 \times \sin 38.9° + 8 \times \cos 30° = 30.0$ kN

$\sigma_{\max} = \dfrac{4F}{\pi d_1^2} = \dfrac{4 \times 30.0 \times 10^3}{\pi \times 80^2} = 5.97$ MPa

---

06 18kW의 동력을 550rpm으로 전달하는 축에 묻힘키를 사용하고자 한다. 축 지름은 60mm, 묻힘 키의 $b \times h$는 18mm×11mm, 키의 허용압축응력은 45MPa, 허용전단응력은 20MPa, 키 홈의 깊이는 키 높이 $\dfrac{1}{2}$일 때 다음을 구하라. [4점]

(1) 축의 전달토크 T [N·m]

(2) 안전한 키의 최소길이 ℓ [mm]

Solution

(1) $T = 974 \dfrac{H_{kW}}{N} = 974 \times \dfrac{18}{550} \times 9.8 = 312.39 Nm$ Nm

(2) $\tau_k = \dfrac{2T}{bld}$, $20 = \dfrac{2 \times 312.39 \times 10^3}{18 \times l \times 60}$, $l = 28.93$ mm

$\sigma_c = \dfrac{4T}{hld}$, $45 = \dfrac{4 \times 312.39 \times 10^3}{11 \times l \times 60}$, $l = 42.07$ mm

허용전단응력과 허용압축응력으로 구한 키의 길이 중 큰 값 선택, $l = 42.07$ mm

07 7.5kW, 1500rpm의 4사이클 단기통 디젤기관에서 각속도 변동률이 $\frac{1}{100}$이고 에너지변동계수는 1.3, 플라이 휠의 내외경비는 0.6, 비중량은 76.832kN/m³, 휠의 폭이 50mm일 때 다음을 구하라. [4점]

(1) 질량관성모멘트 J [kg$_m$·m²]

(2) 플라이 휠의 바깥지름 D_2 [mm]

◎ Solution

(1) $E = 4\pi T = 4 \times \pi \times 974 \times \dfrac{7.5}{1500} \times 9.8 = 599.74 \text{N} \cdot \text{m}$

$\Delta E = qE = \delta \omega^2 J$

$1.3 \times 599.74 = \dfrac{1}{100} \times \left(\dfrac{2 \times \pi \times 1500}{60}\right)^2 \times J$, $J = 3.16 \text{kg}_m \cdot \text{m}^2$

(2) $J = \dfrac{\pi \gamma t R_2^4}{2g}(1 - x^4)$

$3.16 = \dfrac{\pi \times 76.832 \times 10^3 \times 0.05 \times R_2^4}{2 \times 9.8} \times (1 - 0.6^4)$, $R_2 = 0.27710 \text{m} = 277.10 \text{mm}$

$D_2 = 554.20 \text{mm}$

08 그림과 같은 구동모터가 500rpm으로 회전하고 있다. I축과 II축은 평벨트로 전동되며 풀리의 직경 $D_1 = D_2 = 300$mm, 축간거리 $C = 400$mm, 긴장측 장력 $T_t = 750$N, 이완측 장력 $T_s = 375$N이다. II축에서 III축으로는 스퍼기어로 동력을 전달하여 기계장치를 구동한다. 다음을 구하라. [6점] (단, II축의 허용굽힘응력은 50MPa이고 III축의 허용전단응력은 40MPa, 피니언과 기어의 잇수는 24, 36이며 모듈은 4, 압력각은 20°이다.)

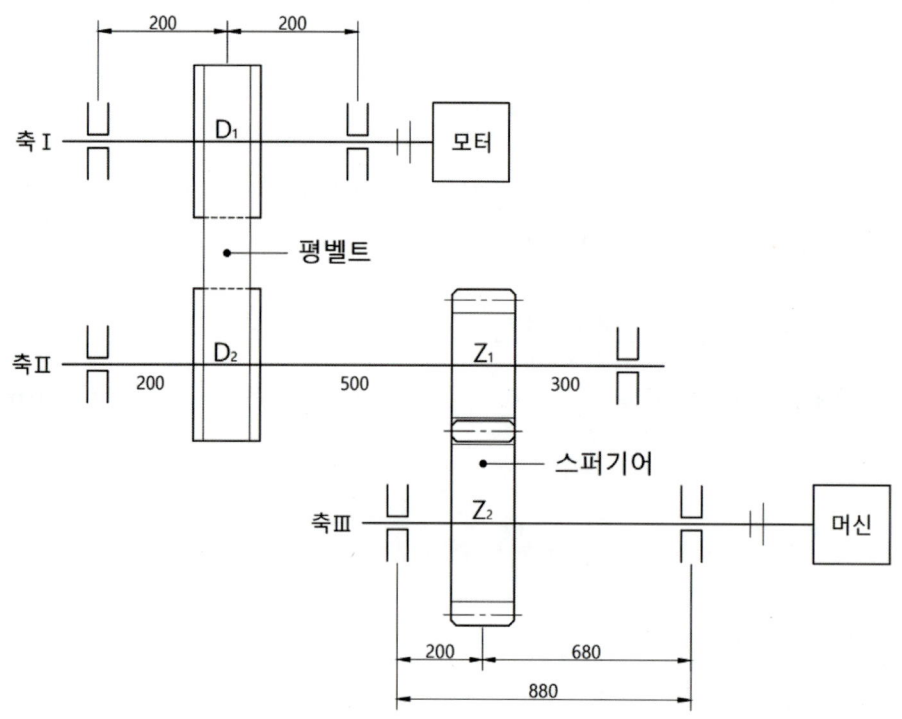

(1) Ⅱ축의 지름을 최대주응력설을 적용시켜 [mm]로 구하라.

(2) Ⅲ축의 비틀림 모멘트 T [J]와 굽힘 모멘트 M [J]을 구하라.

(3) Ⅲ축의 지름을 최대전단응력설을 적용시켜 [mm]로 구하라.

◆ Solution

(1) $H_{kW} = (T_t - T_s)\dfrac{\pi D_1 N_1}{60 \times 1000} = (750 - 375) \times \dfrac{\pi \times 300 \times 500}{60 \times 1000} \times 10^{-3} = 2.95\text{kW}$

$T_{\text{Ⅱ}} = 974\dfrac{H_{kW}}{N_{\text{Ⅱ}}} = 974 \times \dfrac{2.95}{500} \times 9.8 = 56.32\text{J}$

Ⅱ축 풀리에 걸리는 하중(W)과 피니언에 작용하는 하중(Fn)을 구하여 최대굽힘모멘트를 구하여
상당굽힘모멘트를 계산

$W = T_t + T_s = 750 + 375 = 1125N$

$H_{kW} = F \times V = F \times \dfrac{\pi m Z_1 N_{\text{Ⅱ}}}{60 \times 1000}$, $F = \dfrac{2.95 \times 10^3 \times 60 \times 1000}{\pi \times 4 \times 24 \times 500} = 1173.77\text{N}$

$F_n = \dfrac{F}{\cos\alpha} = \dfrac{1173.77}{\cos 20°} = 1249.1\text{N}$

$M_{\text{Ⅱ}} = \dfrac{1125 \times 200 + 1249.1 \times 700}{1000} \times 0.3 = 329.81\text{J}$

$M_e = \dfrac{1}{2}(M_{\text{Ⅱ}} + \sqrt{M_{\text{Ⅱ}}^2 + T_{\text{Ⅱ}}^2}) = \dfrac{1}{2}(329.81 + \sqrt{329.81^2 + 56.32^2}) = 332.2\text{J}$

$\sigma_a = \dfrac{32M_e}{\pi d^3}$, $50 = \dfrac{32 \times 332.2 \times 1000}{\pi \times d^3}$, $d = 40.75\text{mm}$

(2) $i = \dfrac{N_{\text{Ⅲ}}}{N_{\text{Ⅱ}}} = \dfrac{Z_1}{Z_2}$, $N_{\text{Ⅲ}} = 500 \times \dfrac{24}{36} = 333.33\text{rpm}$

$T_{\text{Ⅲ}} = 974\dfrac{H_{kW}}{N_{\text{Ⅲ}}} = 974 \times \dfrac{2.95}{333.33} \times 9.8 = 84.48\text{J}$

$M_{\text{Ⅲ}} = \dfrac{1249.1 \times 680}{880} \times 0.2 = 193.04\text{J}$

(3) $T_e = \sqrt{M_{\text{Ⅲ}}^2 + T_{\text{Ⅲ}}^2} = \sqrt{193.04^2 + 84.48^2} = 210.72J$

$\tau_a = \dfrac{16T_e}{\pi d^3}$, $40 = \dfrac{16 \times 210.72 \times 1000}{\pi \times d^3}$, $d = 29.94\text{mm}$

09 직경 60mm, 길이 1m의 축에 600N의 회전체가 0.3m와 0.7m 사이에 매달려 있다. 축의 자중을 무시할 때 다음을 구하라. [4점] (단, 축의 종탄성계수 E = 210GPa이다.)

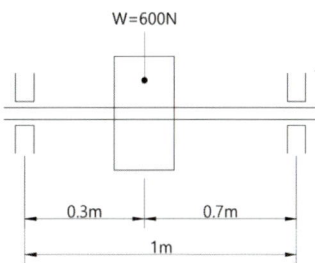

(1) 축의 처짐 δ[μm]

(2) 축의 위험속도 N_{cr}[rpm]

◈ Solution

(1) $\delta = \dfrac{W\, l_1^2 l_2^2}{3EI\, l} = \dfrac{600 \times 0.3^2 \times 0.7^2 \times 64}{3 \times 210 \times 10^9 \times \pi \times 0.06^4 \times 1} = 0.00006602\,\text{m} = 66.02\,\mu\text{m}$

(2) $N_{cr} = 300\sqrt{\dfrac{1}{\delta}} = 300\sqrt{\dfrac{1}{0.006602}} = 3692.19\,\text{rpm}$

10 15kW의 동력을 전달하는 스퍼기어의 축간거리가 250mm, 구동축 회전수 1500rpm이고 종동축 회전수는 500rpm이다. 다음을 구하라. [6점] (단, 압력각은 20°이다.)

(1) 피니언과 기어의 피치원지름 D_1 [mm], D_2 [mm]
(2) 기어의 접선 방향으로 작용하는 힘 F [N]
(3) 기어의 반지름 방향으로 작용하는 힘 F_n [N]

◈ Solution

(1) $i = \dfrac{N_2}{N_1} = \dfrac{D_1}{D_2}$, $D_2 = \dfrac{D_1 N_1}{N_2} = \dfrac{1500}{500}D_1 = 3D_1$

$C = \dfrac{D_1 + D_2}{2} = \dfrac{4D_1}{2} = 2D_1$, $D_1 = \dfrac{250}{2} = 125\,\text{mm}$, $D_2 = 375\,\text{mm}$

(2) $H_{kW} = FV = F \times \dfrac{\pi D_1 N_1}{60 \times 1000}$, $15 = F \times \dfrac{\pi \times 125 \times 1500}{60 \times 1000} \times 10^{-3}$, $F = 1527.89\,\text{N}$

(3) $F_n = \dfrac{F}{\cos\alpha} = \dfrac{1527.89}{\cos 20°} = 1625.95\,\text{N}$

11 강판의 두께 14mm, 리벳의 지름 22mm, 피치 54mm인 1줄 겹치기 리벳 이음이 있다. 다음을 구하라. [5점] (단, 1피치당 13,500N의 하중이 작용하는 것으로 한다.)

(1) 강판의 인장응력 σ_t [MPa]
(2) 리벳의 전단응력 τ_r [MPa]
(3) 강판의 효율 η

◈ Solution

(1) $\sigma_t = \dfrac{W}{(p-d)t} = \dfrac{13500}{(54-22) \times 14} = 30.13\,\text{MPa}$

(2) $\tau_r = \dfrac{W}{\dfrac{\pi d^2}{4}} = \dfrac{4 \times 13500}{\pi \times 22^2} = 35.51\,\text{MPa}$

(3) $\eta_p = 1 - \dfrac{d}{p} = \left(1 - \dfrac{22}{54}\right) \times 100 = 59.26\%$

2019 과년도문제(4회)

01 M14(볼트최소 단면적 115mm², 볼트 허용응력 585MPa) 볼트로 체결된 압력실린더에 부재를 분리하려는 180kN의 인장력이 추가작용한다. 볼트 강성 1×10⁹N/m, 결합부위 강성 1.3×10⁹N/m 일 때 허용응력을 만족하는 조건하에서 필요한 볼트의 최소수[개]를 구하라.(단, 볼트의 초기 체결력 $F_i = 0.75 A_t \cdot S_p$이다. A_t는 볼트의 최소단면적이고 S_p는 볼트의 허용응력이다.) [4점]

▶ Solution

① 볼트의 인장력 $Q_b = F_i + F_b \cdot \dfrac{1}{Z}$

② $F_i = 0.75 A_t \cdot S_p = 0.75 \times 115 \times 585 \times 10^{-3} = 50.46 \text{kN}$

③ 볼트들에 부가된 힘 $F_b = \dfrac{K_b}{K_b + K_p} \cdot P = \dfrac{1 \times 10^9}{(1+1.3) \times 10^9} \times 180 = 78.26 \text{kN}$

④ 허용응력 $\sigma_a = \dfrac{Q_b}{A}$

$$585 = \dfrac{50.46 + (\dfrac{78.26}{Z}) \times 10^3}{115}, \quad Z = 4.65 \fallingdotseq 5 \text{개}$$

02 400rpm으로 37kW를 전달하는 중공축의 바깥지름이 50mm일 때 축재료의 허용전단응력을 고려하여 적용가능한 최대 안지름은 몇 mm인가? (단, 허용전단응력은 39.2MPa이다.) [3점]

▶ Solution

$$T = 974000 \times 9.8 \times \dfrac{H_{kW}}{N} = \tau_a \cdot \dfrac{\pi d_2^3}{16}(1-x^4)$$

$$974000 \times 9.8 \times \dfrac{37}{400} = 39.2 \cdot \dfrac{\pi \times 50^3}{16}(1-x^4)$$

$x = 0.53$

$d_1 = x \cdot d_2 = 0.53 \times 50 = 26.5 \text{mm}$

03 250rpm으로 6.8kW를 전달하는 축과 보스가 키로 조합되어 있다. 축지름 50mm, 조립부 보스길이 40mm이고 귀재료의 허용전단응력은 19.62MPa, 키의 길이는 조립부의 길이와 같고 축 홈의 깊이는 키높이의 $\dfrac{1}{2}$이다. 다음을 결정하라. [4점]

(1) 축의 회전토크 T[N·m]

(2) 허용전단응력을 고려한 키의 최소폭 b[mm]

Solution

(1) $T = 974000 \times 9.8 \dfrac{H_{kW}}{N}$

$= 974000 \times 9.8 \times \dfrac{6.8}{250} = 259.63 \times 10^3 \text{N} \cdot \text{mm} = 259.63 \text{N} \cdot \text{m}$

(2) $\tau = \dfrac{2T}{b\ell d}$, $19.62 = \dfrac{2 \times 259.63 \times 10^3}{6 \times 40 \times 50}$, b = 13.23mm

04 원동차의 지름이 300mm, 종동차의 지름은 450mm, 접촉부 너비는 75mm, 원동차 회전수 300rpm인 외접원통마찰차의 최대전달동력은 몇 kW인가? (단, 허용접촉선압 19.6N/mm 마찰계수는 0.1이다.) [3점]

Solution

$H_{kW} = \dfrac{\mu \cdot f \cdot b \cdot \pi D_1 \cdot N_1}{102 \times 60 \times 1000} = \dfrac{0.1 \times 19.6 \times 75 \times \pi \times 300 \times 300}{102 \times 60 \times 1000 \times 9.8} = 0.69 \text{kW}$

05 치직각모듈 4, 잇수가 25인 주동축 헬리컬기어에서 500rpm, 8kW의 동력을 전달한다. 이 헬리컬기어장치는 $\dfrac{1}{3}$로 감속하여 종동축에 동력을 전달하며 헬리컬 기어의 비틀림각은 30°이다. 다음을 구하라. [6점]

(1) 피치원주속도 V[m/sec]

(2) 축 방향으로 작용하는 추력 P_t[kN]

(3) 축간거리 C[mm]

(4) 큰 기어(종동축기어)의 상당평기어 잇수 Z_{e2}[정수]

Solution

(1) $V = \dfrac{\pi \cdot D_1 \cdot N_1}{60 \times 1000} = \dfrac{\pi \cdot m_n \cdot Z_1 \cdot N_1}{60 \times 1000 \times \cos\beta}$

$= \dfrac{\pi \times 4 \times 25 \times 500}{60 \times 1000 \times \cos 30°} = 3.02 \text{m/sec}$

(2) $H_{kW} = \dfrac{F \times V}{102}$, $8 = \dfrac{F \times 3.02}{102}$, $F = 270.2 \text{kg} = 2674.95 \text{N}$

$P_t = F \cdot \tan\beta = 2674.95 \times \tan 30° \times 10^{-3} = 1.53 \text{kN}$

(3) $i = \dfrac{Z_1}{Z_2}$, $Z_2 = \dfrac{Z_1}{i} = 25 \times 3 = 75$

$C = \dfrac{m_n(Z_1 + Z_2)}{2 \cdot \cos\beta} = \dfrac{4 \times (25+75)}{2 \times \cos 30°} = 230.94 \text{mm}$

(4) $Z_{e2} = \dfrac{Z_2}{\cos^3\beta} = \dfrac{75}{(\cos 30°)^3} = 115.47 \doteqdot 116$

06 체인전동장치에서 작용한 1열 롤러체인(No.6 피치 19.05mm) 파단하중 7.85kN이고 약간의 충격이 있음에 따라 부하보정계수를 1.3으로 적용한다. 이 체인전동장치의 구동 스프라켓(잇수 35) 휠의 회전수가 400rpm, 안전율 4로 구동할 때 다음을 구하라. [4점]

(1) 부하보정계수와 안전율을 고려한 체인의 허용장력 P_a[N]
(2) 체인전동장치의 최대동력 H_kW[kW]

> **Solution**

(1) $P_a = \dfrac{F}{K \cdot S} = \dfrac{7.85 \times 10^3}{1.3 \times 4} = 1509.62\text{N}$

(2) $H_{kW} = \dfrac{P_a \cdot V}{102} = \dfrac{1509.62 \times 19.05 \times 35 \times 400}{102 \times 9.8 \times 60 \times 1000} = 6.71\text{kW}$

07 내압 8MPa의 두꺼운 관의 안지름 100mm, 원통의 최소두께 t는 몇 mm인가? (단, 원주방향 허용응력 20MPa이다.) [3점]

> **Solution**

두께가 안지름의 10% 이상인 경우를 두꺼운 파이프로 취급한다.
두꺼운 파이프의 경우 원주응력을 구하는 식

$\sigma_t = \dfrac{P \cdot (D_2^2 + D_1^2)}{(D_2^2 - D_1^2)}$ (N/mm²), P : 내압(N/mm²)

$20 = \dfrac{8 \times (D_2^2 + 100^2)}{D_2^2 - 100^2}$, $D_2 = 152.75\text{mm} = D_1 + 2t$

$t = 26.375\text{mm}$

08 원추형 코일 스프링의 상단부 반지름 R_1 = 80mm, 하단부 반지름 R_2 = 135mm, 가해지는 하중 P = 95N일 때 스프링 변형량 δ는 몇 mm인가? (단, 스프링의 소선의 지름 10mm, 가로탄성계수 83GPa, 유효감김수는 6.5이다.) [4점]

◆ Solution

$$\delta = \frac{16P \cdot n}{Gd^4}(R_1^2 + R_2^2) \cdot (R_1 + R_2)$$
$$= \frac{16 \times 95 \times 6.5}{83 \times 10^3 \times 10^4} \times (80^2 + 135^2) \times (80 + 135) = 63.02\text{mm}$$

09 그림과 같은 밴드 브레이크에서 3.7kW의 동력을 100rpm의 회전수로 드럼을 제동시키고 있다. 레버에 작용하는 힘은 196N이고 밴드접촉부 마찰계수가 0.3일 때 다음을 계산하라. [4점]

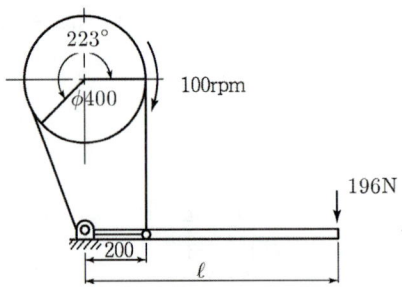

(1) 브레이크의 제동토크 T[N·m]
(2) 드럼을 정지시키기 위한 레버의 최소길이 ℓ[mm]

◆ Solution

(1) $T = 974 \times 9.8 \cdot \dfrac{H_{kW}}{N} = 974 \times 9.8 \times \dfrac{3.7}{100} = 353.17\text{N} \cdot \text{m}$

(2) $e^{\mu\theta} = e^{(0.3 \times 223 \times \frac{\pi}{180})} = 3.21$

$T = Q \cdot \dfrac{D}{2}$, $353.17 = Q \times \dfrac{0.4}{2}$, $Q = 1765.85\text{N}$

$F \cdot \ell - T_s \cdot a = 0$

$196 \times \ell - \dfrac{1765.85 \times 200}{(3.21 - 1)} = 0$, $\ell = 815.33\text{mm}$

10 폭 89mm, 두께 7mm인 가죽벨트가 18m/sec의 속도로 5kW 동력을 전달한다. 원동풀리의 지름 200mm, 축간거리 = 3×원동풀리지름으로 $\frac{1}{3}$ 감속하여 평행걸기 상태이며 벨트의 허용응력 3.0 N/mm², 벨트 재료의 밀도 1500kg/m³, 벨트의 접촉부 마찰계수는 0.28이다. 다음을 구하라. [6점]

(1) 벨트길이 L[mm]
(2) 원동측 폴리의 벨트접촉각 θ[deg]
(3) 긴장측장력 T_1[N] (벨트의 원심력 고려)
(4) 이완측장력 T_2[N]

◆ Solution

(1) $i = \dfrac{D_1}{D_2}$, $D_2 = \dfrac{D_1}{i} = 3 \times 200 = 600\text{mm}$

$$L = 2C + \frac{\pi}{2}(D_1 + D_2) + \frac{(D_2 - D_1)^2}{4C}$$

$$L = (2 \times 3 \times 200) + \frac{\pi}{2}(200 + 600) + \frac{(600-200)^2}{4 \times 3 \times 200} = 2522.67\text{mm}$$

(2) $\theta = 180° - 2 \cdot \sin^{-1}\left(\dfrac{D_2 - D_1}{2C}\right)$

$= 180° - 2 \times \sin^{-1}\left(\dfrac{600-200}{2 \times 3 \times 200}\right) = 141.06°$

(3) $e^{u\theta} = e^{(0.28 \times 141.06 \times \frac{\pi}{180})} = 1.99$

$T_g = \dfrac{wV^2}{g} = \dfrac{r \cdot A \cdot V^2}{g} = \rho \cdot A \cdot V^2 = 1500 \times (0.089 \times 0.007) \times 18^2 = 302.78\text{N}$

$H_{kW} = \dfrac{P_e \cdot V}{102}$, $5 \times \dfrac{P_e \times 18}{102 \times 9.8}$, $P_e = 277.67\text{N}$

$T_1 = P_e \cdot \dfrac{e^{u\theta}}{e^{u\theta} - 1} + T_g$

$= 277.67 \times \dfrac{1.99}{(1.99-1)} + 302.78 = 860.92\text{N}$

(4) $T_2 = T_1 - P_e = 860.92 - 277.67 = 583.25\text{N}$

11 회전수 400rpm, 400N의 반경방향 하중을 받는 지름 25mm, 길이 25mm인 엔드저널베어링이 있다. 허용발열계수가 2N/mm²·m/sec일 때 다음을 구하라. [4점]

(1) 베어링에 작용하는 평균압력 p[N/mm²]

(2) 발열계수[N/mm²·m/sec]

◆ Solution

(1) $p = \dfrac{W}{d \cdot \ell} = \dfrac{400}{25 \times 25} = 0.64 \text{N/mm}^2$

(2) $p \cdot V = p \cdot \dfrac{\pi \cdot d \cdot N}{60 \times 100} = 0.64 \times \dfrac{\pi \times 25 \times 400}{60 \times 100} = 0.33 \text{N/mm}^2 \cdot \text{m/sec}$

· 허용발열계수 2N/mm²·m/sec보다 작으므로 안전(사용가능)

12 1줄겹치기 리벳 이음의 강판 두께 8mm, 리벳지름 10mm, 강판의 허용인장응력 86.3MPa, 리벳의 허용전단응력 68.7MPa이다. 다음을 구하라. [5점]

(1) 허용전단응력을 고려하여 리벳 1개에 가할 수 있는 최대전단력 W_t[kN]

(2) 리벳 이음효율을 최대로 하는 피치 p[mm]

(3) 리벳 이음효율 η[%]

◆ Solution

(1) $W_t = \tau_r \cdot \dfrac{\pi d^2}{4} = 68.7 \times \dfrac{\pi \times 10^2}{4} = 5392.95\text{N} = 5.39\text{kN}$

(2) $W_t = \sigma_t \cdot (p-d) \cdot t$
    $5.39 \times 10^3 = 86.3 \times (p-10) \times 8$, $p = 17.81\text{mm}$

(3) $\eta_p = 1 - \dfrac{d}{p} = (1 - \dfrac{10}{17.81}) \times 100 = 43.85\%$

$\eta_r = \dfrac{\pi d^2 \cdot \tau_r}{4\sigma_t p t} = \dfrac{\pi \times 10^2 \times 68.7}{4 \times 86.3 \times 17.81 \times 8} \times 100 = 43.86\%$

∴ $\eta = 43.85\%$

2020 과년도문제(1회)

01 홈각 40°의 홈붙이 마찰차에서 원동차의 평균지름이 250mm, 회전수 750rpm, 종동차의 지름 500mm로 하여 5kW를 전달할 때 다음을 구하라. (단, 허용접촉선압력 =30N/mm, 마찰계수 =0.15이다.)

(1) 밀어 붙이는 힘 W (N)

(2) 홈의 수 Z를 구하라. (단, 홈의 깊이 $h = 0.3\sqrt{\mu' W}$ 이다.)

◆ Solution

(1) $\mu' = \dfrac{\mu}{\mu\cos\alpha + \sin\alpha} = \dfrac{0.15}{0.15 \times \cos 20 + \sin 20} = 0.31$

$V = \dfrac{\pi DN}{60 \times 1000} = \dfrac{\pi \times 250 \times 750}{60 \times 1000} = 9.82 \text{m/sec}$

$H_{kW} = \mu' WV, 5 \times 1000 = 0.31 \times W \times 9.82, W = 1642.47\text{N}$

(2) $W = Q(\sin\alpha + \mu\cos\alpha), Q = \dfrac{1642.47}{0.15 \times \cos 20 + \sin 20} = 3400.74\text{N}$

$h = 0.3\sqrt{\mu' W} = 0.3\sqrt{0.31 \times 1642.47} = 6.77\text{mm}$

$f_a = \dfrac{Q}{L} = \dfrac{Q}{2hZ}, 30 = \dfrac{3400.74}{2 \times 6.77 \times Z}, Z = 9$

02 어떤 나사잭 수나사봉의 바깥지름이 50mm, 25mm를 전진시키는데 2.5회전이 요구되며 나사부 마찰계수가 0.15, 칼라와 접촉부의 마찰계수가 0.13, 칼라부 평균지름 80mm, 수나사봉을 돌리는 레버의 길이 800mm, 레버에 가해지는 힘은 1700N일 때 다음을 구하라.

(1) 수나사의 피치 p [mm]와 유효지름 d_2 [mm]

(2) 나사잭이 들어 올릴 수 있는 축 하중 Q [kN]

(3) 나사잭의 효율 η (%)

◆ Solution

(1) $p = \dfrac{25}{2.5} = 10\text{mm}, d_2 = d - \dfrac{p}{2} = 50 - \dfrac{10}{2} = 45\text{mm}$

(2) $\tan\alpha = \dfrac{p}{\pi d_2}, \alpha = \tan^{-1}\left(\dfrac{10}{\pi \times 45}\right) = 4.05°$

$\rho = \tan^{-1}\mu = \tan^{-1}0.15 = 8.53°$

$T = T_B + T_C$

$FL = Q\left[\tan(\alpha + \rho) \times \dfrac{d_2}{2} + \mu c\dfrac{dc}{2}\right]$

$1700 \times 800 = Q\left[\tan(4.05 + 8.53) \times \dfrac{45}{2} + 0.13 \times \dfrac{80}{2}\right]$

$Q = 133.06 kN$

(3) $\eta = \dfrac{Qp}{2\pi T} = \dfrac{133.06 \times 10^3 \times 10}{2 \times \pi \times 1700 \times 800} \times 100 = 15.57\%$

03 다음 그림과 같은 59.5kN의 하중을 받는 코터이음이 있다. 다음을 구하라.
(단, d = 50mm, D = 90mm, h= 65mm, b = 15mm이다.) [4점]

(1) 로드와 코터 사이의 압축응력 σ_{c1} (MPa)

(2) 소켓의 코터 구멍부 압축응력 σ_{c2} (MPa)

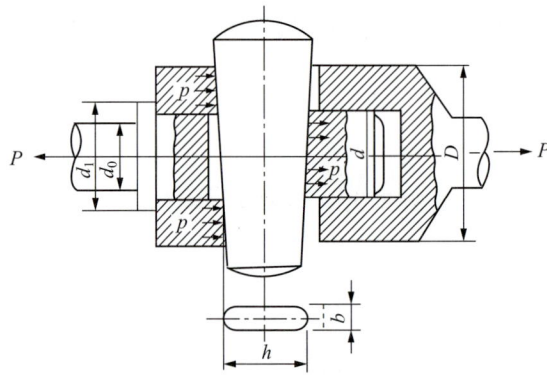

◈ Solution

(1) $\sigma_{c1} = \dfrac{P}{db} = \dfrac{59.5 \times 1000}{50 \times 15} = 79.33 \text{MPa}$

(2) $\sigma_{c2} = \dfrac{P}{(D-d)b} = \dfrac{59.5 \times 1000}{(90-50) \times 15} = 99.17 \text{MPa}$

---

04 572J, 400rpm으로 회전하는 축에 묻힘키를 사용한다. 회전축의 허용전단응력이 250MPa일 때 다음을 구하라. (단, 축과 묻힘키의 허용전단응력은 동일하고 허용압축응력은 허용전단응력의 2.5배로 묻힘깊이는 키 높이의 1/2로 한다.) [5점]

(1) 최대동력 H (kW)

(2) 축지름 d (mm)

(3) 묻힘키의 b (mm)× h (mm) (단, 묻힘키의 길이 l= 0.5d이다.)

◈ Solution

(1) $T = 974 \dfrac{H_{kW}}{N}, 572 = 974 \times 9.8 \times \dfrac{H_{kW}}{400}, H_{kw} = 23.97 \text{kW}$

(2) $T = \tau Z_p, T = \tau \dfrac{\pi d^3}{16}, 572 \times 10^3 = 250 \times \dfrac{\pi \times d^3}{16}, d = 22.67 \text{mm}$

(3) $\tau_k = \dfrac{2T}{bld}, 250 = \dfrac{2 \times 572 \times 10^3}{b \times 1.5 \times 22.67^2}, b = 5.94 \text{mm}$

$\sigma_c = \dfrac{4T}{hld}, 250 \times 2.5 = \dfrac{4 \times 572 \times 10^3}{h \times 1.5 \times 22.67^2}, h = 4.75 \text{mm}$

05 어떤 기계장치에 사용되고 있는 원통코일 스프링의 평균지름이 40mm이고 초기하중 400N이 작용하고 있다. 그 기계장치의 스프링 변위의 최대 양정이 35mm일 때 최대하중은 560N이다. 코일 스프링의 소선에 작용하는 최대 전단응력은 510MPa일 때 다음을 구하라. (단, 횡탄성계수 G = 80360MPa, 왈의 응력수정계수 K = 1.0이다.) [5점]

(1) 소선의 직경 d (mm)

(2) 유효권수 n

(3) 초기하중이 작용할 때 변형량 δ_0 = (mm)

Solution

(1) $\tau = K\dfrac{16PR}{\pi d^3}, 510 = 1.0 \times \dfrac{16 \times 560 \times 20}{\pi \times d^3}, d = 4.82\text{mm}$

(2) $\delta = \dfrac{64n(P-P_0)R^3}{Gd^4}, 35 = \dfrac{64 \times n \times (560-400) \times 20^3}{80360 \times 4.82^4}, n = 19\text{권}$

(3) $\delta_0 = \dfrac{64nP_0R^3}{Gd^4} = \dfrac{64 \times 19 \times 400 \times 20^3}{80360 \times 4.82^4} = 89.71\text{mm}$

06 200rpm으로 13kW를 전달하는 원추클러치가 있다. 접촉면의 평균지름이 300mm, 원추면의 경사각이 11°, 마찰계수 0.2, 접촉면의 허용압력 0.3MPa일 때 다음을 구하라. [4점]

(1) 접촉폭 b (mm)

(2) 추력 W (N)

Solution

(1) $T = 974000\dfrac{H_{kW}}{N} = \mu Q \dfrac{D}{2}$

$974000 \times 9.8 \times \dfrac{13}{200} = 0.2 \times Q \times \dfrac{300}{2}$

$Q = 20681.27\text{N}$

$q_a = \dfrac{Q}{\pi Db}, 0.3 = \dfrac{20681.27}{\pi \times 300 \times b}, b = 73.15\text{mm}$

(2) $W = Q(\sin\alpha + \mu\cos\alpha) = 20681.27 \times (\sin 11 + 0.2 \times \cos 11) = 8006.43\text{N}$

07 표준스퍼기어의 피니언 회전수 600rpm, 기어의 회전수 200rpm, 기어의 굽힘강도 127.4MPa, 치형계수 0.12, 중심거리 300mm, 압력각 14.5°, 전달동력 18.5kW일 때 다음을 구하라. (단, 치폭 $b=2p$로 계산하라.) [5점]

(1) 전달하중 F (N)

(2) 루이스 굽힘강도식을 이용하여 모듈(m)을 구하고 다음 표에서 선정하라.

모듈(m)	3, 3.5, 3.8, 4, 4.5, 5, 5.5, 6, 6.5

Solution

(1) $i = \dfrac{N_2}{N_1} = \dfrac{D_2}{D_1}$, $D_2 = \dfrac{600}{200}D_1 = 3D_1$

$C = \dfrac{D_1 + D_2}{2} = \dfrac{4D_1}{2}$, $D_1 = \dfrac{300}{2} = 150\text{mm}$

$H_{kW} = FV = F\dfrac{\pi DN}{60 \times 1000}$, $18.5 \times 1000 = F \times \dfrac{\pi \times 150 \times 600}{60 \times 1000}$, $F = 3925.82\text{N}$

(2) $V = \dfrac{\pi DN}{60 \times 1000} = \dfrac{\pi \times 150 \times 600}{60 \times 1000} = 4.71\text{m/sec}$

$F = f_v \sigma_b b p y = f_v \sigma_b (2\pi^2 m^2) y$

$3925.82 = \left(\dfrac{3.05}{3.05 + 4.71}\right) \times 127.4 \times 2 \times \pi^2 \times m^2 \times 0.12$, $m = 5.75$

표로부터 $m = 6.0$으

08 6kW의 동력을 9.5m/sec의 속도로 전달하는 가죽벨트를 사용하는 평벨트 전동장치가 있다. 이 벨트의 허용인장응력은 2.5N/mm²이고 이음효율이 80%일 때 다음을 구하라. (단, 벨트의 두께는 5mm, 장력비 $e\mu^\theta = 2.0$이다.) [4점]

(1) 긴장측 장력 T_t(N)

(2) 벨트의 폭 b (mm)

Solution

(1) $H_{kW} = \dfrac{T_t(e^{\mu\theta} - 1) \cdot V}{e^{\mu\theta}}$, $6 \times 1000 = \dfrac{T_t \times (2.0 - 1) \times 9.5}{2.0}$, $T_t = 1263.16\text{N}$

(2) $\sigma_a = \dfrac{T_t}{bt\eta}$, $b = \dfrac{1263.16}{2.5 \times 5 \times 0.8} = 126.32\text{mm}$

09 No.6210 단열깊은홈베어링에 레이디얼 하중 2940N, 스러스트 하중 980N이 작용하고 150rpm으로 회전한다. 다음을 구하라.[5점] (단, 내륜회전 베어링이고 베어링 하중계수 1.0, 기본정정격 하중 C_0=20678N일 때 베어링수명시간 L_h=55000h이다.)

(1) 등가 레이디얼 하중 P_r (N)

(2) 기본동정격 하중 C (N)

베어링의 계수 V, X 및 Y값

베어링 형식		내륜회전하중	외륜회전하중	단열			복열			e
				$F_a/VF_r > e$	$F_a/VF_r \leq e$		$F_r/VF_r > e$			
		V		X	Y	X	Y	X	Y	
깊은 홈 볼 베어링	F_a/C_0 =0.014 =0.028 =0.056 =0.084 =0.11 =0.17 =0.28 =0.42 =0.56	1	1.2	0.56	2.30 1.99 1.71 1.55 1.45 1.31 1.15 1.04 1.00	1	0	0.56	2.30 1.99 1.71 1.55 1.45 1.31 1.15 1.04 1.00	0.19 0.22 0.26 0.28 0.30 0.34 0.38 0.42 0.44

Solution

(1) $V = 1.0$, $\dfrac{F_a}{C_0} = \dfrac{980}{20678} = 0.047$, $X = 0.56$

$\dfrac{1.71 - 1.99}{0.056 - 0.028} = \dfrac{1.71 - Y}{0.056 - 0.047}$, $Y = 1.8$

$P_r = XVF_r + YF_a = 0.56 \times 1.0 \times 2940 + 1.8 \times 980 = 3410.4 \text{N}$

(2) $L_h = 500\left(\dfrac{C}{f_w P_r}\right)^r \dfrac{33.3}{N}$, $55000 = 500 \times \left(\dfrac{C}{1.0 \times 3410.4}\right)^3 \times \dfrac{33.3}{150}$,

$C = 26,986.83 \text{N}$

10 다음의 설명이 의미하는 것을 적어라. [3점]

(1) 랙 공구나 호브로 기어를 창성할 때 이의 간섭이 일어나도록 두면 기어의 이뿌리를 깎아내어 이가 꺾이는 현상

(2) 한 쌍의 기어가 물고 돌아갈 때 윤활유의 유막두께, 기어의 치수오차, 중심거리의 변동, 열팽창, 부하에 의한 이의 변형 등에 의해 물림상태에서 이의 뒷면에 발생하는 틈새

(3) 이의 간섭을 피하기 위해 공구랙의 기준피치선을 기어의 피치원으로부터 어느 거리만큼 이동시켜 절삭한 기어

> Solution

(1) 언더컷
(2) 백래시
(3) 전위기어

11 다음 그림과 같은 7.5kN의 편심하중을 받는 리벳 이음이 있다. 그림에서 p = 55mm, e = 300mm, 리벳의 허용전단응력은 54.8MPa일 때 리벳의 최소지름 d(mm)를 구하라. [5점]

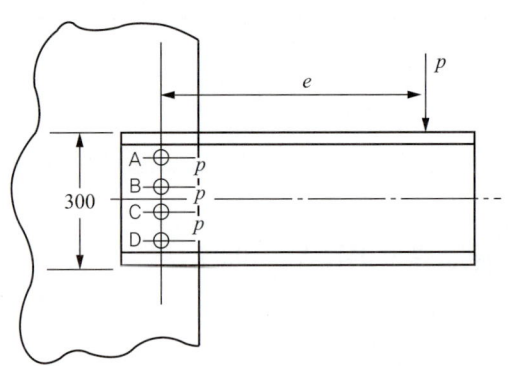

> Solution

(1) 직접 전단하중
$$F_1 = \frac{P}{Z} = \frac{7.5}{4} = 1.88\text{kN}$$

(2) 비틀림 최대 전단력
$$Pe = K(N_1 r_1^2 + N_2 r_2^2),\ 7.5 \times 1000 \times 300 = K(2 \times 27.5^2 + 2 \times 82.5^2),$$
$$K = 148.76\text{N/mm}$$
$$F_2 = K r_2 = 148.76 \times 82.5 = 12272.7N = 12.27\text{kN}$$

(3) 리벳의 지름
$$F = \sqrt{F_1^2 + F_2^2} = \sqrt{1.88^2 + 12.27^2} = 12.41\text{kN}$$
$$\tau_a = \frac{4F}{\pi d^2},\ 54.8 = \frac{4 \times 12.41 \times 1000}{\pi \times d^2},\ d = 16.98\text{mm}$$

2020 과년도문제(2회)

01 지름이 40mm인 축의 회전수 900rpm, 동력 30kW를 전달시키고자 할 때, 다음을 구하여라. (단, 키의 호칭치수는 $b \times h$ = 12×8이고 키의 허용전단응력 τ_a = 30MPa, 키의 허용압축응력 σ_{ca} = 80MPa이다.) [4점]

(1) 축 토크 T (kJ)

(2) 키의 길이 l (mm)

Solution

(1) $T = 974 \dfrac{H_{kW}}{N} = 974 \times \dfrac{30}{900} \times 9.8 = 318.17 \text{kJ}$

(2) $\tau_a = \dfrac{2T}{bld}, \ 30 = \dfrac{2 \times 318.17 \times 10^3}{12 \times l \times 40}, \ l = 44.19 \text{mm}$

$\sigma_{ca} = \dfrac{4T}{bld}, \ 80 = \dfrac{4 \times 318.17 \times 10^3}{8 \times l \times 40}, \ l = 49.71 \text{mm}$

큰 값 선택 $l = 49.71 \text{mm}$

---

02 기어에서 언더컷이 일어나지 않기 위한 방법 3가지를 적어라. [3점]

Solution

(1) 압력각을 20° 이상으로 증가시킨다.
(2) 피니언의 잇수를 최소 잇수로 한다.
(3) 이 높이를 줄여서 낮은이로 제작한다.

---

03 축간거리 20m의 로프 풀리에서 로프가 0.5m 처졌다. 다음을 구하라. (단, 로프 단위 길이에 대한 무게 ω = 4.9N/m`이다.) [4점]

(1) 로프에 생기는 인장력 T (N)

(2) 접촉점에서 접촉점까지의 로프 길이 L (m)

Solution

(1) $T = \dfrac{\omega l^2}{8h} + \omega h = \dfrac{4.9 \times 20^2}{8 \times 0.5} + 4.9 \times 0.5 = 492.45 \text{N}$

(2) $L = l\left(1 + \dfrac{8}{3}\dfrac{h^2}{l^2}\right) = 20 \times \left(1 + \dfrac{8}{3} \times \dfrac{0.5^2}{20^2}\right) = 20.03 \text{m}$

04 2kW, 1750rpm의 동력을 웜기어 장치로 $\dfrac{1}{12.25}$ 로 감속시키려 한다. 웜은 4줄나사로 축방향 방식으로 압력각 20°, 모듈 3.5, 중심거리 110mm로 할 때 다음을 구하라. (단, 잇면의 마찰계수는 0.1이다.) [6점]

(1) 웜휠의 전달효율 η (%)

(2) 웜휠의 피치원상의 전달력 F (N)

◆ Solution

(1) $Z_g = \dfrac{Z_\omega}{i} = 4 \times 12.25 = 49$

$D_g = m_s Z_g = 3.5 \times 49 = 171.5\text{mm}$

$C = \dfrac{D_w + D_g}{2}, D_\omega = 2 \times 110 - 171.5 = 48.5\text{mm}$

$l = Z_\omega \cdot p_s = Z_\omega \pi m_s = 4 \times \pi \times 3.5 = 43.98\text{mm}$

$\tan\beta = \dfrac{l}{\pi D_\omega}, \beta = \tan^{-1}\left(\dfrac{43.98}{\pi \times 48.5}\right) = 16.1°$

$\tan\rho = \dfrac{\mu}{\cos\alpha}, \rho = \tan^{-1}\left(\dfrac{0.1}{\cos 20°}\right) = 6.07°$

$\eta = \dfrac{\tan\beta}{\tan(\beta+\rho)} = \dfrac{\tan 16.1}{\tan(16.1+6.07)} \times 100 = 70.83\%$

(2) $V_g = \dfrac{\pi D_g N_g}{60 \times 1000} = \dfrac{\pi \times 171.5 \times \dfrac{1750}{12.25}}{60 \times 1000} = 1.28\text{m/sec}$

$H_{kW} = \dfrac{FV_g}{\eta}, 2 \times 10^3 = \dfrac{F \times 1.28}{0.7083}, F = 1106.72\text{N}$

05 선박용 디젤기관의 칼라베어링이 450rpm으로 추력 8330N을 받고 있다. 이 축의 직경은 100mm, 칼라의 바깥지름이 180mm라고 할 때 다음을 구하라. (단, 허용발열계수 값은 52.92×10^{-2} MPa·m/sec, 베어링 마찰계수는 0.015이다.) [6점]

(1) 칼라베어링의 칼라수 Z (개)

(2) 베어링 압력 p (MPa)

(3) 칼라베어링 부의 마찰동력 H (kW)

◆ Solution

(1) $pV_a = \dfrac{4W}{\pi(d_2^2 - d_1^2)Z} \times \dfrac{\pi(d_1 + d_2)N}{2 \times 60 \times 1000}$

$52.92 \times 10^{-2} = \dfrac{4 \times 8330}{\pi \times (180^2 - 100^2) \times Z} \times \dfrac{\pi \times (180 + 100) \times 450}{2 \times 60 \times 1000}, Z = 3$

(2) $p = \dfrac{4W}{\pi(d_2^2 - d_1^2)Z} = \dfrac{4 \times 8330}{\pi \times (180^2 - 100^2) \times 3} = 0.16\text{MPa}$

(3) $H = \mu WV = 0.015 \times 8330 \times \dfrac{\pi(100+180) \times 450}{2 \times 60 \times 1000} \times 10^{-3} = 0.41\text{kW}$

06 어떤 겹판 스프링의 허용굽힘응력이 343MPa이고, 종탄성계수는 210GPa, 판의 수는 8, 폭은 65m, 높이는 2.07mm이다. 그리고 어떤 코일 스프링에 작용하는 인장하중이 2.94kN, 코일의 평균지름은 70mm, 스프링지수 5, 횡탄성계수 78.48GPa일 때 다음을 구하라. [4점]

(1) 겹판 스프링의 변형량 δ (mm)? (단, 스팬의 길이는 450mm이다.)

(2) 코일 스프링의 처짐이 겹판 스프링의 변형량과 같을 때 코일 스프링의 유효권수 n (개)

Solution

(1) $W = \dfrac{2nbh^2\sigma_a}{3l} = \dfrac{2 \times 8 \times 65 \times 2.07^2 \times 343}{3 \times 450} = 1132.23\text{N}$

$\delta = \dfrac{3Wl^3}{8Enbh^3} = \dfrac{3 \times 1132.23 \times 450^3}{8 \times 210 \times 10^3 \times 8 \times 65 \times 2.07^3} = 39.95\text{mm}$

(2) $\delta = \dfrac{64nPR^3}{Gd^4}$, $d = \dfrac{D}{C} = \dfrac{70}{5} = 14\text{mm}$

$39.95 = \dfrac{64 \times n \times 2.94 \times 10^3 \times (70/2)^3}{78.48 \times 10^3 \times 14^4}$, $n = 14.93 \fallingdotseq 15$

07 외접원통마찰차에서 작은 원통의 회전수 550rpm, 중심거리 $C = 600$mm, 속도비 $i = 3/5$일 때 다음을 구하라. [4점]

(1) 각각 원통의 지름 D_1 (mm), D_2 (mm)

(2) 작은 원통의 속도 V (m/sec)

Solution

(1) $i = \dfrac{D_1}{D_2}$, $D_2 = \dfrac{D_1}{i} = \dfrac{5}{3} \times D_1$

$C = \dfrac{D_1 + D_2}{2}$, $600 = \dfrac{D_1}{2}\left(1 + \dfrac{5}{3}\right)$, $D_1 = 450$mm, $D_2 = 750$mm

(2) $V = \dfrac{\pi D_1 N_1}{60 \times 1000} = \dfrac{\pi \times 450 \times 550}{60 \times 1000} = 12.96\text{m/sec}$

08 바깥지름 36mm, 골지름 32mm, 피치 4mm인 한줄 사각나사의 연강제 나사봉을 갖는 나사잭으로 9800N의 하중을 올리려고 한다. 다음을 구하라. [6점]

(1) 나사봉을 돌리는 레버의 유효길이가 770mm, 나사산의 마찰계수 0.2일 때 레버 끝에 작용하는 힘 F (N)

(2) 나사산의 허용면압이 4MPa이라면 너트의 최소 높이 H (mm)

(3) 나사잭으로 하중을 들어 올리는 동력이 12kW일 때 들어 올리는 속도 V (m/sec)

◆ Solution

(1) $T = F \cdot l = Q \dfrac{\mu \pi d_2 + p}{\pi d_2 - \mu p} \cdot \dfrac{d_2}{2}, d_2 = \dfrac{d_1 + d}{2} = \dfrac{32 + 36}{2} = 34\text{mm}$

$F \times 770 = 9800 \times \dfrac{0.2 \times \pi \times 34 + 4}{\pi \times 34 - 0.2 \times 4} \times \dfrac{34}{2}, F = 51.76\text{N}$

(2) $h = \dfrac{d - d_1}{2} = \dfrac{36 - 32}{2} = 2\text{mm}$

$Z = \dfrac{Q}{\pi d_2 h q_a} = \dfrac{9800}{\pi \times 34 \times 2 \times 4} = 11.47 ≒ 12$

$H = Zp = 12 \times 4 = 48\text{mm}$

(3) $L = QV, 12 \times 10^3 = 9800 \times V, V = 1.22\text{m/sec}$

---

09 그림과 같은 단동식 밴드브레이크에서 밴드 두께 및 폭이 4mm, 76mm, 밴드의 허용인장응력 40MPa이라 할 때 다음을 구하라. (단, 마찰계수는 0.3이고 접촉각은 225°이다.) [5점]

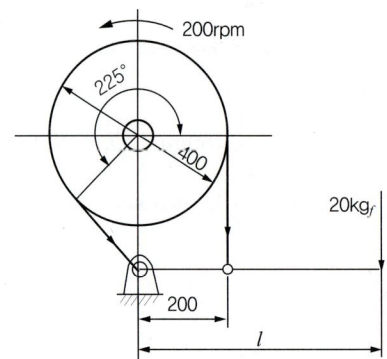

(1) 긴장측 장력 T_t (N)

(2) 제동력 Q (N)

(3) 레버의 길이 l (mm)

◆ Solution

(1) $\sigma_t = \dfrac{T_t}{bt}, T_t = 40 \times 4 \times 76 = 12160\text{N}$

(2) $e^{\mu\theta} = e^{\left(0.3 \times 225 \times \frac{\pi}{180}\right)} = 3.25$

$Q = \dfrac{T_t(e^{\mu\theta} - 1)}{e^{\mu\theta}} = \dfrac{12160 \times 2.25}{3.25} = 8418.46\text{N}$

(3) $F \cdot l = T_t a, l = \dfrac{12160 \times 200}{20 \times 9.8} = 12,408.16\text{mm}$

10 유량 0.28m³/sec, 수압 2.5MPa에서 상온으로 사용하는 이음매 없는 강관 속을 평균 유속 3m/sec로 흐르고 있을 때 다음을 구하라. (단, 이음효율 100%, 허용응력 80MPa, 부식여유 1mm이다.) [4점]

(1) 강관의 내경 D (mm)

(2) 강관의 두께 t (mm)

Solution

(1) $Q = AV = \dfrac{\pi D^2}{4} V$, $0.28 = \dfrac{\pi D^2}{4} \times 3$, $D = 0.34473\text{m} = 344.73\text{mm}$

(2) $t = \dfrac{pD}{2\sigma_a \eta} + C = \dfrac{2.5 \times 344.73}{2 \times 80 \times 1} + 1 = 6.39\text{mm}$

11 한줄 양쪽 덮개판 맞대기 리벳 이음에서 피치가 56mm, 리벳의 지름이 16mm, 강판의 두께가 10mm, 리벳의 전단강도가 강판의 인장강도의 80%일 때 다음을 구하라. [4점]

(1) 강판 효율 η_p (%)

(2) 리벳의 효율 η_r (%)

Solution

(1) $\eta_p = 1 - \dfrac{d}{p} = 1 - \dfrac{16}{56} = 0.7143$, $\eta_p = 71.43\%$

(2) $\eta_r = \dfrac{1.8\pi d^2 \tau_r}{4\sigma_t pt} = \dfrac{1.8 \times \pi \times 16^2 \times 0.8}{4 \times 56 \times 10} = 0.5170$, $\eta_r = 51.70\%$

2020 과년도문제(4회)

01 그림과 같은 블록 브레이크에서 조작력이 150N일 때 다음을 구하라. (단, 허용면압력 0.2MPa, 마찰계수 0.25, 블록의 길이 e = 120mm이다.) [4점]

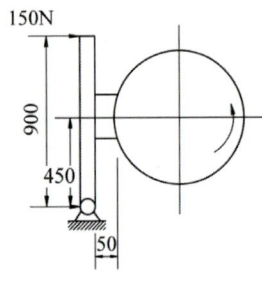

(1) 블록의 나비 b[mm]

(2) 제동력 Q[N]

◆ Solution

(1) $150 \times 900 - W \times 450 + 0.25 \times W \times 50 = 0$

$W = 308.57\text{N}$

$q = \dfrac{W}{A} = \dfrac{W}{b \times e}$

$0.2 = \dfrac{308.57}{b \times 120}$, $b = 12.86\text{mm}$

(2) $Q = \mu W = 0.25 \times 308.57 = 77.14\text{N}$

---

02 750rpm으로 회전하는 V벨트를 사용한 컴프레서에서 풀리의 지름 300mm, 긴장측장력 840N, 접촉각 θ = 130°, 마찰계수 0.1, 전달동력 12kW, 단위 길이당 하중 5.5N/m, V벨트 홈각 36°, 부하수정계수 0.75, 접촉각 수정계수 0.85이다. 다음을 구하라. [6점]

(1) 부가장력 T_g[N]

(2) 가닥수 Z

◆ Solution

(1) $V = \dfrac{\pi DN}{60 \times 1000} = \dfrac{\pi \times 300 \times 750}{60 \times 1000} = 11.78\text{m/sec}$

$T_g = \dfrac{\omega \cdot V^2}{g} = \dfrac{5.5 \times 11.78^2}{9.8} = 77.88\text{N}$

(2) $\mu' = \dfrac{\mu}{\mu\cos\alpha + \sin\alpha} = \dfrac{0.1}{0.1 \times \cos 18° + \sin 18°} = 0.25$

$e^{\mu'\theta} = e^{(0.25 \times 130 \times \frac{\pi}{180})} = 1.76$

$H_0 = \dfrac{(T_t - T_g) \cdot (e^{\mu'\theta} - 1) \cdot V}{102 \cdot e^{\mu'\theta}} = \dfrac{(840 - 77.88) \times (1.76 - 1) \times 11.78}{102 \times 1.76 \times 9.8} = 3.88\text{kW}$

$Z = \dfrac{H}{H_0 \cdot K_1 \cdot K_2} = \dfrac{12}{3.88 \times 0.85 \times 0.75} = 4.85 ≒ 5\text{가닥}$

03 750rpm의 원동축으로부터 250rpm의 종동축으로 동력을 전달하는 롤러체인이 있다. 이 롤러체인의 파단하중은 31.36kN이고 피치는 19.05mm이며 안전율은 15, 체인의 평균속도가 3m/sec이다. 다음을 결정하라. [4점]

(1) 전달동력은 몇 [kW]인가?

(2) 스프로켓의 잇수 Z_1, Z_2는 몇 개인가?

Solution

(1) $H_{kW} = \dfrac{P \cdot V}{102 \cdot S} = \dfrac{31.36 \times 10^3 \times 3}{102 \times 15 \times 9.8} = 6.27\text{kW}$

(2) $V = \dfrac{P \cdot Z_1 \cdot N_1}{60 \times 1000}$, $3 = \dfrac{19.05 \times Z_1 \times 750}{60 \times 100}$, $Z_1 = 12.6 ≒ 13$

$Z_2 = \dfrac{N_1 \cdot Z_1}{N_2} = \dfrac{750 \times 13}{250} = 39$

04 리벳의 지름 20mm, 강판의 두께 14mm, 피치 54mm의 1줄 겹치기 리벳 이음이 있다. 1피치당 하중 13.23kN이 작용할 때 다음을 결정하라. [4점]

(1) 강판의 인장응력 σ_t[MPa]

(2) 리벳의 전단응력 τ_r[MPa]

Solution

(1) $\sigma_t = \dfrac{W}{(p-d) \cdot t} = \dfrac{13.23 \times 10^3}{(54-20) \times 14} = 27.79\text{MPa}$

(2) $\tau_r = \dfrac{4W}{\pi d^2} = \dfrac{4 \times 13.23 \times 10^3}{\pi \times 20^2} = 42.11\text{MPa}$

05 바깥지름 36mm, 골지름 32mm, 피치 4mm인 한 줄 4각나사의 연강제 나사봉을 갖는 나사잭으로 19.6kN의 하중을 올리려고 한다. 나사산의 마찰계수는 0.1, 접촉허용면압이 19.6MPa일 때 다음을 결정하라. [6점]

(1) 최대 주응력 σ_{max}[MPa]은?
(2) 너트의 높이 H[mm]는?

Solution

(1) $\sigma_t = \dfrac{Q}{A} = \dfrac{4Q}{\pi d_1^2} = \dfrac{4 \times 19.6 \times 10^3}{\pi \times 32^2} = 24.37 \text{N/mm}^2$

$T = \tau \cdot Z_P = Q \cdot \dfrac{\mu \pi d_2 + p}{\pi d_2 - \mu p} \cdot \dfrac{d_2}{2}$

$\tau \times \dfrac{\pi \times 32^3}{16} = 19.6 \times 10^3 \times \dfrac{0.1 \times \pi \times (\frac{36+32}{2}) + 4}{\pi \times (\frac{36+32}{2}) - 0.1 \times 4} \times \dfrac{(36+32)}{4}$

$\tau = 7.14 \text{N/mm}^2$

$\sigma_{max} = \dfrac{\sigma_t}{2} + \sqrt{(\dfrac{\sigma_t}{2})^2 + \tau^2} = \dfrac{24.37}{2} + \sqrt{(\dfrac{24.37}{2})^2 + 7.14^2} = 26.31 \text{MPa}$

(2) $H = Z \cdot p = \dfrac{Q \cdot p}{\dfrac{\pi}{4}(d^2 - d_1^2) \cdot q} = \dfrac{4 \times 19.6 \times 10^3 \times 4}{\pi \times (36^2 - 32^2) \times 19.6} = 18.72 \text{mm}$

06 지름이 72mm인 축에 보스를 끼웠을 때 사용한 묻힘키의 길이가 108mm, 나비가 20mm, 높이가 13mm이다. 이 축이 300rpm으로 66kW를 전달하고자 한다면 키의 전단응력과 압축응력은 각각 몇 MPa인가? [4점]

Solution

(1) 키의 전단응력
$\tau_k = \dfrac{2T}{b\ell d} = \dfrac{2 \times 974000 \times 9.8 \times 66}{20 \times 108 \times 72 \times 300} = 27.01 \text{MPa}$

(2) 키의 압축응력
$\sigma_c = \dfrac{4T}{h\ell d} = \dfrac{4 \times 974000 \times 9.8 \times 66}{13 \times 108 \times 72 \times 300} = 83.09 \text{MPa}$

07 그림과 같이 베어링 간격 2,000mm, 축지름 50mm인 연강축의 중앙에 784N의 회전체가 설치되어 있다. 축의 종탄성계수는 210GPa, 밀도가 0.00786kg/cm³이다. [5점]

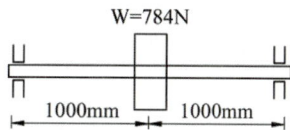

(1) 자중만 고려시 처짐 $\delta[\mu m]$는?

(2) 회전체만의 처짐 $\delta[\mu m]$는?

(3) 축의 위험속도 $N_{cr}[rpm]$은? (단, 축의 자중 고려시 균등 분포하중을 받고 양단이 자유로이 지지되어 있는 것으로 가정한다.)

◆ Solution

(1) $\delta = \dfrac{5\omega \ell^4}{384EI}$

$= \dfrac{64 \times 5 \times (0.00786 \times 10^6 \times 9.8 \times \dfrac{\pi \times 0.05^2}{4} \times 10^{-3})}{384 \times (210 \times 10^3) \times \pi \times 50^4} \times 2000^4 \times 10^3 = 489.07 \mu m$

(2) $\delta = \dfrac{\omega \cdot \ell^3}{48EI}$

$= \dfrac{64 \times 784 \times 2000^3}{48 \times 210 \times 10^3 \times \pi \times 50^4} \times 10^3 = 20.28 \times 10^2 \mu m$

(3) $N_0 = 654 \dfrac{d^2}{\ell^2} \sqrt{\dfrac{E}{\omega}}$

$= 654 \times \dfrac{50^2}{2000^2} \times \sqrt{\dfrac{4 \times 210 \times 10^9 \times 10^{-4}}{0.00786 \times 9.8 \times \pi \times 5^2}} = 1523.1 rpm$

$N_1 = 300 \cdot \sqrt{\dfrac{1}{\delta}} = 300 \sqrt{\dfrac{1}{20.28 \times 10^2 \times 10^{-4}}} = 666.17 rpm$

$\dfrac{1}{N_{cr}^2} = \dfrac{1}{N_0^2} + \dfrac{1}{N_1^2} = \dfrac{1}{1523.1^2} + \dfrac{1}{666.17^2}$

$\therefore N_{cr} = 610.34 rpm$

08 강선의 지름이 1.6mm인 코일 스프링에서 코일의 평균지름과 소선의 지름의 비가 6이다. 44.1N의 축 하중을 받을 때 다음을 결정하라. (단, 코일의 유효감김수는 43권이며 횡탄성계수는 80GPa이다.) [4점]

(1) 최대전단응력 τ_{max}를 구하고 아래 표에서 사용 가능한 모든 스프링의 재질을 선택하라. 코일 스프링의 안전율은 2이다.

재료	기호	전단항복강도 τ_f(N/mm²)
스프링강선	SPS	705.6
경강선	HSW	896.7
피아노선	PWR	896.7
스테인리스 강선	STS	637

(2) 코일 스프링의 처짐 δ[cm]은?

Solution

(1) $D = C \cdot d = 6 \times 1.6 = 9.6\text{mm}$

$$K = \frac{4C-1}{4C-4} + \frac{0.615}{C} = \frac{4\times 6-1}{4\times 6-4} + \frac{0.615}{6} = 1.2525$$

$$\tau_{max} = K \cdot \frac{16P \cdot R}{\pi d^3} = 1.2525 \times \frac{16 \times 44.1 \times 9.6}{2 \times \pi \times 1.6^3} = 329.66\text{N/mm}^2$$

전단항복강도 $\tau_f = \tau_{max} \cdot S = 329.66 \times 2 = 659.32\text{N/mm}^2$

∴ 사용가능한 스프링의 재질 : HSW, PWR, SPS

(2) $\delta = \frac{64n \cdot P \cdot R^3}{Gd^4}$

$$= \frac{64 \times 43 \times 44.1 \times (9.6/2)^3}{80 \times 10^3 \times 1.6^4} = 25.6\text{mm} = 2.56\text{cm}$$

09 축간거리 20m의 로프풀리에서 접촉점에서 접촉점까지 로프의 길이가 20.03m이다. 이때 로프에서 생기는 인장력 T, 그리고 로프의 처짐 h를 구하라. (단, 로프의 단위 길이당 무게는 4.9N/m이다.) [4점]

(1) 로프의 처짐 h[m]?
(2) 로프의 인장력 T[N]은?

Solution

(1) 접촉점에서 접촉점까지 로프의 길이

$$L = \ell(1 + \frac{8}{3} \cdot \frac{h^2}{\ell^2})$$

$20.03 = 20 \times (1 + \frac{8}{3} \times \frac{h^2}{20^2})$, $h = 0.48\text{m}$

(2) $T \fallingdotseq \frac{\omega \cdot \ell^2}{8h} + wh = \frac{4.9 \times 20^2}{8 \times 0.48} + 4.9 \times 0.48 = 512.77\text{N}$

10 전달동력 3kW, 회전수 N_1 = 480rpm, N_2 = 1440rpm의 주철제 기어와 강제피니언의 한 쌍의 중심거리가 약 250mm이다. 이 스퍼기어의 압력각이 20일 때 다음을 결정하라. [5점]

(1) 기어와 피니언의 피치원 지름 D_1[mm], D_2[mm]?

(2) 전달하중 F[N]?

(3) 축의 수직방향으로 작용하는 하중 F_v[N]?

◈ Solution

(1) $i = \dfrac{N_2}{N_1} = \dfrac{D_1}{D_2}$, $C = \dfrac{D_1 + D_2}{2} = \dfrac{D_1}{2}(1 + \dfrac{N_1}{N_2})$

$250 = \dfrac{D_1}{2} \times (1 + \dfrac{480}{1440})$, $D_1 = 375\text{mm}$

$D_2 = \dfrac{N_1 \cdot D_1}{N_2} = \dfrac{480 \times 375}{1440} = 125\text{mm}$

(2) $H_{kW} = \dfrac{F \times \pi \cdot D_1 \cdot N_1}{102 \times 60 \times 1000}$

$3 = \dfrac{F \times \pi \times 375 \times 480}{102 \times 9.8 \times 60 \times 1000}$, $F = 318.18\text{N}$

(3) $F_v = F \cdot \tan\alpha = 318.18 \times \tan 20° = 115.81\text{N}$

11 4000N의 베어링 하중을 받는 엔드저널베어링이 600rpm으로 회전하고 있다. 허용베어링압력 0.6MPa, 허용발열계수 2MPa·m/s, 마찰계수 0.006일 때 다음을 구하라. [4점]

(1) 베어링의 저널길이 ℓ[mm]은?

(2) 베어링 저널의 지름 d[mm]은?

◈ Solution

(1) $p \cdot V = \dfrac{W}{d \cdot \ell} \times \dfrac{\pi \cdot d \cdot N}{60 \times 1000}$

$z = \dfrac{4000}{\ell} \times \dfrac{\pi \times 600}{60 \times 1000}$, $\ell = 62.83\text{mm}$

(2) $p = \dfrac{W}{d \cdot \ell}$, $0.6 = \dfrac{4000}{d \times 62.83}$, $d = 106.11\text{mm}$

2021 과년도문제(1회)

01 그림과 같이 2.3kW, 1800rpm의 전동기에 직결된 기어 감속장치에 640N의 하중이 중앙에 걸려 있다. 축의 재료는 기계구조용 탄소강으로 허용전단응력 34.3MPa, 허용굽힘응력 68.6MPa, 굽힘 모멘트의 동적효과계수 K_m=1.7, 비틀림 모멘트의 동적효과계수 K_t=1.3으로 다음을 구하라. (단, 축은 중공축으로 바깥지름은 20mm이다.) [5점]

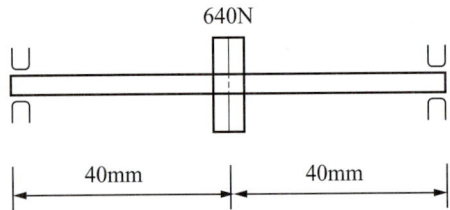

(1) 상당 굽힘 모멘트 M_e (J)
(2) 상당 비틀림 모멘트 T_e (J)
(3) 중공축의 안지름 d_1 (mm)

Solution

(1) $M = \dfrac{WL}{44} = \dfrac{640 \times 0.08}{4} = 12.8J$

$T = 974 \times 9.8 \dfrac{H_{kw}}{N} = 974 \times 9.8 \times \dfrac{2.3}{1800} = 12.2J$

$M_e = \dfrac{1}{2}[(K_m M) + \sqrt{(K_m M)^2 + (K_t T)^2}]$

$\quad = \dfrac{1}{2} \times [(1.7 \times 12.8) + \sqrt{(1.7 \times 12.8)^2 + (1.3 \times 12.2)^2}] = 26.34J$

(2) $T_e = \sqrt{(K_m M)^2 + (K_t T)^2} = \sqrt{(1.7 \times 12.8)^2 + (1.3 \times 12.2)^2} = 26.93J$

(3) $M_e = \sigma_a \dfrac{\pi d_2^3}{32}(1-x^4)$, $24.34 \times 10^3 = 68.6 \times \dfrac{\pi \times 20^3}{32} \times (1-x^4)$, $x = 0.86048$

$d_1 = d_2 x = 0.86048 \times 20 = 17.21\text{mm}$

$T_e = \tau_a \dfrac{\pi d_2^3}{16}(1-x^4)$, $26.93 \times 10^3 = 34.3 \times \dfrac{\pi \times 20^3}{16}(1-x^4)$, $x = 0.84097$

$d_1 = d_2 x = 0.84097 \times 20 = 16.82\text{mm}$

허용전단응력과 허용굽힘응력 둘다 만족하는 안지름 $d_1 = 16.82\text{mm}$

02 150rpm을 5ton의 베어링 하중을 지지하는 엔드저널베어링이 있다. 허용베어링 압력이 2MPa이고 저널의 허용굽힘응력이 58.8MPa일 때 다음을 구하라. (단, 마찰계수는 0.02이다.)[5점]

(1) 저널의 지름 d(mm)

(1) 저널의 길이 L(mm)

(2) 저널의 마찰손실 일량은 몇 kW인가?

◆Solution

(1) $\sigma_a = \dfrac{WL/2}{\pi d^3/32}$, $L = \dfrac{\pi d^3 \sigma_a}{16W} = \dfrac{58.8 \times \pi \times d^3}{16 \times 5000 \times 9.8} = 2.3562 \times 10^{-4} d^3$

$p = \dfrac{W}{dL} = \dfrac{W}{2.3562 \times 10^{-4} d^4}$, $2 = \dfrac{5000 \times 9.8}{2.3562 \times 10^{-4} d^4}$, $d = 100.98$mm

(2) $L = 2.3562 \times 10^{-4} d^3 = 2.3562 \times 10^{-4} \times 100.98^3 = 242.62$mm

(3) $H_{kW} = \mu WV = \mu W \dfrac{\pi dN}{60 \times 1000} = \dfrac{0.02 \times 5000 \times \pi \times 100.98 \times 150}{102 \times 60 \times 1000} = 0.78$kW

03 11kW, 회전수 1800rpm의 전동모터에 의하여 250rpm의 산업용기계를 V-벨트로 운전하고자 한다. 축간거리가 1.2m, 모터 축 풀리의 지름이 150mm일 때 다음을 구하라. (단, 이 벨트의 안전상 허용 가능한 장력은 490N이고 단위 길이당 벨트의 무게는 2.74N/m, 마찰계수는 0.3이다.) [5점]

(1) 벨트의 길이 L (mm)

(2) 1가닥에 대한 부가장력 T_g (N)

(3) 풀리의 홈의 수 Z[개]? (단, 부하수정계수는 0.75이다.)

◆Solution

(1) $i = \dfrac{N_2}{N_1} = \dfrac{D_1}{D_2}$, $D_2 = N_1 \dfrac{D_1}{N_2} = \dfrac{1800 \times 150}{250} = 1080$mm

$L = 2C + \dfrac{\pi}{2}(D_1 + D_2) + \dfrac{(D_1 + D_2)^2}{4C}$

$= 2 \times 1.2 \times 1000 + \dfrac{\pi}{2} \times (150 + 1080) + \dfrac{(1080 - 150)^2}{4 \times 1.2 \times 1000} = 4512.27$mm

(2) $V = \dfrac{\pi D_1 N_1}{60 \times 1000} = \dfrac{\pi \times 150 \times 1800}{60 \times 1000} = 14.14$m/sec

$T_g = \dfrac{\omega V^2}{g} = \dfrac{2.74 \times 14.14^2}{9.8} = 55.90$N

(3) $\mu' = \dfrac{\mu}{\mu \cos\alpha + \sin\alpha} = \dfrac{0.3}{0.3 \times \cos 20° + \sin 20°} = 0.48$

$\theta = 180 - 2\sin^{-1}(\dfrac{D_2 - D_1}{2C}) = 180 - 2 \times \sin^{-1}(\dfrac{1080 - 150}{2 \times 1.2 \times 1000}) = 134.4°$

$e^{\mu'\theta} = e^{0.48 \times 134.4 \times \frac{\pi}{180}} = 3.08$

$H_0 = \dfrac{(T_t - T_g)(e^{\mu'\theta} - 1)V}{e^{\mu'\theta}} = \dfrac{(490 - 55.90) \times (3.08 - 1)}{3.08} \times 14.14 \times 10^{-3} = 4.15$kW

$Z = \dfrac{H}{H_0 K_2} = \dfrac{11}{4.15 \times 0.75} = 3.53 ≒ 4$

04 홈마찰차에서 주동차의 평균직경과 회전수가 250mm, 750rpm, 종동차의 평균직경은 500mm, 접촉 허용 선압력이 29.4N/mm일 때 다음을 구하라. (단, 홈의 각도는 40°, 마찰계수는 0.15이다.) [4점]

(1) 주동축 전달토크가 63.63J일 때 밀어붙이는 하중 W[N]?

(2) 홈의 수 Z[개]? (단, 홈의 높이 $h = 0.28\sqrt{\mu'W}$ 이다.)

Solution

(1) $\mu' = \dfrac{\mu}{\mu\cos\alpha + \sin\alpha} = \dfrac{0.15}{0.15 \times \cos 20 + \sin 20} = 0.31$

$T = \mu'W\dfrac{D}{2},\ 63.63 \times 1000 = 0.31 \times W \times \dfrac{250}{2},\ W = 1642.06N$

(2) $Q = \dfrac{W}{\mu\cos\alpha + \sin\alpha} = \dfrac{1642.06}{0.15 \times \cos 20 + \sin 20} = 3399.89N$

$h = 0.28\sqrt{\mu'W} = 0.28 \times \sqrt{0.31 \times 1642.06} = 6.32\text{mm}$

$f_a = \dfrac{Q}{2hZ},\ 29.4 = \dfrac{3399.89}{2 \times 6.32 \times Z},\ Z = 9.15 ≒ 10$

05 그림과 같은 너클핀에서 5,000N의 하중이 작용할 때 다음을 구하라. (단, 핀 재료의 허용전단응력은 12MPa, 허용굽힘응력은 300MPa이고 a=14mm, b=18mm이다.)[4점]

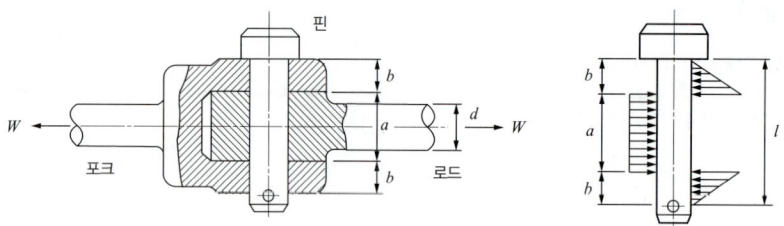

(1) 전단응력만 고려한 경우 핀 지름 d[mm]?

(2) 굽힘응력만 고려한 경우 핀 지름 d[mm]?

Solution

(1) $\tau_a = \dfrac{W}{2 \times \dfrac{\pi d^2}{4}},\ 12 = \dfrac{5000}{2 \times \dfrac{\pi d^2}{4}},\ d = 16.29\text{mm}$

(2) $\sigma_{ba} = \dfrac{Wl/8}{\pi d^3/32},\ 300 = \dfrac{5000 \times (14 + 2 \times 18) \times 32}{\pi \times d^3 \times 8},\ d = 10.2\text{mm}$

06 직경 90mm 축의 체결에 볼트 8개의 클램프 커플링을 사용한다. 36kW, 250rpm의 동력을 마찰력만으로 전달할 때 다음을 구하라. (단, 마찰계수는 0.25, 볼트의 인장응력은 33.4MPa이다.)[4점]

(1) 커플링을 조이는 힘 W[kN]?

(2) 볼트 골지름 d_1[mm]?

◆Solution

(1) $T = 974000 \times 9.8 \dfrac{H_{kW}}{N} = \pi \mu W \dfrac{d}{2}$

$974000 \times 9.8 \times \dfrac{36}{250} = \pi \times 0.25 \times W \times \dfrac{90}{2}, W = 38.89 \text{kN}$

(2) $W = Q\dfrac{Z}{2}, \sigma_t = \dfrac{Q}{\dfrac{\pi d_1^2}{4}} = \dfrac{8W}{Z \pi d_1^2}, 33.4 = \dfrac{8 \times 38.89 \times 1000}{8 \times \pi \times d_1^2},$

$d_1 = 19.25 \text{mm}$

07 웜과 웜휠의 동력장치에서 감속비 $\dfrac{1}{15}$, 웜축의 회전수 1500rpm, 웜휠의 압력각 20°, 모듈 3, 웜의 줄수 4, 피치원 지름 56mm, 웜휠의 치폭 45mm, 유효 이나비는 36mm이다. 다음을 구하라. (단, 웜의 재질은 담금질강, 웜휠은 인청동을 사용한다. 이때 내마멸계수 $K = 548.8 \times 10^{-3} \text{N/mm}^2$, 웜휠의 굽힘응력 $\sigma_b = 166.6 \text{N/mm}^2$, 치형계수 y=0.125, 웜의 리드각에 의한 계수 $\phi = 1.25 (\beta = 10 \sim 25°)$, 속도계수 $f_v = \dfrac{6.1}{6.1 + V_g}$ 이다.)[5점]

(1) 웜의 리드각 β [°]?

(2) 웜휠의 굽힘강도 고려 시 전달하중 F_1[N]?

(3) 웜휠의 면압강도 고려 시 전달하중 F_2[N]?

(4) 최대 전달동력 H_{kW}[kW]?

◆Solution

(1) $\beta = \tan^{-1}\left(\dfrac{Z_w \pi m}{\pi D_w}\right) = \tan^{-1}\left(\dfrac{4 \times 3}{56}\right) = 12.09°$

(2) $i = \dfrac{N_g}{N_w} = \dfrac{Z_w}{Z_g}, Z_g = 15 \times 4 = 60, D_g = mZ_g = 3 \times 60 = 180 \text{mm}$

$N_g = \dfrac{1500}{15} = 100 \text{rpm}, V_g = \dfrac{\pi D_g N_g}{60 \times 1000} = \dfrac{\pi \times 180 \times 100}{60 \times 1000} = 0.94 \text{m/sec}$

$p_n = p_s \cos\beta = \pi \times 3 \times \cos(12.09) = 9.22 \text{mm}$

$F_1 = f_v \sigma_b p_n b y = \left(\dfrac{6.1}{6.1 + 0.94}\right) \times 166.6 \times 9.22 \times 45 \times 0.125 = 7486.62 \text{N}$

(3) $F_2 = f_v \phi D_g b_e K = \left(\dfrac{6.1}{6.1 + 0.94}\right) \times 1.25 \times 180 \times 36 \times 548.8 \times 10^{-3} = 3851.73 \text{N}$

(4) $H_{kW} = F_2 V_g = 3851.73 \times 0.94 \times 10^{-3} = 3.62 \text{kW}$

08 그림과 같은 1줄 겹치기 리벳 이음에서 리벳의 허용전단응력이 49MPa, 강판의 허용인장응력이 18MPa일 때 다음을 구하라.[4점]

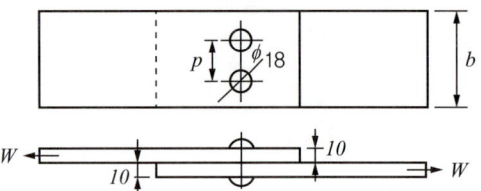

(1) 리벳의 허용전단응력을 고려하여 가할 수 있는 최대하중 W[kN]?
(2) 리벳의 허용하중과 강판의 허용하중이 같다고 할 때 강판의 너비 b[mm]?

Solution

(1) $W = \tau_a \dfrac{\pi d^2}{4} n = 49 \times \dfrac{\pi \times 18^2}{4} \times 2 = 24937.96\text{N}, W = 24.94\text{kN}$

(2) $W = \sigma_{ta}(b - 2d)t, \; 24937.96 = 18 \times (b - 2 \times 18) \times 10, \; b = 174.54\text{mm}$

09 보일러 원통의 내압이 90MPa, 내경 D=500mm이다. 강판의 최대인장강도는 350MPa, 안전율은 5, 이음효율이 58%이고 부식여유가 1mm일 때 강판의 두께는 몇 mm인가?[2점]

Solution

$t = \dfrac{PDS}{2\sigma_{t\max}\eta} + C = \dfrac{90 \times 500 \times 5}{2 \times 350 \times 0.58} + 1 = 7.38\text{mm}$

10 재료가 강인 그림과 같은 원통코일 스프링이 압축 하중을 받고 있다. 하중 W=225.4N, 유효권수 8, 스프링의 전단탄성계수 G=80.36GPa, 코일의 평균직경 D=100mm, 소선의 직경 d=10mm일 때 다음을 구하라. (단, 왈의 응력수정계수 $K = \dfrac{4C-1}{4C-4} + \dfrac{0.615}{C}, C = \dfrac{D}{d}$ 이다.)[4점]

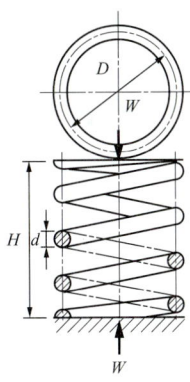

(1) 스프링의 최대전단응력 τ_{max}(MPa)?

(2) 스프링의 수축량 δ [mm]?

◆ Solution

(1) $C = \dfrac{D}{d} = \dfrac{100}{10} = 10, K = \dfrac{4C-1}{4C-4} + \dfrac{0.615}{C} = \dfrac{4 \times 10 - 1}{4 \times 10 - 4} + \dfrac{0.615}{10} = 1.14$

$\tau_{max} = K\dfrac{16PR}{\pi d^3} = 1.14 \times \dfrac{16 \times 225.4 \times 50}{\pi \times 10^3} = 65.43 \text{N/mm}^2$

(2) $\delta = \dfrac{64nPR^3}{Gd^4} = \dfrac{64 \times 8 \times 225.4 \times 50^3}{80.36 \times 10^3 \times 10^4} = 17.95\text{mm}$

11 나사잭에서 막대에 가하는 힘 300N, 막대의 유효길이 700mm, 나사의 유효지름 14.7mm, 나사부 마찰계수 0.1, 피치 2mm일 때 다음을 구하라.[4점]

(1) 나사의 체결력 P(N)?

(2) 나사가 받는 축방향의 하중 Q(N)?

◆ Solution

(1) $T = FL = P\dfrac{d_2}{2}, 300 \times 700 = P \times \dfrac{14.7}{2}, P = 28571.43\text{N}$

(2) $P = Q\dfrac{\mu\pi d_2 + p}{\pi i d_2 - \mu p}, 28571.43 = Q \times \dfrac{0.1 \times \pi \times 14.7 + 2}{\pi \times 14.7 - 0.1 \times 2}, Q = 198,508.11\text{N}$

과년도문제(2회)

01 그림과 같은 풀리 축의 지름 6cm에 묻힘키의 치수 $b \times h \times l$=15×10×50mm,를 설치하고 길이 480mm인 토크 렌치로 작용시키고 있다. 다음을 구하라. (단, 키의 허용전단응력 τ_a=70Mpa, 키의 허용압축응력 σ_{ca}=100Mpa이다.)[5점]

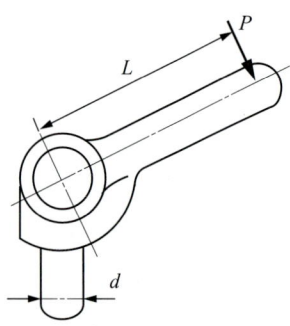

(1) 키의 허용전단응력을 고려한 비틀림 모멘트 T (J)?

(2) 키의 허용압축응력을 고려한 비틀림 모멘트 T (J)? (단, 키의 묻힘 깊이는 키의 높이의 $\frac{1}{2}$ 이다.)

(3) 렌치를 돌릴 수 있는 허용 가능한 최대힘 P (N)

Solution

(1) $\tau_a = \dfrac{2T}{bld}$, $70 \times 10^6 = \dfrac{2T}{0.015 \times 0.05 \times 0.06}$, $T = 1575$J

(2) $\sigma_{ca} = \dfrac{4T}{bld}$, $100 \times 10^6 = \dfrac{4T}{0.01 \times 0.05 \times 0.06}$, $T = 750$J

(3) $T = P \times L$, $750 \times 10^3 = P \times 480$, $P = 1562.5$N

02 1500rpm, 15kW를 전달하는 바로걸기 평벨트 전동장치에서 원동차 지름 300mm, 종동차의 회전수 300rpm일 때 다음을 구하라. (단, 벨트의 단위 길이당 무게는 0.02345kg/m, 축간거리는 2.0m, 마찰계수는 0.25이다.)[5점]

(1) 벨트의 길이 L (m)?

(2) 유효장력 P_e (N)?

(3) 긴장측 장력 T_t (N)

Solution

(1) $\dfrac{N_2}{N_1} = \dfrac{D_1}{D_2}$, $D_2 = \dfrac{N_1}{N_2}D_1 = \dfrac{1500 \times 300}{300} = 1500$mm

$L = 2C + \dfrac{\pi(D_1 + D_2)}{2} + \dfrac{(D_2 + D_1)^2}{4C}$

$L = (2 \times 2.0) + \dfrac{\pi \times (0.3 + 1.5)}{2} + \dfrac{(1.5 - 0.3)^2}{4 \times 2.0} = 7$m

(2) $V = \dfrac{\pi D_1 N_1}{60 \times 1000} = \dfrac{\pi \times 300 \times 1500}{60 \times 1000} = 23.56$m/sec

$H_{kw} = P_e V$, $P_e = 15 \times \dfrac{1000}{23.56} = 636.67$N

(3) $\theta = 180 - 2\sin^{-1}\left(\dfrac{D_2 - D_1}{2C}\right) = 180 - 2\sin^{-1}\left(\dfrac{1.5 - 0.3}{2 \times 2.0}\right) = 145.08°$

$e^{\mu\theta} = e^{(0.25 \times 145.08 \times \frac{\pi}{180})} = 1.88$

$T_g = \dfrac{\omega V^2}{g} = \dfrac{(0.02345 \times 9.8) \times 23.56^2}{9.8} = 13.02$N

$T_t = P_e \dfrac{e^{\mu\theta}}{e^{\mu\theta} - 1} + T_g = 636.67 \times \dfrac{1.88}{(1.88 - 1)} + 13.02 = 1373.18$N

03 200rpm, 3.68kW를 전달하는 축을 설계하고자 한다. 축의 길이는 2m이고 1m에 대하여 $\dfrac{1}{4}$ 비틀림이 발생할 때 축직경 d(mm)는? (단, 축의 횡탄성계수는 81.42GPa이다.)[3점]

Solution

$\theta = \dfrac{TL}{GI_p} = \dfrac{974 \times 9.8 \times H_{kw}/N \times L}{G \times \pi d^4 / 32}$

$\dfrac{1}{4} \times \dfrac{\pi}{180} = \dfrac{974 \times 9.8 \times 3.68 \times 2 \times 32}{200 \times 81.42 \times 10^9 \times \pi \times d^4}$, $d = 56.33$mm

04 400rpm으로 회전하고 있는 엔드저널베어링의 베어링 하중이 400N, 저널의 지름이 d=25mm, 폭 l=25mm일 때 다음을 구하라.[4점]

(1) 평균베어링압력 p (MPa)?

(2) 압력속도계수를 계산하고 안전성 여부를 판단하라. (단, 허용압력속도계수는 2MPa m/sec 이다.)

Solution

(1) $p = \dfrac{W}{dl} = \dfrac{400}{25 \times 25} = 0.64\text{MPa}$

(2) $V = \dfrac{\pi dN}{60 \times 1000} = \dfrac{\pi \times 25 \times 400}{60 \times 1000} = 0.52\text{m/sec}$

$pV = 0.64 \times 0.52 = 0.3328\text{MPa m/sec} < 2.0\text{MPa m/sec}$, 안전

05 3000N의 하중을 받는 겹판 스프링이 있다. 스팬의 길이는 750mm이고 판 두께는 6mm, 폭은 60mm, 조임 폭 e=100mm일 때 다음을 구하라. (단, 이 겹판 스프링의 세로탄성계수는 210GPa 이고 허용굽힘응력은 170MPa, 스프링의 유효길이 $l_e = l - 0.5e$ 이다.)[5점]

(1) 판의 매수 n ?

(2) 처짐 δ (mm)?

(3) 스프링의 고유주파수 f (Hz)?

Solution

(1) $l_e = l - 0.5e = 750 - 0.5 \times 100 = 700\text{mm}$

$\sigma_{ba} = \dfrac{3Wl_e}{2nbh^2}$, $170 = \dfrac{3 \times 3000 \times 700}{2 \times n \times 60 \times 6^2}$, $n = 8.58 = 9$

(2) $\delta = \dfrac{3Wl_e^3}{8nEbh^3} = \dfrac{3 \times 3000 \times 700^3}{8 \times 9 \times 210 \times 10^3 \times 60 \times 6^3} = 15.75\text{mm}$

(3) $f = \dfrac{\omega}{2\pi} = \dfrac{\sqrt{\dfrac{g}{\delta}}}{2\pi} = \dfrac{\sqrt{9.8}}{\sqrt{0.01575} \times 2 \times \pi} = 3.97\text{Hz}$

06 축 하중 3000kg을 들어 올리는 사다리꼴 나사잭이 있다. 나사의 호칭지름 50mm, 유효지름이 46mm, 골지름 42mm, 피치가 8mm이고 이 사다리꼴나사의 상당마찰계수는 0.12이다. 다음을 구하라. (단, 자리면의 평균지름과 마찰계수는 60mm, 0.15이다.)[6점]

(1) 비틀림 모멘트 T(N·m)?

(2) 나사잭의 효율 η (%)?

(3) 너트의 높이 H(mm)? (단, 너트의 허용접촉면압력은 10MPa이다.)

(4) 1min 당 3m 올라갈 때 소요동력 L(kW)?

Solution

(1) $T = T_B + T_f$
$$T = Q(\frac{\mu'\pi d_2 + p}{\pi d_2 - \mu' p}\frac{d_2}{2} + \mu_f \frac{d_f}{2})$$
$$= 3000 \times 9.8 \times \left(\frac{0.12 \times \pi \times 46 + 8}{\pi \times 46 - 0.12 \times 8} \times \frac{46}{2} + 0.15 \times \frac{60}{2}\right)$$
$$= 251,670.22 \text{N.mm}$$
$T = 252 \text{N.m}$

(2) $\eta = \dfrac{Qp}{2\pi T} = \dfrac{3000 \times 9.8 \times 8}{2 \times \pi \times 252 \times 10^3} \times 100 = 14.85\%$

(3) $H = \dfrac{Qp}{\dfrac{\pi}{4}(d^2 - d_1^2)q_a} = \dfrac{3000 \times 9.8 \times 8}{\dfrac{\pi}{4}(50^2 - 42^2) \times 10} = 40.69 \text{mm}$

(4) $L = \dfrac{QV}{\eta} = \dfrac{3000 \times 9.8 \times 3}{60 \times 0.1485} \times 10^{-3} = 9.90 \text{kW}$

07 웜과 웜휠의 동력장치에서 감속비 $\frac{1}{15}$, 웜축의 회전수 1500rpm, 웜휠의 압력각 20°, 웜 축방향의 모듈 3, 웜의 줄수 4, 피치원 지름 56mm, 웜휠의 치폭 45mm, 유효 이나비는 36mm이다. 다음을 구하라. (단, 웜의 재질은 담금질강, 웜휠은 인청동이고 마찰계수는 0.1이다. 이때 내마멸계수 K = 548.8×10⁻³N/mm², 웜휠의 굽힘응력 σ_b = 166.6N/mm², 치형계수 y =0.125, 웜의 리드각에 의한 계수 ϕ = 1.25(β = 10~25°), 속도계수 $f_v = \frac{6.1}{6.1+V_g}$ 이다.)[5점]

(1) 웜의 리드각 β (%)?

(2) 웜휠의 회전력 F (N)?

(3) 웜휠의 치면의 수직력 F_n (N)?

Solution

(1) $\beta = \tan^{-1}(\frac{Z_w p_s}{\pi D_w}) = \tan^{-1}(\frac{4 \times \pi \times 3}{\pi \times 56}) = 12.09°$

(2) 굽힘강도 고려시 전달력

$i = \frac{N_g}{N_w} = \frac{Z_w}{Z_g}, Z_g = 15 \times 4 = 60$

$V_g = \frac{\pi D_g N_g}{60 \times 1000} = \frac{\pi \times 3 \times 60 \times 1500}{60 \times 1000 \times 15} = 0.94\text{m/sec}$

$p_n = p_s \cos\beta = \pi \times 3 \times \cos 12.09 = 9.22\text{mm}$

$F_{g1} = f_v \sigma_b p_n b y = \frac{6.1}{6.1 + 0.94} \times 166.6 \times 9.22 \times 45 \times 0.125 = 7486.62\text{N}$

면압강도 고려시 전달력

$F_{g2} = f_v \phi D_g b_e K = \frac{6.1}{6.1 + 0.94} \times 1.25 \times 3 \times 60 \times 36 \times 548.8 \times 10^{-3} = 3851.73\text{N}$

$F = 3851.73\text{N}$, 안전상 작은값 선택

(3) $F = F_n(\cos\alpha \cdot \cos\beta - \mu \sin\beta)$

$F_n = \frac{3851.73}{\cos 20 \times \cos 12.09 - 0.1 \times \sin 12.09} = 4289.68\text{N}$

08 그림과 같은 1줄 겹치기리벳 이음에서 허용인장응력과 허용압축응력이 100MPa, 허용전단응력 70MPa일 때 다음을 구하라. (단, 강판의 두께는 4mm이다.)[6점]

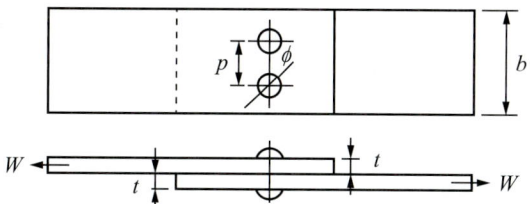

(1) 리벳의 전단저항과 압축저항이 같을 때 리벳의 지름 d(mm)?
(2) 강판의 인장저항과 리벳의 전단저항이 같을 때 피치 p(mm)?
(3) 강판의 효율 η_p(%)?
(4) 리벳의 효율 η_t(%)?

Solution

(1) $d = \dfrac{4\sigma_c t}{\pi \tau_r} = \dfrac{4 \times 100 \times}{\pi \times 0} = 7.28\text{mm}$

(2) $p = d + \dfrac{\pi d^2 \tau_r}{4\sigma_t t} = 7.28 + \dfrac{\pi \times 7.28^2 \times 70}{4 \times 100 \times 4} = 14.56\text{mm}$

(3) $\eta_p = 1 - \dfrac{d}{p} = (1 - \dfrac{7.28}{14.56}) \times 100 = 50\%$

(4) $\eta_r = \dfrac{\pi d^2 \tau_r}{4\sigma_t pt} = \dfrac{\pi \times 7.28^2 \times 70}{4 \times 100 \times 14.56 \times 4} \times 100 = 50.03\%$

---

09 래칫 휠의 래칫에 작용하는 토크가 250N·m, 피치원의 지름이 120mm, 이의 높이 h=0.35p, e=0.5p이고 허용굽힘응력 σ_{ba} = 40MPa, 휠의 잇수는 12개이다. 다음을 구하라.[4점]

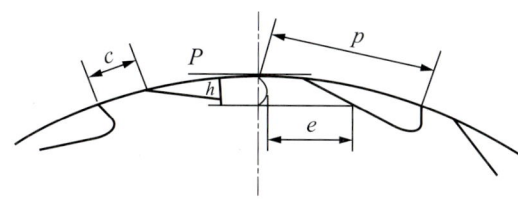

(1) 래칫휠의 피치?
(2) 래칫휠의 최소폭?

Solution

(1) $p = \dfrac{\pi D}{Z} = \dfrac{\pi \times 120}{12} = 31.42\text{mm}$

(2) $P = \dfrac{2T}{D} = \dfrac{2 \times 250}{0.12} = 4166.67\text{N}$

$M = Ph = \dfrac{be^2 \sigma_{ba}}{6}$

$4166.67 \times (0.35 \times 31.42) = \dfrac{b \times (0.5 \times 31.42)^2 \times 40}{6}, b = 27.85\text{mm}$

10 d=8cm인 중실축과 비틀림강도가 같은 중공축의 내외경비가 0.8이고, 두 축의 재질이 동일하며 축의 길이도 같을 때 다음을 구하라.[3점]

(1) 중공축의 외경 d_2와 내경 d_1은 몇 mm인가?

(2) 중실축에 대한 중공축의 중량비는 몇 %인가?

Solution

(1) $T = \tau_a \times \dfrac{\pi d^3}{16}, \dfrac{T}{\tau_a} = \dfrac{\pi \times 80^3}{16} = 100,530.96 \text{mm}^3$

$T = \tau_a \times \dfrac{\pi d_2^3(1-x^4)}{16}, 100,530.96 = \dfrac{\pi \times d_2^3}{16} \times (1-0.8^4)$

$d_2 = 95.36\text{mm}, d_1 = d_2 \times x = 95.36 \times 0.8 = 76.29\text{mm}$

(2) $\dfrac{W_{중공}}{W_{중실}} = \dfrac{A_{중공}}{A_{중실}} = \dfrac{(d_2^2 - d_1^2)}{d^2} = \dfrac{95.36^2 - 76.29^2}{80^2} \times 100 = 51.15\%$

11 축간거리가 400mm, 주동차가 300rpm, 종동차가 100rpm으로 회전하는 외접원통마찰차가 있다. 전달동력이 1.23kW이고 허용접촉선압력이 98N/mm일 때 다음을 구하라. (단, 마찰계수는 0.2이다.)[4점]

(1) 마찰차를 밀어 붙이는 힘 W(N)?

(2) 마찰차의 폭 b(mm)?

Solution

(1) $i = \dfrac{N_2}{N_1} = \dfrac{D_1}{D_2}, C = \dfrac{D_1 + D_2}{2} = \dfrac{D_1}{2}\left(1 + \dfrac{N_1}{N_2}\right),$

$400 = \dfrac{D_1}{2} \times \left(1 + \dfrac{300}{100}\right), D_1 = 200\text{mm}$

$H_{kw} = \mu W V, 1.23 \times 1000 = 0.2 \times W \times \dfrac{\pi \times 200 \times 300}{60 \times 1000}, W = 1957.61\text{N}$

(2) $f_a = \dfrac{W}{b}, b = \dfrac{W}{f_a} = \dfrac{1957.61}{98} = 19.98\text{mm}$

2021 과년도문제(4회)

01 600rpm으로 2.7kW를 전달하는 중공축이 있다. 이 축에 작용하는 굽힘 모멘트는 600N·m이고 허용전단응력은 60MPa, 허용전단응력은 120MPa이다. 다음을 구하라. (단, 동적효과계수는 각각 K_m=1.8, K_t=1.2 이고 내외경비 x=0.7이다.)[4점]

(1) 상당굽힘 모멘트 M_e(N·m)와 상당비틀림 모멘트 T_e(N·m)?

(2) 위의 값을 이용하여 중공축의 최소 외경 d_2(mm)?

◆ Solution

(1) $T = 974\dfrac{H_{kw}}{N} = 974 \times \dfrac{2.7}{600} \times 9.8 = 42.95\text{N·m}$

$T_e = \sqrt{(K_m M)^2 + (K_t T)^2}$
$= \sqrt{(1.8 \times 600)^2 + (1.2 \times 42.95)^2} = 1081.23\text{N·m}$

$M_e = \dfrac{1}{2}[(K_m M) + T_e] = \dfrac{1}{2} \times [(1.8 \times 600) + 1081.23] = 1080.62\text{N·m}$

(2) $T_e = \tau_a Z_p = \tau_a \dfrac{\pi d_2^3}{16}(1 - x^4)$

$1080.62 \times 10^3 = 120 \times \dfrac{\pi \times d_2^3}{32} \times (1 - 0.7^4)$, $d^2 = 49.42\text{mm}$

안전상의 최소 외경 $d_2 = 49.43\text{mm}$

02 나사의 유효지름이 27mm, 피치 6mm의 나사잭으로 500kg의 중량을 들어 올리려 한다. 나사부 마찰계수 0.08, 칼라와 접촉부와의 마찰계수는 0.05이고 칼라부 유효평균지름은 40mm이다. 다음을 구하라. (단, 길이 280mm의 레버를 사용한다.)[4점]

(1) 나사를 올리는데 필요한 힘 F_1(N)?

(2) 나사를 내리는데 필요한 힘 F_2(N)?

◆ Solution

(1) $\alpha = \tan^{-1}(\dfrac{p}{\pi d_2}) = \tan^{-1}(\dfrac{6}{\pi \times 27}) = 4.05°$

$\rho = \tan^{-1}(\mu) = \tan^{-1}(0.08) = 4.57°$

$T_1 = Q[\tan(\alpha + \rho)\dfrac{d_2}{2} + \mu_m \dfrac{d_m}{2}] = F_1 l$

$500 \times 9.8 \times [\tan(4.05 + 4.57) \times \dfrac{27}{2} + 0.05 \times \dfrac{40}{2}] = F_1 \times 280$, $F_1 = 53.31\text{N}$

(2) $T_2 = Q[\tan(\alpha + \rho)\dfrac{d_2}{2} + \mu_m \dfrac{d_m}{2}] = F_2 l$

$500 \times 9.8 \times [\tan(4.57 + 4.05) \times \dfrac{27}{2} + 0.05 \times \dfrac{40}{2}] = F_1 \times 280$, $F_2 = 19.64\text{N}$

03 원통코일 스프링의 평균지름이 40mm, 스프링지수가 5이고 2.9kN의 하중을 받아 15mm의 처짐이 발생한다. 다음을 구하라.
(단, 전단탄성계수 84.24GPa이고, 왈의 응력수정계수 K= $\frac{4C-1}{4C-4} + \frac{0.615}{C}$ 이다.)[4점]

(1) 정수로 유효권수 n(개)?

(2) 최대전단응력 τ_{max}(N/mm²)?

> **Solution**

(1) $d = \dfrac{D}{C} = \dfrac{40}{5} = 8\text{mm}$, $R = \dfrac{D}{2} = \dfrac{40}{2} = 20\text{mm}$

$\delta = \dfrac{64nPR^3}{Gd^4}$, $15 = \dfrac{64 \times n \times 2.9 \times 10^3 \times 20^3}{84.24 \times 10^3 \times 8^4}$, $n = 3.49 = 4$개

(2) $K = \dfrac{4C-1}{4C-4} + \dfrac{0.615}{C} = \dfrac{4 \times 5 - 1}{4 \times 5 - 4} + \dfrac{0.615}{5} = 1.31$

$\tau_{max} = K\dfrac{16PR}{\pi d^3} = 1.31 \times \dfrac{16 \times 2.9 \times 10^3 \times 20}{\pi \times 8^3} = 755.79 \text{N/mm}^2$

04 2.5kW, 1500rpm으로 회전하는 헬리컬기어의 치직각 모듈 4, 원동기어 잇수 20, 종동기어 잇수 45, 비틀림각 25°, 공구압력각 20°일 때 다음을 구하라.[6점]

(1) 헬리컬기어의 전달하중 F(N)? (단, 헬리컬기어는 축의 중앙에 직각으로 매달려 있다.)

(2) 이 헬리컬기어에 걸리는 추력 F_t(N)와 축의 수직력 F_v(N)?

(3) 아래 조건으로 종동축에 사용할 단열 레이디얼 볼베어링을 선정하라.

◎ 단열 레이디얼 볼베어링 :
1) 수명시간 90,000hr, 2) 속도계수 V=1.0, 3) 레이디얼계수 X=0.55, 4) 스러스트계수 Y=1.13

No	6201	6202	6203	6204
기본동적 부하용량C(kN)	20	24	26	32

Solution

(1) $D_1 = \dfrac{m_n Z_1}{\cos\beta} = \dfrac{4 \times 20}{\cos 25°} = 88.27\text{mm}$

$H_{kw} = FV = F \times \dfrac{\pi D_1 N_1}{60 \times 1000}$, $2.5 \times 000 = F \times \dfrac{\pi \times 88.27 \times 1500}{60 \times 1000}$, $F = 1132.89\text{N}$

(2) $F_t = F\tan\beta = 1132.89 \times \tan 25 = 528.28\text{N}$

$F_v = F \cdot \dfrac{\tan\alpha}{\cos\beta} = 1132.89 \times \dfrac{\tan 20°}{\cos 25°} = 454.96\text{N}$

(3) 스러스트 베어링하중 $F_t = 528.28\text{N}$,

레이디얼 베어링하중 $F_r = \dfrac{\sqrt{F_v^2 + F^2}}{2} = \dfrac{\sqrt{454.96^2 + 1132.89^2}}{2} = 610.42\text{N}$

등가레이디얼 베어링하중 $P_r = VXF_r + YF_t = 1.0 \times 0.55 \times 610.42 + 1.13 \times 528.28 = 932.69\text{N}$

$i = \dfrac{N_2}{N_1} = \dfrac{Z_1}{Z_2}, \dfrac{N_2}{1500} = \dfrac{20}{45}$, $N_2 = 666.67\text{rpm}$

$L_h = 500\left(\dfrac{C}{P_r}\right)^r \dfrac{33.3}{N_2}$, $90000 = 500 \times \left(\dfrac{C}{932.69}\right)^3 \times \dfrac{33.3}{666.67}$, $C = 14299.37\text{N} = 14.3\text{kN}$

표에서 선정 No.6201

05 그림과 같은 밴드브레이크가 좌회전할 때 조작력이 F=250N, 제동동력 5kW, 600rpm으로 회전하는 드럼의 직경은 400mm이다. 다음을 구하라. (단, 밴드의 두께는 1mm, 강판과 밴드의 접촉시 마찰계수는 0.35, 접촉각은 4rad, 밴드의 허용인장응력은 78.4MPa, a=15cm이다.)[5점]

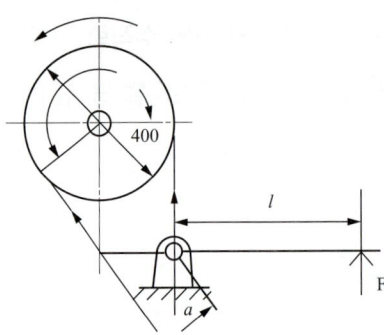

(1) 긴장측 장력 T_t (N)?

(2) 레버의 길이 l (mm)?

(3) 밴드 폭 b (mm)?

◆ Solution

(1) $H_{kw} = QV = Q\dfrac{\pi DN}{60 \times 100}$, $5 \times 1000 = Q \times \dfrac{\pi \times 400 \times 600}{60 \times 1000}$, $Q = 397.89\text{N}$

$e^{\mu\theta} = e^{0.35 \times 4} = 4.06$

$T_t = Q\dfrac{e^{\mu\theta}}{e^{\mu\theta} - 1} = 397.89 \times \dfrac{4.06}{4.06 - 1} = 527.92\text{N}$

(2) $Fl = T_s a = (T_t - Q)a$, $250 \times l = (527.92 - 397.89) \times 150$, $l = 78.02\text{mm}$

(3) $\sigma_t = \dfrac{T_t}{bt}$, $b = \dfrac{527.92}{78.4 \times 1} = 6.73\text{mm}$

06 50번 롤러체인의 피치 15.875mm, 원동 스프라킷의 잇수 25, 회전수 900rpm, 안전율 15, 축간거리 900mm, 종동 스프라킷의 회전수는 300rpm이다. 다음을 구하라. (단, 파단하중은 22.5kN이다.)[5점]

(1) 최대 전달동력 H(kW)?

(2) 종동축 피치원 지름 D_2(mm)?

(3) 링크 개수 L_n(개)? (단, 짝수로 결정하라)

◇ Solution

(1) $H_{kw} = \dfrac{F}{S}\dfrac{pZ_1 N_1}{60 \times 1000} = \dfrac{22.5}{15} \times \dfrac{15.875 \times 25 \times 900}{60 \times 1000} = 8.93\text{kW}$

(2) $i = \dfrac{N_2}{N_1} = \dfrac{Z_2}{Z_1}$, $\dfrac{300}{900} = \dfrac{25}{Z_2}$, $Z_2 = \dfrac{25 \times 900}{300} = 75$

$D_2 = \dfrac{p}{\sin\left(\dfrac{180°}{Z_2}\right)} = \dfrac{15.875}{\sin\left(\dfrac{180°}{75}\right)} = 379.1\text{mm}$

(3) $L_n = \dfrac{2C}{p} + \dfrac{(Z_1 + Z_2)}{2} + \dfrac{0.0257p(Z_2 - Z_1)^2}{C}$

$= \dfrac{2 \times 900}{15.875} + \dfrac{(25 + 75)}{2} + \dfrac{0.0257 \times 15.875 \times (75 - 25)^2}{900} = 164.52$, $L_n = 166$

07 아래 그림과 같은 편심하중을 받고 있는 리벳 이음에 대하여 다음을 구하라. (단, 허용전단응력 80MPa, 안전계수는 1.5이다.)[4점]

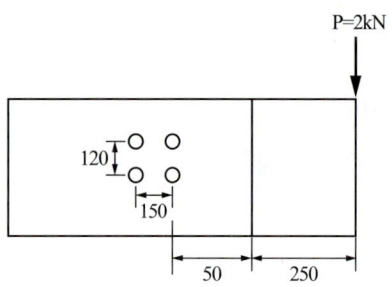

(1) 최대전단력 F_{max} (N)?

(2) 허용 전단력을 고려해서 리벳의 지름 d(mm)?

◆ Solution

(1) 직접전단하중 $F_1 = \dfrac{P}{Z} = \dfrac{2000}{4} = 500\text{N}$

비틀림 전단하중 $T = Pl = 4F_2 r$, $2000 \times (75 + 50 + 250) = 4 \times F_2 \times \sqrt{75^2 + 60^2}$

$F_2 = 1952.17\text{N}$, $\cos\theta = \dfrac{75}{\sqrt{75^2 + 60^2}} = 0.78$

$F_{max} = \sqrt{F_1^2 + F_2^2 + 2F_1 F_2 \cos\theta}$
$= \sqrt{500^2 + 1952.17^2 + 2 \times 500 \times 1952.17 \times 0.78} = 2362.98\text{N}$

(2) $\tau_a = S\tau_{max} = S\dfrac{F_{max}}{A} = S\dfrac{4F_{max}}{\pi d^2}$, $80 = 1.5 \times \dfrac{4 \times 2362.98}{\pi \times d^2}$, $d = 7.51\text{mm}$

08 200rpm으로 3.5kW를 전달하고자 하는 축이 있다. 이 축에 b×h=11mm×8mm의 묻힘 키를 사용하고자 할 때 다음을 구하라. (단, 축의 허용전단응력 110MPa, 키의 허용전단응력 80MPa, 키의 허용압축응력 120MPa이다.)[4점]

(1) 축의 강도를 고려한 축 직경 d(mm)?

(2) 키의 전단과 압축을 고려했을 때 키의 길이 l(mm)? (단, 키의 묻힘깊이는 $\frac{h}{2}$ 이다.)

Solution

(1) $T = 974000 \frac{H_{kW}}{N} = 974000 \times \frac{3.5}{200} \times 9.8 = 167041 \text{N.mm}$

$T = \tau_a Z_p = \tau_a \frac{\pi d^3}{16}$, $167041 = 110 \times \frac{\pi \times d^3}{16}$, $d = 19.78\text{mm}$

(2) $\tau_k = \frac{2T}{bld}$, $80 = \frac{2 \times 167041}{11 \times l \times 19.78}$, $l = 19.19\text{mm}$

$\sigma_{ck} = \frac{4T}{hld}$, $120 = \frac{4 \times 167041}{8 \times l \times 19.78}$, $l = 35.19\text{mm}$

큰 값 선택 $l = 35.19\text{mm}$

09 회전수 1500rpm, 풀리의 지름 150mm인 원동 풀리로부터 축간거리 500mm의 종동풀리에 가죽벨트로 3.5kW를 전달하는 바로걸기 평벨트 전동장치가 있다. 이 벨트의 허용인장응력은 10MPa이고 마찰계수는 0.2, 단위 길이당 질량이 0.14kg/m이고 이음효율이 0.88일 때 다음을 구하라. (단, 종동 풀리의 지름이 450mm, 벨트의 두께 t=2mm이다.)[5점]

(1) 원동 풀리의 접촉각 θ (deg)?

(2) 긴장측 장력 T_t (mm)?

(3) 벨트의 폭 b (mm)?

Solution

(1) $\theta = 180 - 2\sin^{-1}\left(\frac{D_2 - D_1}{2C}\right) = 180 - 2 \times \sin^{-1}\left(\frac{450 - 150}{2 \times 500}\right) = 145.08°$

(2) $V = \frac{\pi D_1 N_1}{60 \times 1000} = \frac{\pi \times 150 \times 1500}{60 \times 1000} = 11.78\text{m/sec}$

$T_g = \frac{\omega V^2}{g} = 0.14 \times 11.78^2 = 19.42\text{N}$, $e^{\mu\theta} = e^{0.2 \times 145.08 \times \frac{\pi}{180}} = 1.66$

$H_{kW} = (T_t - T_g)\frac{(e^{\mu\theta} - 1)}{e^{\mu\theta}} V$, $3.5 \times 10^3 = (T_t - 19.42) \times \frac{0.66}{1.66} \times 11.78$,

$T_t = 766.71\text{N}$

(3) $\sigma_{ta} = \frac{T_t}{bt\eta}$, $10 = \frac{76.71}{b \times 2 \times 0.88}$, $b = 4.36\text{mm}$

10 베어링 하중 15kN를 지지하는 엔드저널베어링이 있다. 베어링의 허용압력은 6MPa이고 허용굽힘응력은 50MPa일 때 다음을 구하라. (단, 저널의 직경은 40mm이다.)[5점]

(1) 저널의 길이 l (mm)?

(2) 위에서 구한 저널의 길이를 이용하여 허용굽힘응력의 만족여부를 판단하고, 만약 만족하지 않으면 허용굽힘응력을 만족하는 저널의 지름을 구하라.

Solution

(1) $p_a = \dfrac{W}{dl}$, $6 = \dfrac{15 \times 10^3}{40 \times l}$, $l = 62.5\text{mm}$

(2) $\sigma_{bmax} = \dfrac{M}{Z} = \dfrac{W\dfrac{l}{2}}{\dfrac{\pi d^3}{32}}$, $\sigma_{bmax} = \dfrac{32 \times 15 \times 10^3 \times 62.5}{2 \times \pi \times 40^3} = 74.06\text{N/mm}^2 > 50\text{MPa}$, 불만족

$50 = \dfrac{32 \times 15 \times 10^3 \times 62.5}{2 \times \pi \times d^3}$, $d = 45.71\text{mm}$, 저널의 지름을 $45.71mm$로 하면
허용베어링압력도 만족하므로 주어진 조건에 견딜 수 있는 베어링으로 판단할 수 있다.

11 지름 150mm, 1500rpm으로 회전하는 외접원통 마찰차에서 2.2kW를 전달하려고 한다. 다음을 구하라. (단, 마찰계수 0.1, 접촉 허용선압 10.0N/mm이다.)[4점]

(1) 원통 마찰차를 밀어 붙이는 힘 W(N)?

(2) 마찰차의 접촉 폭 b(mm)?

Solution

(1) $H_{kW} = \mu W V = \mu W \dfrac{\pi D N}{60 \times 1000}$

$2.2 \times 1000 = 0.1 \times W \times \dfrac{\pi \times 150 \times 1500}{60 \times 1000}$, $W = 1867.42\text{N}$

(2) $f_a = \dfrac{W}{b}$, $b = \dfrac{1867.42}{10.0} = 186.74\text{mm}$

2022 과년도문제(1회)

01 300rpm으로 8kW를 전달하는 스플라인축이 있다. 이 측면의 허용면압을 35MPa, 잇수는 6개, 이 높이는 2mm, 모따기는 0.15mm이다. 아래 표를 적용시켜 다음을 구하라. (단, 접촉효율 75%, 보스의 길이는 58mm이다.)[4점]

(1) 전달토크 T (J)?

(2) 스플라인의 규격(호칭지름) d (mm)?

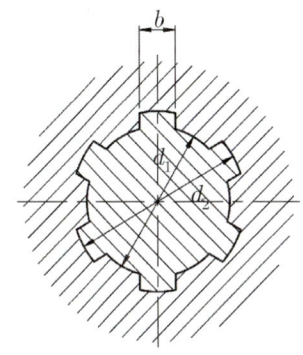

[그림] 각형 스플라인의 기본치수

[표] 스플라인의 규격 (단위 : mm)

호칭지름 d	1형 잇수 6 큰지름 d_2	나비 b	1형 잇수 8 큰지름 d_2	나비 b	1형 잇수 10 큰지름 d_2	나비 b	2형 잇수 6 큰지름 d_2	나비 b	2형 잇수 8 큰지름 d_2	나비 b	2형 잇수 10 큰지름 d_2	나비 b
11	-	-	-	-	-	-	14	3	-	-	-	-
13	-	-	-	-	-	-	16	3.5	-	-	-	-
16	-	-	-	-	-	-	20	4	-	-	-	-
18	-	-	-	-	-	-	22	5	-	-	-	-
21	-	-	-	-	-	-	25	5	-	-	-	-
13	26	6	-	-	-	-	28	6	-	-	-	-
26	30	6	-	-	-	-	32	6	-	-	-	-
28	32	7	-	-	-	-	34	7	-	-	-	-
32	36	8	36	6	-	-	38	8	38	6	-	-
36	40	8	40	7	-	-	42	8	42	7	-	-
42	46	10	46	8	-	-	48	10	48	8	-	-
46	50	12	50	9	-	-	54	12	54	9	-	-
52	58	14	58	10	-	-	60	14	60	10	-	-
56	62	14	62	10	-	-	65	14	65	10	-	-
62	68	16	68	12	-	-	72	16	72	12	-	-
72	78	18	-	-	78	12	82	18	-	-	82	12
82	88	20	-	-	88	12	92	20	-	-	92	12
92	98	22	-	-	98	14	102	22	-	-	102	14
102	-	-	-	-	108	16	-	-	-	-	112	16
112	-	-	-	-	120	18	-	-	-	-	125	18

> **Solution**

(1) $T = 974 \times 9.8 \dfrac{H_k w}{N} = 974 \times 9.8 \times \dfrac{8}{300} = 254.54\, J$

(2) $T = \eta q(h-2c) \iota Z \dfrac{d_1 + d_2}{4}$

$254.54 \times 10^3 = 0.75 \times 35 \times (2 - 2 \times 0.15) \times 58 \times 6 \times \dfrac{d_1 + d_2}{4}$

$d_1 + d_2 = 65.56\,\text{mm}$

표로부터 스플라인의 규격 선정 $d_2 = 36\,\text{mm}$, $d_1 = d = 32\,\text{mm}$

호칭지름 $d = 32\,\text{mm}$

02 지름 50mm의 전동축으로 400rpm, 7.35kW를 전달할 때 묻힘키 $b \times h = 12\text{mm} \times 10\text{mm}$를 사용한다. 묻힘키의 허용전단응력 $\tau_a = 8 MPa$, 허용압축응력 $\sigma_{ca} = 20 MPa$이다. 다음을 구하라.(단, 키의 묻힘깊이는 $\dfrac{h}{2}$ 이다.)[4점]

(1) 축 토크 T (J)?

(2) 묻힘키의 길이 L (mm)?

> **Solution**

(1) $T = 974 \times 9.8 \dfrac{H_k w}{N} = 974 \times 9.8 \times \dfrac{7.35}{400} = 175.39\, J$

(2) $\tau_a = \dfrac{2T}{bLd}$, $8 = \dfrac{2 \times 175.39 \times 10^3}{12 \times L \times 50}$, $L = 73.08\,\text{mm}$

$\sigma_{ca} = \dfrac{4T}{hLd}$, $20 = \dfrac{4 \times 175.39 \times 10^3}{10 \times L \times 50}$, $L = 70.16\,\text{mm}$

73.08mm와 70.16mm 중 안정상 큰 값 선택, $L = 73.08\,\text{mm}$

03 공구압력각이 14.5°, 작은 기어의 잇수 16개, 큰 기어의 잇수 28개, 2개의 기어가 서로 외접상태에 있는 전위기어를 제작하고자 한다. 모듈은 3이고 아래의 인벌류트 함수표를 참조하여 다음을 구하라. [5점]

(1) 언더컷을 일으키지 않기 위한 두 기어의 이론 전위계수 x_1 과 x_2 = ?(단, 소수점 아래 5자리까지 계산하라.)

(2) 아래 인벌류트함수표를 이용하여 중심거리 C (mm)?

(3) 기어의 총 이 높이 H (mm)? (단, 기어의 조립부 간격, c_k = 0.25m, m은 모듈이다.)

인벌류트 함수표

α	inv α	α	inv α	α	inv α	α	inv α
10.00	0.0017941	12.00	0.0031171	14.00	0.0049819	16.00	0.0074917
.05	0.0018213	.05	0.0031567	.05	0.0050364	.05	0.0075647
.10	0.0018489	.10	0.0031966	.10	0.0050912	.10	0.0076372
.15	0.0018767	.15	0.0032369	.15	0.0051465	.15	0.0077101
.20	0.0019048	.20	0.0032775	.20	0.0052022	.20	0.0077835
.25	0.0019332	.25	0.0033185	.25	0.0052582	.25	0.0078574
.30	0.0019619	.30	0.0033598	.30	0.0053147	.30	0.0079318
.35	0.0019909	.35	0.0034014	.35	0.0053716	.35	0.0080067
.40	0.0020201	.40	0.0034434	.40	0.0054290	.40	0.0080820
.45	0.0020496	.45	0.0034858	.45	0.0054867	.45	0.0081578
.50	0.0020795	.50	0.0035285	.50	0.0055448	.50	0.0082342
.55	0.0021096	55	0.0035716	55	0.0056034	55	0.0083110
.60	0.0021400	.60	0.0036150	.60	0.0056624	.60	0.0083883
.65	0.0021707	.65	0.0036588	.65	0.0057218	.65	0.0084661
.70	0.0022017	.70	0.0037029	.70	0.0057817	.70	0.0085444
.75	0.0022330	.75	0.0037474	.75	0.0058420	.75	0.0086232
.80	0.0022646	.80	0.0037923	.80	0.0059027	.80	0.0087025
.85	0.0022966	.85	0.0038375	.85	0.0059638	.85	0.0087823
.90	0.0023288	.90	0.0038831	.90	0.0060254	.90	0.0088626
.95	0.0023613	.95	0.0039291	.95	0.0060874	.95	0.0089434
18.00	0.0107604	20.00	0.0149044	22.00	0.0200538	24.00	0.0263497
.05	0.0108528	.05	0.0150203	.05	0.0201966	.05	0.0265231
.10	0.0109458	.10	0.0151369	.10	0.0203401	.10	0.0266973
.15	0.0110393	.05	0.0152540	.15	0.0204844	.15	0.0268723
.20	0.0111334	.20	0.0153719	.20	0.0206294	.20	0.0270481
.25	0.0112280	.25	0.0154903	.25	0.0207750	.25	0.0272248
.30	0.0113231	.30	0.0156094	.30	0.0209215	.30	0.0274023
.35	0.0114189	.35	0.0157291	.35	0.0210686	.35	0.0275806
.40	0.0115151	.40	0.0158495	.40	0.0212165	.40	0.0277598
.45	0.0116120	.45	0.0159705	.45	0.0213651	.45	0.0279398
.50	0.0117094	.50	0.0160922	.50	0.0215145	.50	0.0281206
.55	0.0118074	55	0.0162145	55	0.0216646	55	0.0283023

> Solution

(1) $x_1 = 1 - \dfrac{Z_1}{2}\sin^2\alpha = 1 - \dfrac{12}{2} \times (\sin 14.5°)^2 = 0.62386$

(2) $x_2 = 1 - \dfrac{Z_2}{2}\sin^2\alpha = 1 - \dfrac{28}{2} \times (\sin 14.5°)^2 = 0.12234$

$$\in_{va_b} = 2\tan\alpha \cdot \left(\dfrac{x_1+x_2}{z_1+z_2}\right) + \in_{va}$$
$$= 2 \times \tan 14.5° \times \left(\dfrac{0.62386+0.12234}{12+28}\right) + 0.0055448$$
$$= 0.0151970$$

인벌류트 함수표로부터, $\alpha_b = 20.15°$

$$y = \dfrac{z_1+z_2}{2} \cdot \left(\dfrac{\cos\alpha}{\cos\alpha_b} - 1\right) = \dfrac{12+28}{2} \cdot \left(\dfrac{\cos 14.5°}{\cos 20.15°} - 1\right) = 0.62535$$

$$C = m\left(\dfrac{z_1+z_2}{2}\right) + ym = 3 \times \dfrac{12+28}{2} + 0.62535 \times 3 = 61.88\text{mm}$$

(3) $H = (2m+c_k) - (x_1+x_2-y)m$
$= (2\times 3 + 0.25 \times 3) - (0.62386 + 0.12234 - 0.62535) \times 3$
$= 6.39\text{mm}$

04 그림과 같은 원판 무단변속장치에서 원동차의 지름 500mm, 회전수 1500rpm, 종동차의 폭 40mm, 지름 530mm, 종동차의 이동범위 40mm≤ x ≤190mm, 마찰계수 μ=0.2, 허용선압력 19.6N/mm로 할 때 다음을 구하라.[4점]

(1) 종동차의 최소회전수와 최대회전수
NB_{min}(rpm), NB_{max}(rpm)?

(2) 최소 전달동력과 최대 전달동력
K_{min}(kW), K_{max}(kW)?

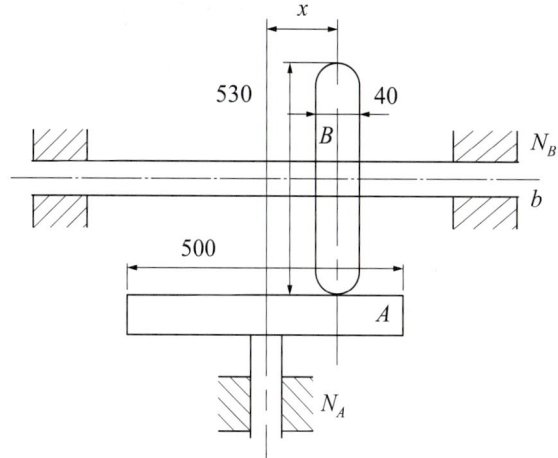

Solution

(1) $N_{B_{min}} = N_A \dfrac{2x_{min}}{D_B} = 1500 \times \dfrac{2 \times 40}{530} = 113.21 \text{rpm}$

$N_{B_{max}} = N_A \dfrac{2x_{max}}{D_B} = 1500 \times \dfrac{2 \times 190}{530} = 1075.47 \text{rpm}$

(2) $H_{min} = \mu W V_{min} = \mu f_a b \dfrac{\pi D_B N_{Bmin}}{60 \times 1000}$

$= 0.2 \times 19.6 \times 40 \times \dfrac{\pi \times 530 \times 113.21}{60 \times 1000} \times 10^{-3} = 0.49 \text{kW}$

$H_{max} = \mu f_a b \dfrac{\pi D_B N_{Bmax}}{60 \times 1000}$

$= 0.2 \times 19.6 \times 40 \times \dfrac{\pi \times 530 \times 1075.47}{60 \times 1000} \times 10^{-3} = 4.68 \text{kW}$

05 50번 롤러 체인을 사용해 스프라켓 잇수 17, 750rpm의 구동축에서 250rpm의 종동축으로 동력을 전달하고자 한다. 축간거리가 820mm일 때 다음을 구하라. (단, 체인의 피치는 15.88mm이다.)[4점]

(1) 체인의 평균회전속도 V (m/sec)?

(2) 체인의 링크수와 체인의 길이를 구하라. (단, 링크수는 짝수로 계산하라.)

Solution

(1) $V = \dfrac{pZ_1N_1}{60 \times 1000} = \dfrac{15.88 \times 17 \times 750}{60 \times 1000} = 3.37 \text{m/sec}$

(2) $i = \dfrac{N_2}{N_1} = \dfrac{Z_1}{Z_2}, \dfrac{250}{750} = \dfrac{17}{Z_2}, Z_2 = 51$

$L_n = \dfrac{2C}{p} + \dfrac{Z_1+Z_2}{2} + \dfrac{0.0257p(Z_2+Z_1)^2}{C}$

$= \dfrac{2 \times 820}{15.88} + \dfrac{17+51}{2} + \dfrac{0.0257 \times 15.88(51+17)^2}{820} = 137.85 ≒ 138$

$L = L_np = 138 \times 15.88 = 2191.44 \text{mm}$

06 드럼 축에 147J의 토크가 작용하는 그림과 같은 외작용선용 블록 브레이크가 있다. 블록과 드럼의 접촉면 마찰계수가 0.25일 때 다음을 구하라. (단, 드럼의 회전수는 300rpm, 브레이크 용량은 5.89MPa·m/sec이다.)[4점]

(1) 레버에 작용하는 힘 F (N)?

(2) 브레이크 블록의 길이가 75mm일 때 브레이크 블록의 b (mm)?

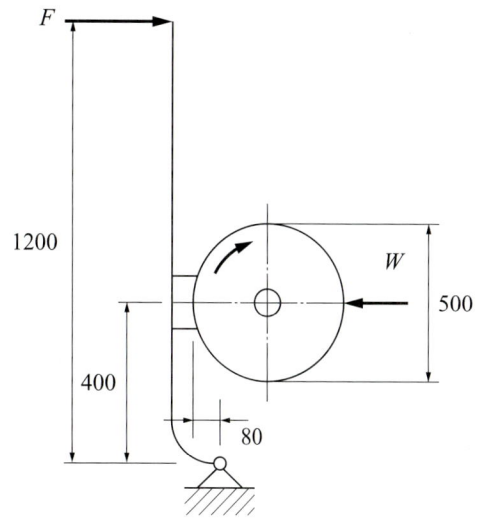

Solution

(1) $N_{B_{\min}} = N_A \dfrac{2x_{\min}}{D_B} = 1500 \times \dfrac{2 \times 40}{530} = 113.21 \text{rpm}$

$N_{B_{\max}} = N_A \dfrac{2x_{\max}}{D_B} = 1500 \times \dfrac{2 \times 190}{530} = 1075.47 \text{rpm}$

(2) $H_{\min} = \mu W V_{\min} = \mu f_a b \dfrac{\pi D_B N_{B\min}}{60 \times 1000}$

$= 0.2 \times 19.6 \times 40 \times \dfrac{\pi \times 530 \times 113.21}{60 \times 1000} \times 10^{-3} = 0.49 \text{kW}$

$H_{\max} = \mu f_a b \dfrac{\pi D_B N_{B\max}}{60 \times 1000}$

$= 0.2 \times 19.6 \times 40 \times \dfrac{\pi \times 530 \times 1075.47}{60 \times 1000} \times 10^{-3} = 4.68 \text{kW}$

07 180.42N의 최대하중을 받는 원통코일 스프링의 평균지름이 40mm, 스프링 지수가 8, 유효권수가 6일 때 다음을 구하라.(단, 코일의 횡탄성계수 G=78.4GPa이다.)[4점]

(1) 코일 스프링의 허용 가능한 최대전단응력 τ_{max} (MPa)?

(2) 스프링상수 k (N/mm)?

Solution

(1) $C = \dfrac{D}{d}$, $d = \dfrac{40}{12.5} = 5\text{mm}$

$K = \dfrac{4C-1}{4C-4} + \dfrac{0.615}{C} = \dfrac{4 \times 8 - 1}{4 \times 8 - 4} + \dfrac{0.615}{8} = 1.18$

$\tau_{max} = K\dfrac{16PR}{\pi d^3} = 1.18 \times \dfrac{16 \times 180.42 \times 20}{\pi \times 5^3} = 173.48\text{MPa}$

(2) $P = k\delta = k \cdot \dfrac{64nPR^3}{Gd^4}$, $k = \dfrac{Gd^4}{64nR^3}$

$k = \dfrac{78.4 \times 10^3 \times 5^4}{64 \times 6 \times 20^3} = 15.95\text{N/mm}$

---

08 150rpm으로 49kN의 베어링 하중을 지지하는 엔드저널베어링이 있다. 허용압력속도계수 $p_aV=1.96MPa \cdot m/s$, 저널의 허용굽힘응력 $\sigma_b=58.8MPa$일 때 다음을 구하라.[4점]

(1) 저널길이 l (mm)?

(2) 저널직경 d (mm)?

(3) 베어링압력 p (MPa)?

Solution

(1) $p_aV = \dfrac{W}{dl} \cdot \dfrac{\pi dN}{60 \times 1000}$

$1.96 = \dfrac{49 \times 10^3}{l} \times \dfrac{\pi \times 150}{60 \times 1000}$, $l = 196.35\text{mm}$

(2) $\sigma_b = \dfrac{16Wl}{\pi d^3}$, $58.8 = \dfrac{16 \times 49 \times 10^3 \times 196.35}{\pi \times d^3}$, $d = 94.1\text{mm}$

(3) $p = \dfrac{W}{dl} = \dfrac{49 \times 10^3}{91 \times 196.35} = 2.65\text{MPa}$

09 1줄 겹치기리벳 이음의 강판 두께 12mm, 리벳직경 25mm, 피치 50mm, 1피치당 하중 24.5kN 일 때 다음을 구하라.[5점]

(1) 강판의 인장응력 σ_t (MPa)?

(2) 리벳의 전단응력 τ_r (MPa)?

(3) 리벳 이음을 한 강판의 효율 η_p (%)?

◆Solution

(1) $\sigma_t = \dfrac{W}{(p-d)t} = \dfrac{24.5 \times 10^3}{(50-25) \times 12} = 81.67\text{MPa}$

(2) $\tau_r = \dfrac{4W}{\pi d^2} = \dfrac{4 \times 24.5 \times 10^3}{\pi \times 25^2} = 49.91\text{MPa}$

(3) $\eta_p = 1 - \dfrac{d}{p} = (1 - \dfrac{25}{50}) \times 100 = 50\%$

10 1500rpm, 2.2kW의 구동축과 30° 경사진 종동축을 갖는 유니버셜조인트에서 다음을 구하라. (단, 축의 전단응력은 30MPa이다.)[4점]

(1) 종동축의 순간 최소회전수($N_{2\min}$, rpm)와 최고회전수($N_{2\max}$, rpm)를 구하라.

(2) 전달동력과 전단응력을 이용해 종동축의 축지름 d (mm)?

◆Solution

(1) $N_{2\min} = N_1 \cos\alpha = 1500 \times \cos 30° = 1299.04\text{rpm}$

$N_{2\max} = \dfrac{N_1}{\cos\alpha} = \dfrac{1500}{\cos 30°} = 1732.05\text{rpm}$

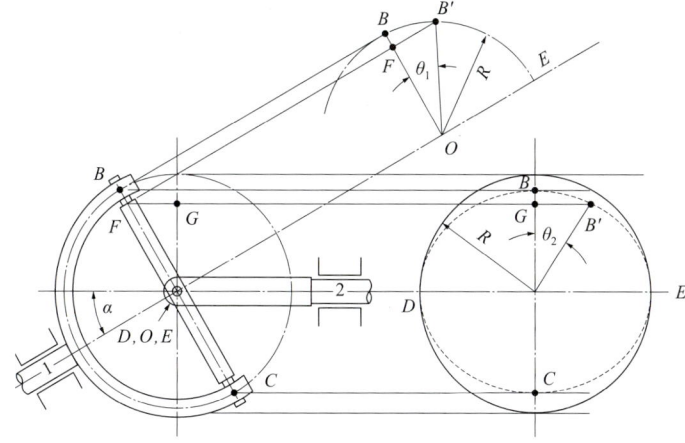

(2) $T_2 = 974000 \times 9.8 \times \dfrac{H_{kW}}{N_{2\min}} = \tau_a \dfrac{\pi d^3}{16}\text{t}$

$974000 \times 9.8 \times \dfrac{2.2}{1299.04} = 30 \times \dfrac{\pi d^3}{16}$, $d = 14\text{mm}$

11 안지름 500mm, 내압 980kPa의 압력용기가 16개의 볼트로 체결되어 있다. 볼트 재료의 허용인장응력이 47.04MPa이고 볼트의 강성계수가 8.4×10^9N/m, 가스켓의 강성계수는 9.6×10^9N/m일 때 다음을 구하라. (단, 볼트에 가해지는 최대하중은 내압에 의해 볼트 1개에 가해지는 하중의 2/3배로 한다.)[4점]

(1) 볼트의 골지름 d_1(mm)?

(2) 볼트에 작용하는 초기하중 Q_i (N)?

Solution

(1) 내압에 의해 발생하는 하중

$$Q = P\frac{\pi D^2}{4} = 10^{-3} \times \frac{\pi \times 500^2}{4} \times 10^{-3} = 192.42 \text{kN}$$

볼트에 가해지는 최대하중

$$Q_{max} = \frac{2}{3}\frac{Q}{Z} = \frac{2}{3} \times \frac{192.42 \times 10^3}{16} = 8017.5\text{N}$$

$$\sigma_{ta} = \frac{Q_{max}}{A}, \ = 47.04 = \frac{4 \times 8017.5}{\pi \times d_1^2}, \ d_1 = 14.73\text{mm}$$

(2) 발생된 내압력 중 볼트 1개가 받는 하중

$$Q_b = \frac{Q}{Z}\frac{k_b}{k_b+k_g} = \frac{192.42 \times 10^3}{16} \times \frac{8.4 \times 10^9}{(8.4+9.6) \times 10^9} = 5612.25\text{N}$$

$$Q_{max} = Q_i + Q_b, \ Q_i = 8017.5 - 5612.25 = 2405.25\text{N}$$

12 축지름 90mm의 클램프 커플링에서 볼트 6개를 사용하여 동력을 전달하고자 한다. 다음을 구하라. (단, 마찰계수는 0.2, 볼트의 골지름은 22.2mm이다.)[4점]

(1) 볼트의 허용인장응력이 34MPa일 때 최대 전달토크 T (J)?

(2) 전달동력 27kW, 회전수 240rpm으로 클램프 커플링을 사용할 수 있는지 판단하라.

Solution

(1) $T = \pi\mu Q \frac{Z}{2}\frac{d}{2} = \pi\mu\sigma_{ta}\frac{\pi\delta_1^2}{4}\frac{Z}{2}\frac{d}{2}$

$= \pi \times 0.2 \times 34 \times \frac{\pi \times 22.2^2}{4} \times \frac{6}{2} \times \frac{90}{2} = 1,116,319.17 \text{N·mm}$

$T = 1,1116.32\text{J}$

(2) 축 토크 $T_s = 974 \times 9.8\frac{H_{kW}}{N} = 974 \times 9.8 \times \frac{27}{240} = 1,073.84\text{J}$

$T > T_s$ 이므로 사용가능

2022 과년도문제(2회)

01 그림과 같은 편심하중 $W=30\text{kN}$을 받는 리벳 이음에서 다음을 구하라.[4점]

(1) 리벳에 작용하는 최대전단력 F [kN]=?

(2) 리벳의 최대 전단응력 τ [MPa]?
   (단, 리벳의 직경은 24mm이다.)

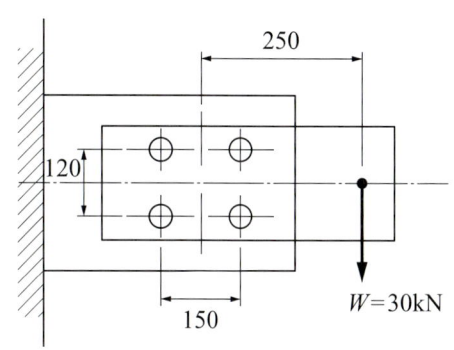

Solution

(1) 직접전단하중 $F_1 = \dfrac{W}{Z} = \dfrac{30}{4} = 7.5\text{kN}$

비틀림전단하중 F_2, $T = WL = 4F_2 r$

$r = \sqrt{75^2 + 60^2} = 96.05\text{mm}$

$30 \times 250 = 4 \times F_2 \times 96.05$, $F_2 = 19.52\text{kN}$

최대 전단하중 $F = \sqrt{F_1^2 + F_2^2 + 2F_1 F_2 \cos\theta}$

$F = \sqrt{7.5^2 + 19.52^2 + 2 \times 7.5 \times 19.52 \times \dfrac{75}{96.05}} = 25.81\text{kN}$

(2) $\tau = \dfrac{F}{\pi d^2/4} = \dfrac{4 \times 25.81 \times 10^3}{\pi \times 24^2} = 57.05\text{MPa}$

02 그림과 같은 블록 브레이크에서 a는 900mm, b는 200mm, c는 24mm이고 드럼의 직경은 200mm이다. 다음을 구하라. (단, 제동동력은 2.3kW이고, 드럼의 회전수는 360rpm이다.)[4점]

(1) 브레이크의 제동토크 T [J]=?

(2) 레버에 작용하는 조작력 F [N]=? (단, 블록과 드럼사이의 마찰계수는 0.25이다.)

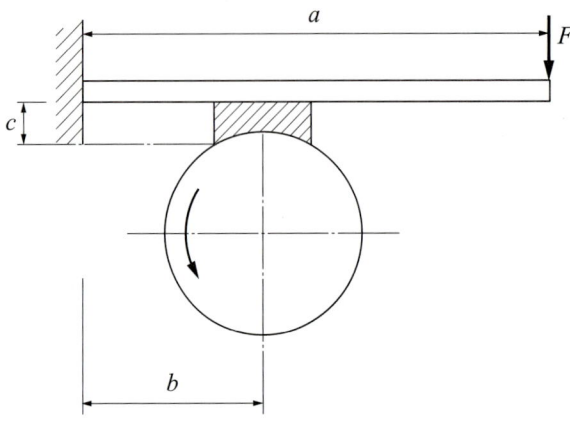

Solution

(1) $T = 974 \times 9.8 \dfrac{H_{kW}}{N} = 974 \times 9.8 \times \dfrac{2.3}{360} = 60.98 \text{J}$

$T = Q\dfrac{D}{2}$, $Q = \dfrac{60.98 \times 1000 \times 2}{200} = 609.8 \text{N}$

$Fa - Wb + \mu Wc$, $F = \dfrac{W}{a}(b - \mu c) = \dfrac{Q}{\mu a}(b - \mu c)$

$F = \dfrac{609.8}{0.25 \times 900} \times (200 - 0.25 \times 24) = 525.78 \text{N}$

03 공구압력각이 14.5°, 소기어의 잇수 16, 대기어의 잇수 28인 두 기어가 외접상태에 있는 전위기어를 제작하고자 한다. 모듈은 4이고 아래의 인벌류트 함수표를 참조하여 다음을 구하라. [5점]

(1) 언더컷을 일으키지 않기 위한 두 기어의 이론 전위계수 x_1 과 x_2 =? (단, 답은 소수점 이하 5자리까지 적어라.)

(2) 백래시(치면놀이)가 0일 때 두 기어의 중심거리 C (mm)=?

(3) 기어의 총 이높이 H (mm)=? (단, 기어 조립부 간격이다. 여기서, m은 C_k=0.25m 모듈이다.)

인벌류트 함수표

α	inv α	α	inv α	α	inv α	α	inv α
10.00	0.0017941	12.00	0.0031171	14.00	0.0049819	16.00	0.0074917
.05	0.0018213	.05	0.0031567	.05	0.0050364	.05	0.0075647
.10	0.0018489	.10	0.0031966	.10	0.0050912	.10	0.0076372
.15	0.0018767	.15	0.0032369	.15	0.0051465	.15	0.0077101
.20	0.0019048	.20	0.0032775	.20	0.0052022	.20	0.0077835
.25	0.0019332	.25	0.0033185	.25	0.0052582	.25	0.0078574
.30	0.0019619	.30	0.0033598	.30	0.0053147	.30	0.0079318
.35	0.0019909	.35	0.0034014	.35	0.0053716	.35	0.0080067
.40	0.0020201	.40	0.0034434	.40	0.0054290	.40	0.0080820
.45	0.0020496	.45	0.0034858	.45	0.0054867	.45	0.0081578
.50	0.0020795	.50	0.0035285	.50	0.0055448	.50	0.0082342
.55	0.0021096	55	0.0035716	55	0.0056034	55	0.0083110
.60	0.0021400	.60	0.0036150	.60	0.0056624	.60	0.0083883
.65	0.0021707	.65	0.0036588	.65	0.0057218	.65	0.0084661
.70	0.0022017	.70	0.0037029	.70	0.0057817	.70	0.0085444
.75	0.0022330	.75	0.0037474	.75	0.0058420	.75	0.0086232
.80	0.0022646	.80	0.0037923	.80	0.0059027	.80	0.0087025
.85	0.0022966	.85	0.0038375	.85	0.0059638	.85	0.0087823
.90	0.0023288	.90	0.0038831	.90	0.0060254	.90	0.0088626
.95	0.0023613	.95	0.0039291	.95	0.0060874	.95	0.0089434
19.00	0.0127151	21.00	0.0173449	23.00	0.0230491	25.00	0.0299754
.05	0.0128189	.05	0.0174738	.05	0.0232067	.05	0.0301655
.10	0.0129232	.10	0.0176034	.10	0.0233651	.10	0.0303566
.15	0.0130281	.05	0.0177337	.15	0.0235242	.15	0.0305485
.20	0.0131336	.20	0.0178646	.20	0.0236842	.20	0.0307413
.25	0.0132398	.25	0.0179963	.25	0.0238449	.25	0.0309350
.30	0.0133465	.30	0.0181286	.30	0.0240063	.30	0.0311295
.35	0.0134538	.35	0.0182616	.35	0.0241686	.35	0.0313250
.40	0.0135617	.40	0.0183953	.40	0.0243316	.40	0.0315213
.45	0.0136702	.45	0.0185296	.45	0.0244954	.45	0.0317185
.50	0.0137794	.50	0.0186647	.50	0.0246600	.50	0.0319166
.55	0.0138891	55	0.0188004	55	0.0248254	55	0.0321156

◆ Solution

(1) $x_1 = 1 - \dfrac{Z_1}{2}\sin^2\alpha = 1 - \dfrac{16}{2} \times (\sin 14.5°)^2 = 0.49848$

(2) $x_2 = 1 - \dfrac{Z_2}{2}\sin^2\alpha = 1 - \dfrac{28}{2} \times (\sin 14.5°)^2 = 0.12234$

$\text{inv}\alpha_b = 2\tan\alpha \cdot \dfrac{x_1 + x_2}{Z_1 + Z_2} + \text{inv}\alpha$

$= 2 \times \tan 14.5° \times (\dfrac{0.49848 + 0.12234}{16 + 28}) + 0.0055448$

$= 0.0128428,\ \alpha_b = 19.05°$

중심거리 증가계수

$y = \dfrac{z_1 + z_2}{2} \cdot (\dfrac{\cos\alpha}{\cos\alpha_b} - 1) = \dfrac{16 + 28}{2} \times (\dfrac{\cos 14.5°}{\cos 19.05°} - 1) = 0.5333$

중심거리 $C = m(\dfrac{z_1 + z_2}{2} + y) = 4 \times (\dfrac{16 + 28}{2} + 0.5333) = 90.13\text{mm}$

(3) $H = (2m + c_k) - m(x_1 + x_2 - y)$
   $= (2 \times 4 + 0.25 \times 4) - 4 \times (0.49848 + 0.12234 - 0.5333)$
   $= 8.65\text{mm}$

04 코터이음에서 축에 작용하는 인장하중 39.24kN, 소켓의 바깥지름 130mm, 로드의 지름 65mm, 코터의 나비 65mm, 코터의 두께 20mm, 축지름 60mm일 때 다음을 구하라.[4점]

(1) 코터 구멍부분의 소켓의 인장응력 σ_t (MPa)?

(2) 코터의 굽힘응력 σ_b (MPa)?

◆ Solution

(1) $\sigma_t = \dfrac{W}{\dfrac{\pi}{4}(D^2 - d^2) - (D - d)t}$

$= \dfrac{39.24 \times 10^3}{\dfrac{\pi}{4}(130^2 - 65^2) - (130 - 65) \times 20} = 4.53\text{MPa}$

(2) $\sigma_b = \dfrac{M}{Z} = \dfrac{6 \cdot WD}{tb^2 \cdot 8} = \dfrac{6 \times 39.24 \times 10^3 \times 130}{20 \times 65^2 \times 8} = 45.28\text{MPa}$

05 외경이 50mm인 중공축이 270J의 굽힘 모멘트와 88J의 비틀림 모멘트를 동시에 받고 있을 때 다음을 구하라. (단, 축의 허용비틀림응력 τ_a = 0.8MPa이다.)[5점]

(1) 상당 비틀림 모멘트 T_e (J)?
(2) 상당 굽힘 모멘트 M_e (J)?
(3) 종공축의 안지름 d_1 (mm)?

Solution

(1) $T_e = \sqrt{M^2+T^2} = \sqrt{270^2+88^2} = 283.98$ J

(2) $M_e = \frac{1}{2}(M+\sqrt{M^2+T^2}) = \frac{1}{2}(270+\sqrt{270^2+88^2}) = 276.99$ J

(3) $\tau_a = \frac{T_e}{Z_p} = \frac{16T_e}{\pi\, d_2^3\,(1-x^4)}$, $0.8 = \frac{16 \times 283.98}{\pi \times 50^3 \times (1-x^4)}$

$x = 0.99636$, $d_1 = xd_2 = 0.99636 \times 50 = 49.82$ mm

---

06 축각 80°, 모듈 m=5, 피니언의 잇수 20, 기어의 잇수 60인 베벨기어에서 다음을 구하라.[4점]

(1) 기어의 바깥지름 D_{o2} (mm)?
(2) 피니언의 원추모선의 길이 L (mm)?
(3) 피니언의 상당 스퍼기어 잇수 Z_{e1}?

Solution

(1) $i = \frac{Z_1}{Z_2} = \frac{20}{60} = \frac{1}{3}$

$\tan\gamma_1 = \frac{\sin\Sigma}{\frac{1}{i}+\cos\Sigma}$, $\gamma_1 = \tan^{-1}(\frac{\sin 80°}{3+\cos 80°}) = 71.24°$

$\gamma_2 = \Sigma - \gamma_1 = 80° - 17.24° = 62.76°$

$D_{o2} = m(Z_2 + 2\cos\gamma_2) = 5 \times (60 + 2 \times \cos 62.76°) = 304.58$ mm

(2) $L = \frac{D_1}{2\sin\gamma_1} = \frac{5 \times 20}{2 \times \sin 17.24°} = 168.71$ mm

(3) $Z_{e1} = \frac{Z_1}{\cos\gamma_1} = \frac{20}{\cos 17.24°} = 20.94 \simeq 21$

07 50번 롤러체인(파단하중 21.67kN, 피치 15.88mm)의 스프라켓 휠의 잇수 Z_1=18, Z_2=60이고 중심거리 800mm이며 구동 스프라켓 휠의 회전수는 800rpm이다. 다음을 구하라. (단, 안전율은 15로 한다.)[4점]

(1) 전달동력 H (kN)?

(2) 링크 수 L_n (개)?

◆Solution

(1) $H = FV = \dfrac{P}{S} \times \dfrac{pZ_1N_1}{60 \times 1000} = \dfrac{21.67}{15} \times \dfrac{15.88 \times 18 \times 800}{60 \times 1000} = 5.51\text{kW}$

(2) $L_n = \dfrac{2C}{p} + \dfrac{Z_1+Z_2}{2} + \dfrac{0.0257p(Z_2+Z_1)^2}{C}$

$= \dfrac{2 \times 800}{15.88} + \dfrac{18+60}{2} + \dfrac{0.0257 \times 15.88 \times (60+18)^2}{800} = 140.65 ≒ 141$개

08 회전수 350rpm, 풀리의 지름 450mm인 원동 풀리로부터 축간거리 4m의 종동 풀리에 가죽벨트로 3.8kW를 전달하는 평벨트 전동장치가 있다. 다음을 구하라. (단, 종동 풀리의 지름은 650mm, 장력비 1.86, 가죽벨트의 허용인장응력 2.0MPa, 이음효율은 80%, 벨트의 두께가 9mm이다.) [4점]

(1) 벨트의 유효장력 P_e (N)?

(2) 벨트의 폭 b (mm)?

◆Solution

(1) $V = \dfrac{\pi D_1 N_1}{60 \times 1000} = \dfrac{\pi \times 450 \times 350}{60 \times 1000} = 8.24\text{m/sec}$

$H_{kw} = P_e V$, $\ 3.8 \times 1000 = P_e \times 8.24$, $P_e = 461.17\text{N}$

(2) $T_t = P_e \dfrac{e^{\mu\theta}}{e^{\mu\theta}-1} = 461.17 \times \dfrac{1.86}{1.86-1} = 997.41\text{N}$

$\sigma_a = \dfrac{T_t}{bt\eta}$, $\ 2.0 = \dfrac{997.41}{b \times 9 \times 0.8}$, $b = 69.26\text{mm}$

09 수나사의 유효지름 65mm, 피치 10mm인 나사잭을 사용하여 13kN을 들어 올릴 때 다음을 구하라. (단, 나사부 마찰계수 0.15, 칼라부 마찰계수는 0.11, 칼라부 유효직경은 80mm이다.)[4점]

(1) 나사잭의 회전토크 T (J)?

(2) 나사잭의 효율 η (%)?

Solution

(1) $T = Q\left(\dfrac{\mu\pi d_2 + p}{\pi d_2 - \mu p} + \mu_c \dfrac{d_c}{2}\right)$

$= 13 \times \left(\dfrac{\pi \times 0.15 \times 65 + 10}{\pi \times 65 - 0.15 \times 10} \times \dfrac{65}{2} + 0.11 \times \dfrac{80}{2}\right) = 141.89 \text{J}$

(2) $\eta = \dfrac{Qp}{2\pi T} = \dfrac{13 \times 10}{2 \times \pi \times 141.89} \times 100 = 14.58\%$

10 150rpm으로 회전하는 깊은 홈 볼베어링의 기본동정격 하중이 45kN일 때 레이디얼 하중이 8kN, 10kN, 12kN으로 주기적 반복 변동한다. 이때 다음을 구하라. (단, 베어링 하중계수 $f\omega = 1.3$이다.) [4점]

(1) 베어링의 평균유효하중 P_m (kN)?

(2) 베어링의 수명시간 L_h (h)?

Solution

(1) $P_m = \dfrac{P_{\min} + 2P_{\max}}{3} = \dfrac{8 + 2 \times 12}{3} = 10.67 \text{kN}$

(2) $L_h = 500\left(\dfrac{C}{f_\omega P_m}\right)^n \dfrac{33.3}{N} = 500 \times \left(\dfrac{45}{1.3 \times 10.67}\right)^3 \times \dfrac{33.3}{150} = 3,789.98 \text{h}$

11 300mm, 500rpm의 원통마찰차로 3kW의 동력을 전달하고자 한다. 다음을 구하라. (단, 접촉부 마찰계수는 0.3, 마찰차의 허용선압은 12.5N/mm이다.)[4점]

(1) 마찰차의 전달속도 V (m/sec)?
(2) 접촉폭 b (mm)?

Solution

(1) $V = \dfrac{\pi DN}{60 \times 1000} = \dfrac{\pi \times 300 \times 500}{60 \times 1000} = 7.85 \text{m/sec}$

(2) $H_{kW} = \mu WV$, $3 \times 10^3 = 0.3 \times W \times 7.85$, $W = 1,273.89\text{N}$

$b = \dfrac{W}{f} = \dfrac{1,273.89}{12.5} = 101.91\text{mm}$

12 원통코일 스프링에 25N의 하중이 작용하여 늘어난 길이가 10mm, 평균 원통코일의 직경이 10mm, 소선의 직경이 2mm일 때 다음을 구하라. (단, 코일의 횡탄성계수는 8×10^4 MPa이다.) [4점]

(1) 코일의 유효권수 n ?
(2) 코일에 작용하는 최대전단응력 τ_{max} (MPa)?

Solution

(1) $\delta = \dfrac{64nPR^3}{Gd^4}$, $10 = \dfrac{64 \times n \times 25 \times 5^3}{8 \times 10^4 \times 2^4}$, $n = 64$

(2) $C = \dfrac{D}{d} = \dfrac{10}{2} = 5$

$K = \dfrac{4C-1}{4C-4} + \dfrac{0.615}{C} = \dfrac{4 \times 5 - 1}{4 \times 5 - 4} + \dfrac{0.615}{5} = 1.31$

$\tau_{max} = K\dfrac{16PR}{\pi d^3} = 1.31 \times \dfrac{16 \times 25 \times 5}{\pi \times 2^3} = 104.25\text{MPa}$

2022 과년도문제(4회)

01 직경 48mm, 길이 0.8m의 축에 500N의 회전체가 0.3m와 0.5m 사이에 매달려 있을 때 다음을 구하라.(단, 축의 종탄성계수 E=206GPa이고 비중은 7.8이다.)[4점]

(1) 축의 자중만 고려시 위험속도 N_0 [rpm]?

(2) 축의 하중만 작용시 위험속도 N_1 [rpm]?

(3) 던커레이 식을 이용하여 위험속도 N [rpm]?

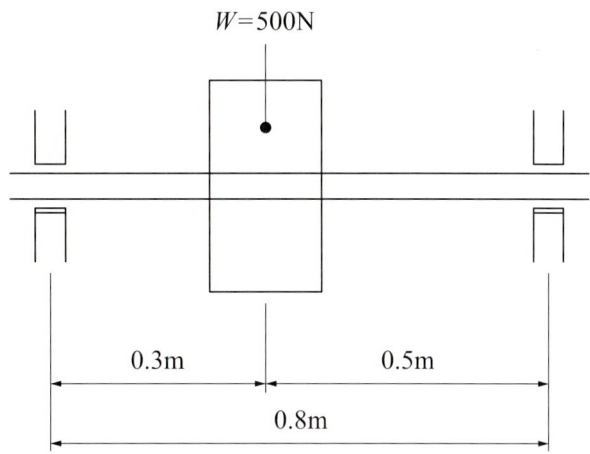

Solution

(1) $N_0 = 654 \dfrac{d^2}{l^2} \sqrt{\dfrac{E}{\omega}}$, $\omega = \gamma A = S\gamma_\omega A$

$= 654 \times \dfrac{48^2}{800^2} \times \sqrt{\dfrac{206 \times 10^5 \times 4}{7.8 \times 9800 \times 10^{-6} \times \pi \times 4.8^2}} = 9085.89 \text{rpm}$

(2) $N_1 = 114.6 d^2 \sqrt{\dfrac{El}{Wa^2b^2}}$

$= 114.6 \times 4.8^2 \times \sqrt{\dfrac{206 \times 10^5 \times 80}{500 \times 30^2 \times 50^2}} = 3195.73 \text{rpm}$

(3) $\dfrac{1}{N^2} = \dfrac{1}{N_0^2} + \dfrac{1}{N_1^2}$, $\dfrac{1}{N^2} = \dfrac{1}{9085.89^2} + \dfrac{1}{3195.73^2}$

$N = 3014.69 \text{rpm}$

02 공구압력각이 14.5°, 소기어의 잇수 20, 대기어의 잇수 30인 두 기어가 외접상태에 있는 전위기어를 제작하고자 한다. 모듈은 4이고 아래의 인벌류트 함수표를 참조하여 다음을 구하라.[4점]

(1) 구동기어와 피동기어의 이론전위계수 x_1 과 x_2 =? (단, 답은 소수점 이하 5자리까지 적어라.)
(2) 언더컷을 일으키지 않는 최소 중심거리 C (mm)=?

인벌류트 함수표

$\alpha[°]$	0	0.2	0.4	0.6	0.8
14.000	0.00498	0.00520	0.00543	0.00566	0.00590
15.000	0.00615	0.00640	0.00667	0.00693	0.00721
16.000	0.00749	0.00778	0.00808	0.00839	0.00870
17.000	0.00902	0.00936	0.00969	0.01004	0.01040
18.000	0.01076	0.01113	0.01152	0.01191	0.01231
19.000	0.01272	0.01313	0.01356	0.01400	0.01445
20.00k	0.01490	0.01537	0.01585	0.01634	0.01684
21.000	0.01734	0.01786	0.01840	0.01894	0.01949
22.000	0.02005	0.02063	0.02122	0.02182	0.02243
23.000	0.02305	0.02368	0.02433	0.02499	0.02566

Solution

(1) $x_1 = 1 - \dfrac{Z_1}{2}\sin^2\alpha = 1 - \dfrac{20}{2} \times (\sin 14.5)^2 = 0.37310$

(2) $x_2 = 1 - \dfrac{Z_2}{2}\sin^2\alpha = 1 - \dfrac{30}{2} \times (\sin 14.5)^2 = 0.05965$

$\mathrm{inv}\alpha_b = 2\tan\alpha \cdot \dfrac{x_1+x_2}{Z_1+Z_2} + \mathrm{inv}\alpha$

$= 2 \times \tan 14.5° \times \dfrac{0.37310+0.05965}{20+30} + \left(\dfrac{0.00543+0.00566}{2}\right) = 0.01002$

$\alpha_b = 17.6°$

중심거리 증가계수

$y = \dfrac{z_1+z_2}{2} \cdot \left(\dfrac{\cos\alpha}{\cos\alpha_b} - 1\right) = \dfrac{20+30}{2} \times \left(\dfrac{\cos 14.5°}{\cos 17.6°} - 1\right) = 0.39229$

중심거리 $C = m\left(\dfrac{z_1+z_2}{2}+y\right) = 4 \times \left(\dfrac{20+30}{2} + 0.39229\right) = 101.57\,\mathrm{mm}$

03 미터사다리꼴 나사잭의 바깥지름이 57mm, 유효지름이 51.5mm, 피치가 10mm의 한줄나사에 축 하중 W=4t일 때 다음을 구하라.(단, 나사부 마찰계수는 0.15, 나사산의 각도는 30°이다.)[5점]

(1) 나사부 전단력 P (N)?

(2) 비틀림 모멘트 T (J)

(3) 나사잭의 효율

◆ Solution

(1) $\mu' = FV = \dfrac{\mu}{\cos\dfrac{\beta}{2}} \times \dfrac{0.15}{\cos\left(\dfrac{30}{2}\right)} = 0.1553$

$P = W\dfrac{p+\mu'\pi d_2}{\pi d_2 - \mu' p} = 4 \times 1000 \times 9.8 \times \dfrac{10 + 0.1553 \times \pi \times 51.5}{\pi \times 51.5 - 0.1553 \times 10} = 8593.11\text{N}$

(2) $T = P \times \dfrac{d_2}{2} = 8593.11 \times \dfrac{51.5}{2} \times 10^{-3} = 221.27\text{J}$

(3) $\eta = \dfrac{Wp}{2\pi T} = \dfrac{4 \times 1000 \times 9.8 \times 10}{2 \times \pi \times 221.27 \times 10^3} \times 100 = 28.2\%$

04 300mm, 500rpm의 원통마찰차로 3kW의 동력을 전달하고자 한다. 다음을 구하라. (단, 접촉부 마찰계수는 0.27, 마찰차의 접촉폭은 120mm이다.)[4점]

(1) 마찰차를 밀어 붙이는 힘 W (N)?

(2) 접촉 선압력 f (N/mm)

◆ Solution

(1) $V = \dfrac{\pi DN}{60 \times 1000} = \dfrac{\pi \times 300 \times 500}{60 \times 1000} = 7.85\text{m/sec}$

$H_{kW} = \mu WV$, $3 \times 10^3 = 0.27 \times W \times 7.85$, $W = 1,415.43\text{N}$

(2) $f = \dfrac{W}{b} = \dfrac{1,415.43}{120} = 11.80\text{N/mm}$

05 3kW, 250rpm을 전달하는 전동축이 있다. 묻힘키의 폭 7mm, 높이 8mm이고 허용전단응력이 25MPa, 허용압축응력은 50MPa이다. 키홈이 없을 때 축 지름은 30mm, 키홈 붙이 축과 키홈이 없는 축의 탄성한도에 있어서 비틀림 강도의 비(Moore 계수) $\beta = 1 + 0.2\frac{b}{d_0} + 1.1\frac{t}{d_0}$이고 키홈을 고려한 축 지름 $d = \beta d_0$이다. 다음을 구하라.(단, 묻힘깊이 t는 묻힘키 높이의 $\frac{1}{2}$이다.)[4점]

(1) 묻힘키의 길이 l (mm)?

(2) 묻힘깊이를 고려한 축의 비틀림응력 τ (MPa)?

◇ Solution

(1) $d = \beta d_0 = (1 + 0.2 \times \frac{7}{30} + 1.1 \times \frac{4}{30}) \times 30 = 35.8 \text{mm}$

$\tau = \frac{4T}{bld}$, $25 = \frac{2 \times 974000 \times 9.8 \times 3}{7 \times l \times 35.8 \times 250}$, $l = 36.57 \text{mm}$

$\sigma_c = \frac{4T}{hld}$, $50 = \frac{4 \times 974000 \times 9.8 \times 3}{8 \times l \times 35.8 \times 250}$, $l = 32 \text{mm}$

큰 값 선택, $l = 36.57 \text{mm}$

(2) $\tau = \frac{T}{Z_p} = \frac{974000 \times 9.8 \times 3 \times 16}{\pi \times 35.8^3 \times 250} = 12.71 \text{MPa}$

06 1줄 겹치기 리벳 이음의 강판 두께 10mm, 리벳직경 19mm, 피치 48mm, 1피치당 작용하는 하중 10kN일 때 다음을 구하라.[4점]

(1) 강판의 인장응력 σ_t (MPa)?

(2) 리벳의 전단응력 τ_r (MPa)?

◇ Solution

(1) $\sigma_t = \frac{W}{(p-d)t} = \frac{10 \times 10^3}{(48-19) \times 10} = 34.48 \text{MPa}$

(2) $\tau_r = \frac{4W}{\pi d^2} = \frac{4 \times 10 \times 10^3}{\pi \times 19^2} = 35.27 \text{MPa}$

07 50번 롤러체인 스프라켓 휠의 피치원지름 D₁=220mm, D₂=780mm이고 중심거리 1300mm이며 구동 스프라켓 휠의 회전수는 800rpm이다. 다음을 구하라.(단, 파단하중 21kN, 피치 15.88mm, 안전율은 14로 한다.)[4점]

(1) 전달동력 H (kW)?

(2) 링크 수 L_n (개)

◆Solution

(1) $H = FV = \dfrac{P}{S} \times \dfrac{\pi D_1 N_1}{60 \times 1000} = \dfrac{21}{14} \times \dfrac{\pi \times 220 \times 800}{60 \times 1000} = 13.82\text{kW}$

(2) $L = 2C + \dfrac{\pi(D_1+D_2)}{2} + \dfrac{(D_2-D_1)^2}{4C}$

$= 2 \times 1300 + \dfrac{\pi \times (220+780)}{2} + \dfrac{(780-220)^2}{4 \times 1300} = 4{,}231.10\text{mm}$

$L_n = \dfrac{L}{p} + \dfrac{4{,}231.10}{15.88} \approx 267$개

08 0.3m³/s의 유량이 흐르는 이음매가 없고 두께가 얇은 파이프에서 4MPa의 내압이 작용하고 있을 때 다음을 구하라.(단, 관 재료의 인장강도는 80MPa이고 유속은 12m/s, 안전율 2, 부식여유 $C=6(1-\dfrac{PD}{66{,}000})$ 이다.)[4점]

(1) 관의 안지름 D (mm)?

(2) 허용인장강도를 고려하여 관의 최소 바깥지름 D_0 (mm)?

◆Solution

(1) $Q = AV = \dfrac{\pi D^2}{4}V$, $0.3 = \dfrac{\pi \times D^2}{4} \times 12$, $D = 178.41\text{mm}$

(2) $t = \dfrac{PDS}{2\sigma_a} + C = \dfrac{4 \times 178.41 \times 2}{2 \times 80} + 6 \times (1 - \dfrac{4 \times 178.41}{66{,}000}) = 14.86\text{mm}$

$D_0 = D + 2t = 178.41 + 2 \times 14.86 = 208.13\text{mm}$

09 그림과 같은 밴드브레이크에서 W=230kg, D₁=500mm, D₂=300mm, b=50mm, a=20mm, L=200mm이다. 그리고 밴드 두께 t=4mm, 밴드의 허용인장응력 σ_a=60MPa, 밴드접촉각 220°, 밴드 접촉부 마찰계수 0.33일 때 다음을 구하라.[4점]

(1) 화물 W의 낙하방지를 위해 드럼에 필요한 제동력 Q (N)?

(2) 제동을 위해 레버에 가해야 할 힘 F (N)?

(3) 밴드의 폭 B (mm)?

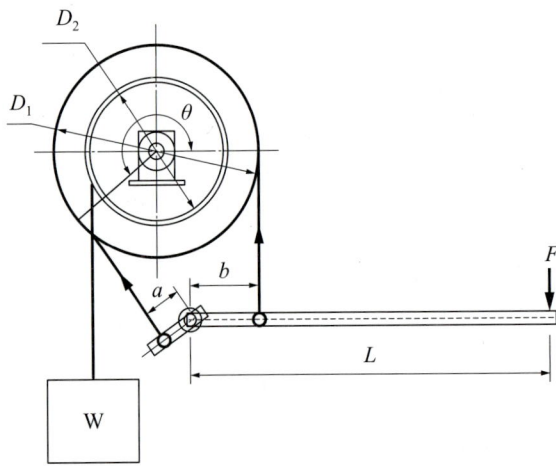

Solution

(1) $T = W\dfrac{D_2}{2} = Q\dfrac{D_1}{2}$, $230 \times 9.8 \times \dfrac{300}{2} = Q \times \dfrac{500}{2}$, Q = 1352.4N

$FL - T_t b + T_s a = 0$, $FL = Q\dfrac{(be^{\mu\theta} - a)}{e^{\mu\theta} - 1} = 0$

$F \times 200 = 1352.4 \times \dfrac{(50 \times 3.55 - 20)}{3.55 - 1}$, $F = 417.65$N

(2) $T_t = Q\dfrac{e^{\mu\theta}}{e^{\mu\theta} - 1} = 1352.4 \times \dfrac{3.55}{3.55 - 1} = 1882.75$N

$\sigma_a = \dfrac{T_t}{Bt} = \dfrac{1882.75}{B \times 4} = 60$, $B = 7.84$mm

10 1350rpm으로 12kW를 전달하는 V-벨트 전동장치가 있다. 사용하는 풀리는 B형으로 허용장력 980N, 단위 길이당 벨트 무게 3.6kg/m이고 주동 풀리의 직경은 200mm이다. 다음을 구하라.(단, 벨트 접촉각은 140°, 벨트 및 풀리 사이의 마찰계수는 0.15, 접촉각 수정계수 K_1=0.94, 부하수정계수 K_2=0.75, 홈각 2α=40° 이다.)[5점]

(1) 벨트의 부가장력 T_g (N)?

(2) V-벨트 1가닥이 전달할 수 있는 동력 H_0 (kW)?

(3) V-벨트의 가닥수 Z ?

Solution

(1) $V = \dfrac{\pi DN}{60 \times 1000} = \dfrac{\pi \times 200 \times 1350}{60 \times 1000} = 14.14 \text{m/s}$

$T_g = \dfrac{\omega V^2}{g} = \dfrac{3.6 \times 9.8 \times 14.14^2}{9.8} = 719.78 \text{N}$

(2) $\mu' = \dfrac{\mu}{\sin\alpha + \mu\cos\alpha} = \dfrac{0.15}{\sin 20° + 0.15 \times \cos 20°} = 0.31$

$e^{\mu'\theta} = e^{(0.31 \times 140 \times \frac{\pi}{180})} = 2.13$

$H_0 = (T_t - T_g)\dfrac{e^{\mu'\theta}-1}{e^{\mu'\theta}} V = (980-719.78) \times \dfrac{2.13-1}{2.13} \times 14.14 \times 10^{-3} = 1.95 \text{kW}$

(3) $Z = \dfrac{H}{H_0 K_1 K_2} = \dfrac{12}{1.95 \times 0.94 \times 0.75} = 8.73$, Z = 9가닥

11 나선형 원추코일 스프링의 상단부 유효직경 D_1=26mm, 하단부 유효직경은 D_2=48mm, 가해지는 하중 P=10kN일 때 스프링의 전단 변형량 δ는 몇 mm인가?(단, 스프링의 소선의 직경은 10mm, 횡탄성계수 G=81GPa, 유효감김수 n=8이다.)[3점]

◆ Solution

$$\delta = \frac{16nP}{Gd^4}(R_1^2+R_2^2)(R_1+R_2)$$

$$= \frac{16 \times 8 \times 10 \times 10^3}{81 \times 10^3 \times 10^4} \times (13^2+13^2) \times (13+24) = 43.56\text{mm}$$

12 150rpm을 5ton의 베어링 하중을 지지하는 엔드저널베어링이 있다. 저널의 허용굽힘응력이 58.8MPa이고, 허용압력속도계수가 1.47N/mm²·m/s일 때 다음을 구하라.[5점]

(1) 저널의 길이 l (mm)?
(2) 저널의 지름 d (mm)?
(3) 베어링 압력 P (MPa)를 구하고 허용베어링 압력이 2.0MPa일 때 안전성을 판단하라.

◆ Solution

(1) $pV = \frac{W}{dl} \times \frac{\pi dN}{60 \times 1000}$, $1.47 = \frac{5 \times 1000 \times 9.8}{l} \times \frac{\pi \times 150}{60 \times 1000}$, $l = 261.8\text{mm}$

(2) $\sigma_a = \frac{Wl/2}{\pi d^3/32}$, $58.8 = \frac{32 \times 5 \times 10^3 \times 9.8 \times 261.8}{\pi \times d^3 \times 2}$, $d = 103.57\text{mm}$

(3) $p = \frac{W}{dl} \times \frac{5 \times 10^3 \times 9.8}{261.8 \times 103.57} = 1.81\text{MPa} < 2\text{MPa}$, 안전

2023 과년도문제(1회)

01 그림과 같은 상하 2측 필렛용접 이음에서 하중 9,800N이 작용하고 있을 때 다음을 구하라. (단, 용접 사이즈 $f=5mm$ 이다.)[5점]

(1) 직접 전단응력 τ_1(MPa)=?

(2) 비틀림 전단응력 τ_2(MPa)=?

(3) 최대 전단응력 $\tau_{\max}$ (MPa)=?

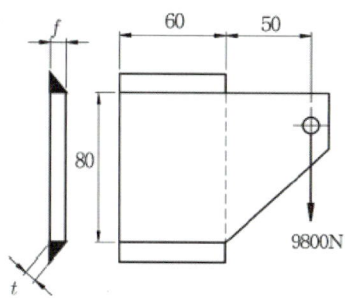

Solution

(1) 직접 전단응력

$$\tau_1 = \frac{9800}{2 \times 5 \times \cos 45° \times 60} = 23.1 MPa$$

(2) 비틀림 전단응력

$$I_0 = \frac{a(3b^2 + a^2)}{6} = \frac{60 \times (3 \times 80^2 + 60^2)}{6} = 228,000 mm^3$$

$$r = \sqrt{30^2 + 40^2} = 50mm$$

$$\tau_2 = \frac{Tr}{tI_0} = \frac{9800 \times (30+50) \times 50}{5 \times \cos 45° \times 228000} = 48.63 MPa$$

(3) 최대 전단응력

$$\cos\theta = \frac{a/2}{r} = \frac{30}{50} = 0.6$$

$$\tau_{\max} = \sqrt{\tau_1^2 + \tau_2^2 + 2\tau_1\tau_2\cos\theta}$$
$$= \sqrt{23.1^2 + 48.63^2 + 2 \times 23.1 \times 48.63 \times 0.6} = 65.17 MPa$$

02 웜기어 동력전달 장치에서 감속비가 $\frac{1}{20}$, 웜축의 회전수 1500rpm, 축직각 방향 웜모듈 6, 압력각 20°, 줄수 3, 피치원 지름 56mm, 웜휠의 치폭 45mm, 유효 이나비 36mm이다. 아래의 표를 이용하여 다음을 구하라. (단, 웜의 재질은 담금질 강이고 웜휠의 재질은 인청동이다.)[5점]

(1) 웜의 리드각 β[deg]=?

(2) 웜휠의 굽힘강도를 고려한 전달하중 F_1[kN]=?

(3) 웜휠의 면압강도를 고려한 전달하중 F_2[kN]=?

(4) 최대 전달동력 H[kW]=?

〈표 2-1〉 웜과 웜휠의 특성

	웜	웜휠	비고
굽힘강도 σ_b[MPa]		166.6MPa	
속도계수		$f_v = \dfrac{6.1}{6.1+V_g}$	
치형계수 y		0.125	
리드각[β]에 의한 계수 ϕ	1.25		$\beta = 10 \sim 25°$

〈표 2-2〉 웜과 웜휠의 내마멸계수

웜의 재료	웜휠의 재료	내마멸계수 k[MPa]
강	인청동	411.6×10^{-3}
담금질 강	주철	343×10^{-3}
담금질 강	인청동	548.8×10^{-3}
담금질 강	합성수지	833×10^{-3}
주철	인청동	$1,038.8 \times 10^{-3}$

◆ Solution

(1) 웜의 리드각 β[deg]
$$\beta = \tan^{-1}\left(\frac{Z_w p_s}{\pi D_w}\right) = \tan^{-1}\left(\frac{3 \times 6}{56}\right) = 17.82°$$

(2) 웜휠의 굽힘강도를 고려한 전달하중

$$p_n = p_s \cos\beta = \pi \times 6 \times \cos 17.82° = 17.95 mm$$

$$i = \frac{N_g}{N_w} = \frac{Z_w}{Z_g} \ , \ Z_g = 3 \times 20 = 60$$

$$D_g = mZ_g = 6 \times 60 = 360mm \quad , \quad N_g = \frac{1500}{20} = 75 rpm$$

$$V_g = \frac{\pi D_g N_g}{60 \times 1000} = \frac{\pi \times 360 \times 75}{60 \times 1000} = 1.41 m/s$$

$$f_v = \frac{6.1}{6.1 + V_g} = \frac{6.1}{6.1 + 1.41} = 0.81$$

$$F_1 = f_v \sigma_b p_n by = 0.81 \times 166.6 \times 17.95 \times 45 \times 0.125 \times 10^{-3} = 13.63 kN$$

(3) 웜휠의 면압강도를 고려한 전달하중

$$F_2 = f_v \phi D_g b_e K = 0.81 \times 1.25 \times 360 \times 36 \times 548.8 \times 10^{-3} \times 10^{-3} = 7.20 kN$$

(4) 최대 전달동력

안전상 최소 전달력을 적용하여 최대 전달동력을 결정한다.

$$H = F_2 V_g = 7.20 \times 1.41 = 10.15 kW$$

03 그림과 같은 단식 블록 브레이크를 가진 중량물의 자유낙하를 방지하려고 한다. 다음을 구하라. (단, 마찰계수 $\mu = 0.25$ 이다.)[4점]

(1) 제동토크 T [J]=?

(2) 제동력 Q [N]=?

(3) 조작력 F [N]=?

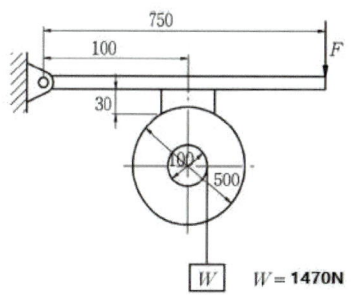

◆Solution

(1) 제동토크

$$T = 1470 \times \frac{100}{2} \times 10^{-3} = 73.5 J$$

(2) 제동력

$$T = Q \times \frac{D}{2} \quad , \quad Q = \frac{2 \times 73.5 \times 10^3}{500} = 294 N$$

(3) 조작력

$$Q = \mu R \, , \, R = \frac{294}{0.25} = 1176 N$$

$$Fa = Rb + Qc$$

$$F = \frac{1176 \times 100 + 294 \times 30}{750} = 168.56 N$$

04 대형 방류펌프 구동 디젤기관의 칼라베어링이 450rpm, 0.41kW로 회전하고 있다. 이 축의 직경은 100mm, 칼라의 바깥지름이 180mm라고 할 때 다음을 구하라. (단, 허용발열계수 값은 52.92×10^{-2} MPa·m/s, 베어링 접촉부 마찰계수는 0.015이다.)

(1) 칼라 베어링의 칼라 수 Z (개)=?[4점]

(2) 베어링의 압력 P (kPa)=?

(3) 추력 W (N)=?

Solution

(1) 칼라 베어링의 칼라 수

$$T = 974 \times 9.8 \frac{H_{kW}}{N} = 974 \times 9.8 \times \frac{0.41}{450} = 8.7 J$$

$$d = \frac{d_1 + d_2}{2} = \frac{100 + 180}{2} = 140 mm$$

$$T = \mu W \frac{d}{2}, \quad pV_a = \frac{4W}{\pi(d_2^2 - d_1^2)Z} V = \frac{8T}{\mu(d_2^2 - d_1^2)Z} \frac{N}{60 \times 1000}$$

$$52.92 \times 10^{-2} = \frac{8 \times 8.7 \times 10^3}{0.015 \times (180^2 - 100^2) \times Z} \times \frac{450}{60 \times 1000}, \quad Z = 3$$

(2) 베어링의 압력

$$pV_a = p \times \frac{\pi dN}{60 \times 1000}, \quad 52.92 \times 10^{-2} = p \times \frac{\pi \times 140 \times 450}{60 \times 1000}$$

$$p = 160.43 kPa$$

(3) 추력

$$W = \frac{2T}{\mu d} = \frac{2 \times 8.7 \times 10^3}{0.015 \times 140} = 8285.71 N$$

05 300rpm, 66kW를 전달하는 축의 지름이 30mm일 때 묻힘키를 설계하고자 한다. 묻힘키의 폭과 높이가 22mm×14mm이고 키 재료의 항복강도는 333.2MPa이다. 다음을 구하라. (단, 묻힘키의 안전계수는 2이다.)[3점]

(1) 회전토크 T [J]=?

(2) 허용전단응력을 구하고 이것을 만족하도록 묻힘키의 길이 l [mm]을 구하라.

◆Solution

(1) 회전토크
$$T = 974 \times 9.8 \times \frac{66}{300} = 2099.94 J$$

(2) 허용전단응력과 키의 길이
$$\tau_a = \frac{\tau_{max}}{S} = \frac{333.2}{2} = 166.6 MPa$$
$$\tau_a = \frac{2T}{bld} \ , \ 166.6 = \frac{2 \times 2099.94 \times 10^3}{22 \times l \times 30} \ , \ l = 38.2 mm$$

06 그림과 같은 1m의 축에 600N의 회전체가 0.3m와 0.7m 사이에 매달려 있다. 이 축의 전달동력은 3kW이고 회전수는 350rpm이다. 다음을 구하라. (단, 축의 허용전단응력은 40MPa이고 허용굽힘응력은 50MPa이다.)[5점]

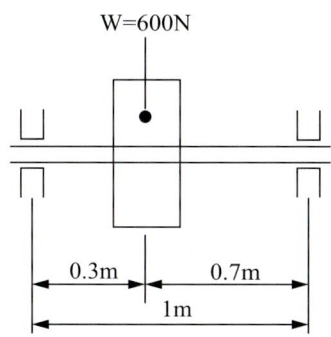

(1) 상당 비틀림 모멘트와 상당 굽힘 모멘트를 구하라.(단, 단위는 J이다.)

(2) 최소 축 지름 d(mm)=?

◆ Solution

(1) 상당 비틀림 모멘트와 상당 굽힘 모멘트

$$T = 974 \times 9.8 \times \frac{3}{350} = 81.82 J$$

$$M = \frac{600 \times 0.7}{1} \times 0.3 = 126 J$$

$$T_e = \sqrt{M^2 + T^2} = \sqrt{81.82^2 + 126^2} = 150.23 J$$

$$M_e = \frac{1}{2}(M + \sqrt{M^2 + T^2}) = 0.5 \times (126 + 150.23) = 138.12 J$$

(2) 최소 축 지름

$$\tau_a = \frac{T_e}{Z_p} = \frac{16 T_e}{\pi d^3} \;,\; 40 = \frac{16 \times 150.23 \times 10^3}{\pi \times d^3} \;,\; d = 26.74 mm$$

$$\sigma_{ba} = \frac{M_e}{Z} = \frac{32 M_e}{\pi d^3} \;,\; 50 = \frac{32 \times 138.12 \times 10^3}{\pi \times d^3} \;,\; d = 30.42 mm$$

안전상 축 지름은 30.42mm이다.

07 150rpm으로 29.4kN을 지지하는 엔드저널베어링의 압력속도계수(pV)가 1.96MPa·m/s일 때 다음을 구하라. (단, 마찰계수는 0.01, 허용베어링압력 p_a=4.9MPa이다.)[3점]

(1) 저널의 길이 l (mm)=?

(2) 저널의 지름 d (mm)=?

◆ Solution

(1) 저널의 길이

$$pV = \frac{W}{dl} \times \frac{\pi d N}{60 \times 1000}, \; 1.96 = \frac{29.4 \times 10^3}{l} \times \frac{\pi \times 150}{60 \times 1000}, \; l = 117.81 mm$$

(2) 저널의 지름

$$p_a = \frac{W}{dl} \;,\; 4.9 = \frac{29.4 \times 10^3}{d \times 117.81}, \; d = 50.93 mm$$

08 지름이 각각 100mm, 500mm의 주철제 벨트 풀리에 1겹 가죽벨트를 사용하여 평행걸기로 1.84kW를 전달하려고 한다. 축간 거리는 2m이고 작은 풀리의 회전수는 1200rpm일 때 다음을 구하라. (단, 가죽벨트의 마찰계수는 0.2이고 종탄성계수는 100MPa, 두께는 5mm이며, 벨트 굽힘에 대한 보정계수 K_1=0.5를 적용한다.)[5점]

(1) 원동풀리의 접촉각 θ (deg)=?

(2) 벨트의 폭 b (mm)=? (단, 가죽벨트의 허용인장응력은 1.96MPa이고 가죽벨트의 이음은 이음쇠를 사용했으며 이음효율은 50%이다.)

(3) 벨트의 굽힘응력 σ_b (MPa)=?

> **Solution**

(1) 원동풀리의 접촉각

$$\theta = 180 - 2\sin^{-1}\left(\frac{D_2 - D_1}{2C}\right) = 180 - 2\times\sin^{-1}\left(\frac{500-100}{2\times 2000}\right) = 168.52°$$

(2) 벨트의 폭

$$V = \frac{\pi D_1 N_1}{60\times 1000} = \frac{\pi\times 100\times 1200}{60\times 1000} = 6.28 m/s$$

$$e^{\mu\theta} = e^{0.25\times 168.52\times\frac{\pi}{180}} = 2.09$$

$$H = T_t\frac{(e^{\mu\theta}-1)}{e^{\mu\theta}}V \;,\; 1.84\times 10^3 = T_t\times\frac{(2.09-1)}{2.09}\times 6.28 \;,\; T_t = 561.8N$$

$$\sigma_a = \frac{T_t}{bt\eta} \;,\; 1.96 = \frac{561.8}{b\times 5\times 0.5} \;,\; b = 114.65mm$$

(3) 벨트의 굽힘응력

$$\sigma_b = K_1 E\frac{t}{D_1} = 0.5\times 100\times\frac{5}{100} = 2.5MPa$$

09 3.6kN의 압축 하중이 작용하는 겹판 스프링에서 스팬의 길이가 1400mm, 강판의 너비 80mm, 두께 15mm, 밴드 폭이 100mm일 때 다음을 구하라. (단, 스프링의 굽힘응력 σ_b=93MPa, 스팬의 유효 길이 $l_e = l - 0.6e$, 스프링의 종탄성계수 E=20.58×10⁴MPa이다.)[5점]

(1) 겹판의 수 n (개)=?

(2) 겹판 스프링의 수축량 δ (mm)=?

(3) 고유주파수 f (Hz)=?

Solution

(1) 겹판의 수

$$l_e = l - 0.6e = 1400 - (0.6 \times 100) = 1340\,mm$$

$$\sigma_b = \frac{3Pl_e}{2nbh^2}, \quad 93 = \frac{3 \times 3.6 \times 10^3 \times 1340}{2 \times n \times 80 \times 15^2}, \quad n = 5$$

(2) 겹판 스프링의 수축량

$$\delta = \frac{3Pl_e^3}{8Enbh^3} = \frac{3 \times 3.6 \times 10^3 \times 1340^3}{8 \times 20.58 \times 10^4 \times 5 \times 80 \times 15^3} = 11.69\,mm$$

(3) 고유주파수

$$f = \frac{\omega}{2\pi} = \frac{1}{2\pi}\sqrt{\frac{g}{\delta}} = \frac{1}{2\pi} \times \sqrt{\frac{9.8}{11.69 \times 10^{-3}}} = 4.61\,Hz$$

---

10 5.88kW의 동력을 전달하는 중심거리 450mm의 두 축이 홈마찰차로 연결되어 주동축 회전수가 400rpm, 종동축의 회전수는 150rpm이며 홈각이 40°, 허용접촉선압은 38N/mm, 마찰계수는 0.3이다. 다음을 구하라.[3점]

(1) 평균속도 V (m/s)=?

(2) 밀어 붙이는 힘 W (N)=?

Solution

(1) 평균속도

$$i = \frac{N_2}{N_1} = \frac{D_1}{D_2}, \quad C = \frac{D_1 + D_2}{2} = \frac{D_1}{2}\left(1 + \frac{N_1}{N_2}\right)$$

$$450 = \frac{D_1}{2} \times \left(1 + \frac{400}{150}\right), \quad D_1 = 245.45\,mm$$

$$V = \frac{\pi D_1 N_1}{60 \times 1000} = \frac{\pi \times 245.45 \times 400}{60 \times 1000} = 5.14\,m/s$$

(2) 밀어 붙이는 힘

$$\mu' = \frac{\mu}{\mu\cos\alpha + \sin\alpha} = \frac{0.3}{0.3 \times \cos20° + \sin20°} = 0.48$$

$$H = \mu'WV, \quad 5.88 \times 10^3 = 0.48 \times W \times 5.14, \quad W = 2383.27\,N$$

11 No. 40인 2열 롤러체인의 피치 12.7mm, 잇수가 각각 Z_1=20, Z_2=40, 구동 스프라켓 휠의 회전수는 1200rpm, 축간거리는 500mm일 때 다음을 구하라. (단, 체인의 파단하중 15.3kN이고 안전율은 10, 다열계수 1.7, 1일 운전시 부하계수 1.3을 고려한다.)[4점]

(1) 롤러체인의 평균속도 V (m/s)=?

(2) 전달동력 H (kW)=?

(3) 체인 링크 수 L_n(개)=? (단, 옵셋 링크를 고려하여 짝수로 결정하라.)

> **Solution**

(1) 롤러체인의 평균속도
$$V = \frac{pZ_1N_1}{60\times 1000} = \frac{12.7\times 20\times 1200}{60\times 1000} = 5.08 m/s$$

(2) 전달동력
$$H = \frac{F_B m}{SK}V = \frac{15.3\times 1.7}{10\times 1.3}\times 5.08 = 10.16 kW$$

(3) 체인 링크 수
$$L_n = \frac{2C}{p} + \frac{(Z_1+Z_2)}{2} + \frac{0.0257p(Z_2-Z_1)^2}{C}$$
$$= \frac{2\times 500}{12.7} + \frac{(20+40)}{2} + \frac{0.0257\times 12.7\times (40-20)^2}{500} = 109.00$$

$$\therefore L_n = 110$$

12 나사의 유효지름이 63.5mm, 피치 4mm의 나사잭으로 49kN의 중량물을 들어 올리는 기계장치가 있다. 다음을 구하라. (단, 레버에 작용하는 힘은 294N이고 나사부 마찰계수는 0.11이다.)[4점]

(1) 나사부 비틀림 모멘트 T (J)=?

(2) 레버의 길이 l (mm)=?

> **Solution**

(1) 나사부 비틀림 모멘트
$$T = Q\frac{\mu\pi d_2 + p}{\pi d_2 - \mu p}\frac{d_2}{2} = 49\times \frac{0.11\times \pi\times 63.5+4}{\pi\times 63.5-0.11\times 4}\times \frac{63.5}{2} = 202.77 J$$

(2) 레버의 길이
$$T = Fl, \quad 202.77\times 10^3 = 294\times l, \quad l = 689.69 mm$$

2023 과년도문제(2회)

01 두께 7mm, 리벳지름 14mm인 1줄 겹치기 리벳 이음에서 1피치당 하중이 13kN일 때 다음을 구하라. (단, 피치는 50mm이다.)[4점]

(1) 강판의 인장응력 σ_t (MPa)?

(2) 리벳의 전단응력 τ_r (MPa)?

(3) 리벳의 압축응력 σ_c (MPa)?

(4) 강판의 효율 η_p (%)?

Solution

(1) $\sigma_t = \dfrac{W}{(p-d)t} = \dfrac{13 \times 1000}{(50-14) \times 7} = 51.59\,MPa$

(2) $\tau_r = \dfrac{4W}{\pi d^2} = \dfrac{4 \times 13 \times 1000}{\pi \times 14^2} = 84.45\,MPa$

(3) $\sigma_c = \dfrac{W}{dt} = \dfrac{13 \times 1000}{14 \times 7} = 132.65\,MPa$

(4) $\eta_p = 1 - \dfrac{d}{p} = \left(1 - \dfrac{14}{50}\right) \times 100 = 71\%$

02 압력각 20°, 비틀림각 30°인 헬리컬기어의 피니언 잇수와 회전수가 60, 900rpm이고 치직각모듈이 3.0, 허용굽힘응력이 250MPa, 나비가 45mm일 때 다음을 구하라.(단, π를 포함하고 있는 수정치형계수는 0.44이고 속도비는 $\dfrac{1}{2}$이다.)[5점]

(1) 원주속도 V(m/s)?

(2) 기어와 피니언의 상당잇수(개)?

(3) 최대 전달동력(kW)?

> Solution

(1) $V = \dfrac{\pi m_n Z_1 N_1}{60 \times 1000 \times \cos\beta} = \dfrac{\pi \times 3.0 \times 60 \times 900}{60 \times 1000 \times \cos 30°} = 9.79 \, m/s$

(2) $i = \dfrac{N_2}{N_1} = \dfrac{Z_1}{Z_2}$, $Z_2 = \dfrac{Z_1}{i} = 60 \times 2 = 120$

$Z_{e1} = \dfrac{Z_1}{\cos^3\beta} = \dfrac{60}{(\cos 30°)^3} = 92.38 \approx 93$ 개

$Z_{e2} = \dfrac{Z_2}{\cos^3\beta} = \dfrac{120}{(\cos 30°)^3} = 184.75 \approx 185$ 개

(3) $f_v = \dfrac{3.05}{3.05 + V} = \dfrac{3.05}{3.05 + 9.79} = 0.24$

$F = f_v \sigma_{ba} b m_n Y_e = 0.24 \times 250 \times 45 \times 3.0 \times 9.44 = 3240 N$

$H = FV = 3240 \times 9.79 \times 10^{-3} = 31.72 \, kW$

03 홈붙이 마찰차에서 원동차의 직경이 300mm, 회전수 300rpm, 전달동력 3.68kW이고 홈의 각도 40°, 허용 선압력이 24.4N/mm, 마찰계수 0.25, 홈의 높이는 12mm이다. 다음을 구하라.[5점]

(1) 접촉 폭의 수직력 Q(N)?

(2) 홈의 수 Z(개)?

> Solution

(1) $H = \mu Q V = \mu Q \dfrac{\pi D N}{60 \times 1000}$

$3.86 \times 10^3 = 0.25 \times Q \times \dfrac{\pi \times 300 \times 300}{60 \times 1000}$, $Q = 3276.47 N$

(2) $f_a = \dfrac{Q}{L} = \dfrac{Q}{2hZ}$, $24.4 = \dfrac{3276.47}{2 \times 12 \times Z}$, $Z = 5.6 \approx 6$ 개

04 복렬 자동조심 롤러베어링의 접촉각 $\alpha=25°$, 레이디얼 하중이 2kN, 스러스트하중은 1.5kN, 회전수가 1500rpm, 베어링의 기본 동정격 하중이 55.35kN일 때 다음을 구하라.(단, 하중계수는 1.2이고 내륜회전 하중을 받고 있다.)[4점]

(1) 등가레이디얼 하중 P_r(kN)?

(2) 베어링 수명시간 L_h(hr)?

[표] 베어링의 계수 V, X 및 Y값

베어링 형식	내륜회전하중	외륜회전하중	단열		복렬				e
			$F_a/VF_r>e$		$F_a/VF_r \leq e$		$F_a/VF_r>e$		
	V		X	Y	X	Y	X	Y	
자동 조심 롤러 베어링 원추 롤러 베어링 $\alpha \neq 0$	1	1.2	0.4	0.4× cotα	1	0.45× cotα	0.67	0.67× cotα	1.5× tanα

Solution

(1) 내륜회전 하중 $V=1.0$, $e=1.5 \times \tan\alpha = 1.5 \times \tan25° = 0.7$

$$\frac{F_a}{VF_r} = \frac{1.5}{1.0 \times 2.0} = 0.75 > e, \text{ 복렬이므로 } X=0.67,$$

$Y = 0.67\cot\alpha = 0.67 \times \cot25° = 1.44$

$P_r = XVF_r + YF_a = 0.67 \times 1.0 \times 2.0 + 1.44 \times 1.5 = 3.5kN$

(2) $L_h = 500\left(\dfrac{C}{f_w P_r}\right)^r \dfrac{33.3}{N}$

$= 500 \times \left(\dfrac{55.35}{1.2 \times 3.5}\right)^{\frac{10}{3}} \times \dfrac{33.3}{1500} = 60,009.14 hr$

05 그림과 같은 전동기가 플랜지커플링으로 연결된 스퍼기어 전동장치가 있다. 피니언의 잇수 $Z_1=18$, 모듈 m=3, 압력각 $\alpha=20°$일 때 다음을 구하라? (단, 회전비 $i=1/3$이다.)[5점]

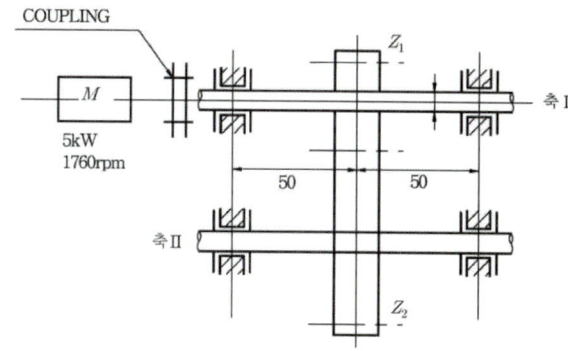

(1) 기어에 작용하는 회전력(N)?

(2) 아래의 표로부터 종동축에 사용할 볼베어링을 선정하라.(단, 베어링의 수명시간은 30,000 시간이고 하중계수 1.5, C는 기본동적 부하용량, C_0는 기본정적 부하용량이다.)

형식		단열 레이디얼 볼베어링			
형식번호		6200		6300	
번호	안지름(mm)	C(N)	C_0(N)	C(N)	C_0(N)
06	30	15,300	10,000	21,800	14,500
07	35	20,000	13,800	25,900	17,250
08	40	22,700	15,650	32,000	21,800
09	45	25,400	18,150	41,500	29,700

◆ Solution

(1) $V = \dfrac{\pi DN}{60 \times 1000} = \dfrac{\pi m Z_1 N_1}{60 \times 1000} = \dfrac{\pi \times 3 \times 18 \times 1760}{60 \times 1000} = 4.98 m/s$

$H = FV$, $5 \times 10^3 = F \times 4.98$, $F = 1004.02N$

(2) $F_n = \dfrac{F}{\cos\alpha} = \dfrac{1004.02}{\cos 20°} = 1068.46N$

베어링하중 $P = \dfrac{F_n}{2} = \dfrac{1068.46}{2} = 534.23N$

$L_h = 500 \left(\dfrac{C}{f_w P}\right)^r \dfrac{33.3}{N}$, $30000 = 500 \times \left(\dfrac{C}{1.5 \times 534.23}\right)^3 \times \dfrac{33.3}{1760/3}$

$C = 8163.05N$, ∴ No. 6206 선택

06 D_1=32mm, D_2=36mm, 보스길이 58mm인 스플라인축이 있다. 잇수는 6개이고 이 측면의 허용 면압력은 35MPa이다. 300rpm으로 회전하고 있을 때 다음을 구하라.(단, 이 높이 2mm, 모따기 0.15mm, 접촉효율은 75%이다.)[4점]

(1) 최대 전달토크 T(N·m)?

(2) 최대 전달동력 H(kW)

◇ Solution

(1) $T = \eta q_a (h - 2c) l z \dfrac{D_1 + D_2}{4}$

$= 0.75 \times 35 \times (2 - 2 \times 0.15) \times 58 \times 6 \times \dfrac{(32 + 36)}{4} \times 10^{-3} = 264 N.m$

(2) $T = 974 \times 9.8 \dfrac{H}{N}$, $264 = 974 \times 9.8 \times \dfrac{H}{300}$, $H = 8.3 kW$

07 그림과 같은 아이볼트에 $F_1 = 6kN, F_2 = 8kN, F = 15kN$이 작용할 때 다음을 구하라.[4점]

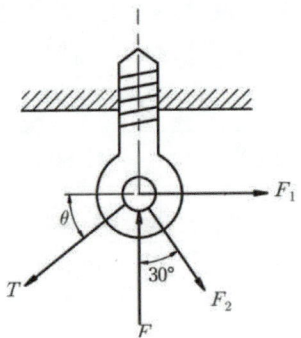

(1) 하중 T의 각도 θ(deg)와 크기(kN)?

(2) 최대 인장응력(MPa)?(단, 호칭지름 10cm, 피치 3cm, 골지름 8cm이다.)

◇ Solution

(1) $\Sigma F_x = F_1 + F_2 \sin 30° - T \cos \theta = 0$, $T \cos \theta = 10$

$\Sigma F_y = 0$, $F = T \sin \theta + F_2 \cos 30°$, $T \sin \theta = 15 - 8 \times \cos 30° = 8.07$

$\tan \theta = \dfrac{8.07}{10}$, $\theta = \tan^{-1} \left(\dfrac{8.07}{10} \right) = 38.90°$

$T = \dfrac{10}{\cos 38.90°} = 12.85 kN$

(2) $\sigma_{t max} = \dfrac{4F}{\pi d_1^2} = \dfrac{4 \times 15 \times 10^3}{\pi \times 80^2} = 2.98 MPa$

08 접촉면압력이 0.25MPa, 나비가 25mm인 원추클러치를 이용하여 250rpm으로 동력을 전달할 때 전달토크는 몇 N·m인가? (단, 접촉면의 안지름은 150mm, 원추각 20°, 접촉면 마찰계수는 0.2이다.)[3점]

◆ Solution

$$D = D_1 + b\sin\alpha = 150 + 25 \times 10° = 154.34 mm$$
$$T = \mu Q \frac{D}{2} = \mu q_m \pi Db \frac{D}{2}$$
$$T = 0.2 \times 0.25 \times \pi \times 154.34 \times 25 \times \frac{154.34}{2} \times 10^{-3} = 46.77 N.m$$

09 롤러체인 전동장치에서 작용한 1열 롤러체인(No.6 피치 19.05mm)의 파단하중이 7.85kN이고 약간의 충격이 있음에 따라 부하보정계수를 1.3으로 적용한다. 이 체인 전동장치의 구동 스프라켓(잇수 35) 휠의 회전수가 400rpm이다. 다음을 구하라.(단, 허용안전율은 4이다.) [3점]

(1) 평균 원주속도 V(m/s)?

(2) 전달동력이 7.2kW일 때, 롤러체인의 안전율 만족 여부를 판단하라.

◆ Solution

(1) $V = \dfrac{pzN}{60 \times 1000} = \dfrac{19.05 \times 35 \times 400}{60 \times 1000} = 4.45 m/s$

(2) $H = \dfrac{F \cdot V}{K \cdot S}$, $7.2 = \dfrac{7.85 \times 4.45}{1.3 \times S}$, $S = 3.73 < 4$, ∴ 안전

10 회전수 1800rpm의 모터에 의하여 250rpm의 공작기계를 3가닥의 V-벨트로 운전하고자 한다. 축간거리가 1.2m, 모터 축 풀리의 지름이 150mm일 때 다음을 구하라.(단, 이 벨트의 허용장력은 490N이고, 벨트 1m당 하중은 2.74N/m, 마찰계수는 0.3, 부하수정계수 0.75이다.)[5점]

(1) 모터 축 풀리의 접촉각 θ(deg)?

(2) 벨트 길이 L(mm)?

(3) 최대 전달동력 H(kW)?

Solution

(1) $i = \dfrac{N_2}{N_1} = \dfrac{D_1}{D_2}$, $\dfrac{250}{1800} = \dfrac{150}{D_2}$, $D_2 = 1080 mm$

$\theta = 180 - 2\sin^{-1}\left(\dfrac{D_2 - D_1}{2C}\right) = 180 - 2 \times \sin^{-1}\left(\dfrac{1080 - 150}{2 \times 1200}\right) = 134.4°$

(2) $L = 2C + \dfrac{\pi(D_1 + D_2)}{2} + \dfrac{(D_2 - D_1)^2}{4C}$

$L = 2 \times 1200 + \dfrac{\pi \times (1080 + 150)}{2} + \dfrac{(1080 - 150)^2}{4 \times 1200} = 4512.27 mm$

(3) $\mu' = \dfrac{\mu}{\mu\cos\alpha + \sin\alpha} = \dfrac{0.3}{0.3 \times \cos 20° + \sin 20°} = 0.48$

$e^{\mu'\theta} = e^{0.48 \times 134.4 \times \frac{\pi}{180}} = 3.08$

$V = \dfrac{\pi D N}{60 \times 1000} = \dfrac{\pi \times 150 \times 1800}{60 \times 1000} = 14.14 m/s$

$T_g = \dfrac{\omega V^2}{g} = \dfrac{2.74 \times 14.14^2}{9.8} = 55.90 N$

$H_0 = (T_t - T_g) \cdot \dfrac{(e^{\mu'\theta} - 1)}{e^{\mu'\theta}} V$

$= (490 - 55.90) \times \dfrac{(3.08 - 1)}{3.08} \times 14.14 \times 10^{-3} = 4.15 kW$

$H = H_0 Z K_2 = 4.15 \times 3 \times 0.75 = 9.34 kW$

11 코일 스프링에서 최대하중 450N 작용시 8mm 길이가 줄어들었다. 코일 스프링의 평균직경 D, 소선의 직경 d라 할 때 D=7d 관계를 만족한다. 스프링 소선의 허용전단응력은 175MPa, 가로탄성계수는 82GPa, 왈의 응력수정계수 $K = \dfrac{4C-1}{4C-4} + \dfrac{0.615}{C}$ 일 때 다음을 구하라.[4점]

(1) 소선의 최소지름 d(mm)=?

(2) 코일 스프링의 유효권수 n(권)=?

Solution

(1) $C = \dfrac{D}{d} = 7.0$

$K = \dfrac{4C-1}{4C-4} + \dfrac{0.615}{C} = \dfrac{4 \times 7 - 1}{4 \times 7 - 4} + \dfrac{0.615}{7} = 1.21$

$\tau_a = K\dfrac{16PR}{\pi d^3}$, $175 = 1.21 \times \dfrac{16 \times 450 \times (d \times 7/2)}{\pi \times d^3}$, $d = 7.45mm$

(2) $\delta = \dfrac{64nPR^3}{Gd^4}$, $R = \dfrac{dC}{2} = \dfrac{7.45 \times 7}{2} = 25.06mm$

$8 = \dfrac{64 \times n \times 450 \times 25.06^3}{82 \times 10^3 \times 7.45^4}$, $n = 4.46 \simeq 5$개

12 드럼축에 100rpm, 8.21kW의 전달동력이 작용하고 있는 그림과 같은 차동식 밴드 브레이크 장치가 있다. 밴드와 드럼 접촉부 마찰계수는 0.3, 밴드접촉각 240°, 장력비 $e^{\mu\theta} = 3.5$일 때 다음을 구하라.[4점]

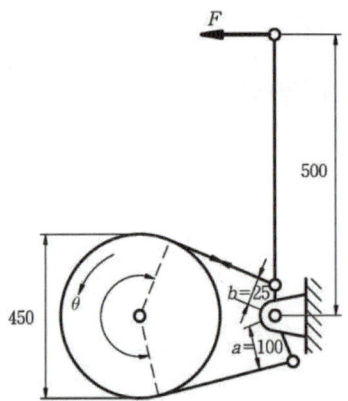

(1) 제동력 Q[N]=?

(2) 조작력 F[N]=?

◆ Solution

(1) $H = QV$, $8.21 \times 1000 = Q \times \dfrac{\pi \times 450 \times 100}{60 \times 1000}$, $Q = 3484.43N$

(2) $-FL - T_t b + T_s a = 0$, $FL = \dfrac{Q}{(e^{\mu\theta} - 1)}(a - e^{\mu\theta} b)$

$F \times 500 = \dfrac{3484.43}{(3.5 - 1)} \times (100 - 3.5 \times 25)$, $F = 34.84N$

2023 과년도문제(4회)

01 그림과 같은 내확브레이크에서 500rpm, 9.2kW의 동력을 제동하려고 한다. 다음을 구하라. (단, 브레이크슈와 드럼의 접촉부 마찰계수는 0.25이다.)[5점]

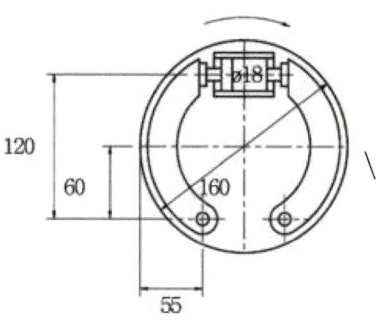

(1) 제동력 Q[N]?

(2) 유압실린더 내부에서 브레이크슈를 밀어내는 힘 F[N]?

(3) 유압실린더 내부에 걸리는 압력 P[MPa]?

Solution

(1) $V = \dfrac{\pi DN}{60 \times 1000} = \dfrac{\pi \times 160 \times 500}{60 \times 1000} = 4.19 \ m/s$

$H = \dfrac{Q \cdot V}{1000}$, $9.2 = \dfrac{Q \times 4.19}{1000}$, $Q = 2195.70 \ N$

(2) 왼쪽 브레이크슈 : $F \cdot a = W_1 \cdot b + Q_1 \cdot c = \dfrac{Q_1}{\mu}(b + \mu c)$

오른쪽 브레이크슈 : $F \cdot a = W_2 \cdot b - Q_2 \cdot c = \dfrac{Q_2}{\mu}(b - \mu c)$

$Q = Q_1 + Q_2$, $F \cdot a = \dfrac{Q - Q_1}{\mu}(b - \mu c) = \dfrac{Q_1}{\mu}(b + \mu c)$

$Q(b - \mu c) = 2Q_1 b$, $Q_1 = \dfrac{2195.7 \times (60 - 0.25 \times 55)}{2 \times 60} = 846.26 \ N$

$F = \dfrac{846.26}{0.25 \times 120} \times (60 + 0.25 \times 55) = 2080.39 \ N$

(3) $P = \dfrac{F}{A} = \dfrac{4 \times 2080.39}{\pi \times 18^2} = 8.18 MPa$

02 750rpm의 원동축으로부터 3m/s의 속도로 축간거리 800mm, 250rpm인 종동축에 전달하고자 하는 롤러체인 전동장치가 있다. 이 롤러체인의 원동축과 종동축의 스프로킷휠의 잇수 Z_1과 Z_2는 각각 몇 개인가? (단, 이 롤러체인의 호칭번호는 60번으로 피치가 19.05mm이다.)[3점]

Solution

$$V = \frac{p \cdot Z_1 \cdot N_1}{60 \times 1000}, \quad 3 = \frac{19.05 \times Z_1 \times 750}{60 \times 1000}, \quad Z_1 = 12.6 \simeq 13개$$

$$i = \frac{N_2}{N_1} = \frac{Z_1}{Z_2}, \quad Z_2 = \frac{N_1}{N_2} Z_1 = \frac{750}{250} \times 13 = 39개$$

03 8kW, 1500rpm의 4사이클 디젤기관에서 각속도 변동률이 1/80, 에너지 변동계수가 1.5일 때 다음을 구하라.(단, 내외경비 $x = \frac{D_1}{D_2} = 0.6$, 비중량 $\gamma = 76.83 kN/m^3$, 림 두께는 50mm이다.)[5점]

(1) 1사이클당 발생하는 평균 에너지 E[N·m]?

(2) 질량 관성모멘트 J[N·m·s^2]?

(3) 플라이 휠의 바깥지름 D_2[mm]?

Solution

(1) $E = 4\pi T = 4 \times \pi \times 974 \times 9.8 \times \frac{8}{1500} = 639.73 \ N \cdot m$

(2) $\Delta E = qE = \delta \omega^2 J$

$1.5 \times 639.73 = \frac{1}{80} \times \left(\frac{2 \times \pi \times 1500}{60}\right)^2 \times J, \quad J = 3.11 \ N \cdot m \cdot s^2$

(3) $J = \frac{\pi \gamma t}{2g} R_2^4 (1 - x^4)$

$3.11 = \frac{\pi \times 76.83 \times 10^3 \times 0.05}{2 \times 9.8} \times R_2^4 \times (1 - 0.6^4), \quad R_2 = 0.276 \ m$

$D_2 = 2R_2 = 2 \times 0.276 \times 10^3 = 552 \ mm$

04 다음과 같은 한쌍의 외접 스퍼기어가 있다. 다음을 구하라. (단, 하중계수 $f_w = 1.0$이다.)[5점]

항목 치차	모듈 m	압력각 α[ ]	잇수 Z	회전수 [rpm]	허용굽힘응력 σ_a[MPa]	치형계수 Y(=πy)	허용접촉면 응력계수 k[MPa]	치폭 b[mm]
피니언	4	20	25	600	294	0.363	0.78	40
기어			60	250	127.4	0.433		

(1) 굽힘강도를 고려한 최대 전달력 F_b[N]?

(2) 면압강도를 고려한 전달력 F_p[N]?

(3) 안전상 최대 전달동력 H[kW]?

Solution

(1) $V = \dfrac{\pi m Z_1 N_1}{60 \times 1000} = \dfrac{\pi \times 4 \times 25 \times 600}{60 \times 1000} = 3.14 \ m/s$

$F_1 = f_w \cdot f_v \cdot \sigma_{b1} \cdot b \cdot m \cdot Y_1$

$\quad = 1.0 \times \dfrac{3.05}{3.05 + 3.14} \times 294 \times 40 \times 4 \times 0.363 = 8413.62 \ N$

$F_2 = f_w \cdot f_v \cdot \sigma_{b2} \cdot b \cdot m \cdot Y_2$

$\quad = 1.0 \times \dfrac{3.05}{3.05 + 3.14} \times 127.4 \times 40 \times 4 \times 0.433 = 4348.97 \ N$

$F_b = 4348.97 \ N$

(2) $F_p = f_v \cdot k \cdot b \cdot m \cdot \dfrac{2 Z_1 \cdot Z_2}{Z_1 + Z_2}$

$\quad = \dfrac{3.05}{3.05 + 3.14} \times 0.78 \times 40 \times 4 \times \dfrac{2 \times 25 \times 60}{25 + 60} = 2170.33 \ N$

(3) $H = F_p \cdot V = 2170.33 \times 3.14 \times 10^{-3} = 6.81 \ kW$

05 스팬의 길이가 1500mm, 하중 14.7kN, 밴드 나비 100mm, 판의 폭이 100mm, 두께 12mm이고, 이 겹판 스프링의 처짐은 93mm, 허용굽힘응력은 450MPa일 때 겹판 스프링의 판수는 몇 장을 사용해야 하는가? (단, 겹판 스프링의 종탄성계수는 206GPa, 스프링의 유효길이는 $l_e = l - 0.6e$이다.) [3점]

Solution

$l_e = l - 0.6e = 1500 - 0.6 \times 100 = 1440\,mm$

$\delta = \dfrac{3Pl_e^3}{8nbh^3 E}$, $93 = \dfrac{3 \times 14.7 \times 10^3 \times 1440^3}{8 \times n \times 100 \times 12^3 \times 206 \times 10^3}$, $n = 4.97$

$\sigma_{ba} = \dfrac{3Pl_e}{2nbh^2}$, $450 = \dfrac{3 \times 14.7 \times 10^3 \times 1440}{2 \times n \times 100 \times 12^2}$, $n = 4.9$

스프링은 5장을 사용하는 것이 안전하다.

06 150rpm으로 49kN의 베어링 하중을 지지하는 엔드저널 베어링이 있다. 허용압력 속도계수가 1.96MPa·m/s이고 베어링 허용압력은 5.88MPa, 저널의 허용굽힘응력이 58.8MPa일 때 다음을 구하라. [5점]

(1) 저널의 길이 L[mm]?

(2) 저널의 지름 d[mm]?

(3) 베어링의 압력을 구하고 안전성을 판단하라.

Solution

(1) $p_a V = \dfrac{W}{dL} \cdot \dfrac{\pi d N}{60 \times 1000}$

$1.96 = \dfrac{49 \times 1000}{L} \times \dfrac{\pi \times 150}{60 \times 1000}$, $L = 196.25\ mm$

(2) $\sigma_{ba} = \dfrac{32 W \dfrac{L}{2}}{\pi d^3}$, $58.8 = \dfrac{32 \times 49 \times 10^3 \times 196.25}{2 \times \pi \times d^3}$, $d = 94.09\ mm$

(3) $p = \dfrac{W}{dL} = \dfrac{49 \times 1000}{94.09 \times 196.25} = 2.65\ MPa < 5.88\ MPa$, ∴ 안전

07 그림과 같은 3측 필릿용접 구조물이 있다. 판의 한쪽에 하중 $P = 12kN$ 이 가해질 때 $a = 150mm$, $b = 110mm$, $c = 130mm$ 이고 왼쪽 용접선으로부터 용접선 중심의 위치 $\bar{x} = \dfrac{b^2}{(2b+c)}$, 필릿 용접선 전체에 대한 단위 극관성모멘트 $I_0 = \dfrac{(2b+c)^3}{12} - \dfrac{b^2(b+c)^2}{2b+c}$ 이다. 다음을 구하라. (단, 필릿 용접부의 목길이 $t = 10mm$이다.) [5점]

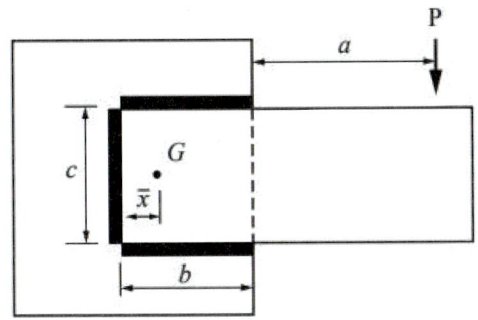

(1) 직접전단응력 τ_1 [MPa]?

(2) 비틀림 최대전단응력 τ_2 [MPa]?

(3) 합성 전단응력 τ [MPa]?

Solution

(1) $\tau_1 = \dfrac{P}{t(2b+c)} = \dfrac{12 \times 10^3}{10 \times (2 \times 110 + 130)} = 3.43 \ MPa$

(2) $\bar{x} = \dfrac{b^2}{(2b+c)} = \dfrac{110^2}{2 \times 110 + 130} = 34.57 \ mm$

$I_0 = \dfrac{(2b+c)^3}{12} - \dfrac{b^2(b+c)^2}{2b+c}$

$= \dfrac{(2 \times 110 + 130)^3}{12} - \dfrac{110^2 \times (110+130)^2}{2 \times 110 + 130} = 1{,}581{,}602.38 \ mm^3$

$T = P \cdot (a + b - \bar{x})$

$= 12 \times 10^3 \times (150 + 110 - 34.57) = 2{,}705{,}160 \ N \cdot mm$

$r = \sqrt{(110 - 34.57)^2 + \left(\dfrac{130}{2}\right)^2} = 99.57 \ mm$

$\tau_2 = \dfrac{Tr}{tI_0} = \dfrac{2{,}705{,}160 \times 99.57}{10 \times 1{,}581{,}602.38} = 17.03 \ MPa$

(3) $\cos\theta = \dfrac{b - \bar{x}}{r} = \dfrac{110 - 34.57}{99.57} = 0.76$

$\tau = \sqrt{\tau_1^2 + \tau_2^2 + 2\tau_1\tau_2\cos\theta}$

$= \sqrt{3.43^2 + 17.03^2 + 2 \times 3.43 \times 17.03 \times 0.76} = 19.76 \ MPa$

08 60kN의 중량물을 들어올릴 수 있는 나사잭이 있다. 이 나사잭의 레버에 300N의 힘을 가할 때 다음을 구하라. (단, 나사부 마찰계수는 0.1, 유효지름은 63.5mm, 피치는 3.17mm인 사각 나사잭이다.) [4점]

(1) 나사잭의 나사부에 걸리는 비틀림 모멘트 T[N·m]?

(2) 레버의 유효길이 L[mm]?

> Solution

(1) $T = Q \dfrac{p + \mu \pi d_2}{\pi d_2 - \mu p} \cdot \dfrac{d_2}{2} = 60 \times \dfrac{3.17 + 0.1 \times \pi \times 63.5}{\pi \times 63.5 - 0.1 \times 3.17} \times \dfrac{63.5}{2} = 221.12 \ N \cdot m$

(2) $T = FL$, $L = \dfrac{221.12}{300} = 0.73707 \ m$, $L = 737.07 \ mm$

09 지름 120mm, 허용전단응력이 20.58MPa인 축에 플랜지커플링이 300rpm으로 회전하고 있다. 다음을 구하라. (단, 볼트지름 25.4mm, 6개를 사용하며 볼트 중심의 피치원 지름은 315mm, 플랜지 허브 바깥지름이 230mm, 플랜지의 뿌리부 두께가 40mm이다.) [5점]

(1) 플랜지에 사용한 볼트의 전단응력 τ_B[MPa]?

(2) 플랜지의 전단응력 τ_f[MPa]?

> Solution

(1) $T = \tau_a Z_p = \tau_a \cdot \dfrac{\pi d^3}{16} = 20.58 \times \dfrac{\pi \times 120^3}{16} = 6{,}982{,}629.50 \ N \cdot mm$

$T = \tau_B \cdot \dfrac{\pi \delta^2}{4} \cdot Z \cdot \dfrac{D_B}{2}$

$6{,}982{,}629.50 = \tau_B \times \dfrac{\pi \times 25.4^2}{4} \times 6 \times \dfrac{315}{2}$, $\tau_B = 14.58 \ MPa$

(2) $T = \tau_f \cdot \pi D_1 t \cdot \dfrac{D_1}{2}$

$6{,}982{,}629.50 = \tau_f \times \pi \times 230 \times 40 \times \dfrac{230}{2}$, $\tau_f = 2.1 \ MPa$

10 400rpm으로 5kW를 전달하는 풀리를 축에 부착하고자 한다. 축의 직경은 32mm이고 묻힘키의 높이가 8mm일 때 다음을 구하라. (단, 키의 길이는 축 직경의 1.5배이고 폭은 높이와 같다.) [4점]

(1) 키의 전단강도 τ[MPa]?

(2) 키의 압축강도 σ_c[MPa]?

Solution

(1) $\tau = \dfrac{2T}{bld} = \dfrac{2 \times 974000 \times 9.8 \times 5}{8 \times 1.5 \times 32^2 \times 400} = 19.42 \ MPa$

(2) $\sigma_c = \dfrac{4T}{hld} = \dfrac{4 \times 974000 \times 9.8 \times 5}{8 \times 1.5 \times 32^2 \times 400} = 38.84 \ MPa$

11 매분 600회전하는 외접 원통 마찰차가 있다. 이 마찰차의 지름이 450mm일 때 전달가능한 동력은 몇 kW인가? (단, 접촉폭이 141mm, 접촉부 마찰계수는 0.25 그리고 단위 길이당 허용선압력은 14.7N/mm이다.) [3점]

Solution

$H = \mu WV = \mu f_a b \dfrac{\pi DN}{60 \times 1000}$

$= 0.25 \times 14.7 \times 141 \times \dfrac{\pi \times 450 \times 600}{60 \times 1000} = 7.33 \ kW$

12 축지름 40mm, 길이 900mm, 축에 매달린 디스크의 무게 196N, 축을 지지하는 스프링의 스프링 상수 k=70×106N/m이다. 다음을 구하라. (단, 축의 세로탄성계수는 206GPa이다.) [4점]

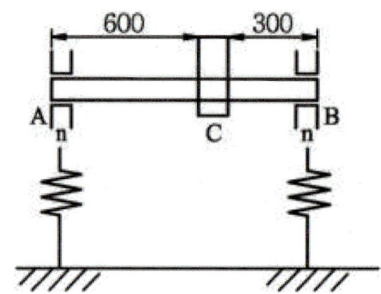

(1) 축의 처짐 δ [μm]? (단, 디스크의 처짐을 구하는 공식 : $\delta = \dfrac{Wa^2b^2}{3EI(a+b)}$ 이다.)

(2) 축의 자중을 무시할 때 구한 처짐에 의한 위험속도 Ncr[rpm]?

◆ Solution

(1) ① 순수 스프링 처짐

$$\delta_A = \frac{R_A}{k} = \frac{196 \times 300}{900 \times 70 \times 10^6} = 0.93 \times 10^{-6} m$$

$$\delta_B = \frac{R_B}{k} = \frac{196 \times 600}{900 \times 70 \times 10^6} = 1.87 \times 10^{-6} m$$

$$\delta_C = 0.93 \times 10^{-6} + \frac{600 \times (1.87 - 0.93) \times 10^{-6}}{900} = 1.56 \times 10^{-6} m$$

δ_C : 스프링의 처짐시 디스크가 매달려 있는 부분에서 처짐

② 디스크만 매달려 있을 때 처짐(주어진 공식 적용)

$$\delta_D = \frac{Wa^2b^2}{3EI(a+b)} = \frac{64 \times 196 \times 0.6^2 \times 0.3^2}{3 \times 206 \times 10^9 \times \pi \times 0.04^4 \times 0.9} = 90.86 \times 10^{-6} m$$

③ 최대처짐

$$\delta = \delta_C + \delta_D = (1.56 + 90.86) \times 10^{-6} m = 92.42 \, \mu m$$

(2) $N_{cr} = 300\sqrt{\dfrac{1}{\delta}} = 300 \times \sqrt{\dfrac{1}{92.42 \times 10^{-4}}} = 3120.60 \ rpm$

2024 과년도문제(1회)

01 스크루 잭에 25kN의 축하중을 올리기 위하여 레버에 가하는 힘은 1.0kN, 자리면의 평균지름과 마찰계수가 각각 40mm, 0.2이고 나사의 유효지름 22.05mm, 피치 2.89mm, 나사부 마찰계수 0.24이다. 다음을 구하시오. (단, 스크루 잭은 미터 사다리꼴나사이다.)

(1) 너트 자리면과 나사를 죌 때 토크 T_f와 T_B는 각각 몇 J인가?

(2) 레버의 길이 L은 몇 mm인가?

◆ Solution

(1) $T_f = \mu_f Q \dfrac{d_f}{2} = 0.2 \times 25 \times \dfrac{40}{2} = 100 J$

$\mu' = \dfrac{\mu}{\cos\dfrac{\beta}{2}} = \dfrac{0.24}{\cos 15°} = 0.2485, \quad \rho' = \tan^{-1}\mu' = \tan^{-1}0.2485 = 13.9553°$

$\alpha = \tan^{-1}\left(\dfrac{p}{\pi d_2}\right) = \tan^{-1}\left(\dfrac{2.89}{\pi \times 22.05}\right) = 2.39°$

$T_B = Q\tan(\alpha + \rho')\dfrac{d_2}{2} = 25 \times \tan(2.39 + 13.9553) \times \dfrac{22.05}{2} = 80.83 J$

(2) $T = F \cdot L = T_f + T_B$

$1.0 \times L = 100 + 80.83, \quad L = 183.83 mm$

02 6kW의 동력을 전달하는 다음과 같은 조건의 스퍼기어가 있다. 모듈을 구하시오.

구분	하중계수	압력각	치폭(mm)	중심거리	회전수	허용굽힘응력	치형계수 (Y=πy)
피니언	0.8	α=20°	b=10m	258mm	450rpm	300 MPa	0.346
기어					150rpm	130 MPa	0.433

Solution

$$i = \frac{N_2}{N_1} = \frac{D_1}{D_2} = \frac{150}{450} = \frac{1}{3}, \quad C = \frac{D_1 + D_2}{2} = \frac{D_1}{2}(1+3) = 258, \quad D_1 = 129mm$$

$$V = \frac{\pi D_1 N_1}{60 \times 1000} = \frac{\pi \times 129 \times 450}{60 \times 1000} = 3.04 m/s$$

$$H_{kw} = \frac{F \cdot V}{1000}, \quad F = \frac{6 \times 1000}{3.04} = 1973.68 N, \quad f_v = \frac{3.05}{3.05 + V} = \frac{3.05}{3.05 + 3.04} = 0.5$$

$$F = f_w f_v \sigma_{ba} b m \, Y = f_w f_v \sigma_{ba} (10m) m \, Y$$

피니언, $1973.68 = 0.8 \times 0.5 \times 300 \times 10 \times m^2 \times 0.346$, $m = 2.18$

기어, $1973.68 = 0.8 \times 0.5 \times 130 \times 10 \times m^2 \times 0.433$, $m = 2.97$

6kW의 전달동력을 얻기 위해서 모듈은 큰 값을 선택, $m = 2.97$

03 그림과 같이 h=12mm로 온둘레 필렛 용접을 했을 때 지름 D=50mm인 둥근 봉에 비틀림 모멘트 T=120J이 작용하고 있다. 다음을 구하시오.

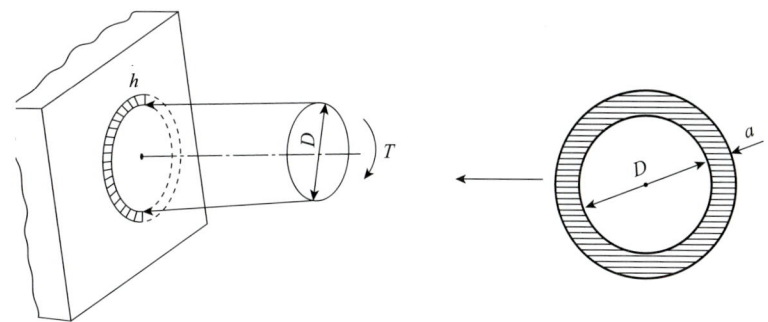

(1) 용접부의 극단면 2차 모멘트 I_p(mm4)은?

(2) 용접부에 발생하는 전단응력 τ(MPa)은?

Solution

(1) $I_p = \dfrac{\pi}{32}[(D+2a)^4 - D^4] = \dfrac{\pi}{32}[(D+2\cos 45° \, h)^4 - D^4]$

$= \dfrac{\pi}{32} \times [(50+2\times \cos 45° \times 12)^4 - 50^4] = 1,361,264.84 \, mm^4$

(2) $r_{\max} = \dfrac{D+2a}{2}$

$\tau = \dfrac{Tr_{\max}}{I_p} = \dfrac{120\times 10^3 \times \dfrac{50+2\times \cos 45° \times 12}{2}}{1,361,264.84} = 2.95 \, MPa$

04 SM45C의 중공축이 200rpm으로 20kW를 전달하고자 한다. 다음을 구하시오. (단, 내·외경비가 0.5이고 축의 허용전단응력은 39.2MPa이다.)

(1) 중공축의 바깥지름 d_2(mm)는?

(2) 중공축의 안지름 d_1(mm)은?

> **Solution**

(1) $T = 974000 \times 9.8 \times \dfrac{H_{kw}}{N} = \tau_a \cdot \dfrac{\pi d_2^3}{16}(1-x^4)$

$974000 \times 9.8 \times \dfrac{20}{200} = 39.2 \times \dfrac{\pi d_2^3}{16} \times (1-0.5^4), \ d_2 = 50.95mm$

(2) $x = \dfrac{d_1}{d_2}, \ d_1 = 0.5 \times 50.95 = 25.48mm$

05 그림과 같은 블록 브레이크에서 조작력이 150N일 때 다음을 구하시오. (단, 허용면압력은 0.23MPa이고 마찰계수는 0.27이다. 그리고 a=900mm, b=90mm, c=30mm, d=500mm이다.)

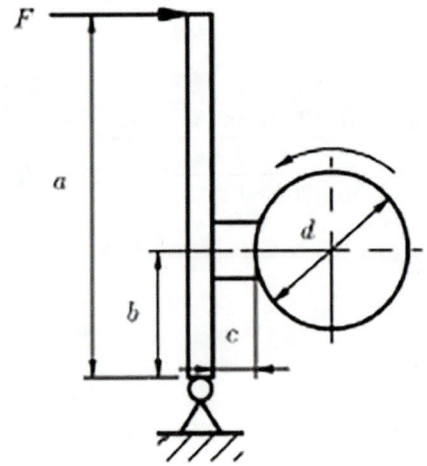

(1) 제동토크 TF(N-m)는?

(2) 접촉면적 A(mm^2)은?

> **Solution**

(1) $Fa = Wb - \mu Wc$

$150 \times 900 = W \cdot (90 - 0.27 \times 30), \ W = 1648.35N$

$T = \mu W \dfrac{d}{2} = 0.27 \times 1648.35 \times \dfrac{0.5}{2} = 111.26 N \cdot m$

(2) $q = \dfrac{W}{A}, \ A = \dfrac{1648.35}{0.23} = 7166.74 mm^2$

06 그림과 같은 편심하중을 받고 있는 리벳이음에 대하여 다음을 구하시오. (단, 리벳의 허용전단응력이 80MPa, 안전계수는 1.5이다.)

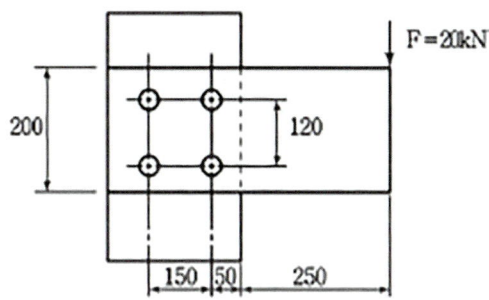

(1) 리벳에 작용하는 최대전단력 F_{max}(kN)은?

(2) 리벳의 허용전단응력을 고려했을 때 리벳의 지름 d(mm)은?

Solution

(1) 직접 전단력 $F_1 = \dfrac{20}{4} = 5kN$

비틀림 전단력 $T = F \cdot L = 4F_2 \cdot r = 4F_2 \cdot \sqrt{60^2 + 75^2}$

$F_2 = \dfrac{20 \times (250 + 50 + 75)}{4 \times \sqrt{75^2 + 60^2}} = 19.52kN$

최대 전단력 $F_{max} = \sqrt{F_1^2 + F_2^2 + 2F_1 F_2 \cos\theta}$, $\cos\theta = \dfrac{75}{\sqrt{(75^2 + 60^2)}} = 0.78$

$F_{max} = \sqrt{5^2 + 19.52^2 + 2 \times 5 \times 19.52 \times 0.78} = 23.63kN$

(2) $S = \dfrac{\tau_a}{\tau_{max}} = \dfrac{A\tau_a}{F_{max}} = \dfrac{\pi d^2 \tau_a}{4F_{max}}$

$1.5 = \dfrac{\pi \times d^2 \times 80}{4 \times 23.63 \times 10^3}$, $d = 23.75mm$

07 그림과 같이 전동기와 플랜지 커플링으로 연결된 평벨트 전동장치가 있다. 원동풀리의 접촉각은 162°, 35kW, 1200rpm을 바로걸기로 종동 풀리에 전달하고 있으며 플랜지 커플링의 볼트 전단응력은 20MPa, 볼트의 피치원 직경 80mm, 볼트 수가 4개일 때 다음을 구하시오.

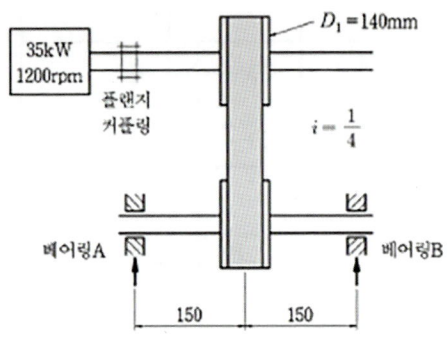

(1) 플랜지 커플링의 볼트지름 δ(mm)는?

(2) 벨트의 이완측 장력 T_s(N)는? (단, 벨트 접촉부 마찰계수는 0.15이다.)

(3) 종동축을 지지하는 볼베어링 B부의 수명시간 L_h(h)는?
(단, 동정격 부하용량 C=130kN, 베어링 하중계수는 1.8를 고려하시오.)

◆ Solution

(1) $T = \tau_B \cdot \dfrac{\pi \delta^2}{4} \cdot Z \cdot \dfrac{D_B}{2}$

$974000 \times 9.8 \times \dfrac{35}{1200} = 20 \times \dfrac{\pi \times \delta^2}{4} \times 4 \times \dfrac{80}{2}, \ \delta = 10.52mm$

(2) $V = \dfrac{\pi \cdot D_1 \cdot N_1}{60 \times 1000} = \dfrac{\pi \times 140 \times 1200}{60 \times 1000} = 8.8 m/s$

$e^{\mu\theta} = \dfrac{T_t}{T_s} = e^{(0.15 \times 162° \times \frac{\pi}{180°})} = 1.53$

$H = T_t \cdot \dfrac{(e^{\mu\theta} - 1)}{e^{\mu\theta}} \cdot V, \ 35 \times 10^3 = T_t \times \dfrac{(1.53 - 1)}{1.53} \times 8.8$

$T_t = 11,481.56N, \ T_s = \dfrac{T_t}{e^{\mu\theta}} = \dfrac{11,481.56}{1.53} = 7,504.29N$

(3) 축 하중 $W = \sqrt{T_t^2 + T_s^2 - 2T_tT_s\cos\theta}$

$W = \sqrt{11,481.56^2 + 7,504.29^2 - 2 \times 11,481.56 \times 7,504.29 \times \cos 162°} = 18,762.42N$

베어링 하중 $P_B = \dfrac{W}{2} = \dfrac{18,762.42}{2} = 9,381.21N$

$i = \dfrac{N_2}{N_1} = \dfrac{1}{4}, \ L_h = 500 \cdot \left(\dfrac{C}{f_w \cdot P_B}\right)^r \cdot \dfrac{33.3}{N_2}$

$L_h = 500 \times \left(\dfrac{130 \times 10^3}{1.8 \times 9381.21}\right)^3 \times \dfrac{4 \times 33.3}{1200} = 25,323.80h$

08 200rpm으로 회전하는 스플라인의 호칭지름이 82mm, 바깥지름이 88mm, 잇수 4개일 때 다음을 구하시오. (단, 허용면압력이 40MPa이고 보스 길이가 130mm, 접촉효율이 75%이다.)

(1) 전달토크 T(N-m)는?

(2) 전달동력 H(kW)는?

Solution

(1) $T = \eta q_a h l Z \dfrac{D_1 + D_2}{4}$, $h = \dfrac{D_2 - D_1}{2} = \dfrac{88 - 82}{2} = 3mm$

$T = 0.75 \times 40 \times 3 \times 130 \times 4 \times \left(\dfrac{82 + 88}{4}\right) \times 10^{-3} = 1989 N \cdot m$

(2) $T = 974 \times 9.8 \cdot \dfrac{H}{N}$

$1989 = 974 \times 9.8 \times \dfrac{H}{200}$, $H = 41.68 kW$

09 가스터빈기관의 칼라 베어링이 450rpm으로 추력 8330N을 받고 있다. 이 축의 직경은 100mm, 칼라지름은 180mm이다. 다음을 구하시오. (단, 베어링 부의 마찰계수가 0.015, 허용발열계수는 0.5292MPa·m/s이다.)

(1) 칼라 수 Z(개)는?

(2) 베어링 압력 p(MPa)는?

Solution

(1) $p V_a = \dfrac{W}{\dfrac{\pi(d_2^2 - d_1^2)}{4} \cdot Z} \cdot \dfrac{\pi \dfrac{d_1 + d_2}{2} N}{60 \times 1000}$

$0.5292 = \dfrac{8330}{\dfrac{\pi \times (180^2 - 100^2) \cdot Z}{4}} \times \dfrac{\pi \times (100 + 180) \times 450}{2 \times 60 \times 1000}$, $Z = 3$

(2) $p = \dfrac{W}{\pi \dfrac{(d_2^2 - d_1^2)}{4} Z} = \dfrac{8330 \times 4}{\pi \times (180^2 - 100^2) \times 3} = 0.16 MPa$

10 전체 중량이 10kN인 일반기계장치를 4개소에서 균등하게 지지하는 원통코일스프링이 있다. 이 스프링의 소선의 직경은 16mm이고 유효권수는 4개이다. 다음을 구하시오. (단, 코일스프링의 지수 C=9, 횡탄성계수 G=78.4GPa이다.)

(1) 코일 스프링의 처짐 δ(mm)는?

(2) 소선에 작용하는 최대 전단응력 τ_{max}(MPa)는?

◆ Solution

(1) $\delta = \dfrac{64nPR^3}{Gd^4} = \dfrac{64 \times 4 \times 10 \times 10^3 \times \left(9 \times \dfrac{16}{2}\right)^3}{78.4 \times 10^3 \times 16^4 \times 4} = 46.49mm$

(2) $\tau_{max} = K\dfrac{16PR}{\pi d^3}$, $K = \dfrac{4C-1}{4C-4} + \dfrac{0.615}{C} = \dfrac{4 \times 9 - 1}{4 \times 9 - 4} + \dfrac{0.615}{9} = 1.16$

$\tau_{max} = 1.16 \times \dfrac{16 \times 10 \times 10^3 \times \left(9 \times \dfrac{16}{2}\right)}{\pi \times 16^3 \times 4} = 259.62MPa$

11 접촉면의 안지름 285mm, 바깥지름 315mm, 접촉면의 폭 75mm, 원추면의 경사각이 11°인 원추클러치가 200rpm으로 회전할 때 다음을 구하시오. (단, 마찰계수는 0.2, 접촉면압력이 0.3MPa이다.)

(1) 전달토크 T(N-m)는?

(2) 전달동력 H(kW)는?

◆ Solution

(1) $Q = q \cdot \pi Db = q \cdot \pi \dfrac{D_1 + D_2}{2} b$

$Q = 0.3 \times \pi \times \dfrac{285 + 315}{2} \times 75 = 21,205.75N$

$T = \mu Q \dfrac{D}{2} = 0.2 \times 21,205.75 \times \dfrac{285 + 315}{4} \times 10^{-3} = 636.17 N \cdot m$

(2) $T = 974 \times 9.8 \cdot \dfrac{H}{N}$

$636.17 = 974 \times 9.8 \times \dfrac{H}{200}$, $H = 13.33 kW$

12 5.88kW의 동력을 전달하는 중심거리 450mm의 두 축이 홈마찰차로 연결되어 주동축 회전수가 400rpm, 종동축 회전수는 150rpm이며 홈각이 40°, 허용접촉선압은 38N/mm, 마찰계수는 0.25이다. 다음을 구하시오. (단, 홈의 높이 $h = 0.3\sqrt{\mu' W}$이다.)

(1) 상당 마찰계수 μ'는?

(2) 홈의 수 Z(개)는? (단, 홈마찰차의 평균속도는 5.14m/s이다.)

◎ Solution

(1) $\mu' = \dfrac{\mu}{\sin\alpha + \mu\cos\alpha} = \dfrac{0.25}{\sin 20° + 0.25 \times \cos 20°} = 0.43$

(2) $H = \mu' W V$, $5.88 \times 10^3 = 0.43 \times W \times 5.14$, $W = 2660.39 N$

$Q = \dfrac{W}{\sin\alpha + \mu\cos\alpha} = \dfrac{2660.39}{\sin 20° + 0.25 \times \cos 20°} = 4611.18 N$

$h = 0.3 \times \sqrt{0.43 \times 2660.39} = 10.15 mm$

$f = \dfrac{Q}{2hZ}$, $38 = \dfrac{4611.18}{2 \times 10.15 \times Z}$, $Z = 6$

2024 과년도문제(2회)

01 1줄 겹치기 리벳이음에서 리벳 직경 14mm, 피치 40mm, 판 두께 8mm일 때 다음을 구하시오. (단, 리벳의 허용전단응력 48MPa이고 리벳의 직경과 판의 리벳구멍직경은 같다.)

(1) 강판의 효율 η_p(%)=?

(2) 리벳의 전단저항과 판의 압축저항이 같을 때 압축강도를 구하시오.

(3) 리벳의 전단저항과 판의 인장저항이 같을 때 판의 인장강도를 구하시오.

Solution

(1) $\eta_p = 1 - \dfrac{d}{p} = \left(1 - \dfrac{14}{40}\right) \times 100 = 65\%$

(2) $\tau_a \cdot \dfrac{\pi d^2}{4} = \sigma_c \cdot dt$

$48 \times \dfrac{\pi \times 14^2}{4} = \sigma_c \times 14 \times 8, \ \sigma_c = 65.97 MPa$

(3) $\tau_a \cdot \dfrac{\pi d^2}{4} = \sigma_t \cdot (p-d)t$

$48 \times \dfrac{\pi \times 14^2}{4} = \sigma_t \times (40-14) \times 8, \ \sigma_t = 35.52 MPa$

02 축각 $\theta = 80°$ 일 때 원추 마찰차의 접촉 나비 $b = 150mm$, 허용 접촉 선압력 $q_a = 19.6N/mm$일 때 다음을 구하시오. (단, 속도비 $i = \dfrac{N_B}{N_A} = \dfrac{1}{2}$ 이다.)

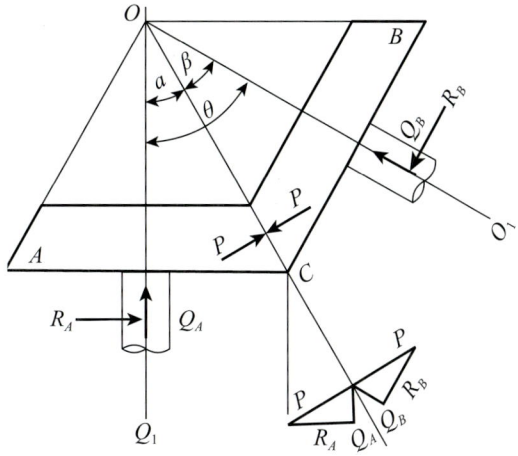

(1) 원동차의 원추반각 $\alpha(°) = ?$

(2) 원동차의 스러스트 하중 $Q_A(N) = ?$

◆ Solution

(1) $\tan\alpha = \dfrac{\sin\theta}{\dfrac{1}{i} + \cos\theta} = \dfrac{\sin 80°}{2 + \cos 80°} = 0.4531$

$\alpha = \tan^{-1}(0.4531) = 24.38°$

(2) $P = q_a b = 19.6 \times 150 = 2940N$

$Q_A = P\sin\alpha = 2940 \times \sin 24.38° = 1213.59N$

03 치직각 모듈 $m_n = 4.5$인 헬리컬 기어의 나선각 $\beta = 25°$, 잇수 $Z_1 = 30, Z_2 = 70$이다. 피니언과 기어는 SM45C 재질로 허용 굽힘 응력은 300MPa이고 이 나비 $b = 10m_n$, 면압계수 $C_w = 0.75$, 접촉면 응력계수 $K = 1.3N/mm^2$일 때 아래 표를 이용하여 다음을 구하시오. (단, 피니언의 회전수는 500rpm, 헬리컬 기어의 공구 압력각 20°이다.)

(1) 기어의 굽힘강도를 고려한 전달하중 F_1과 F_2를 N으로 구하시오.(단, F_1은 피니언의 전달력, F_2는 기어의 전달력이다.)

(2) 기어의 면압강도를 고려한 전달하중 F_3를 N으로 구하시오.

(3) 전달동력 $H(kW)$=?

[표] 스퍼기어의 치형계수 $Y(\pi y)$

잇수	계수	a=14.5° 표준 기어	a=20° 표준 기어	잇수	계수	a=14.5° 표준 기어	a=20° 표준 기어
12		0.355	0.415	28		0.534	0.597
13		0.377	0.443	30		0.540	0.606
14		0.399	0.468	34		0.553	0.628
15		0.415	0.490	38		0.565	0.650
16		0.430	0.503	43		0.575	0.672
17		0.446	0.512	50		0.587	0.694
18		0.459	0.522	60		0.603	0.713
19		0.471	0.534	75		0.613	0.735
20		0.481	0.543	100		0.622	0.757
21		0.490	0.553	150		0.635	0.779
22		0.496	0.559	300		0.650	0.801
24		0.509	0.572	레크		0.660	0.823
26		0.522	0.587				

Solution

(1) $Z_{e1} = \dfrac{Z_1}{\cos^3\beta} = \dfrac{30}{(\cos 25°)^3} = 40.3$, $Z_{e2} = \dfrac{Z_2}{\cos^3\beta} = \dfrac{70}{(\cos 25°)^3} = 94.03$

$Y_{e1} = 0.650 + \dfrac{40.3 - 38}{43 - 38} \times (0.672 - 0.650) = 0.66012$

$Y_{e2} = 0.735 + \dfrac{94.03 - 75}{100 - 75} \times (0.757 - 0.735) = 0.7517464$

$D_1 = \dfrac{m_n Z_1}{\cos\beta} = \dfrac{4.5 \times 30}{\cos 25°} = 148.96 mm$

$V = \dfrac{\pi D_1 N_1}{60 \times 1000} = \dfrac{\pi \times 148.96 \times 500}{60 \times 1000} = 3.9 m/s$

$f_v = \dfrac{3.05}{3.05 + V} = \dfrac{3.05}{3.05 + 3.9} = 0.44$

$F_1 = f_v \sigma_{ba} b m_n Y_{e1} = 0.44 \times 300 \times 10 \times 4.5^2 \times 0.66012 = 17,645 N$

$F_2 = f_v \sigma_{ba} b m_n Y_{e2} = 0.44 \times 300 \times 10 \times 4.5^2 \times 0.7517464 = 20,094.18 N$

(2) $m_s = \dfrac{m_n}{\cos\beta} = \dfrac{4.5}{\cos 25°} = 4.97$

$$F_3 = f_v \frac{C_w}{\cos^2\beta} Kbm_s \frac{2Z_1Z_2}{Z_1+Z_2}$$
$$= 0.44 \times \frac{0.75}{(\cos 25°)^2} \times 1.3 \times (10 \times 4.5) \times 4.97 \times \frac{2 \times 30 \times 70}{30+70} = 4,905.96 N$$

(3) $H = \dfrac{F_3 V}{1000} = \dfrac{4,905.96 \times 3.9}{1000} = 19.13 kW$

04 피치 15.875mm, 중심거리 1400mm, 잇수 $Z_1 = 20$, $Z_2 = 52$인 체인 전동장치에서 다음을 구하시오.

(1) 체인 링크 수(L_n)를 정수로 구하시오. (단, 짝수로 결정하시오)

(2) 체인 길이 L(mm)=?

◇ Solution

(1) $L_n = \dfrac{2C}{p} + \dfrac{Z_1+Z_2}{2} + \dfrac{0.0257 p (Z_2-Z_1)^2}{C}$
$= \dfrac{2 \times 1400}{15.875} + \dfrac{20+52}{2} + \dfrac{0.0257 \times 15.875 \times (52-20)^2}{1400} = 212.68$
$L_n = 214$

(2) $L = L_n p = 124 \times 15.875 = 1,968.5 mm$

05 그림과 같은 캘리퍼 브레이크(디스크 브레이크)의 제동토크가 1300N-m, 접촉각 $\alpha = 40°$, 원추각 $\beta = 100°$, 접촉 패드의 안쪽 반지름 $R_1 = 100mm$, 바깥쪽 반지름 $R_2 = 150mm$, 마찰계수 $\mu = 0.3$일 때 다음을 구하시오.

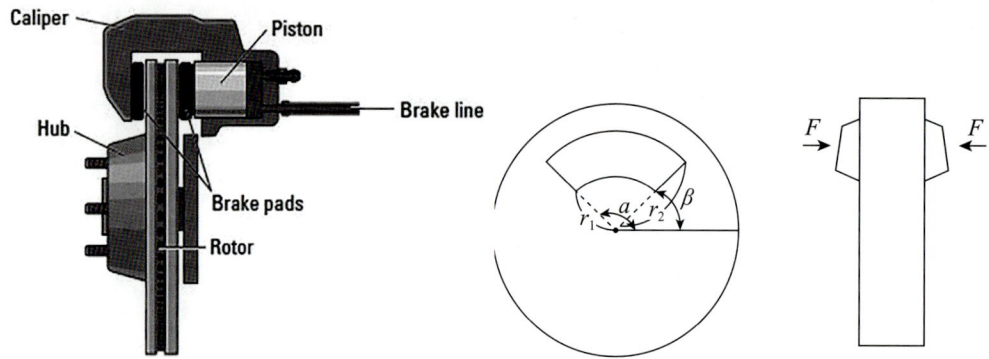

(1) 한쪽 브레이크에서 받는 힘(작용력) F(N)=?

(2) 접촉 면압력 q(MPa)=?

> **Solution**

(1) 등가 지름 $D_e = \dfrac{2(D^3 - D_o^3)}{3(D^2 - D_o^2)} = \dfrac{2 \times (300^3 - 200^3)}{3 \times (300^2 - 200^2)} = 253.33mm$

$T = F_t \cdot \dfrac{D_e}{2} = \mu F_n \cdot \dfrac{D_e}{2}$

$1300 \times 10^3 = 0.3 \times F_n \times \dfrac{253.33}{2}$, $F_n = 34,215.03N$

$F = F_n \cdot \sin\beta = 34215.03 \times \sin 100° = 33,695.23N$

(2) $q = \dfrac{F_n}{A} = \dfrac{F_n}{NbL}$

b: 폭(너비, mm), L: 접촉 길이(mm), N: 브레이크 수

$L = \dfrac{D_s}{2} \cdot \alpha$, $D_s = \dfrac{D + D_o}{2}$; 평균 지름(mm), α: 접촉각(rad)

$D_s = \dfrac{300 + 200}{2} = 250mm$

$L = \dfrac{250}{2} \times 40° \times \dfrac{\pi}{180°} = 87.27mm$

$q = \dfrac{34215.03}{2 \times 25 \times 87.27} = 7.84 N/mm^2$

06 55mm 직경의 축에 보스를 끼웠을 때 사용한 묻힘키의 길이가 60mm, 나비가 10mm, 높이가 10mm이다. 이 축에 2kW, 250rpm이 작용할 때 다음을 구하시오. (단, 키는 $\frac{1}{2}h$ 만큼 묻혀있다.)

(1) 이 키의 전단강도 τ(N/mm²)=?

(2) 이 키의 압축강도 σ_c(N/mm²)=?

Solution

(1) $T = 974 \times 9.8 \frac{H_{kW}}{N} = 974 \times 9.8 \times \frac{2}{250} = 76.36 N-m$

$\tau = \frac{2T}{bld} = \frac{2 \times 76.36 \times 10^3}{10 \times 60 \times 55} = 4.63 N/mm^2$

(2) $\sigma_c = \frac{4T}{hld} = \frac{4 \times 76.36 \times 10^3}{10 \times 60 \times 55} = 9.26 N/mm^2$

07 300N의 하중을 가하면 100mm의 변형이 발생하는 원통 코일 스프링이 있다. 코일의 평균지름은 소선의 지름의 7.5배이고 이 스프링의 횡탄성계수가 83.3GPa일 때 다음을 구하시오. (단, 이 스프링의 허용전단응력은 343MPa이다.)

(1) 스프링 선재의 지름 d(mm)=?

(2) 유효 감김수 n?

Solution

(1) $C = \frac{D}{d} = 7.5$

$K = \frac{4C-1}{4C-4} + \frac{0.615}{C} = \frac{4 \times 7.5 - 1}{4 \times 7.5 - 4} + \frac{0.615}{7.5} = 1.1974$

$\tau_a = K\frac{16PR}{\pi d^3} = K\frac{16P\frac{Cd}{2}}{\pi d^3} = K\frac{8PC}{\pi d^2}$

$343 = 1.1974 \times \frac{8 \times 300 \times 7.5}{\pi \times d^2}$, $d = 4.47mm$

(2) $\delta = \frac{64nPR^3}{Gd^4}$, $100 = \frac{64 \times n \times 300 \times (7.5 \times 4.47/2)^3}{83.3 \times 10^3 \times 4.47^4}$

$n = 36.78$, $\therefore n = 37$

08 평벨트 전동에서 유효장력이 1,470N이고 긴장측 장력(T_t)이 이완측 장력(T_s)의 3배일 때 다음을 구하시오. (단, 이음효율 85%, 벨트의 두께는 5mm, 허용인장응력을 4.9MPa이다.)

(1) 긴장측 장력 T_t(N)=?

(2) 벨트의 나비 b(mm)=?

Solution

(1) $e^{\mu\theta} = \dfrac{T_t}{T_s} = 3$

$T_t = P_e \cdot \dfrac{e^{\mu\theta}}{e^{\mu\theta}-1} = 1470 \times \dfrac{3}{2} = 2,205 N$

(2) $\sigma_t = \dfrac{T_t}{bt\eta}$, $4.9 = \dfrac{2205}{b \times 5 \times 0.85}$, $b = 105.88m$

09 7.85kJ의 비틀림 모멘트를 받는 중실축과 중공축이 있다. 중실축과 중공축은 동일재료로 허용 비틀림응력 $\tau_a = 47MPa$일 때 중실축과 중공축의 중량비를 구하시오. (단, 중공축의 내·외경비는 0.5이고 축의 길이는 동일하다.)

Solution

$T = \tau_a \cdot \dfrac{\pi d^3}{16}$, $7.85 \times 10^3 \times 10^3 = 47 \times \dfrac{\pi \times d^3}{16}$, $d = 94.75mm$

$T = \tau_a \cdot \dfrac{\pi d_2^3}{16}(1-x^4)$, $7.85 \times 10^3 \times 10^3 = 47 \times \dfrac{\pi d_2^3}{16} \times (1-0.5^4)$, $d_2 = 96.81mm$

$W = \gamma \cdot A \cdot l$

$\dfrac{W_{공}}{W_{실}} = \dfrac{A_{공}}{A_{실}} = \dfrac{d_2^2(1-x^2)}{d^2} = \dfrac{96.81^2 \times (1-0.5^2)}{94.75^2} \times 100 = 78.3\%$

10 10kN의 축하중을 들어올리기 위한 나사잭의 유효지름 36.5mm, 골지름 33mm, 피치 7mm인 30°의 사다리꼴나사가 있다. 나사부의 마찰계수가 0.1, 칼라부의 마찰계수는 0.15, 스러스트 칼라부의 마찰 평균직경이 40mm, 볼트의 허용전단응력이 50MPa일 때 다음을 구하시오.

(1) 나사부에 발생하는 인장응력 σ_t(MPa)=?

(2) 나사잭에 걸리는 총괄 비틀림모멘트 T(N-m)=?

(3) 나사부의 최대전단응력 τ_{max}을 구하고 안전성을 판단하시오.

◎ Solution

(1) $\sigma_t = \dfrac{Q}{A} = \dfrac{4Q}{\pi d_1^2} = \dfrac{4 \times 10 \times 10^3}{\pi \times 33^2} = 11.69 MPa$

(2) $\mu' = \dfrac{\mu}{\cos\dfrac{\beta}{2}} = \dfrac{0.1}{\cos\dfrac{30}{2}} = 0.1035$

$T = Q \cdot \left(\dfrac{\mu'\pi d_2 + p}{\pi d_2 - \mu' p} \cdot \dfrac{d_2}{2} + \mu_m \cdot \dfrac{d_m}{2} \right)$

$= 10 \times 10^3 \times \left(\dfrac{0.1035 \times \pi \times 36.5 + 7}{\pi \times 36.5 - 0.1035 \times 7} \times \dfrac{36.5}{2} + 0.15 \times \dfrac{40}{2} \right) = 60,221 N \cdot mm$

$\therefore T = 60 N \cdot m$

(3) $\tau = \dfrac{T}{Z_p} = \dfrac{16T}{\pi d_1^3} = \dfrac{16 \times 60 \times 10^3}{\pi \times 33^3} = 8.5 MPa$

$\tau_{max} = \sqrt{\left(\dfrac{\sigma_t}{2}\right) + \tau^2} = \sqrt{\left(\dfrac{11.69}{2}\right)^2 + 8.5^2} = 10.32 MPa < 50 MPa$, 안전

11 인장강도가 98MPa인 연강제 파이프에 1L/s의 물이 내압 54MPa를 받고 있다. 이 파이프 내의 물의 평균속도가 2.65m/s일 때 다음을 구하시오. (단, 안전율 2, 부식여유 1.25, 이음효율은 85%이다.)

(1) 연강판의 두께 t(mm)?

(2) 파이프의 외경 D(mm)?

Solution

(1) $Q = \dfrac{\pi d^2}{4} \cdot V$, $1 \times 10^{-3} = \dfrac{\pi \times d^2}{4} \times 2.65$, $d = 0.022m = 22mm$

$t = \dfrac{PdS}{2\sigma_{tmax}\eta} + C = \dfrac{54 \times 22 \times 2}{2 \times 98 \times 0.85} + 1.25 = 2.5mm$

(2) $D = d + 2t = 22 + (2 \times 2.5) = 27mm$

12 단열 레이디얼 볼베어링(No. 6311)에 베어링하중 1950N이 작용하고 있다. 다음을 구하시오. (단, 볼베어링의 한계속도지수는 200,000mm·rpm이고 기본 동정격하중은 48kN이다.)

(1) 최대 회전수 N(rpm)?

(2) 수명시간 L_h(hr)?

Solution

(1) $d \cdot N = (11 \times 5) \times N = 200,000$, $N = 3636.36 rpm$

(2) $L_h = 500\left(\dfrac{C}{P}\right)^r \dfrac{33.3}{N} = 500 \times \left(\dfrac{48 \times 10^3}{1950}\right)^3 \times \dfrac{33.3}{3636.36} = 6829.16 hr$

2024 과년도문제(3회)

01 다음 그림과 같은 벨트전동(1-2단)과 기어전동(2-3단)이 결합된 동력전달장치가 있다. 다음을 구하시오. (단, 동력손실은 없다.)

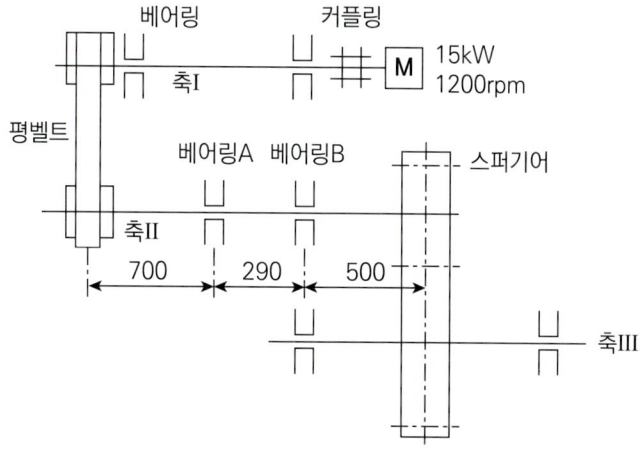

(1) 평벨트장치 원동풀리의 지름이 250mm, 감속비가 $\frac{1}{3}$, 마찰계수는 0.2, 장력비가 1.83일 때 벨트의 유효장력 P_e(N)을 구하시오. (단, 벨트의 단위 길이당 무게는 14.7N/m이다.)

(2) 기어 회전력 F_g(N)를 구하시오. (단, 스퍼기어의 모듈은 3, 피니언의 잇수는 40, 압력각은 14.5도이다.)

(3) 2단축에 있는 베어링 2개의 주어진 수명에서 동정격하중 C(N)를 구하시오. (단, 2단축의 볼베어링의 수명을 60,000시간, 하중계수를 1.2로 한다.)

◆ Solution

(1) $V_b = \dfrac{\pi D_1 N_1}{60 \times 10000} = \dfrac{\pi \times 250 \times 1200}{60 \times 1000} = 15.71 m/s$

$H = P_e \cdot V_b,\ 15 \times 1000 = P_e \times 15.71,\ P_e = 954.81 N$

(2) $i = \dfrac{N_2}{N_1} = \dfrac{N_2}{1200} = \dfrac{1}{3},\ N_2 = 400 rpm$

$H = F_g \cdot V_g,\ 15 \times 1000 = F_g \times \dfrac{\pi \times 3 \times 40 \times 400}{60 \times 1000},\ F_g = 5968.31 N$

(3) $T_t = P_e \cdot \dfrac{e^{\mu\theta}}{e^{\mu\theta}-1} + \dfrac{\omega V_b^2}{g}$, $T_s = P_e \cdot \dfrac{1}{e^{\mu\theta}-1} + \dfrac{\omega V_b^2}{g}$

$T_t = 954.81 \times \dfrac{1.83}{1.83-1} + \dfrac{14.7 \times 15.71^2}{9.8} = 2475.39N$

$T_s = 954.81 \times \dfrac{1}{11.83-1} + \dfrac{14.7 \times 15.71^2}{9.8} = 1520.58N$

$F_n = \dfrac{F_g}{\cos\alpha} = \dfrac{5968.31}{\cos 14.5°} = 6164.67N$

$W = T_t + T_s = 2475.39 + 1520.58 = 3995.97N$

최대 베어링하중을 구하면

$\Sigma M_A = 0$, $R_B \times 290 = 6164.67 \times 790 - 3995.97 \times 700$, $R_B = 7147.97N$

$L_h = 500 \cdot \left(\dfrac{C}{f_w \cdot R_B}\right)^r \cdot \dfrac{33.3}{N_2}$

$60,000 = 500 \times \left(\dfrac{C}{1.2 \times 7147.97}\right)^3 \times \dfrac{33.3}{400}$, $C = 96,893.87N$

02 그림과 같은 너클핀에서 5,000N의 하중이 작용할 때 다음을 구하라. (단, 핀 재료의 허용전단응력은 12MPa, 허용굽힘응력은 300MPa이고 a=14mm, b=18mm이다.)[4점]

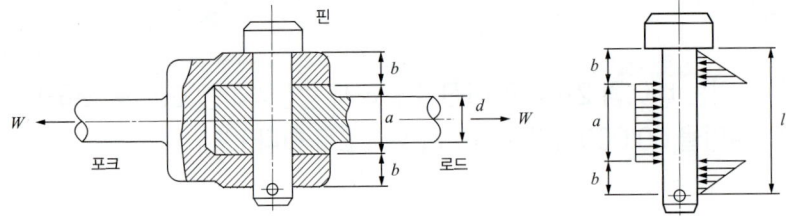

(1) 전단응력만 고려한 경우 핀 지름 d[mm]?

(2) 굽힘응력만 고려한 경우 핀 지름 d[mm]?

◆ Solution

(1) $\tau_a = \dfrac{W}{2 \times \dfrac{\pi d^2}{4}}$, $12 = \dfrac{5000}{2 \times \dfrac{\pi d^2}{4}}$, $d = 16.29$mm

(2) $\sigma_{ba} = \dfrac{Wl/8}{\pi d^3/32}$, $300 = \dfrac{5000 \times (14 + 2 \times 18) \times 32}{\pi \times d^3 \times 8}$, $d = 10.2$mm

03 접촉면의 안지름 120mm, 바깥지름 180mm의 원판 클러치가 350rpm으로 회전하고 있다. 다음을 구하라. (단, 마찰계수 = 0.2, 접촉면 압력을 $0.2N/mm^2$로 한다.) [3점]

(1) 축에 작용하는 토크 μ[N·m]

(2) 전달동력 H_kW[kW]

◆ Solution

(1) $T = \mu \cdot q \cdot \dfrac{\pi}{4}(D_2^2 - D_1^2) \cdot \dfrac{D_1 + D_2}{4}$

$= 0.2 \times 0.2 \times \dfrac{\pi}{4} \times (180^2 - 120^2) \times \dfrac{120 + 180}{4} \times 10^{-3} = 42.41 N \cdot m$

(2) $T = 974 \cdot \dfrac{H_{kW}}{N}$, $42.41 = 974 \times \dfrac{H_{kW}}{350} \times 9.8$

$H_{kW} = 1.56 kW$

04 평마찰차에서 원동차가 800rpm으로 286.36N의 회전력을 종동축에 전달하고 있다. 종동차는 지름 500mm, 400rpm으로 회전할 때 다음을 구하시오. (단, 마찰계수는 0.3이고 외접형이다.)

(1) 전달동력은 몇 kW인가?

(2) 최대전달토크 $T(J)$는 얼마인가?

◆ Solution

(1) $H_{kW} = F \cdot V = \dfrac{286.36 \times \pi \times 500 \times 400}{1000 \times 60 \times 1000} = 3.0 kW$

(2) $T = 974 \times 9.8 \times \dfrac{3.0}{400} = 71.59 J$

05 모듈 $m=5$, 이 폭 $b=40mm$, 한 쌍의 외접스퍼기어에서 작은 기어(피니언)의 허용굽힘응력은 180MPa이고, 기어잇수 z_1=20개, 큰 기어의 허용굽응력 120MPa, z_2=100, N_1=1500rpm으로 동력을 전달한다. (단, 속도계수 $f_v = \dfrac{3.05}{3.05+v}$, 하중계수 f_w=, 치형계수 $y_1 = xy_1 = 0.322$, $y_2 = xy_2 = 0.446$이다.)

(1) 작은 기어의 최대전달하중 $P_1[N]$

(2) 큰 기어의 최대전달하중 $P_2[N]$

(3) 면압강도를 고려한 기어장치의 최대전달하중 $P_3[N]$ (단, 비응력계수 K=0.382N/mm^{2}이다.)

(4) 기어장치에서의 최대전달동력 H[kW]

◆ Solution

(1) $v = \dfrac{\pi m z_1 \cdot N_1}{60 \times 1000} = \dfrac{\pi \times 5 \times 20 \times 1500}{60 tiems 1000} = 7.85 m/\sec$

$P_1 = f_{w} \cdot f_v \cdot \sigma_{b_1} \cdot b \cdot m \cdot Y_1 = 0.8 \times \dfrac{3.05}{3.05+7.85} \times 180 \times 40 \times 5 \times 0.322$

$= 2594.91 N$

(2) $P_2 = f_w \cdot f_v \cdot \sigma_{b_2} \cdot b \cdot m \cdot Y_2$

$= 0.8 \times \dfrac{3.05}{3.05+7.85} \times 120 \times 40 \times 5 \times 0.446 = 23956.12 N$

(3) $P_3 = f_w \cdot k \cdot b \cdot m \cdot \dfrac{2 \cdot z_1 \cdot z_2}{z_1 + z_2}$

$= \dfrac{3.05}{3.05+7.85} \times 0.382 \times 40 \times 5 \times \dfrac{2 \times 20 \times 100}{20+100} = 712.6 N$

06 나사의 유효지름 63.5mm, 피치 4mm의 나사잭으로 50kN의 중량을 들어 올리려 할 때 다음을 구하라. (단, 레버를 누르는 힘을 200N, 마찰계수를 0.1로 한다.)[5점]

(1) 회전토크 T[N·m]

(2) 레버의 길이 L[mm]

◆ Solution

(1) $T = Q \cdot \dfrac{\mu \pi d_2 + p}{\pi d_2 - \mu p} \cdot \dfrac{d_2}{2} = 50 \times 10^3 \times \dfrac{0.1 \times \pi \times 63.5 + 3.17}{\pi \times 63.5 - 0.13.17} \times \dfrac{63.5}{2}$

$= 184.27 N \cdot m$

(2) $T = F \cdot L$, $L = \dfrac{184.27}{200} \times 1000 = 921.35 mm$

07 두께 10mm, 리벳의 지름이 15mm인 강판 2개를 겹쳐 평행하게 2줄 리벳이음을 하였을 때 다음을 구하시오. (단, 강판의 효율은 60%이고 강판의 허용인장응력이 343MPa. 허용전단응력은 294MPa이다.)

(1) 피치 p는 몇 mm인가?

(2) 리벳효율 η_r은 몇 %인가?

◆ Solution

(1) $\eta_p = 1 - \dfrac{d}{p}$, $0.6 = 1 - \dfrac{15}{p}$, $p = 37.5 mm$

(2) $\eta_r = \dfrac{n \pi d^2 \tau_r}{4 \sigma_t p t} = \dfrac{2 \times \pi \times 15^2 \times 294}{4 \times 343 \times 37.5 \times 10} \times 100 = 80.78\%$

08 다음 그림과 같은 유성기어를 참고하여 물음에 답하시오.

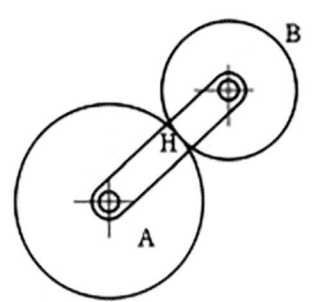 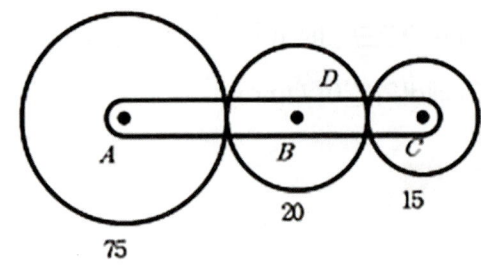

[2열 유성기어]   [3열 유성기어]

(1) 2열, 기어 A의 잇수가 30개, B의 잇수가 20개인 그림과 같은 유성기어에서 A는 고정되어 있고 B가 시계방향으로 10회전할 때, 아암 H의 회전수는 어떻게 되는가?

(2) 3열, 그림과 같은 유성 기어열에서 기어 A가 고정되고, 암(arm) D를 시계방향으로 3회전시키면 기어 C는 어느 방향으로 몇 회전하는가? (단, 그림의 숫자는 잇수를 나타낸다.)

◆ Solution

(1)

	A	B	C
전체고정	$+N_H$	$+N_H$	$+N_H$
아암고정	$-N_H$	$(-1)\times(-N_H)\cdot\left(\dfrac{Z_A}{Z_B}\right)$	0
합성회전수	0	N_B	$+N_H$

$$N_B = N_H + N_H \cdot \frac{Z_A}{Z_B} = N_H\left(1+\frac{30}{20}\right) = 10, \quad N_H = 4 \text{회전(시계방향)}$$

(2) $\dfrac{N_A - N_D}{N_C - N_D} = +\dfrac{Z_C}{Z_A}$

$\dfrac{0-3}{N_C - 3} = +\dfrac{15}{75}$

$N_C = -12$

반시계 방향으로 12회전

09 축간거리 40m의 로프풀리에서 로프가 750m 쳐졌다. 로프 단위 길이당 무게 W=7.85N/m이다. 다음을 구하라. [4점]

(1) 로프에 생기는 인장력 T는 몇 [N]인가?

(2) 폴리와 로프의 접촉점에서 접촉점까지의 길이 L은 몇 [m]인가?

> **Solution**
>
> (1) $T = \dfrac{W \cdot C^e}{8\sigma} + W \cdot \delta = \dfrac{7.85 \times 40^2}{8 \times 0.75} + 7.85 \times 0.75 = 2099.22 N$
>
> (2) $l = C \cdot (1 + \dfrac{8}{3} \dfrac{\delta^2}{C^e}) = 40 \times (1 + \dfrac{8}{3} \times \dfrac{0.75^2}{40^2}) = 40.04 m$

10 회전수 800rpm, 베어링 하중 4000N을 받는 엔드 저널 베어링이 있다. 허용베어링 압력이 0.6MPa, $p \cdot V$=0.98MP·m/s일 때 다음을 구하라. [4점]

(1) 베어링의 저널길이 l[mm]

(2) 베어링 압력을 고려한 저널 직경 d[mm]

> **Solution**
>
> (1) $p \cdot V = \dfrac{W}{d \cdot l} \times \dfrac{\pi d \cdot N}{60 \times 1000}$
>
> $0.98 = \dfrac{4000}{l} \times \dfrac{\pi \times 800}{60 \times 1000}$, $l = 170.97 mm$
>
> (2) $p_a = \dfrac{W}{d \cdot l}$, $0.6 = \dfrac{4000}{d \times 170.97}$, $d = 33.99 mm$

11 그림과 같이 하중 W에 의한 추의 자유낙하를 방지하기 위해 내작용선용 블록 브레이크를 사용한다. 조작력 $F=392N$일 때 다음을 결정하라. (단, $a=900mm$, $b=200mm$, $c=60mm$, $\mu=0.3$, 허용 접촉면압력 $0.196N/mm^2$ 이다.)

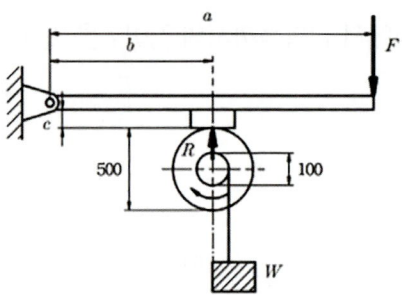

(1) 제동토크 T는 몇 J인가?

(2) 하중 W(N)와 블록의 마찰면적 $A(mm^2)$는 얼마인가?

(3) 최대 회전수 N은 몇 rpm인가? (단, 제동동력은 18.38kW이다.)

Solution

(1) $Fa = Rb + \mu Rc = R(+\mu c)$

$392 \times 900 = R \times (200 + 0.3 \times 60)$, $R = 1618.35N$

$T = \mu R \cdot \dfrac{D}{2} = 0.3 \times 1618.35 \times \dfrac{500}{2} \times 10^{-3} = 121.38 J$

(2) $T = W \cdot \dfrac{d}{2}$, $W = \dfrac{2 \times 121.38 \times 10^3}{100} = 2427.6 N$

$q = \dfrac{R}{A}$, $A = \dfrac{1618.35}{0.196} = 8256.89 mm^2$

(3) $T = 974 \times 9.8 \times \dfrac{H}{N}$, $121.38 = 974 \times 9.8 \times \dfrac{18.38}{N}$, $N = 1445.38 rpm$

12 스팬의 길이 750mm, 판 두께 6mm, 폭 60mm, 조임 폭 100mm인 겹판 스프링이 있다. 이 겹판 스프링의 판수는 8개이고 종탄성계수는 210GPa, 허용굽힘응력은 170MPa, 스프링의 유효길이 $l_e = l - 0.6e$ 이다. 다음을 구하시오.

(1) 굽힘응력에 따른 최대하중은 몇 N인가?

(2) 처짐은 몇 mm인가?

(3) 고유 진동수는 몇 Hz인가?

> **Solution**

(1) $l_e = l - 0.6e = 750 - 0.6 \times 100 = 690mm$

$\sigma = \dfrac{3Wl_e}{2nh^2}$, $170 = \dfrac{3 \times W \times 690}{2 \times 8 \times \times 60 \times 6^2}$, $W = 2838.26N$

(2) $\delta = \dfrac{3Wl_e^3}{8nEbh^3} = \dfrac{3 \times 2838.26 \times 690^3}{8 \times 8 \times 210 \times 10^3 \times 60 \times 6^3} = 16.06mm$

(3) $f = \dfrac{\omega}{2\pi} = \dfrac{1}{2 \times \pi} \times \sqrt{\dfrac{9.8}{0.01606}} = 3.93Hz$

일반기계기사 실기 작업형

Chapter 01 ———— 기계제도
Chapter 02 ———— 일반기계기사 실기 작업형 해설 도면
Chapter 03 ———— 일반기계기사 실기 작업형 문제

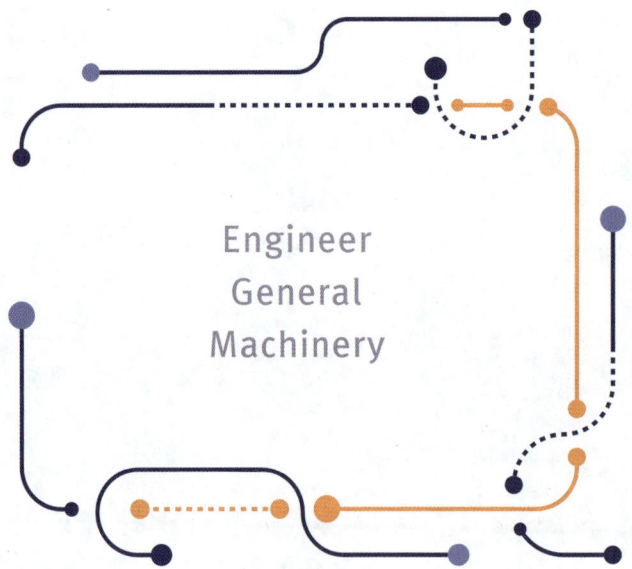

1 기계제도

① 도면해독

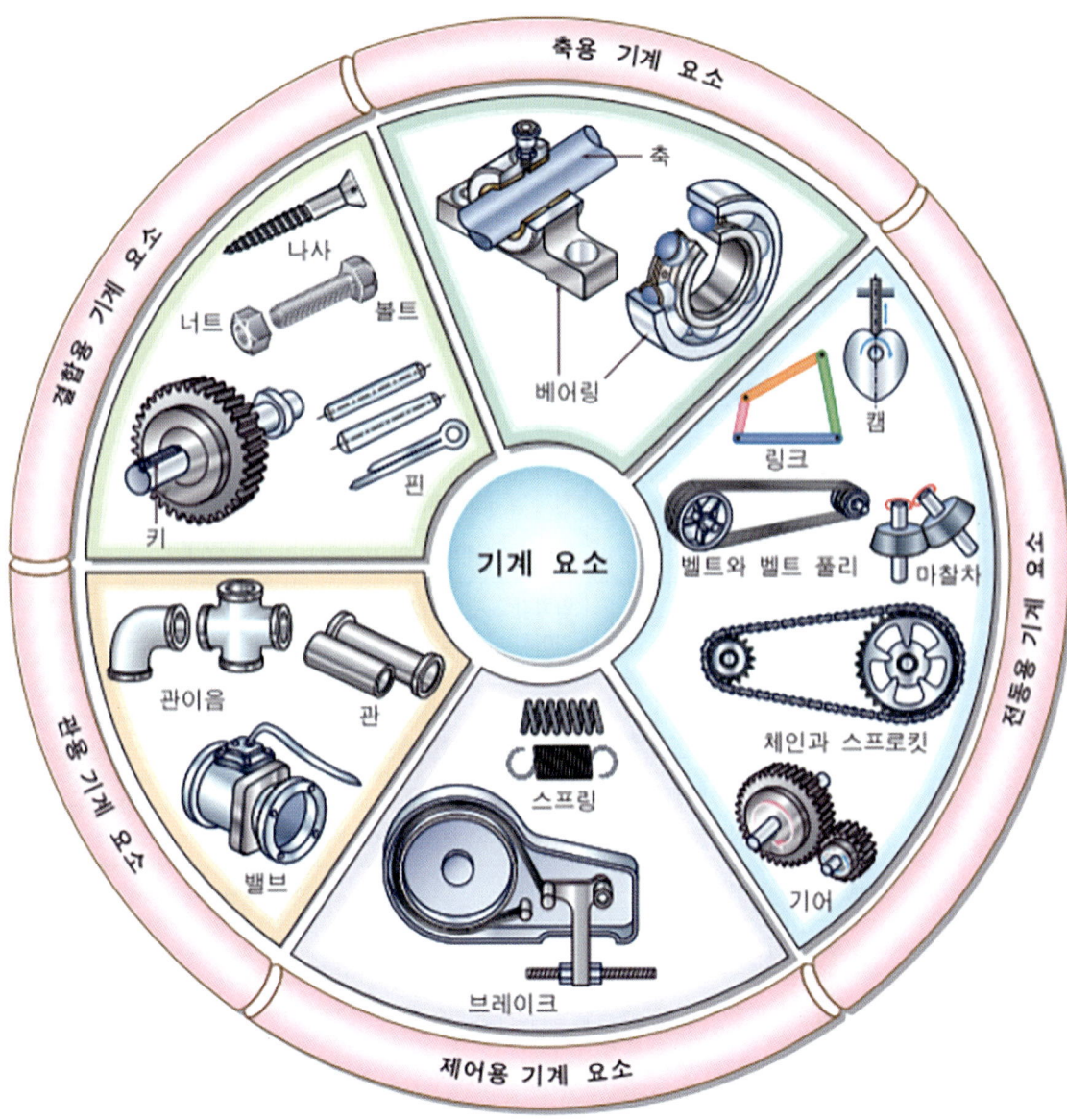

출처: 교육부(2019). 동력전달요소설계(LM1501020107_16v3). gksrnrwlrdjqsmdfurroqkfdnjs. p.4

1 기계부품 재료 선정

1) 기계요소 부품 재료 선정[참고]

부품의 명칭	기호	재료의 종류	비 고
본체(몸체)	GC200 GC250 GC300	회주철	주조성 양호, 절삭성 우수, 복잡한 본체나 하우징, 공작기계 베드, 내연기관 실린더, 피스톤 등
	SC480	주강	강도를 필요로 하는 대형 부품, 대형 기어
축	SM45C	기계구조용 탄소강	고주파 열처리 표면경도 H_RC 50
	SM15CK	기계구조용 탄소강	침탄용으로 사용
	SCM415 SCM435 SCM440	크롬 몰리브덴강	SCM415~SCM822(10종) 전체 열처리 H_RC 50±2
V벨트 풀리	GC200 GC250	회주철	고무벨트를 사용하는 주철제 V-벨트 풀리
스프로켓	SCM440 SM45C	크롬 몰리브덴강 기계구조용 탄소강	용접형은 보스(허브)부 일반 구조용 압연강재, 치형부 기계구조용 탄소강재, 치부 H_RC 50±2
스퍼기어	SNC415	니켈 크로뮴강	기어치부 열처리 HRC 50±2 전체 열처리 HRC 50±2
	SCM435	크롬 몰리브덴강	기어치부 열처리 HRC 50±2 전체 열처리 HRC 50±2
	SC480	주강	대형 기어 제작, 기어 치부 열처리 HRC 50±2
	SM45C	기계구조용 탄소강	압력각 20°, 모듈 0.5~3.0 기어치부 고주파 열처리 H_RC 50~55
래크	SNC415 SCM435	니켈 크롬강 크롬 몰리브덴강	전체 열처리 H_RC 50±2
피니언	SNC415	니켈 크롬강	
웜 샤프트	SCM435	크로뮴 몰리브덴강	전체 열처리 H_RC 50±2
스프링	PW1	피아노선	
베어링 부시	CAC502A	인청동 주물	
LM가이드 본체, 레일	STS304	스테인리스강	열처리 H_RC 56~
래칫(RATCH)	SM15CK	기계구조용 탄소강	침탄 열처리
전조 볼스크류	SM55C	기계구조용 탄소강	인산염피막처리, 고주파 열처리 H_RC 58~62

출처: 한국산업인력공단(2015). 요소공차검토(LM1501020104_14v2). 고용노동부. p.39.

2) 치공구 부품 재료 선정[참고]

부품의 명칭	기호	재료의 종류	비 고
치공구 본체	SS400 SM35C GC200 GC250	SS: 일반구조용 압연강재	C(탄소)가 많을수록 용접은 힘들다.
슬라이더	SCM430	크롬 몰리브덴강	$H_RC50±2$
지그용 부시	STC85 STC105	탄소공구강 (C 0.80~0.90%) 탄소공구강 (C 1.00~1.10%)	H_RC 60 이상
C-와셔	SS400	일반구조용 압연강재 2종	
위치 결정 핀	STC85		H_RC 40~50
육각볼트, 너트	SM45C	플랜지붙이 볼트 SM35C 담금질 HRC 50이상	
핸들	SM35C	기계 구조용 탄소강 (C 0.32~0.38%)	큰 힘 필요시 SF400 사용
클램프, 축볼트, 너트, 키, 받침	SM50C SF540A SM45C SS400	SF(Steel Forging) 탄소강 단강품	H_RC 30~40
잠금 핀	STC105	치공구에 공작물 고정용으로사용	H_RC 40~50

출처: 한국산업인력공단(2015). 요소공차검토(LM1501020104_14v2). 고용노동부. p.39.

2 치수공차

1) 치수공차의 용어

① **구멍**: 주로 원통형 부분의 내측 부분

② **축**: 주로 원통형 부분의 외측 부분

③ **실치수**: 두점 사이의 거리를 실제로 측정한 치수

④ **허용한계치수**: 실치수가 그 사이에 들어가도록 정한 대·소의 허용치수이다.

> **예** $30^{+0.2}_{-0.1}$
>
> 예의 의미는 최대허용치수가 30.2, 최소허용치수가 29.9이라는 뜻이다.

⑤ **기준치수**: 치수허용한계의 기준이 되는 치수

⑥ **기준선**: 허용한계치수 또는 끼워맞춤을 도시할 때 치수허용차의 기준이 되는 선으로, 치수허용차가 0인 직선으로 기준치수를 나타낼 때에 사용한다.

⑦ **치수허용차**: 허용한계치수에서 그 기준치수를 뺀 값으로, 위치수 허용차와 아래 치수허용차가 있다.

⑧ **치수공차**: 최대허용 한계치수와 최소허용 한계치수의 차이다. 또는 위치수 허용차와 아래치수 허용

차의 차를 의미하기도 하며, 공차라고도 한다.

※ 가공 시 정확한 치수로 가공될 수 없으므로 합격품, 불합격품을 판단할 수 있는 공차가 주어져야 함

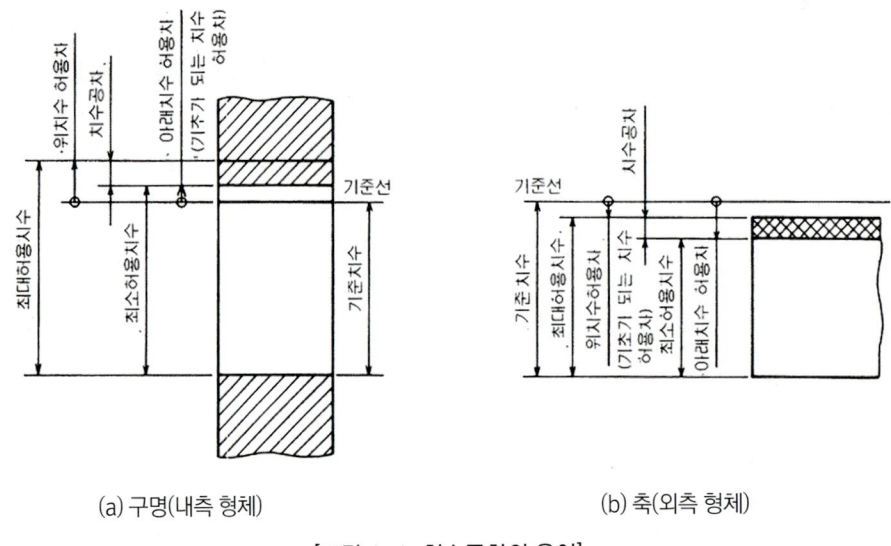

(a) 구멍(내측 형체) (b) 축(외측 형체)

[그림 1-1 치수공차의 용어]

> **보기 01**
>
> $30^{+0.05}_{-0.02}$ 에서 최대허용치수와 최소허용치수는?
>
> ① 최대허용치수 = 기준치수 + 위치수허용차 = 30 + 0.05 = 30.05mm
> ② 최소허용치수 = 기준치수 + 아래치수허용차 = 30 + (−0.02) = 29.98mm
> ③ 치수공차 = 최대허용치수 − 최소허용치수 = 30.05 − 29.98 = 0.07mm

2) 기본공차

IT 기본공차는 치수공차와 끼워맞춤에 있어서 정해진 모든 치수공차를 의미하는 것으로, 국제 표준화 기구(ISO) 공차 방식에 따라 분류하며, IT 01부터 IT 18까지 20등급으로 구분하여 KS B 0401에 규정되어 있다.

① **기본공차의 적용**: IT공차 적용 예는 아래 표와 같다.

용도	게이지 제작 공차	일반 끼워맞춤 공차	끼워맞춤이 없는 부분
구멍	IT01~IT05	IT06~IT10	IT11~IT18
축	IT01~IT04	IT05~IT09	IT10~IT18

출처: 기술표준원(2013) 기계제도 KS B 0001:2018 한국표준협회

구분	초정밀 그룹	정밀 그룹	일반 그룹
	게이지제작 공차 또는 이에 준하는 제품	기계가공품 등의 끼워맞춤부분의 공차	일반 공차로 끼워맞춤과 무관한 부분의 공차
구멍	IT1~IT5	IT6~IT10	IT11~IT18
축	IT1~IT4	IT5~IT9	IT10~IT18
가공 방법	래핑, 호닝, 초정밀 연삭	연삭, 리밍, 정밀선삭, 인발, 밀링, 세이퍼 가공	압연, 압출, 프레스, 단조, 주조
공차 범위	$\frac{1}{1000}$ mm	$\frac{1}{100}$ mm	$\frac{1}{10}$ mm

② IT 공차의 수치기준치수가 500 이하인 경우와 500을 초과하여 3150까지 기본공차의 치수를 나타낸다.

- IT 공차 등급의 적용: IT 공차 등급은 크게 3분야로 분류할 수 있는데 이들 중 IT01~4급은 게이지류나 고정밀 기능이 요구되는 부품에, <u>IT5~10급은 끼워맞춤</u>에, IT11~18등급은 끼워맞춤이 필요 없는 부분에 적용한다.

- IT 공차 등급의 표기법: 공차 등급은 IT7과 같이 기호 IT에 등급을 나타내는 숫자를 연속하여 나타내며, IT등급 숫자가 작을수록 공차가 작아지고 정밀하다. 같은 IT 등급에서 기준 치수가 커지면 허용되는 공차는 커진다.

※ IT(ISO Tolerance)공차 : **가공난이도**와 **가공정밀도**에 따라서 구분한 공차

3) 끼워맞춤

끼워맞춤의 종류로는 헐거운 끼워맞춤, 중심 끼워맞춤, 억지 끼워맞춤 등이 있다.

· 틈새 : 구멍의 치수가 축의 치수보다 클 때의 치수차(헐거움 끼워맞춤)
· 죔새 : 구멍의 치수가 축의 치수보다 작을 때의 치수차(억지 끼워맞춤)

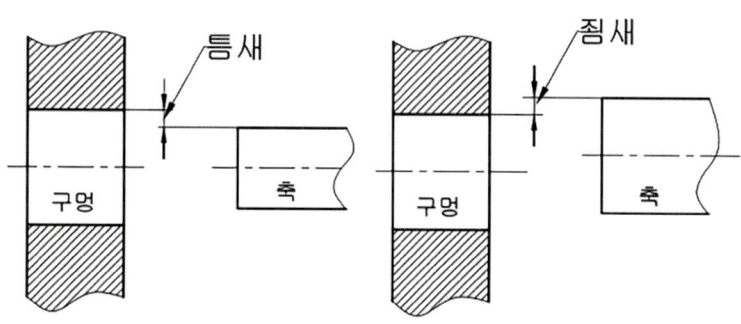

① **헐거움 끼워맞춤**: 구멍의 최소 치수가 축의 최대 치수보다 큰 경우의 끼워맞춤으로 미끄럼운동이나 회전운동이 필요한 기계부품 조립에 적용한다.

> 예 40H7은 $40^{+0.025}_{0}$ 또는 $\dfrac{40.025}{40.000}$
>
> 40g6은 $40^{-0.009}_{-0.025}$ 또는 $\dfrac{39.991}{39.975}$
>
> ∴ 최소 틈새 = 구멍의 최소 허용치수 − 축의 최대 허용치수
> = 40.000 − 39.991 = 0.009
>
> 최대 틈새 = 구멍의 최대 허용치수 − 축의 최소 허용치수
> = 40.025 − 39.975 = 0.050

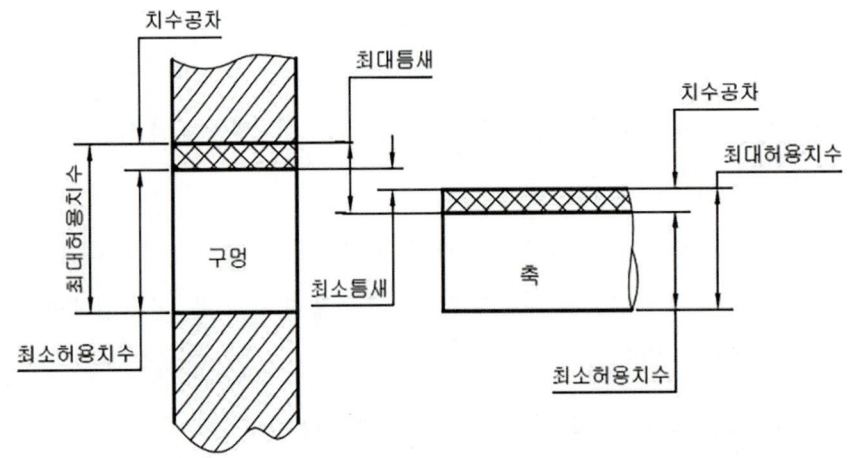

[헐거운 끼워맞춤의 원리]

② **중간 끼워맞춤**(정밀 끼워맞춤): 구멍과 축의 실제 치수에 따라 죔새와 틈새가 생기는 끼워맞춤으로 베어링 조립에 주로 쓰인다.

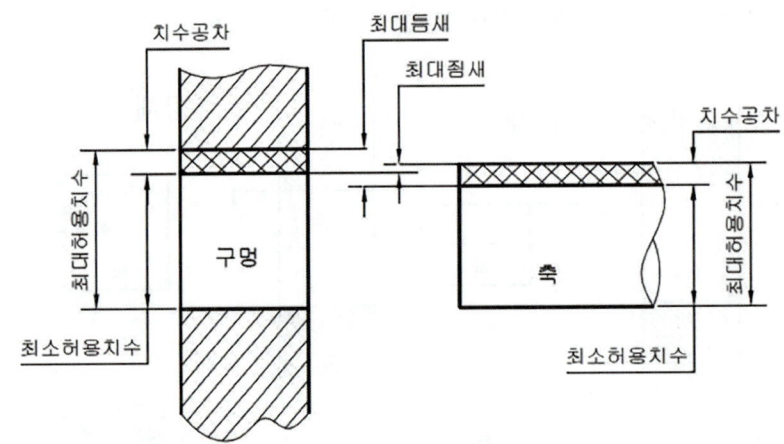

[중간 끼워맞춤의 원리]

🟠 **예** 40H7은 $40_{0}^{+0.025}$ 또는 $\dfrac{40.025}{40.000}$

40n6은 $40_{0.017}^{0.033}$ 또는 $\dfrac{40.033}{40.017}$

∴ 최대 죔새 = 축의 최대 허용치수 − 구멍의 최소 허용치수
$$= 40.033 - 40.000 = 0.033$$

최대 틈새 = 구멍의 최대 허용치수 − 축의 최소 허용치수
$$= 40.025 - 40.017 = 0.008$$

③ **억지 끼워맞춤**: 구멍의 최대 치수가 축의 최소 치수보다 작은 경우이며, 항상 죔새가 생기는 끼워맞춤으로 동력전달장치의 분해조립의 반영구적인 곳에 적용된다.

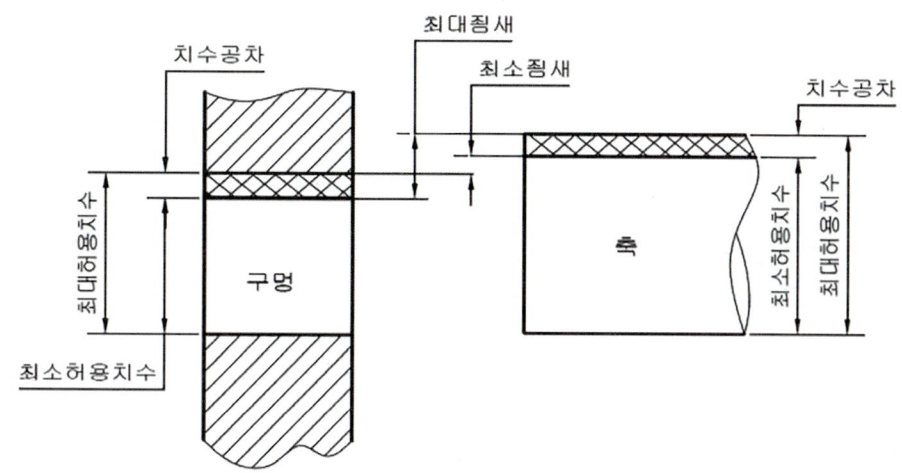

[억지 끼워맞춤의 원리]

4) 끼워맞춤 방식

① **구멍기준식 끼워맞춤**: H6 ∼ H10(아래치수 허용차가 0인 H 기호 구멍)

② **축기준식 끼워맞춤**: h5 ∼ h9(위치수 허용차가 0인 h 기호 축)

− 자주 사용하는 구멍 기준 끼워맞춤

보기 02

① ⌀50H7 g6 : 구멍기준식 헐거운 끼워맞춤

② ⌀40H7 p6 : 구멍기준식 억지 끼워맞춤

③ ⌀30G7 h5 : 축기준식 헐거운 끼워맞춤

※ **형식: 기준치수＋알파벳＋숫자**

- 알파벳: 소문자 – 축, 대문자 – 구멍
- 숫자: IT공차[5: 기하공차(IT5), 6: 축(IT6), 7: 구멍(IT7)]
- 구멍의 H7을 기준으로 축이 g6인 헐거운 끼워맞춤으로 회전운동, 왕복운동, 마찰운동 등이 가능한 끼워맞춤이다.

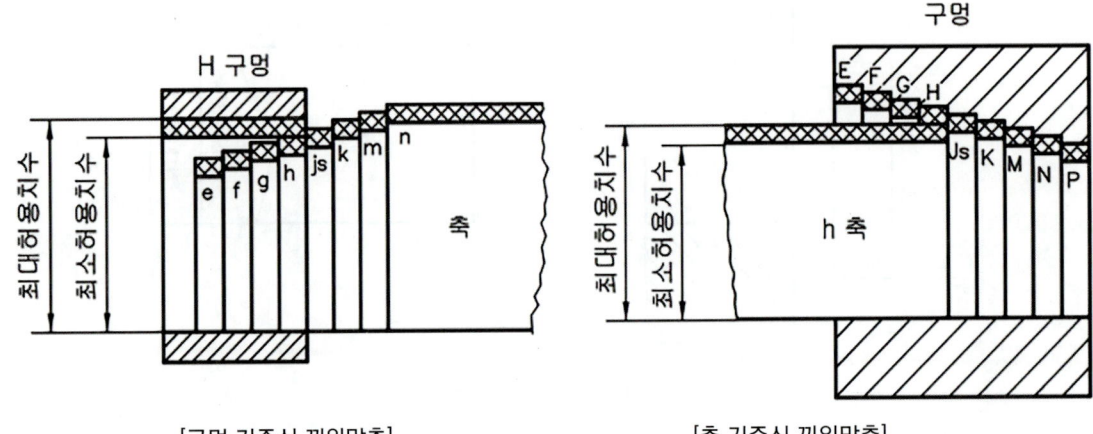

[구멍 기준식 끼워맞춤]   [축 기준식 끼워맞춤]

기준구멍	축의 종류와 등급													
	헐거운 끼워맞춤						중간 끼워맞춤			억지 끼워맞춤				
H6					g5	h5	js5	k5	m5					
				f6	g6	h6	js6	k6	m6	(n6)	(p6)			
H7				f6	g6	h6	js6	k6	m6	n6	(p6)	(r6)	s6	t6	ux	x6
			e7	f7		h7	js7							
H8					f7		h7							
			e8	f8		h8								
		d9	e9											
H9			d8	e8		h8								
		c9	d9	e9		h9								
H10	b9	c9	d9											

※ 끼워맞춤 공차

- 몸체와 커버, 스퍼기어와 축 등
  ① 제작품과 제작품의 결합 → 끼워맞춤 공차 적용
  ② 제작품과 규격품의 결합부분 → 규격집 활용

절삭정밀가공(끼워맞춤을 적용하는 부품)		
IT5	IT6	IT7
기하공차	축	구멍

종류 \ 구분	구 멍	축
헐거움	H7	g6
중간	H7	js6
억지	H7	p6

※ 구멍기준식을 적용하는 이유

: IT공차와 관련이 있음, 구멍가공이 축 가공하는 것보다 가공 난이도가 높기 때문
  → 가공도가 낮은 축을 조정해서 끼워맞춤을 조정해 줌

3 표면거칠기

표면거칠기는 작은 간격으로 나타나는 기계 부품 표면의 오목 볼록한 기복의 차이를 말한다. 표면거칠기의 표시 방법으로는, 중심선 평균 거칠기(Ra), 최대 높이(Rmax) 및 10점 평균 거칠기(Rz)의 세 가지 표시법이 KS B 0161에 규정되어 있으며, 측정값은 μm으로 표시한다.

1) 중심선 평균 거칠기(Ra)

아래 그림과 같이 거칠기 곡선에서 산을 깎아 골을 메웠을 때 생기는 직선을 중심선이라 하며, 그 중심선의 방향으로 측정 길이 'L'의 부분을 채취하고, 중심선으로부터 아래쪽에 있는 부분을 위쪽으로 접어서 얻은 윗부분인 빗금친 부분의 면적을 측정 길이로 나눌 때 얻게 되는 값을 미크론 단위 m로 나타낸 것을 말한다.

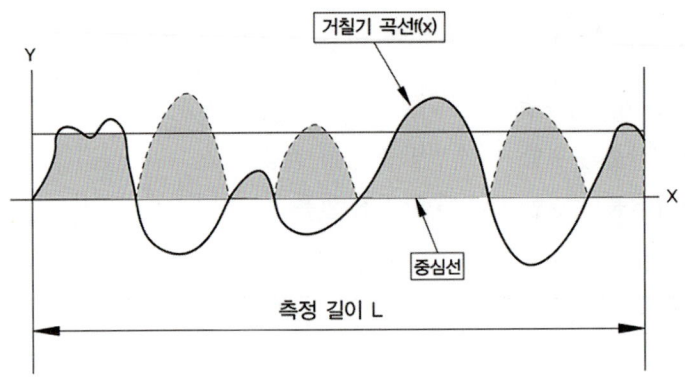

[그림 1-2 중심선 평균거칠기]

2) 최대 높이 거칠기(Rmax)

다음 그림과 같이 단면 곡선에서 기준 길이를 채취하여 그 부분의 가장 높은 곳과 가장 깊은 골과의 높이차를 단면 곡선의 세로 배율의 방향으로 측정하고, 그 값을 미크론 단위 μm로 나타낸 것을 최대 높이라 한다. L_1, L_2 및 L_3는 기준 길이이고, 이에 따른 최대 높이는 $Rmax_1$, $Rmax_2$, $Rmax_3$이다.

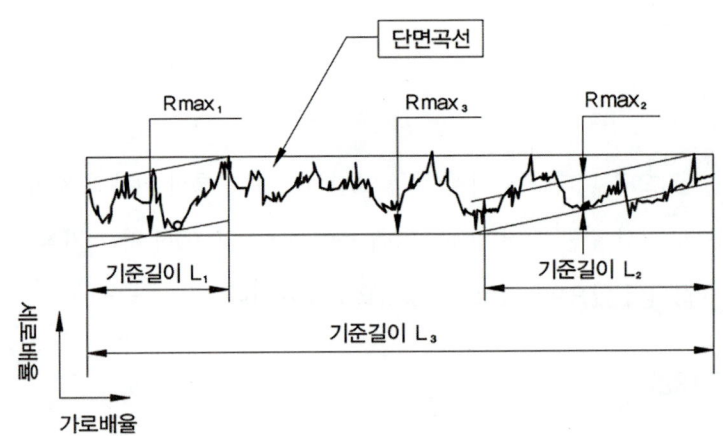

[그림 1-3 최대 높이 거칠기]

3) 10점 평균 거칠기(Rz)

아래 그림과 같이 단면 곡선에서 기준 길이 L을 채취하여 이 부분 중 가장 높은 쪽에서 다섯 번째 봉우리까지의 표고 평균값과 깊은 쪽에서 다섯 번째까지의 골 밑 표고 평균값과의 차를 미크론 단위 μm로 나타낸 것을 10점 평균 거칠기라 하며, 값의 다음에 "Z"를 같이 기입한다.

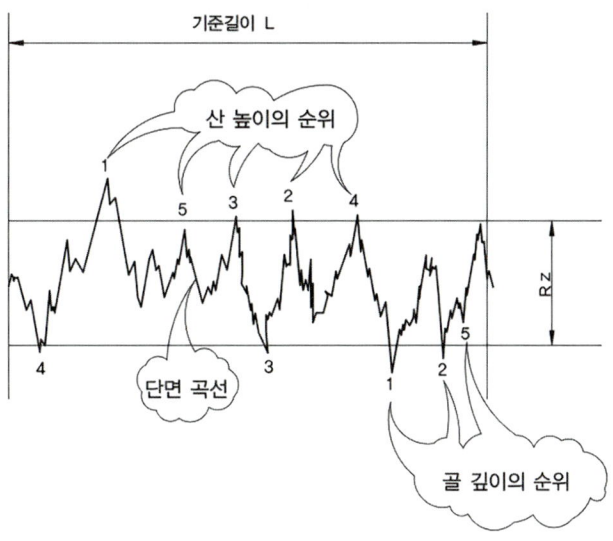

[그림 1-4 10점 평균 거칠기]

4) 대상면을 지시하는 기호

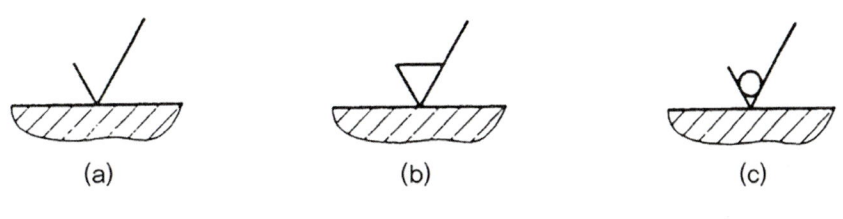

[그림 1-5 면의 지시 기호]

5) 다듬질 기호 및 표면거칠기의 표준값

다듬질 기호		정도(精度)	사용보기	분류	Rmax	Rz	Ra
	⁄⁄⁄⁄⁄⁄⁄	일체의 가공이 없는 자연면	압력에 견뎌야 하는 곳	자연면	특히 규정 않음		
∨	∼	고운 자연면을 그대로 두고 아주 거친 곳만 조금 가공	스패너 자루, 핸들, 휠의 바퀴	주조면, 단조면			
W∨	▽	가공 흔적이 남을 정도의 막 다듬질	드릴 가공면, 샤프트의 끝면	거친 다듬면	100S	100Z	25a
X∨	▽▽	가공 흔적이 거의 없는 중다듬질	기어와 크랭크의 측면	보통 (중간) 다듬면	25S	25Z	6.3a
Y∨	▽▽▽	가공 흔적이 전혀 없는 상다듬질	게이지의 측면, 공작기계의 미끄럼면	고운 다듬면	6.3S	6.3Z	1.6a
Z∨	▽▽▽▽	광택이 나는 고급 다듬질	래핑, 버핑에 의한 특수 용도의 고급 플랜지면	정밀 다듬면	0.8S	0.8Z	0.2a

표면 거칠기 기호	가공 방법	거칠기	적용 예
∇	주물의 요철을 따내는 정도의 면	-	스페너의 자루, 핸들의 암, 주조면, 플랜지의 측면
W ∇	줄가공, 플레이너, 선반 또는 그라인딩에 의한 가공으로, 그 흔적이 남을 정도의 매우 거친 가공면	12.5a	베어링의 저면, 축의 단면, 다른 부품과 접착하지 않는 거친 면
		25a	중요하지 않은 독립된 거친 다듬면이나 간단히 흑피를 제거하는 정도의 거친 면
X ∇	줄가공, 선삭, 미링 또는 그라인딩에 의한 가공으로 그 흔적이 약간 남을 정도의 약간 정밀한 가공면	3.2a	플랜지 축 커플링의 접합면, 키 또는 핀으로 고정하는 구멍과 축의 접촉면, 베어링의 본체와 케이스의 접착면, 리머 볼트의 취부, 패킹 접촉면, 기어의 보스와 림의 단면, 리머의 단면, 이 끝면, 키의 외면 및 키홈면, 중요하지 않은 기어의 맞물림면, 기어의 이, 나사산, 핀의 외형면 및 이외 면, 기타 서로 회전 또는 활동하지 않는 접촉면 또는 접착면, 스톱 밸브 등의 밸브 로드, 고정 끼워맞춤 면
		6.3a	플랜지 축 커플링이나 벨트 등의 보스 단면, 핸들의 사각구멍 내면, 풀리의 블레이드(blade)의 외형면, 접합봉의 선삭면, 피스톤의 상·하면, 차륜의 외형면
y ∇	줄가공, 선반이나 그라인딩 가공으로 그 흔적이 전혀 남지 않는 극히 정밀한 가공면, 래핑, 호닝, 수퍼 피니싱 등에 의한 가공면	0.8a	크랭크 핀과 저널, 베어링 접촉면, 기어 이의 맞물림면, 실린더 내면, 정밀 나사산의 면, 캠 표면, 기타 윤이 나는 외관을 갖는 정밀 다듬면, 피스톤핀, 정밀 기계 축의 외면
		1.6a	볼의 외면, 중요하지 않은 베어링 접촉면, 와셔의 접착면, 기어 이의 맞물림면, 수압 실린더의 내면 및 램(ram) 외면, 콕의 스토퍼(stopper) 접촉면, 기계 축의 외면, 미끄럼 베어링면, 기계의 미끄럼 접촉면, 정밀한 부품의 고정 끼워맞춤면

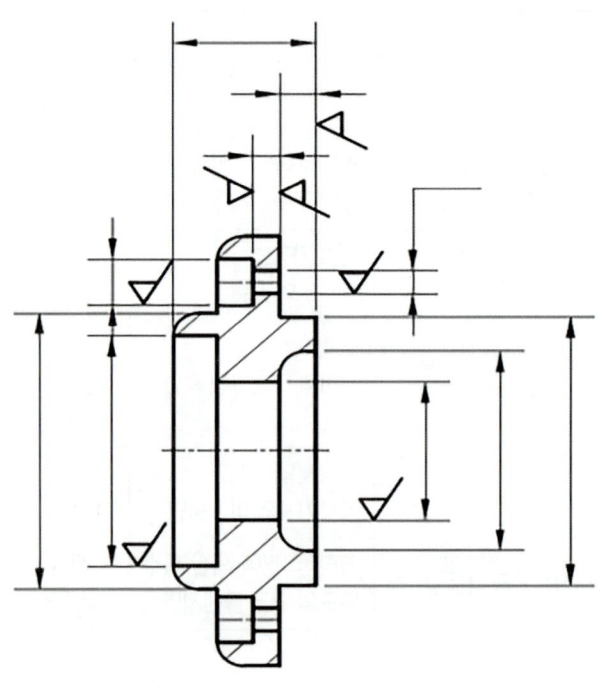

[표면거칠기 도면 기입 방법]

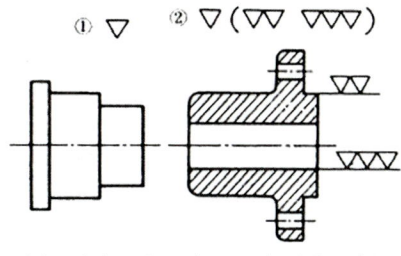

(a) 전체 또는 대부분이 같은 경우

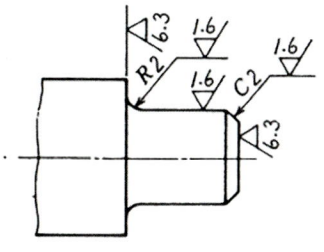

(b) 둥글기, 모따기에서의 면의 지시

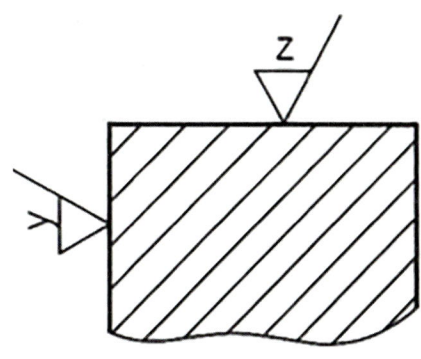

수직방향: 수직상(上)

수평방향: 수평좌(左)

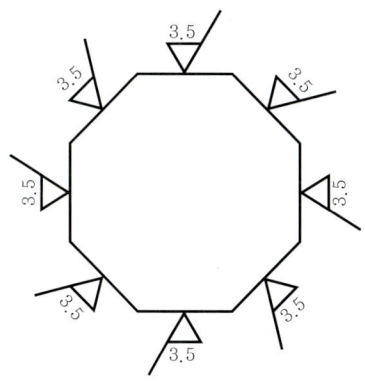

4 기하공차 종류 및 해석

기하공차(geometrical tolerancing)는 기계 부품의 치수공차에 형상 및 위치 공차를 주어 제품을 정밀하고 효율적으로 생산하여 경제성을 추구하는 데 있다.

1) 기하공차의 종류와 기호

적용하는 형체	공차의 종류		기호
단독 형체	모양 공차	진직도 공차	—
		평면도 공차	▱
		진원도 공차	○
		원통도 공차	⌭
단독 형체 또는 관련 형체		선의 윤곽도 공차	⌒
		면의 윤곽도 공차	⌓
관련 형체	자세 공차	평행도 공차	∥
		직각도 공차	⊥
		경사도 공차	∠
	위치 공차	위치도 공차	⌖
		도축도 공차 또는 동심도 공차	◎
		대칭도 공차	≡
	흔들림 공차	원주 흔들림 공차	↗
		온 흔들림 공차	↗↗

※ 모양공차(6개): 데이텀을 적용하지 않는다. – 진원도, 원통도

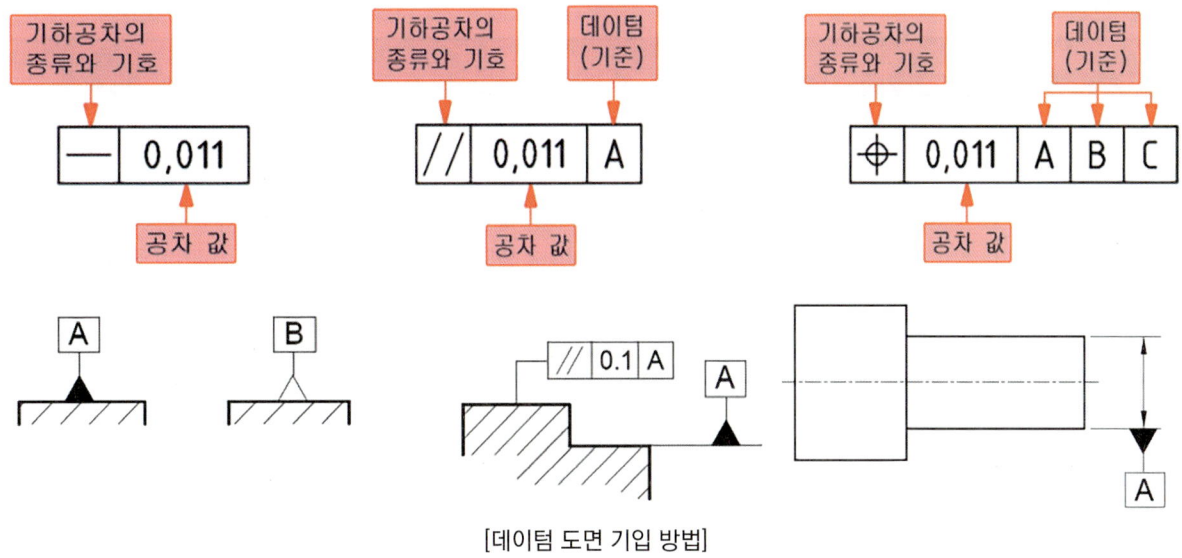

[데이텀 도면 기입 방법]

2) 단독 형체로 적용되는 기하공차

① 진직도

공차지시 및 공차 적용 범위	해석
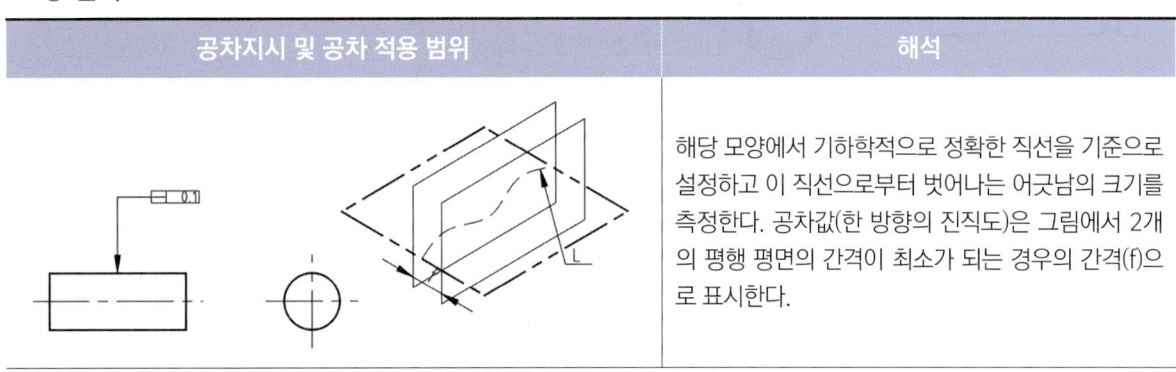	해당 모양에서 기하학적으로 정확한 직선을 기준으로 설정하고 이 직선으로부터 벗어나는 어긋남의 크기를 측정한다. 공차값(한 방향의 진직도)은 그림에서 2개의 평행 평면의 간격이 최소가 되는 경우의 간격(f)으로 표시한다.

② 평면도

공차지시 및 공차 적용 범위	해석
	해당 모양에서 기하학적으로 정확한 평면을 기준으로 설정하고 이 평면으로부터 벗어나는 어긋남의 크기를 측정한다. 공차 값은 그림에서와 같이 공차를 주는 평면모양(p)을 평행한 2개의 평면 사이에 끼웠을 때 그 평행 평면의 간격이 최소가 되는 경우의 간격(f)으로 표시한다.

③ 진원도

공차지시 및 공차 적용 범위	해석
	해당 모양에서 기하학적으로 정확한 원을 기준으로 설정하고 이 원으로부터 벗어나는 어긋남의 크기를 측정한다. 공차 값은 그림에서와 같이 공차를 주는 원형모양(C)을 동심인 2개의 원 사이에 끼웠을 때 원 사이의 간격이 최소가 되는 경우, 그 동심원의 반지름의 차(f)로 표시한다.

④ 원통도

공차지시 및 공차 적용 범위	해석
	해당 모양에서 기하학적으로 정확한 원통을 기준으로 설정하고 이 원통으로부터 벗어나는 어긋남의 크기를 측정한다. 공차 값은 그림에서와 같이 원통모양(Z)을 동심인 두 개의 동축 원통 사이에 끼웠을 때 두 원통의 간격이 최소가 되는 경우, 그 두 원통의 반지름의 차(f)로 표시한다.

3) 단독형체 또는 관련형체로 적용되는 기하공차

① 선의 윤곽도

공차지시 및 공차 적용 범위	해석
	이론적으로 정확한 치수에 의하여 정해진 기하학적 윤곽 또는 자체의 데이텀 윤곽으로부터 벗어나는 윤곽선의 어긋남의 크기를 측정한다. 공차 값은 그림에서와 같이 윤곽선(KT) 위에 중심을 갖는 동일한 지름의 원이 그리는 구름원 사이에 공차를 주는 선의 윤곽(K)을 끼웠을 때 이 2개의 구름 원이 간격(f)으로 표시한다.

② 면의 윤곽도

공차지시 및 공차 적용 범위	해석
	이론적으로 정확한 치수에 의하여 정해진 기하학적 면의 윤곽 또는 자체의 데이텀면의 윤곽으로부터 벗어나는 윤곽면의 어긋남의 크기를 측정한다. 공차값은 그림에서와 같이 이론적으로 정확한 치수에 의하여 정해진 윤곽면(Fr) 위에 중심을 갖는 동일한 지름의 정확한 구가 그리는 구름면 사이에 공차를 주는 면의 윤곽(F)을 끼웠을 때 2개의 구름면의 간격(f)으로 표시한다.

4) 관련 형체에 적용되는 기하공차

① 평행도

공차지시 및 공차 적용 범위	해석
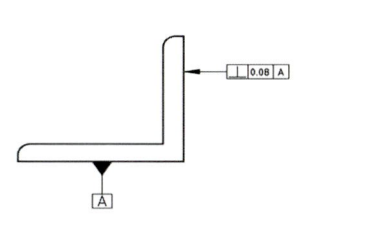 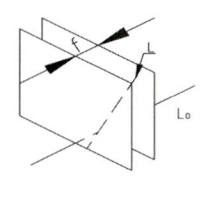	데이텀 직선 또는 데이텀 평면에 대하여 평행인 기하학적 정확한 직선 또는 평면으로부터 평행이어야 할 직선 모양 또는 평면 모양의 어긋남의 크기를 측정한다. 공차값(한 방향의 평행도)은 그림에서와 같이 데이텀 직선(LD)에 평행인 기하학적으로 평행한 2개의 평면 사이에 공차를 주는 직선모양을 끼웠을 때 그 평면의 간격(f)으로 표시한다.

② 직각도

공차지시 및 공차 적용 범위	해석
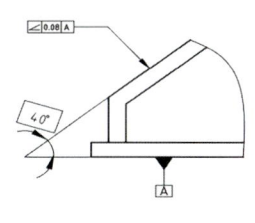 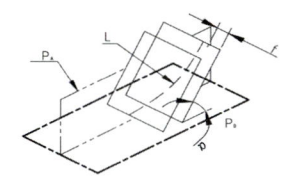	데이텀 직선 또는 데이텀 평면에 대하여 직각인 기하학적 직선 또는 평면으로부터 직각이어야 할 직선 모양 또는 평면 모양의 어긋남의 크기를 측정한다. 공차값(한 방향의 평행도)은 그림에서와 같이 데이텀 직선(LD)에 수직인 기하학적으로 평행한 2개의 평면 사이에 공차를 주는 직선모양(L) 또는 평면모양(P)을 끼웠을 때 그 평면의 간격(f)으로 표시한다.

③ 경사도

공차지시 및 공차 적용 범위	해석
	데이텀 직선 또는 데이텀 평면에 대하여 직각인 기하학적 직선 또는 평면으로부터 정확한 각도를 가져야 할 직선 모양 또는 평면의 어긋남의 크기를 측정한다. 공차 값은 그림에서와 같이 데이텀 직선(LD), 또는 데이텀 평면(PD)에 대하여 이론적으로 정확한 각도(α)를 이루는 기하학적으로 평행한 2개의 평면 사이에 공차를 주는 직선모양(L)을 끼웠을 때 그 평면의 간격(f)으로 표시한다.

④ 위치도

공차지시 및 공차 적용 범위	해석
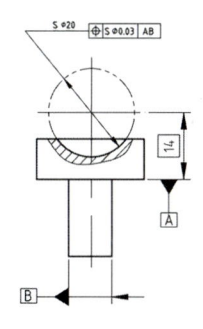 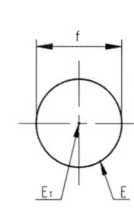 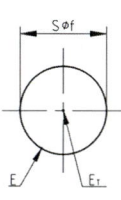	데이텀 또는 기타 모양과 관련하여 정해진 이론적으로 정확한 위치로부터 점, 직선 모양 또는 평면 모양의 어긋남의 크기를 측정한다. 공차값은 그림에서와 같이 이론적으로 정확한 위치에 있는 점(ET)을 중심으로 하고, 대상으로 하는 점(E)을 통과하는 기하학적인 원 또는 구의 지름(f)으로 표시한다.

⑤ 동축도 및 동심도

공차지시 및 공차 적용 범위	해석
-동축도	지시선의 화살표로 나타낸 축선은 데이텀 축직선 A를 축선으로 하는 지름 0.05mm인 원통 안에 있어야 한다.
동심도	지시선의 화살표로 나타낸 원의 중심은 데이텀 점 A를 중심으로 하는 지름 0.01mm인 원 안에 있어야 한다.

⑥ 대칭도

공차지시 및 공차 적용 범위	해석
	데이텀 축 직선 또는 데이텀 중심 평면에 대해서 서로 대칭이어야 할 모양의 대칭 위치로부터의 어긋남의 크기를 측정한다. 공차 값은 그림에서와 같이 기하학적으로 평행한 두 평면 사이에 공차를 주는 축선을 끼웠을 때 그 평면의 간격(f)으로 표시한다.

⑦ 원주 흔들림

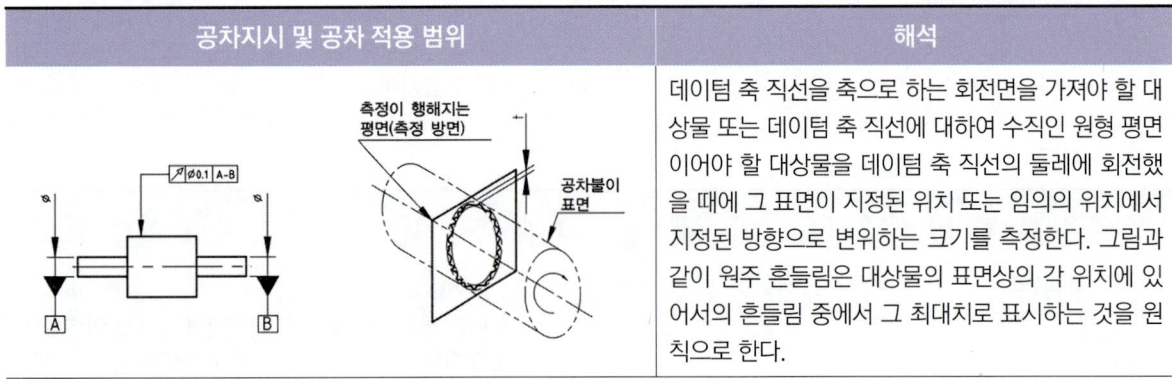

공차지시 및 공차 적용 범위	해석
	데이텀 축 직선을 축으로 하는 회전면을 가져야 할 대상물 또는 데이텀 축 직선에 대하여 수직인 원형 평면이어야 할 대상물을 데이텀 축 직선의 둘레에 회전했을 때에 그 표면이 지정된 위치 또는 임의의 위치에서 지정된 방향으로 변위하는 크기를 측정한다. 그림과 같이 원주 흔들림은 대상물의 표면상의 각 위치에 있어서의 흔들림 중에서 그 최대치로 표시하는 것을 원칙으로 한다.

⑧ 온 흔들림

공차지시 및 공차 적용 범위	해석
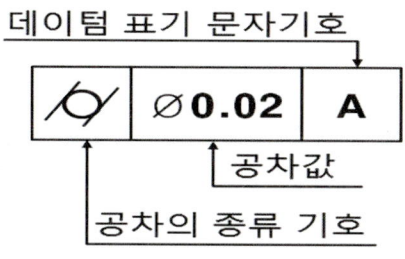	데이텀 축 직선을 축으로 하는 원통 면을 가져야 할 대상물 또는 데이텀 축 직선에 대하여 수직인 원형 평면이어야 할 대상물을 데이텀 축 직선의 둘레에 회전했을 때에 그 전체의 표면이 지정된 방향으로 변위하는 크기를 측정한다.

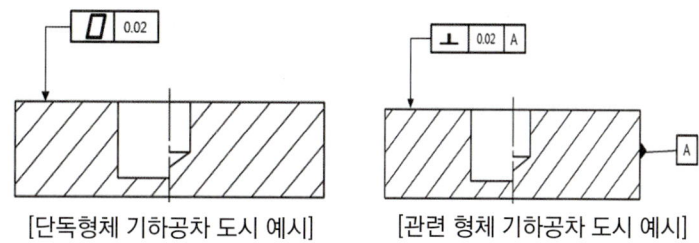

[공차 기입틀 표시 방법 예]

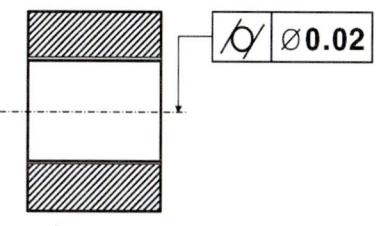

[단독형체 기하공차 도시 예시]   [관련 형체 기하공차 도시 예시]

[축선에 기하공차 표기 사례]

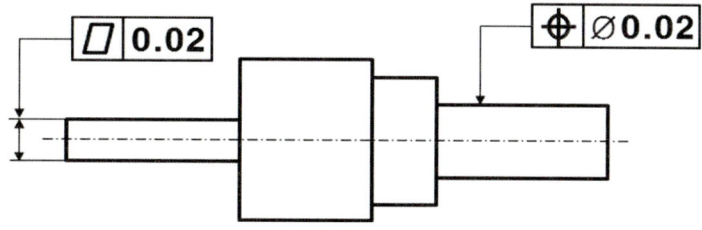

[치수보조선 및 외형선에 기하공차 표기 사례]

5 정투상도와 등각도

1) 정투상도의 3각법

분리된 제3면각 공간 안에 물체를 각각의 면에 수직인 상태로 중앙에 놓고 '보는 위치'에서 물체 앞면의 투상면에 반사되도록 하여 처음 본 것을 정면도라 하고, 각 방향으로 돌아가며 보아서 반사되도록 하여 투상도를 얻는 원리를 제3각법이라 한다.

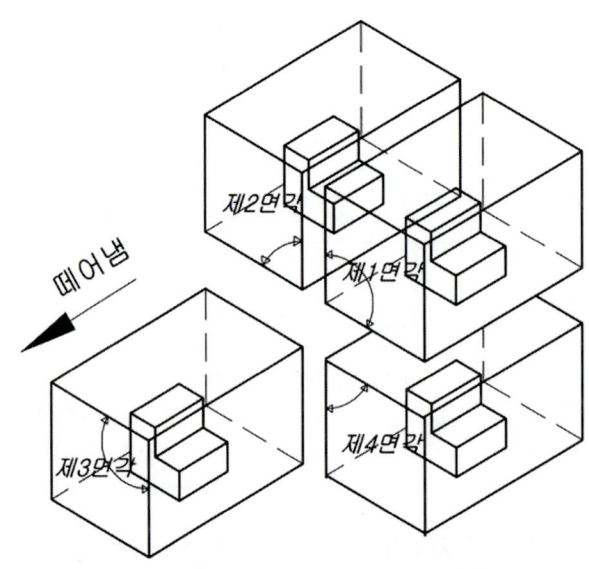

[그림 1-5 3각법의 원리]

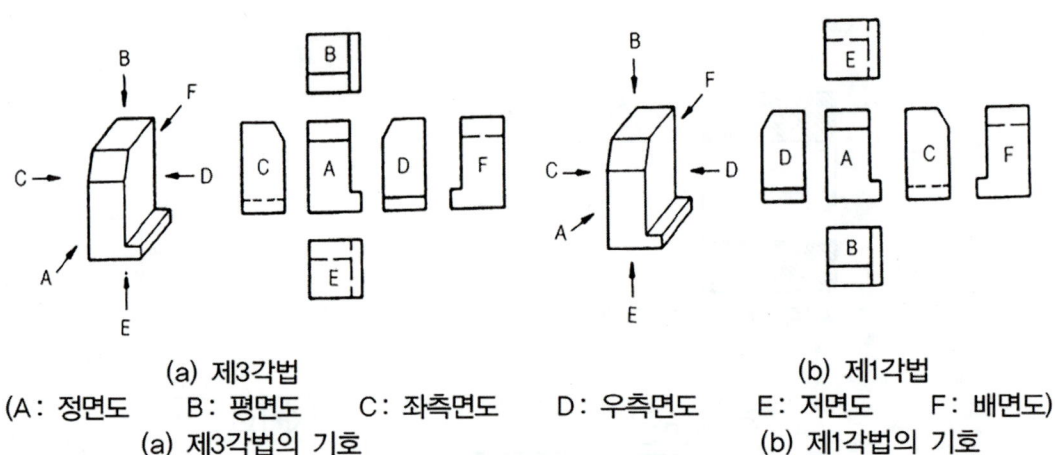

(a) 제3각법
(A : 정면도　　B : 평면도　　C : 좌측면도　　D : 우측면도　　E : 저면도　　F : 배면도)
(a) 제3각법의 기호

(b) 제1각법
(b) 제1각법의 기호

[그림 1-6 3각법과 1각법의 차이]

2) 등각도

정면, 평면, 측면을 하나의 투상면 위에 동시에 볼 수 있도록 두 개의 옆면 모서리가 수평선과 30°가 되게 하여 세 축이 120°의 등각이 되도록 입체도로 투상한 것을 등각 투상도라고 한다.

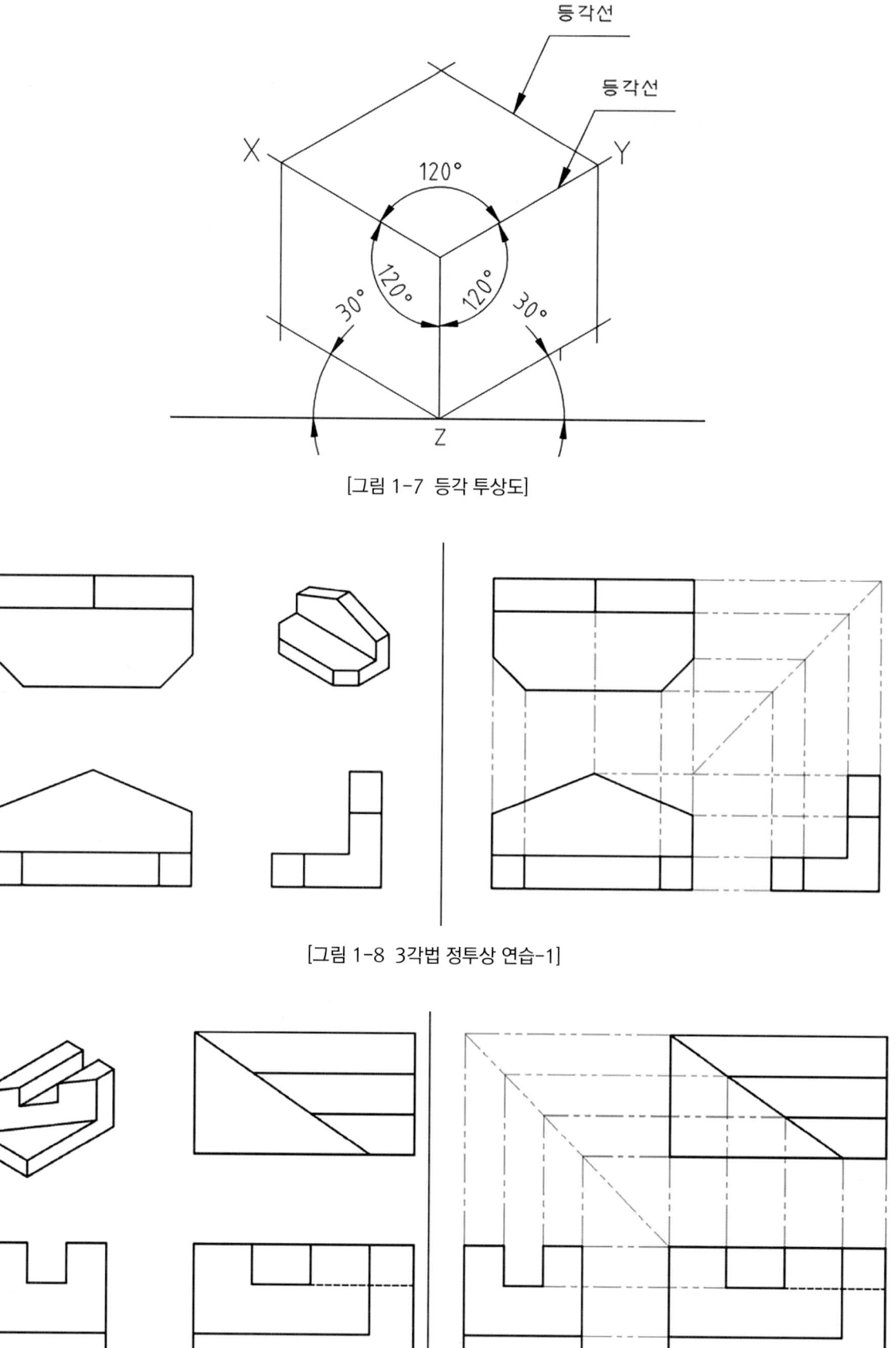

[그림 1-7 등각 투상도]

[그림 1-8 3각법 정투상 연습-1]

[그림 1-9 3각법 정투상 연습-2]

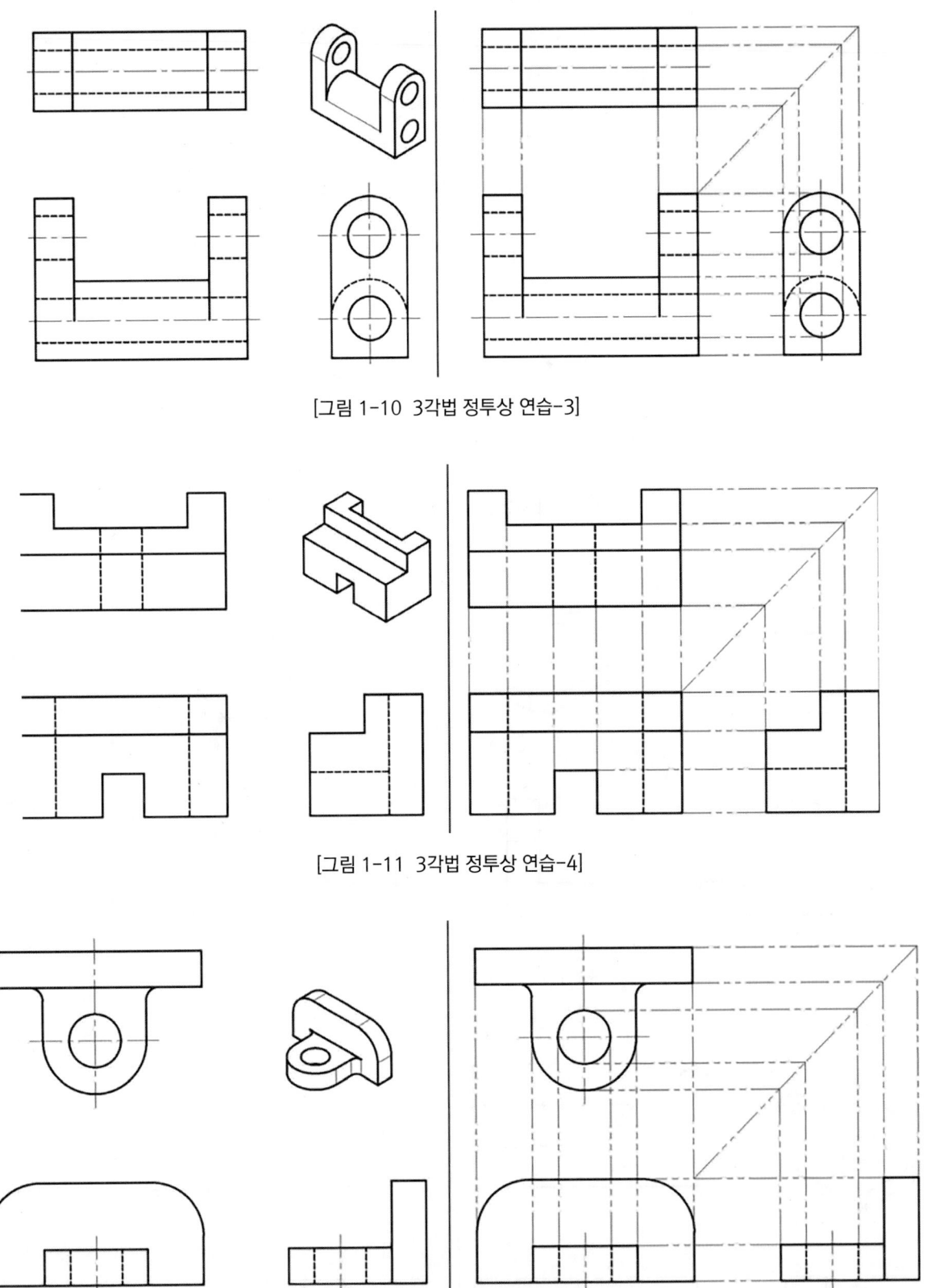

[그림 1-10 3각법 정투상 연습-3]

[그림 1-11 3각법 정투상 연습-4]

[그림 1-12 3각법 정투상 연습-5]

2 KS규격

[국가기술자격 실기시험용 KS 기계제도 규격]

1. 표면 거칠기
2. 끼워맞춤 공차
3. IT공차
4. 중심 거리의 허용차
5. 모떼기 및 둥글기의 값
6. 널링
7. T홈
8. T홈 간격
9. T홈 간격 허용차
10. 미터 보통 나사
11. 미터 가는 나사
12. 미터 사다리꼴 나사
13. 관용 평행 나사
14. 관용 테이퍼 나사
15. 볼트 구멍 지름(2급 기준) 및 카운터 보어 지름의 치수
16. 불완전 나사부 길이
17. 나사의 틈새
18. 뾰족끝 홈붙이 멈춤 스크루
19. 멈춤링
    (1) C형 멈춤링
    (2) E형 멈춤링
    (3) C형 동심 멈춤링
20. 생크
21. 평행 키 (키 홈)
22. 반달 키 (키 홈)
23. 깊은 홈 볼 베어링
24. 앵귤러 볼 베어링
25. 자동 조심 볼 베어링
26. 원통 롤러 베어링
27. 테이퍼 롤러 베어링
28. 니들 롤러 베어링
29. 평면 자리형 스러스트 볼 베어링
30. 평면 자리형 스러스트 볼 베어링(복식)
31. 베어링 구석 홈 부 둥글기
32. 베어링의 끼워맞춤
33. 그리스 니플
34. O링(원통면)
35. O링 부착 부의 예리한 모서리를 제거하는 설계 방법
36. O링(평면)
37. 오일 실
38. 오일 실 부착 관계 (축 및 하우징 구멍의 모떼기와 둥글기)
39. 롤러체인, 스프로킷
40. V 벨트 풀리
41. 지그용 부시 및 그 부속 부품 (고정 부시)
42. 삽입 부시
43. 지그용 부시 및 그 부속 부품 (고정 라이너)
44. 부시와 멈춤쇠 또는 멈춤나사의 중심 거리 및 부착 나사의 가공 치수
45. 분할 핀
46. 주서 (예)
47. 센터 구멍
48. 양끝 센터(예)
49. 기어 요목표
50. 기계재료 기호(KS D)
51. 구름베어링용 로크너트 와셔

1. 표면 거칠기

거칠기 구분치		0.025a	0.05a	0.1a	0.2a	0.4a	0.8a	1.6a	3.2a	6.3a	12.5a	25a	50a
산술 평균 거칠기의 표면 거칠기의 범위 (μmRa)	최소치	0.02	0.04	0.08	0.17	0.33	0.66	1.3	2.7	5.2	10	21	42
	최대치	0.03	0.06	0.11	0.22	0.45	0.90	1.8	3.6	7.1	14	28	56
거칠기 번호 (표준편 번호)		N1	N2	N3	N4	N5	N6	N7	N8	N9	N10	N11	N12

2. 끼워 맞춤 공차

기준 구멍	축의 공차역 클래스							
	헐거운			중간			억지	
H6				js5	k5	m5		
		g5	h5	js5	k5	m5		
	f6	g6	h6	js6	k6	m6	n6	p6
H7	f6	g6	h6	js6	k6	m6	n6	p6	r6
	f7		h7	js7				
H8	f7		h7					
	f8		h8					

기준 축	구멍의 공차역 클래스							
	헐거운			중간			억지	
h5			H6	JS6	K6	M6	N6	P6
h6	F6	G6	H6	JS6	K6	M6	N6	P6
	F7	G7	H7	JS7	K7	M7	N7	P7	R7
h7	F7		H7					
	F8		H8					
h8	F8		H8					

3. IT 공차   단위 : μm

치수 등급		IT4 4급	IT5 5급	IT6 6급	IT7 7급
초과	이하				
-	3	3	4	6	10
3	6	4	5	8	12
6	10	4	6	9	15
10	18	5	8	11	18
18	30	6	9	13	21
30	50	7	11	16	25
50	80	8	13	19	30
80	120	10	15	22	35
120	180	12	18	25	40
180	250	14	20	29	46
250	315	16	23	32	52
315	400	18	25	36	57
400	500	20	27	40	63

4. 중심 거리의 허용차   단위 : μm

중심 거리 구분		1급	2급
초과	이하		
-	3	±3	±7
3	6	±4	±9
6	10	±5	±11
10	18	±6	±14
18	30	±7	±17
30	50	±8	±20
50	80	±10	±23
80	120	±11	±27
120	180	±13	±32
180	250	±15	±36
250	315	±16	±41

5. 절삭가공부품 모떼기 및 둥글기의 값

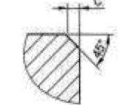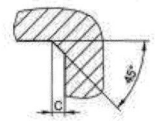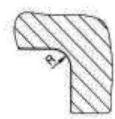

0.1	0.4	0.8	1.6	3 (3.2)	6	12	25	50
0.2	0.5	1.0	2.0	4	8	16	32	-
0.3	0.6	1.2	2.5 (2.4)	5	10	20	40	-

6. 널링

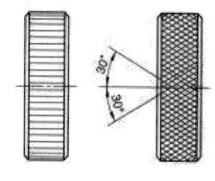

[보 기] : ☞ 바른 줄 m 0.5
☞ 빗 줄 m 0.3

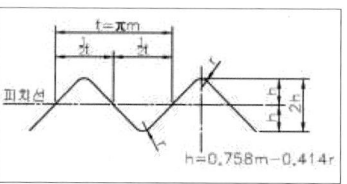

바른 줄 형			
모듈 m	0.2	0.3	0.5
피치 t	0.628	0.942	1.571
r	0.06	0.09	0.16
h	0.15	0.22	0.37

빗 줄 형			
모듈 m	0.5	0.3	0.2
cos 30°	0.577	0.346	0.230

7. T홈

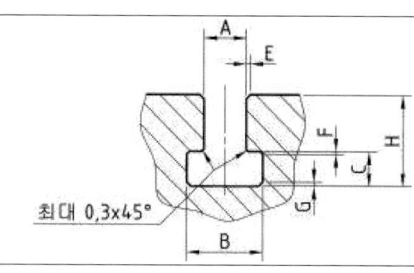

호칭 (볼트) 치수	기준 치수	A 허용차 기준 홈 H8	A 허용차 고정 홈 H12	B 기준 치수 최소	B 기준 치수 최대	C 기준 치수 최소	C 기준 치수 최대	H 최소	H 최대	E 최대 모떼기	F 최대 모떼기	G 최대 모떼기
M4	5	+0.018 0	+0.12 0	10	11	3.5	4.5	8	10	1	0.6	1
M5	6			11	12.5	5	6	11	13	1	0.6	1
M6	8	+0.022 0	+0.15 0	14.5	16	7	8	15	18	1	0.6	1
M8	10			16	18	7	8	17	21	1	0.6	1
M10	12	+0.027 0	+0.18 0	19	21	8	9	20	25	1	0.6	1
M12	14			23	25	9	11	23	28	1.6	0.6	1.6
M16	18			30	32	12	14	30	36	1.6	1	1.6
M20	22	+0.033 0	+0.21 0	37	40	16	18	38	45	1.6	1	2.5
M24	28			46	50	20	22	48	56	1.6	1	2.5
M30	36	+0.039 0	+0.25 0	56	60	25	28	61	71	2.5	1	2.5
M36	42			68	72	32	35	74	85	2.5	1.6	4
M42	48			80	85	36	40	84	95	2.5	2	6
M48	54	+0.046 0	+0.30 0	90	95	40	44	94	106	2.5	2	6

8. T홈 간격

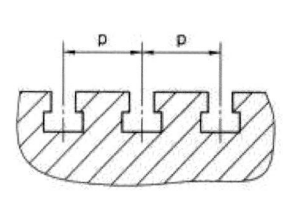

T홈의 폭 A	간격 p
5	20 25 32
6	25 32 40
8	32 40 50
10	40 50 63
12	(40) 50 63 80
14	(50) 63 80 100
18	(63) 80 100 125
22	(80) 100 125 160
28	100 125 160 200
36	125 160 200 250
42	160 200 250 320
48	200 250 320 400
54	250 320 400 500

( )호 치수는 되도록 피한다.

9. T홈 간격 허용차

간격 p	허용차
20~25	±0.2
32~100	±0.3
125~250	±0.5
320~500	±0.8

비 고 모든 T-홈의 간격에 대한 공차는 누적되지 않는다.

10. 미터 보통 나사

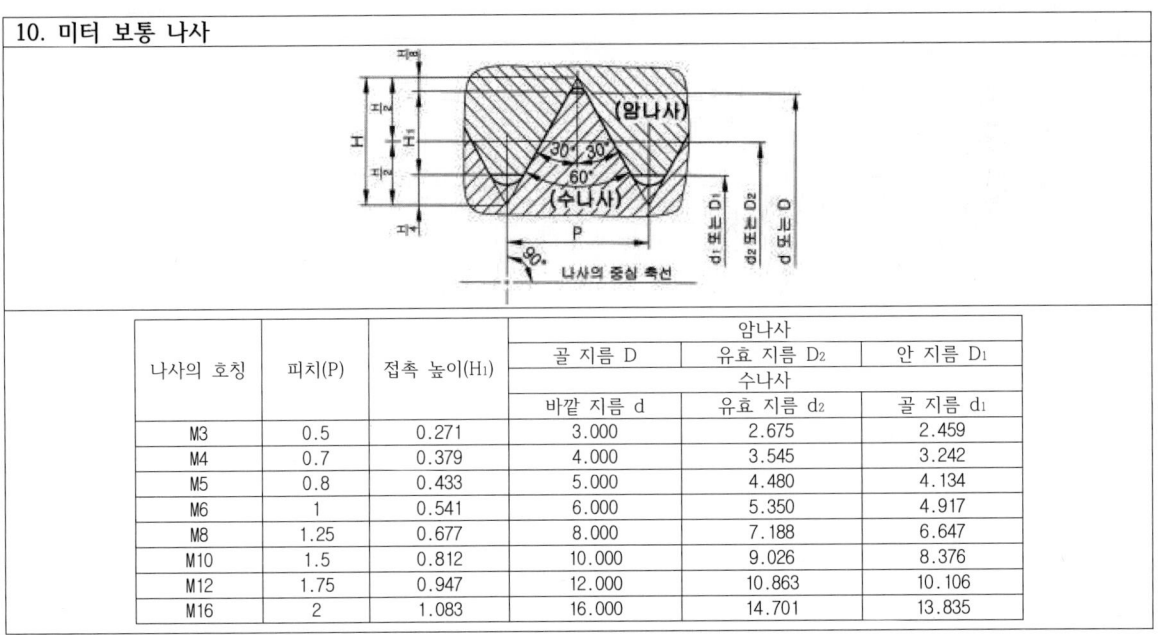

나사의 호칭	피치(P)	접촉 높이(H_1)	암나사 골 지름 D	유효 지름 D_2	안 지름 D_1
			수나사 바깥 지름 d	유효 지름 d_2	골 지름 d_1
M3	0.5	0.271	3.000	2.675	2.459
M4	0.7	0.379	4.000	3.545	3.242
M5	0.8	0.433	5.000	4.480	4.134
M6	1	0.541	6.000	5.350	4.917
M8	1.25	0.677	8.000	7.188	6.647
M10	1.5	0.812	10.000	9.026	8.376
M12	1.75	0.947	12.000	10.863	10.106
M16	2	1.083	16.000	14.701	13.835

11. 미터 가는 나사

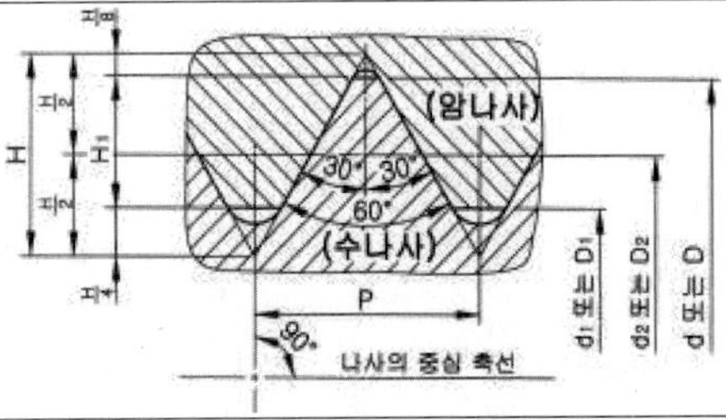

나사의 호칭	접촉 높이(H_1)	암나사 골 지름 D	유효 지름 D_2	안 지름 D_1
		수나사 바깥 지름 d	유효 지름 d_2	골 지름 d_1
M 1 × 0.2	0.108	1.000	0.870	0.783
M 1.1 × 0.2		1.100	0.970	0.883
M 1.2 × 0.2		1.200	1.070	0.983
M 1.4 × 0.2		1.400	1.270	1.183
M 1.6 × 0.2		1.600	1.470	1.383
M 1.8 × 0.2		1.800	1.670	1.583
M 2 × 0.25	0.135	2.000	1.838	1.729
M 2.2 × 0.25		2.200	2.038	1.929
M 2.5 × 0.35	0.189	2.500	2.273	2.121
M 3 × 0.35		3.000	2.773	2.621
M 3.5 × 0.35		3.500	3.273	3.121
M 4 × 0.5	0.271	4.000	3.675	3.459
M 4.5 × 0.5		4.500	4.175	3.959
M 5 × 0.5		5.000	4.675	4.459
M 5.5 × 0.5		5.500	5.175	4.959
M 6 × 0.75	0.406	6.000	5.513	5.188
M 7 × 0.75		7.000	6.513	6.188
M 8 × 1	0.541	8.000	7.350	6.917
M 8 × 0.75	0.406		7.513	7.188
M 9 × 1	0.541	9.000	8.350	7.917
M 9 × 0.75	0.406		8.513	8.188
M 10 × 1.25	0.677	10.000	9.188	8.647
M 10 × 1	0.541		9.350	8.917
M 10 × 0.75	0.406		9.513	9.188
M 11 × 1	0.541	11.000	10.350	9.917
M 11 × 0.75	0.406		10.513	10.188
M 12 × 1.5	0.812	12.000	11.026	10.376
M 12 × 1.25	0.677		11.188	10.647
M 12 × 1	0.541		11.350	10.917
M 14 × 1.5	0.812	14.000	13.026	12.376
M 14 × 1.25	0.677		13.188	12.647
M 14 × 1	0.541		13.350	12.917
M 15 × 1.5	0.812	15.000	14.026	13.376
M 15 × 1	0.541		14.350	13.917
M 16 × 1.5	0.812	16.000	15.026	14.376
M 16 × 1	0.541		15.350	14.917

12. 미터 사다리꼴 나사

기준 공식

$H = 1.866 P$ $\quad d_2 = d - 0.5 P$ $\quad D = d$

$H_1 = 0.5 P$ $\quad d_1 = d - P$ $\quad D_2 = d_2$

$\quad\quad\quad\quad\quad\quad\quad\quad\quad\quad D_1 = d_1$

나사의 호칭	피치 P	접촉 높이 H_1	암나사 골 지름 D	유효 지름 D_2	안 지름 D_1
			수나사 바깥 지름 d	유효 지름 d_2	골 지름 d_1
Tr 10 × 2	2	1	10.000	9.000	8.000
Tr 10 × 1.5	1.5	0.75	10.000	9.250	8.500
Tr 11 × 3	3	1.5	11.000	9.500	8.000
Tr 11 × 2	2	1	11.000	10.000	9.000
Tr 12 × 3	3	1.5	12.000	10.500	9.000
Tr 12 × 2	2	1	12.000	11.000	10.000
Tr 14 × 3	3	1.5	14.000	12.500	11.000
Tr 14 × 2	2	1	14.000	13.000	12.000
Tr 16 × 4	4	2	16.000	14.000	12.000
Tr 16 × 2	2	1	16.000	15.000	14.000
Tr 18 × 4	4	2	18.000	16.000	14.000
Tr 18 × 2	2	1	18.000	17.000	16.000
Tr 20 × 4	4	2	20.000	18.000	16.000
Tr 20 × 2	2	1	20.000	19.000	18.000

13. 관용 평행 나사

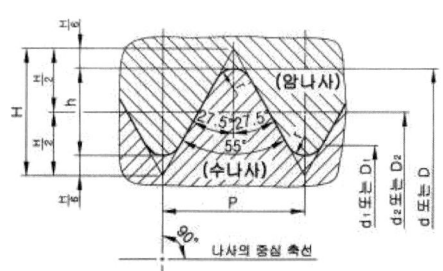

나사의 표시방법 : 수나사의 경우 G 1A, G 1B
암나사의 경우 G1

나사의 호칭	나사 산수 25.4mm 에 대하여 n	피치 P (참 고)	나사 산의 높이 h	산의 봉우리 및 골의 둥글기 r	암나사 골 지름 D	유효 지름 D_2	안 지름 D_1
					수나사 바깥 지름 d	유효 지름 d_2	골 지름 d_1
G 1/8	28	0.9071	0.581	0.12	9.728	9.147	8.566
G 1/4	19	1.3368	0.856	0.18	13.157	12.301	11.445
G 3/8	19	1.3368	0.856	0.18	16.662	15.806	14.950
G 1/2	14	1.8143	1.162	0.25	20.955	19.793	18.631
G 5/8	14	1.8143	1.162	0.25	22.911	21.749	20.587
G 3/4	14	1.8143	1.162	0.25	26.441	25.279	24.117
G 7/8	14	1.8143	1.162	0.25	30.201	29.039	27.877
G 1	11	2.3091	1.479	0.32	33.249	31.770	30.291
G 1 1/8	11	2.3091	1.479	0.32	37.897	36.418	34.939
G 1 1/4	11	2.3091	1.479	0.32	41.910	40.431	38.952
G 1 1/2	11	2.3091	1.479	0.32	47.803	46.324	44.845
G 1 3/4	11	2.3091	1.479	0.32	53.746	52.267	50.788
G 2	11	2.3091	1.479	0.32	59.614	58.135	56.656
G 2 1/4	11	2.3091	1.479	0.32	65.710	64.231	62.752
G 2 1/2	11	2.3091	1.479	0.32	75.184	73.705	72.226

14. 관용 테이퍼 나사

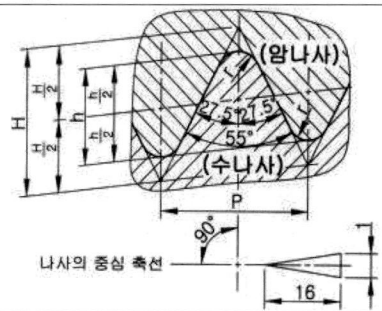

나사의 표시방법 : 수나사의 경우 R 1½

암나사의 경우 Rc 1½

나사의 호칭	나사 산수 25.4mm 에 대하여 n	피 치 P (참 고)	나사 산의 높이 h	둥글기 r 또는 r'	암나사 골 지름 D	암나사 유효 지름 D2	암나사 안 지름 D1	수나사 기본지름위치 관 끝으로부터 기본길이 a	수나사 기본지름위치 축선방향의 허용차 ±b	암나사 기본지름 위치 관 끝부분 축선방향의 허용차 ±c
					수나사 바깥 지름 d	수나사 유효 지름 d2	수나사 골 지름 d1			
R 1/16	28	0.9071	0.581	0.12	7.723	7.142	6.561	3.97	0.91	1.13
R 1/8	28	0.9071	0.581	0.12	9.728	9.147	8.566	3.97	0.91	1.13
R 1/4	19	1.3368	0.856	0.18	13.157	12.301	11.445	6.01	1.34	1.67
R 3/8	19	1.3368	0.856	0.18	16.662	15.806	14.950	6.35	1.34	1.67
R 1/2	14	1.8143	1.162	0.25	20.955	19.793	18.631	8.16	1.81	2.27
R 3/4	14	1.8143	1.162	0.25	26.441	25.279	24.117	9.53	1.81	2.27
R1	11	2.3091	1.479	0.32	33.249	31.770	30.291	10.39	2.31	2.89
R1 1/4	11	2.3091	1.479	0.32	41.910	40.431	38.952	12.70	2.31	2.89
R1 1/2	11	2.3091	1.479	0.32	47.803	46.324	44.845	12.70	2.31	2.89
R2	11	2.3091	1.479	0.32	59.614	58.135	56.656	15.88	2.31	2.89
R2 1/2	11	2.3091	1.479	0.32	75.184	73.705	72.226	17.46	3.46	3.46
R3	11	2.3091	1.479	0.32	87.884	86.405	84.926	20.64	3.46	3.46
R4	11	2.3091	1.479	0.32	113.030	111.551	110.072	25.40	3.46	3.46
R5	11	2.3091	1.479	0.32	138.430	136.951	135.472	28.58	3.46	3.46
R6	11	2.3091	1.479	0.32	163.830	162.351	160.872	28.58	3.46	3.46

15. 볼트 구멍 지름(2급 기준) 및 카운터 보어 지름의 치수

나사 호칭 지름	3	4	5	6	8	10	12	14	16
볼트 구멍 지름 ⌀d_h	3.4	4.5	5.5	6.6	9	11	13.5	15.5	17.5
모떼기 e	0.3	0.4	0.4	0.4	0.6	0.6	1.1	1.1	1.1
카운터보어 지름 D'	9	11	13	15	20	24	28	32	35

16. 불완전 나사부 길이

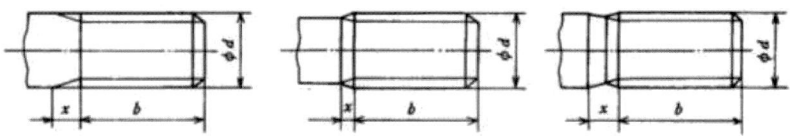

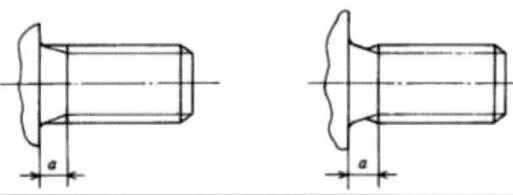

나사의 피치	x (최대)		a (최대)		
	보통 것	짧은 것	보통 것	짧은 것	긴 것
0.5	1.25	0.7	1.5	1	2
0.7	1.75	0.9	2.1	1.4	2.8
0.8	2	1	2.4	1.6	3.2
1	2.5	1.25	3	2	4
1.25	3.2	1.6	4	2.5	5
1.5	3.8	1.9	4.5	3	6
1.75	4.3	2.2	5.3	3.5	7
2	5	2.5	6	4	8

17. 나사의 틈새

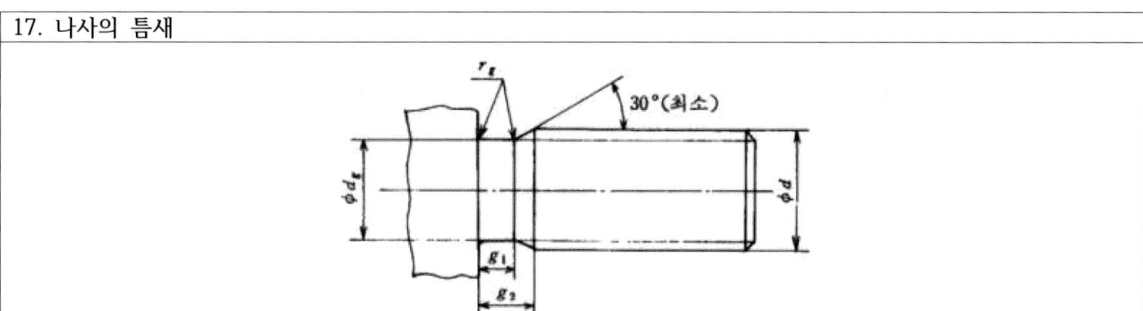

나사의 피치	dg		g_1	g_2	r_g
	기준 치수	허용차	최소	최대	약
0.5	d - 0.8	호칭지름이 3mm 이하는 h12, 호칭지름이 3mm 초과는 h13 적용	0.8	1.5	0.2
0.7	d - 1.1		1.1	2.1	0.4
0.8	d - 1.3		1.3	2.4	0.4
1	d - 1.6		1.6	3	0.6
1.25	d - 2		2	3.75	0.6
1.5	d - 2.3		2.5	4.5	0.8
1.75	d - 2.6		3	5.25	1
2	d - 3		3.4	6	1

18. 뾰족끝 홈붙이 멈춤 스크루

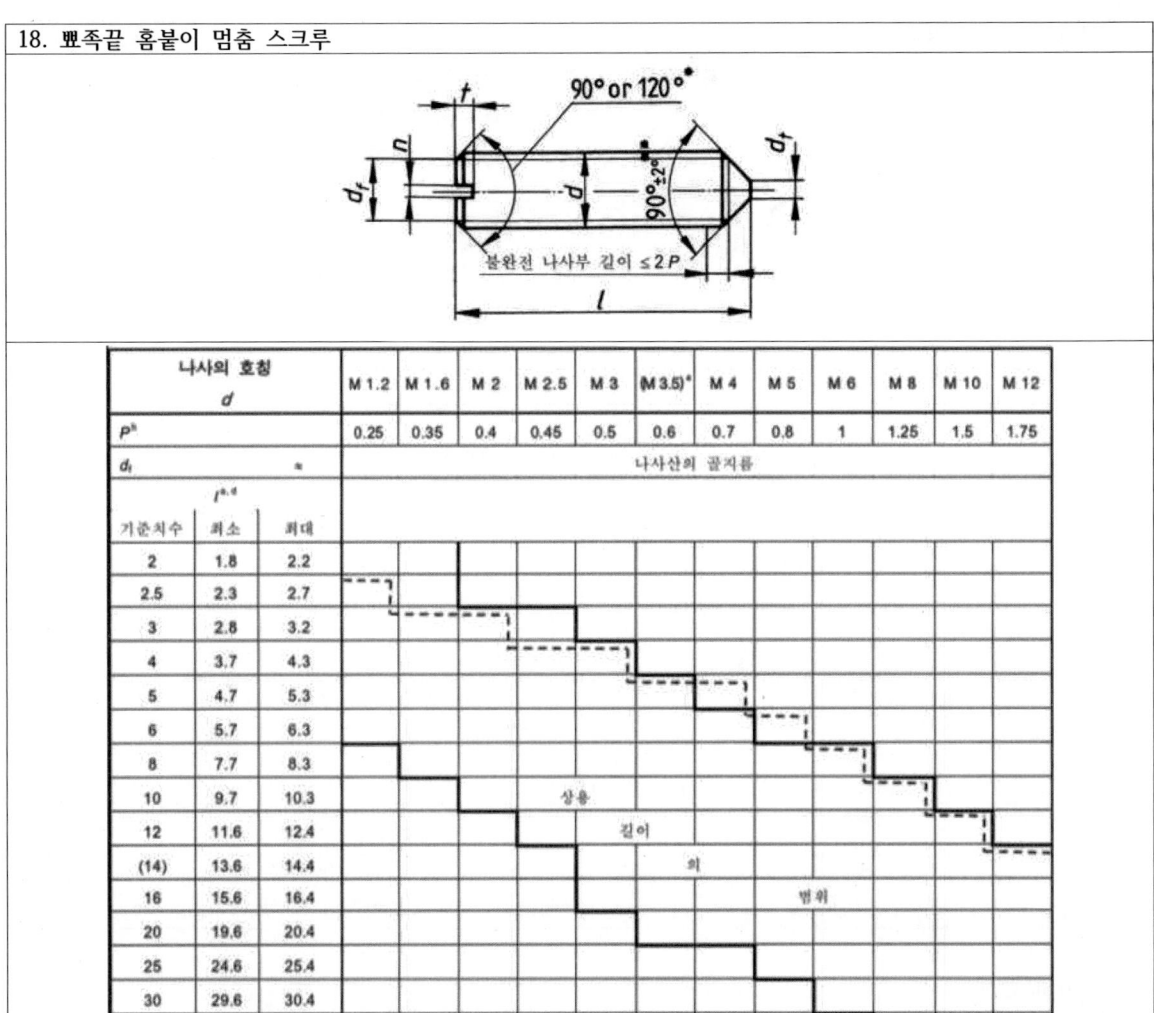

나사의 호칭 d			M 1.2	M 1.6	M 2	M 2.5	M 3	(M 3.5)[c]	M 4	M 5	M 6	M 8	M 10	M 12
P[b]			0.25	0.35	0.4	0.45	0.5	0.6	0.7	0.8	1	1.25	1.5	1.75
d_f		≈	나사산의 골지름											
	l[a,d]													
기준치수	최소	최대												
2	1.8	2.2												
2.5	2.3	2.7												
3	2.8	3.2												
4	3.7	4.3												
5	4.7	5.3												
6	5.7	6.3												
8	7.7	8.3												
10	9.7	10.3						상용						
12	11.6	12.4							길이					
(14)	13.6	14.4								의				
16	15.6	16.4									범위			
20	19.6	20.4												
25	24.6	25.4												
30	29.6	30.4												

19. 멈춤링

(1) C형 멈춤링

축용 멈춤링

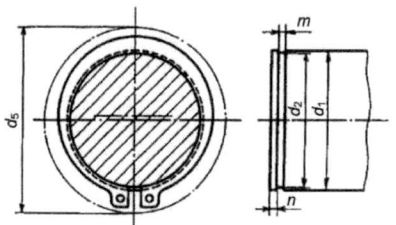

d_5는 축에 끼울 때의 바깥 둘레의 최대 지름

구멍용 멈춤링

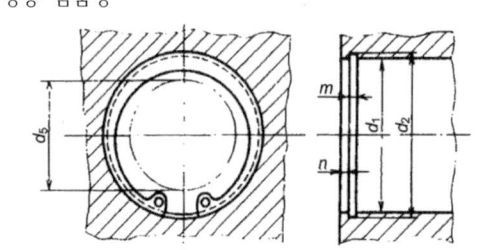

d_5는 구멍에 끼울 때의 안둘레의 최소 지름

축 치수 d_1	d2 기준치수	허용차	m 기준치수	허용차	n 최소	멈춤링 두께 기준치수	허용차
10	9.6	0 -0.09					
11	10.5						
12	11.5		1.15		1		±0.05
13	12.4						
14	13.4	0 -0.11					
15	14.3						
16	15.2						
17	16.2						
18	17						
19	18				1.5		
20	19			+0.14 0			
21	20		1.35		1.2		
22	21						
24	22.9	0 -0.21					
25	23.9						±0.06
26	24.9						
28	26.6						
29	27.6						
30	28.6		1.75		1.6		
32	30.3						
34	32.3	0 -0.25					
35	33						
36	34		1.95		2	1.8	±0.07
38	36						

구멍 치수 d_1	d2 기준치수	허용차	m 기준치수	허용차	n 최소	멈춤링 두께 기준치수	허용차
10	10.4						
11	11.4						
12	12.5						
13	13.6	+0.11 0					
14	14.6		1.15		1		±0.05
15	15.7						
16	16.8						
17	17.8						
18	19						
19	20				1.5		
20	21			+0.14 0			
21	22	+0.21 0					
22	23						
24	25.2						
25	26.2						
26	27.2		1.35		1.2		
28	29.4						
30	31.4						±0.06
32	33.7						
34	35.7	+0.25 0					
35	37		1.75		2	1.6	
36	38						
37	39						

(2) E형 멈춤링

(사용 상태)

축 치수 d_1		d2		m		n	멈춤링 두께	
초과	이하	기준치수	허용차	기준치수	허용차	최소	기준치수	허용차
1	1.4	0.8	+0.05 0	0.3		0.4	0.2	±0.02
1.4	2	1.2		0.4	+0.05 0	0.6	0.3	±0.025
2	2.5	1.5				0.8		
2.5	3.2	2	+0.06 0	0.5			0.4	±0.03
3.2	4	2.5				1		
4	5	3						
5	7	4		0.7			0.6	
6	8	5	+0.075 0		+0.1 0	1.2		±0.04
7	9	6						
8	11	7				1.5	0.8	
9	12	8	+0.09 0	0.9		1.8		
10	14	9				2		
11	15	10		1.15		2.5	1.0	±0.05
13	18	12	+0.11 0		+0.14 0	3		
16	24	15				3.5	1.6	±0.06
20	31	19	+0.13 0	1.75				
25	38	24		2.2		4	2.0	±0.07

(3) C형 동심 멈춤링

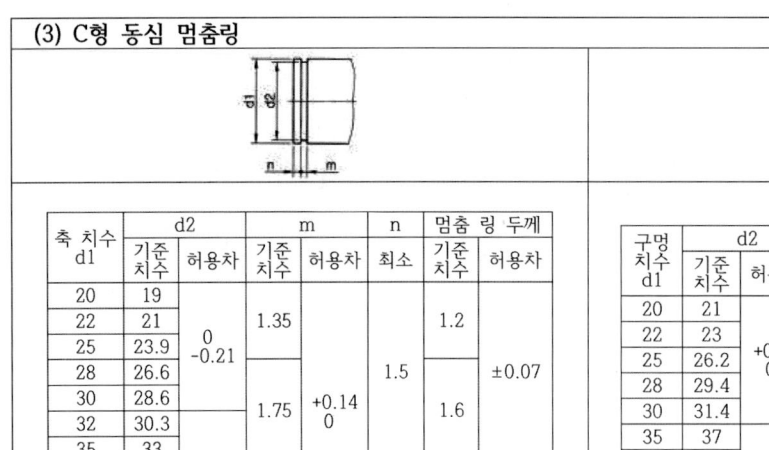
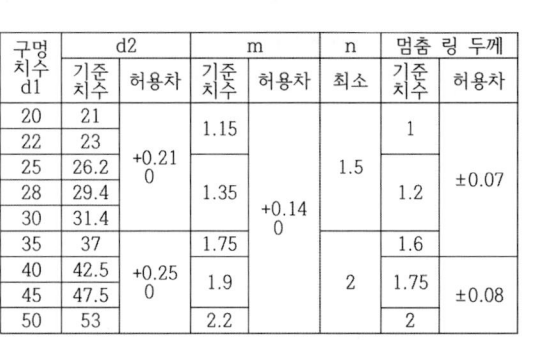

축 치수 d1	d2 기준치수	d2 허용차	m 기준치수	m 허용차	n 최소	멈춤링 두께 기준치수	멈춤링 두께 허용차
20	19	0 -0.21	1.35	+0.14 0	1.5	1.2	±0.07
22	21		1.35		1.5	1.2	±0.07
25	23.9				1.5	1.2	±0.07
28	26.6				1.5	1.2	±0.07
30	28.6		1.75		1.5	1.6	±0.07
32	30.3		1.75		1.5	1.6	±0.07
35	33		1.75		1.5	1.6	±0.07
40	38	0 -0.25	1.9		2	1.75	±0.08
45	42.5		1.9		2	1.75	±0.08
50	47		2.2		2	2	±0.08

구멍 치수 d1	d2 기준치수	d2 허용차	m 기준치수	m 허용차	n 최소	멈춤링 두께 기준치수	멈춤링 두께 허용차
20	21	+0.21 0	1.15	+0.14 0	1.5	1	±0.07
22	23		1.15		1.5	1	±0.07
25	26.2		1.35		1.5	1.2	±0.07
28	29.4		1.35		1.5	1.2	±0.07
30	31.4		1.35		1.5	1.2	±0.07
35	37		1.75		1.5	1.6	±0.07
40	42.5	+0.25 0	1.9		2	1.75	±0.08
45	47.5		1.9		2	1.75	±0.08
50	53		2.2		2	2	±0.08

20. 생크

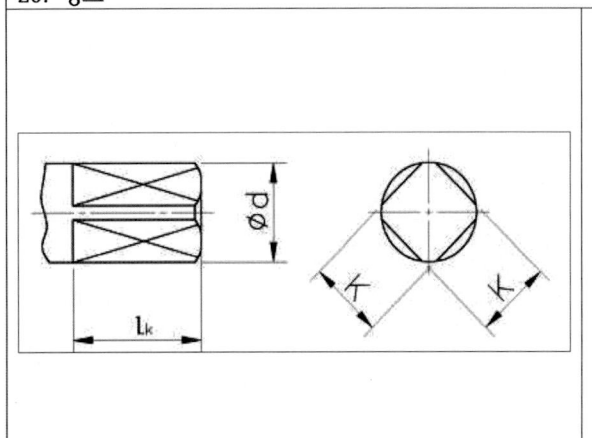

Φd 초과	Φd 이하	K 기준치수	K 허용차(h12)	lk
7.5	8.5	6.3	0 -0.15	9
8.5	9.5	7.1		10
9.5	10.6	8		11
10.6	11.8	9		12
11.8	13.2	10		13
13.2	15	11.2	0 -0.18	14
15	17	12.5		16
17	19	14		18
19	21.2	16		20
21.2	23.6	18		22
23.6	26.5	20		24
26.5	30	22.4	0 -0.21	26
30	33.5	25		28
33.5	37.5	28		31

21. 평행 키 (키 홈)

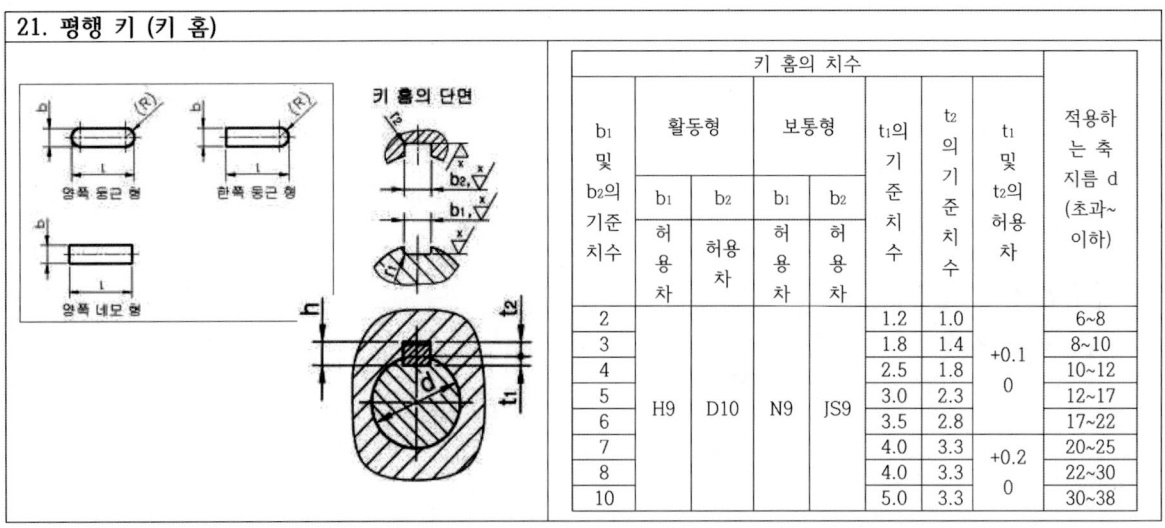

키 홈의 치수							
b1 및 b2의 기준치수	활동형		보통형		t1의 기준치수	t2의 기준치수	t1 및 t2의 허용차	적용하는 축지름 d (초과~이하)
	b1 허용차	b2 허용차	b1 허용차	b2 허용차				
2	H9	D10	N9	JS9	1.2	1.0	+0.1 0	6~8
3					1.8	1.4		8~10
4					2.5	1.8		10~12
5					3.0	2.3		12~17
6					3.5	2.8		17~22
7					4.0	3.3	+0.2 0	20~25
8					4.0	3.3		22~30
10					5.0	3.3		30~38

22. 반달 키 (키 홈)

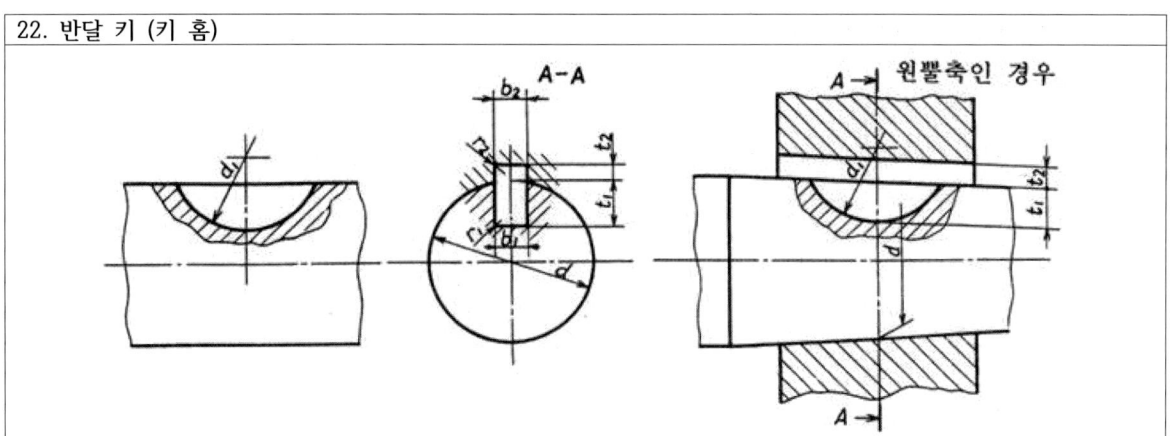

단위 : mm

키의 호칭 치수 $b \times d_0$	b_1 및 b_2의 기준 치수	보통형 b_1 허용차 (N9)	보통형 b_2 허용차 (Js9)	조립형 b_1 및 b_2 허용차 (P9)	t_1 기준 치수	t_1 허용차	t_2 기준 치수	t_2 허용차	r_1 및 r_2	d_1 기준 치수	d_1 허용차
1×4	1	−0.004 −0.029	±0.012	−0.006 −0.031	1.0	+0.1 0	0.6	+0.1 0	0.08~0.16	4	+0.1 0
1.5×7	1.5				2.0		0.8			7	
2×7	2				1.8		1.0			7	
2×10					2.9					10	+0.2 0
2.5×10	2.5				2.7		1.2			10	
(3×10)	3				2.5		1.4			10	
3×13					3.8	+0.2 0				13	
3×16					5.3					16	
(4×13)	4	0 −0.030	±0.015	−0.012 −0.042	3.5	+0.1 0	1.7			13	
4×16					5.0	+0.2 0	1.8		0.16~0.25	16	
4×19					6.0					19	+0.3 0
5×16	5				4.5		2.3			16	+0.2 0
5×19					5.5					19	+0.3 0
5×22					7.0	+0.3 0				22	
6×22	6				6.5		2.8			22	
6×25					7.5			+0.2 0		25	
(6×28)					8.6	+0.1 0	2.6	+0.1 0		28	
(6×32)					10.6					32	
(7×22)	7	0 −0.036	±0.018	−0.015 −0.051	6.4		2.8			22	
(7×25)					7.4					25	
(7×28)					8.4					28	
(7×32)					10.4					32	
(7×38)					12.4					38	
(7×45)					13.4					45	
(8×25)	8				7.2		3.0			25	
8×28					8.0	+0.3 0	3.3	+0.2 0	0.25~0.40	28	
(8×32)					10.2	+0.1 0	3.0	+0.1 0	0.16~0.25	32	
(8×38)					12.2					38	
10×32	10				10.0	+0.3 0	3.3	+0.2 0	0.25~0.40	32	
(10×45)					12.8	+0.1 0	3.4	+0.1 0		45	
(10×55)					13.8					55	
(10×65)					15.8					65	+0.5 0
(12×65)	12	0 −0.043	±0.022	−0.018 −0.061	15.2		4.0			65	
(12×80)					20.2					80	

22. 반달 키 (키 홈) - 반달키에 적용하는 축지름

단위 : mm

키의 호칭 치수	계열 1	계열 2	계열 3	전단 단면적 mm²
1×4	3~4	3~4	—	—
1.5×7	4~5	4~6	—	—
2×7	5~6	6~8	—	—
2×10	6~7	8~10	—	—
2.5×10	7~8	10~12	7~12	21
(3×10)	—	—	8~14	26
3×13	8~10	12~15	9~16	35
3×16	10~12	15~18	11~18	45
(4×13)	—	—	11~18	46
4×16	12~14	18~20	12~20	57
4×19	14~16	20~22	14~22	70
5×16	16~18	22~25	14~22	72
5×19	18~20	25~28	15~24	86
5×22	20~22	28~32	17~26	102
6×22	22~25	32~36	19~28	121
6×25	25~28	36~40	20~30	141
(6×28)	—	—	22~32	155
(6×32)	—	—	24~34	180
(7×22)	—	—	20~29	139
(7×25)	—	—	22~32	159
(7×28)	—	—	24~34	179
(7×32)	—	—	26~37	209
(7×38)	—	—	29~41	249
(7×45)	—	—	31~45	288
(8×25)	—	—	24~34	181
8×28	28~32	40~—	26~37	203
(8×32)	—	—	28~40	239
(8×38)	—	—	30~44	283
10×32	32~38	—	31~46	295
(10×45)	—	—	38~54	406
(10×55)	—	—	42~60	477
(10×65)	—	—	46~65	558
(12×65)	—	—	50~73	660
(12×80)	—	—	58~82	834

※ 계열 1 : 키에 의해 토크를 전달하는 결합에 사용
　 계열 2 : 키에 의해 위치결정을 하는 경우 사용
　 계열 3 : 표에 나타나는 전단 단면적에서의 키의 전단강도 대응에 사용

23. 깊은 홈 볼 베어링

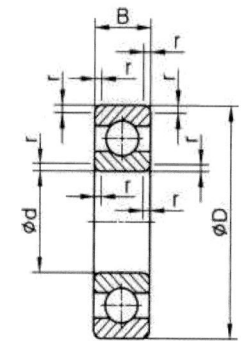

호칭 번호 (68계열)	치수			
	d	D	B	r
6800	10	19	5	0.3
6801	12	21	5	0.3
6802	15	24	5	0.3
6803	17	26	5	0.3
6804	20	32		0.3
6805	25	37		0.3
6806	30	42		0.3
6807	35	47	7	0.3
6808	40	52	7	0.3
6809	45	58	7	0.3
6810	50	65	7	0.3

호칭 번호 (64계열)	치수			
	d	D	B	r
6403	17	62	17	1.1
6404	20	72	19	1.1
6405	25	80	21	1.5
6406	30	90	23	1.5
6407	35	100	25	1.5
6408	40	110	27	2
6409	45	120	29	2
6410	50	130	31	2.1
6411	55	140	33	2.1
6412	60	150	35	2.1
6413	65	160	37	2.1

호칭 번호 (69계열)	치수			
	d	D	B	r
6900	10	22	6	0.3
6901	12	24	6	0.3
6902	15	28	7	0.3
6903	17	30	7	0.3
6904	20	37		0.3
6905	25	42	9	0.3
6906	30	47	9	0.3
6907	35	55	10	0.6
6908	40	62	12	0.6

호칭 번호 (60계열)	치수			
	d	D	B	r
6000	10	26	8	0.3
6001	12	28	8	0.3
6002	15	32	9	0.3
6003	17	35	10	0.3
6004	20	42	12	0.6
6005	25	47	12	0.6
6006	30	55	13	1
6007	35	62	14	1
6008	40	68	15	1

호칭 번호 (62계열)	치수			
	d	D	B	r
6200	10	30	9	0.6
6201	12	32	10	0.6
6202	15	35	11	0.6
6203	17	40	12	0.6
6204	20	47	14	1
6205	25	52	15	1
6206	30	62	16	1
6207	35	72	17	1.1
6208	40	80	18	1.1

호칭 번호 (63계열)	치수			
	d	D	B	r
6300	10	35	11	0.6
6301	12	37	12	1
6302	15	42	13	1
6303	17	47	14	1
6304	20	52	15	1.1
6305	25	62	17	1.1

24. 앵귤러 볼 베어링

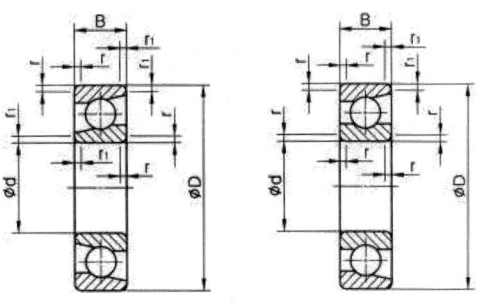

호칭 번호 (70계열)	치수				
	d	D	B	r	r₁
7000A	10	26	8	0.3	0.15
7001A	12	28	8	0.3	0.15
7002A	15	32	9	0.3	0.15
7003A	17	35	10	0.3	0.15
7004A	20	42	12	0.6	0.3
7005A	25	47	12	0.6	0.3
7006A	30	55	13	1	0.6
7007A	35	62	14	1	0.6
7008A	40	68	15	1	0.6
7009A	45	75	16	1	0.6

호칭 번호 (72계열)	치수				
	d	D	B	r	r₁
7200A	10	30	9	0.6	0.3
7201A	12	32	10	0.6	0.3
7202A	15	35	11	0.6	0.3
7203A	17	40	12	0.6	0.3
7204A	20	47	14	1	0.6
7205A	25	52	15	1	0.6
7206A	30	62	16	1	0.6

호칭 번호 (73계열)	치수				
	d	D	B	r	r₁
7300A	10	35	11	0.6	0.3
7301A	12	37	12	1	0.6
7302A	15	42	13	1	0.6
7303A	17	47	14	1	0.6
7304A	20	52	15	1.1	0.6
7305A	25	62	17	1.1	0.6
7306A	30	72	19	1.1	0.6

호칭 번호 (74계열)	치수				
	d	D	B	r	r₁
7404A	20	72	19	1.1	0.6
7405A	25	80	21	1.5	1
7406A	30	90	23	1.5	1

25. 자동 조심 볼 베어링

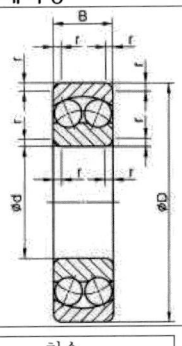

호칭 번호 (22계열)	치수			
	d	D	B	r
2200	10	30	14	0.6
2201	12	32	14	0.6
2202	15	35	14	0.6
2203	17	40	16	0.6
2204	20	47	18	1
2205	25	52	18	1
2206	30	62	20	1

호칭 번호 (12계열)	치수			
	d	D	B	r
1200	10	30	9	0.6
1201	12	32	10	0.6
1202	15	35	11	0.6
1203	17	40	12	0.6
1204	20	47	14	1
1205	25	52	15	1
1206	30	62	16	1

호칭 번호 (13계열)	치수			
	d	D	B	r
1300	10	35	11	0.6
1301	12	37	12	1
1302	15	42	13	1
1303	17	47	14	1
1304	20	52	15	1.1
1305	25	62	17	1.1

호칭 번호 (23계열)	치수			
	d	D	B	r
2300	10	35	17	0.6
2301	12	37	17	1
2302	15	42	17	1
2303	17	47	19	1
2304	20	52	21	1.1
2305	25	62	24	1.1

26. 원통 롤러 베어링

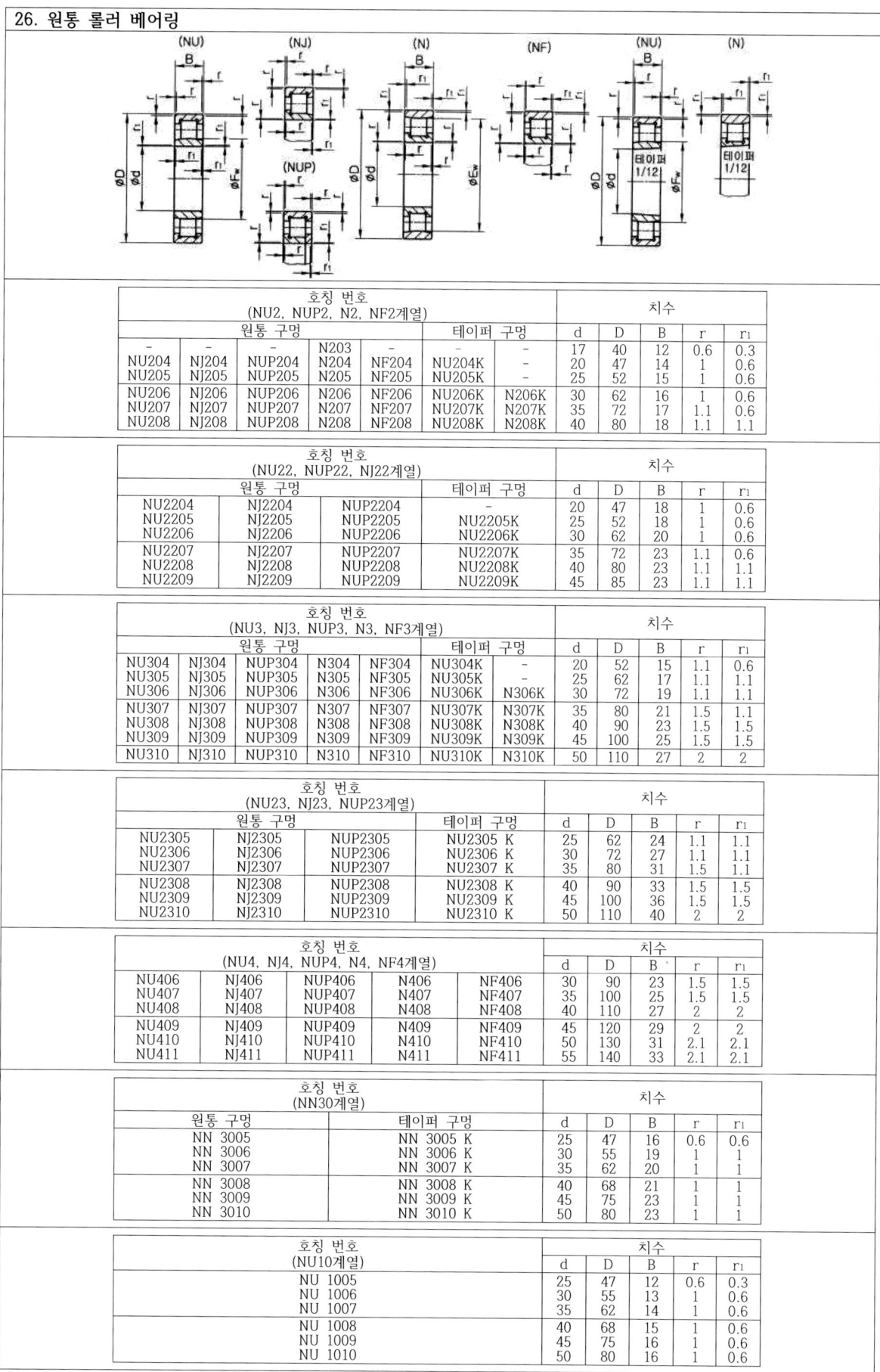

호칭 번호 (NU2, NUP2, N2, NF2계열)							치수			
원통 구멍					테이퍼 구멍		d	D	B	r	r_1
-	-	-	N203	-	-	-	17	40	12	0.6	0.3
NU204	NJ204	NUP204	N204	NF204	NU204K	-	20	47	14	1	0.6
NU205	NJ205	NUP205	N205	NF205	NU205K	-	25	52	15	1	0.6
NU206	NJ206	NUP206	N206	NF206	NU206K	N206K	30	62	16	1	0.6
NU207	NJ207	NUP207	N207	NF207	NU207K	N207K	35	72	17	1.1	0.6
NU208	NJ208	NUP208	N208	NF208	NU208K	N208K	40	80	18	1.1	1.1

호칭 번호 (NU22, NUP22, NJ22계열)				치수				
원통 구멍			테이퍼 구멍	d	D	B	r	r_1
NU2204	NJ2204	NUP2204	-	20	47	18	1	0.6
NU2205	NJ2205	NUP2205	NU2205K	25	52	18	1	0.6
NU2206	NJ2206	NUP2206	NU2206K	30	62	20	1	0.6
NU2207	NJ2207	NUP2207	NU2207K	35	72	23	1.1	0.6
NU2208	NJ2208	NUP2208	NU2208K	40	80	23	1.1	1.1
NU2209	NJ2209	NUP2209	NU2209K	45	85	23	1.1	1.1

호칭 번호 (NU3, NJ3, NUP3, N3, NF3계열)							치수			
원통 구멍					테이퍼 구멍		d	D	B	r	r_1
NU304	NJ304	NUP304	N304	NF304	NU304K	-	20	52	15	1.1	0.6
NU305	NJ305	NUP305	N305	NF305	NU305K	-	25	62	17	1.1	1.1
NU306	NJ306	NUP306	N306	NF306	NU306K	N306K	30	72	19	1.1	1.1
NU307	NJ307	NUP307	N307	NF307	NU307K	N307K	35	80	21	1.5	1.1
NU308	NJ308	NUP308	N308	NF308	NU308K	N308K	40	90	23	1.5	1.5
NU309	NJ309	NUP309	N309	NF309	NU309K	N309K	45	100	25	1.5	1.5
NU310	NJ310	NUP310	N310	NF310	NU310K	N310K	50	110	27	2	2

호칭 번호 (NU23, NJ23, NUP23계열)				치수				
원통 구멍			테이퍼 구멍	d	D	B	r	r_1
NU2305	NJ2305	NUP2305	NU2305 K	25	62	24	1.1	1.1
NU2306	NJ2306	NUP2306	NU2306 K	30	72	27	1.1	1.1
NU2307	NJ2307	NUP2307	NU2307 K	35	80	31	1.5	1.1
NU2308	NJ2308	NUP2308	NU2308 K	40	90	33	1.5	1.5
NU2309	NJ2309	NUP2309	NU2309 K	45	100	36	1.5	1.5
NU2310	NJ2310	NUP2310	NU2310 K	50	110	40	2	2

호칭 번호 (NU4, NJ4, NUP4, N4, NF4계열)					치수				
					d	D	B	r	r_1
NU406	NJ406	NUP406	N406	NF406	30	90	23	1.5	1.5
NU407	NJ407	NUP407	N407	NF407	35	100	25	1.5	1.5
NU408	NJ408	NUP408	N408	NF408	40	110	27	2	2
NU409	NJ409	NUP409	N409	NF409	45	120	29	2	2
NU410	NJ410	NUP410	N410	NF410	50	130	31	2.1	2.1
NU411	NJ411	NUP411	N411	NF411	55	140	33	2.1	2.1

호칭 번호 (NN30계열)		치수				
원통 구멍	테이퍼 구멍	d	D	B	r	r_1
NN 3005	NN 3005 K	25	47	16	0.6	0.6
NN 3006	NN 3006 K	30	55	19	1	1
NN 3007	NN 3007 K	35	62	20	1	1
NN 3008	NN 3008 K	40	68	21	1	1
NN 3009	NN 3009 K	45	75	23	1	1
NN 3010	NN 3010 K	50	80	23	1	1

호칭 번호 (NU10계열)	치수				
	d	D	B	r	r_1
NU 1005	25	47	12	0.6	0.3
NU 1006	30	55	13	1	0.6
NU 1007	35	62	14	1	0.6
NU 1008	40	68	15	1	0.6
NU 1009	45	75	16	1	0.6
NU 1010	50	80	16	1	0.6

27. 테이퍼 롤러 베어링

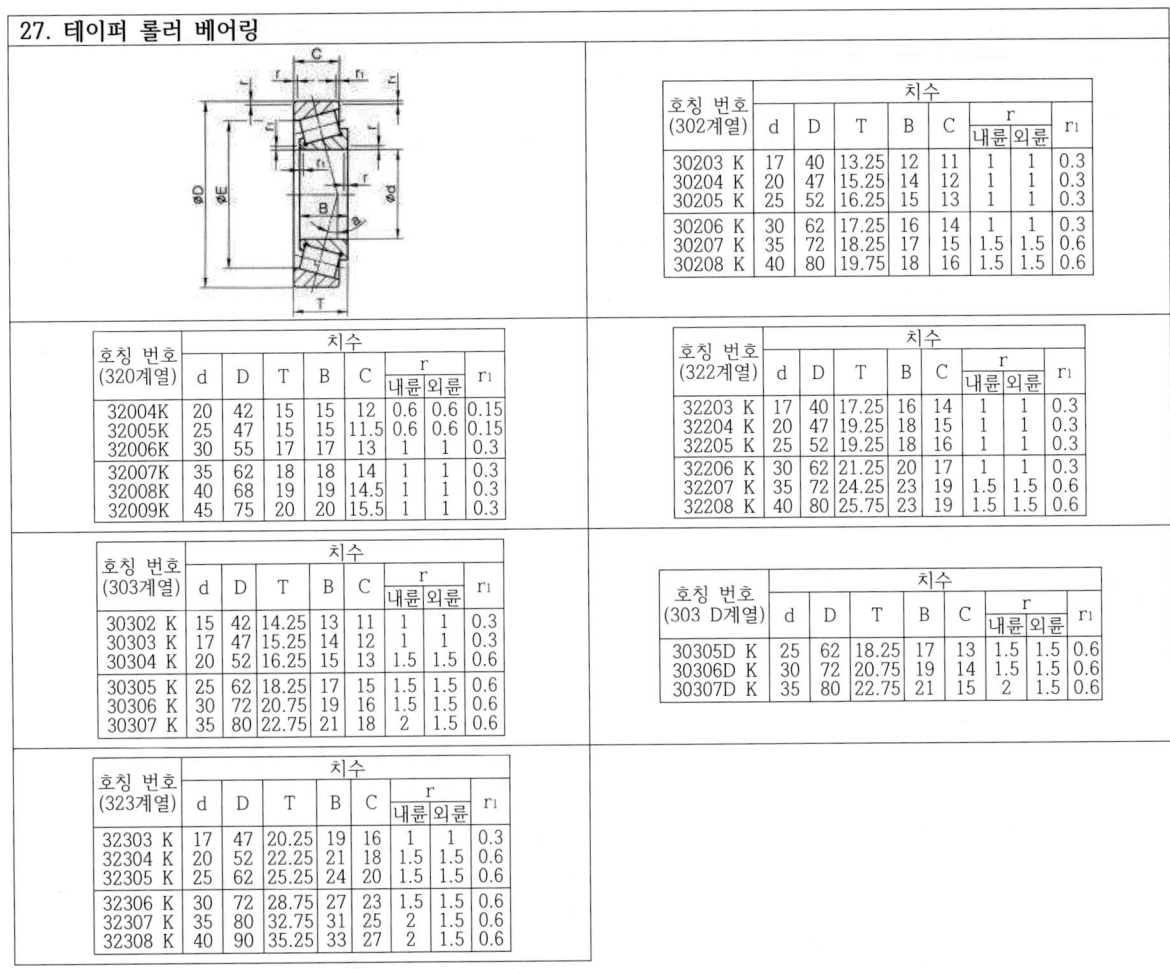

호칭 번호 (302계열)	치수						
	d	D	T	B	C	r 내륜 / 외륜	r_1
30203 K	17	40	13.25	12	11	1 / 1	0.3
30204 K	20	47	15.25	14	12	1 / 1	0.3
30205 K	25	52	16.25	15	13	1 / 1	0.3
30206 K	30	62	17.25	16	14	1 / 1	0.3
30207 K	35	72	18.25	17	15	1.5 / 1.5	0.6
30208 K	40	80	19.75	18	16	1.5 / 1.5	0.6

호칭 번호 (320계열)	치수						
	d	D	T	B	C	r 내륜 / 외륜	r_1
32004K	20	42	15	15	12	0.6 / 0.6	0.15
32005K	25	47	15	15	11.5	0.6 / 0.6	0.15
32006K	30	55	17	17	13	1 / 1	0.3
32007K	35	62	18	18	14	1 / 1	0.3
32008K	40	68	19	19	14.5	1 / 1	0.3
32009K	45	75	20	20	15.5	1 / 1	0.3

호칭 번호 (322계열)	치수						
	d	D	T	B	C	r 내륜 / 외륜	r_1
32203 K	17	40	17.25	16	14	1 / 1	0.3
32204 K	20	47	19.25	18	15	1 / 1	0.3
32205 K	25	52	19.25	18	16	1 / 1	0.3
32206 K	30	62	21.25	20	17	1 / 1	0.3
32207 K	35	72	24.25	23	19	1.5 / 1.5	0.6
32208 K	40	80	25.75	23	19	1.5 / 1.5	0.6

호칭 번호 (303계열)	치수						
	d	D	T	B	C	r 내륜 / 외륜	r_1
30302 K	15	42	14.25	13	11	1 / 1	0.3
30303 K	17	47	15.25	14	12	1 / 1	0.3
30304 K	20	52	16.25	15	13	1.5 / 1.5	0.6
30305 K	25	62	18.25	17	15	1.5 / 1.5	0.6
30306 K	30	72	20.75	19	16	1.5 / 1.5	0.6
30307 K	35	80	22.75	21	18	2 / 1.5	0.6

호칭 번호 (303 D계열)	치수						
	d	D	T	B	C	r 내륜 / 외륜	r_1
30305D K	25	62	18.25	17	13	1.5 / 1.5	0.6
30306D K	30	72	20.75	19	14	1.5 / 1.5	0.6
30307D K	35	80	22.75	21	15	2 / 1.5	0.6

호칭 번호 (323계열)	치수						
	d	D	T	B	C	r 내륜 / 외륜	r_1
32303 K	17	47	20.25	19	16	1 / 1	0.3
32304 K	20	52	22.25	21	18	1.5 / 1.5	0.6
32305 K	25	62	25.25	24	20	1.5 / 1.5	0.6
32306 K	30	72	28.75	27	23	1.5 / 1.5	0.6
32307 K	35	80	32.75	31	25	2 / 1.5	0.6
32308 K	40	90	35.25	33	27	2 / 1.5	0.6

28. 니들 롤러 베어링

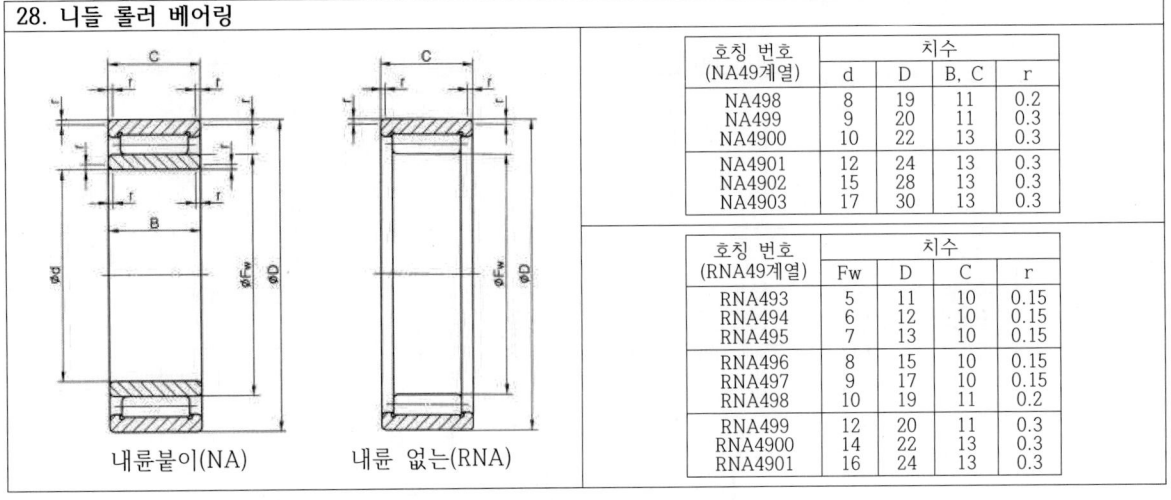

내륜붙이(NA) 내륜 없는(RNA)

호칭 번호 (NA49계열)	치수			
	d	D	B, C	r
NA498	8	19	11	0.2
NA499	9	20	11	0.3
NA4900	10	22	13	0.3
NA4901	12	24	13	0.3
NA4902	15	28	13	0.3
NA4903	17	30	13	0.3

호칭 번호 (RNA49계열)	치수			
	Fw	D	C	r
RNA493	5	11	10	0.15
RNA494	6	12	10	0.15
RNA495	7	13	10	0.15
RNA496	8	15	10	0.15
RNA497	9	17	10	0.15
RNA498	10	19	11	0.2
RNA499	12	20	11	0.3
RNA4900	14	22	13	0.3
RNA4901	16	24	13	0.3

29. 평면 자리형 스러스트 볼 베어링

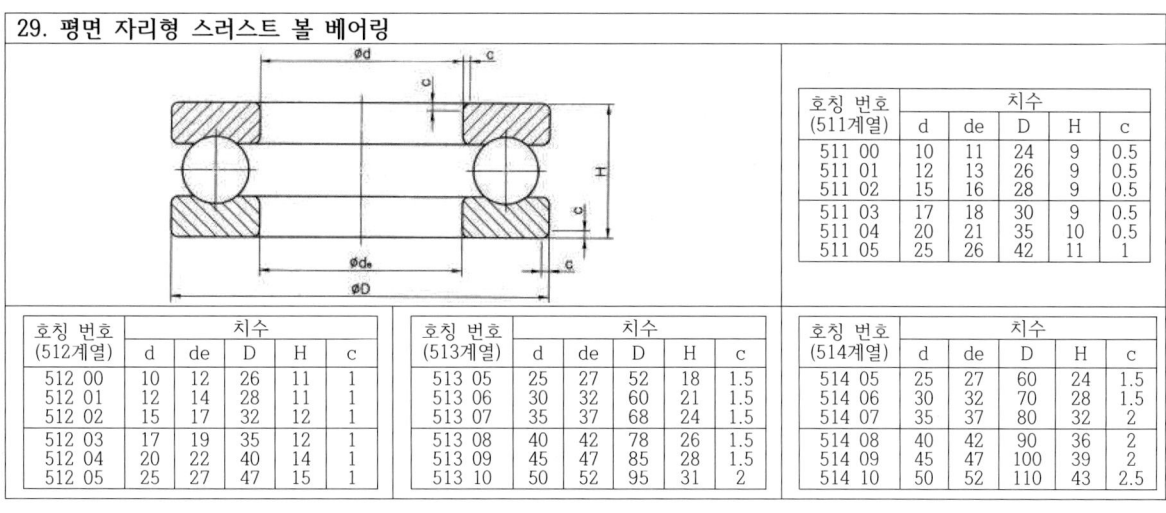

호칭 번호 (511계열)	치수				
	d	de	D	H	c
511 00	10	11	24	9	0.5
511 01	12	13	26	9	0.5
511 02	15	16	28	9	0.5
511 03	17	18	30	9	0.5
511 04	20	21	35	10	0.5
511 05	25	26	42	11	1

호칭 번호 (512계열)	치수				
	d	de	D	H	c
512 00	10	12	26	11	1
512 01	12	14	28	11	1
512 02	15	17	32	12	1
512 03	17	19	35	12	1
512 04	20	22	40	14	1
512 05	25	27	47	15	1

호칭 번호 (513계열)	치수				
	d	de	D	H	c
513 05	25	27	52	18	1.5
513 06	30	32	60	21	1.5
513 07	35	37	68	24	1.5
513 08	40	42	78	26	1.5
513 09	45	47	85	28	1.5
513 10	50	52	95	31	2

호칭 번호 (514계열)	치수				
	d	de	D	H	c
514 05	25	27	60	24	1.5
514 06	30	32	70	28	1.5
514 07	35	37	80	32	2
514 08	40	42	90	36	2
514 09	45	47	100	39	2
514 10	50	52	110	43	2.5

30. 평면 자리형 스러스트 볼 베어링(복식)

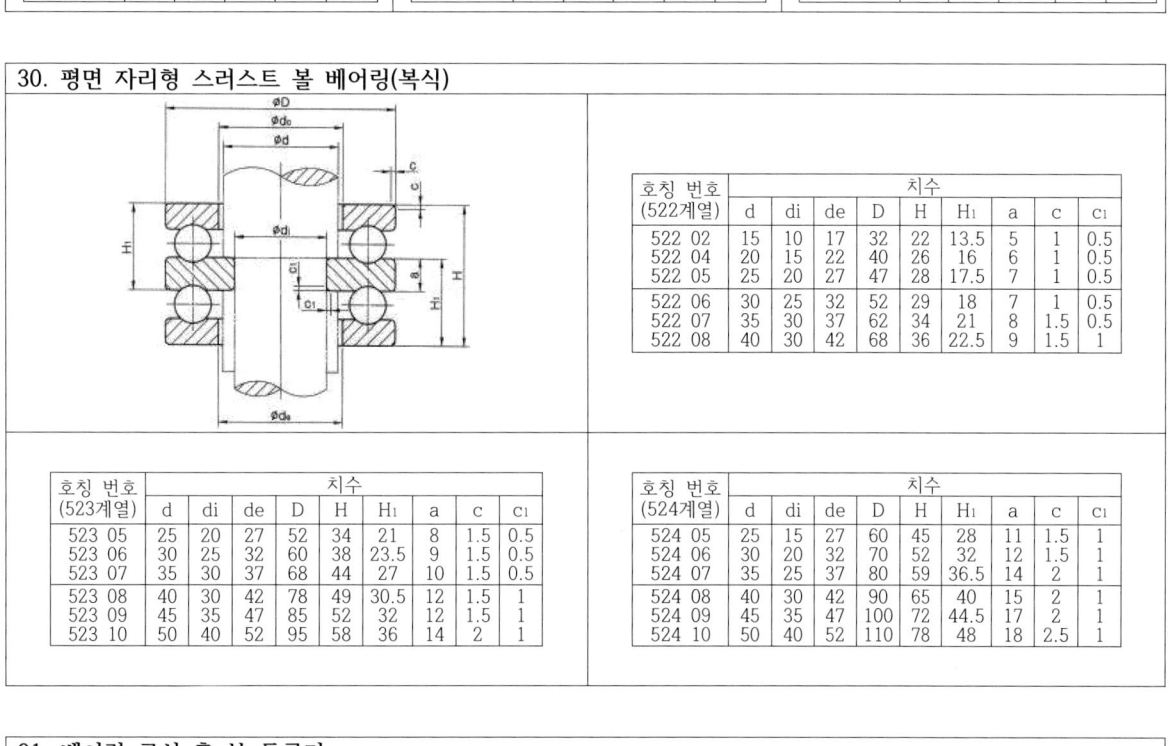

호칭 번호 (522계열)	치수								
	d	di	de	D	H	H_1	a	c	c_1
522 02	15	10	17	32	22	13.5	5	1	0.5
522 04	20	15	22	40	26	16	6	1	0.5
522 05	25	20	27	47	28	17.5	7	1	0.5
522 06	30	25	32	52	29	18	7	1	0.5
522 07	35	30	37	62	34	21	8	1.5	0.5
522 08	40	30	42	68	36	22.5	9	1.5	1

호칭 번호 (523계열)	치수								
	d	di	de	D	H	H_1	a	c	c_1
523 05	25	20	27	52	34	21	8	1.5	0.5
523 06	30	25	32	60	38	23.5	9	1.5	0.5
523 07	35	30	37	68	44	27	10	1.5	0.5
523 08	40	30	42	78	49	30.5	12	1.5	1
523 09	45	35	47	85	52	32	12	1.5	1
523 10	50	40	52	95	58	36	14	2	1

호칭 번호 (524계열)	치수								
	d	di	de	D	H	H_1	a	c	c_1
524 05	25	15	27	60	45	28	11	1.5	1
524 06	30	20	32	70	52	32	12	1.5	1
524 07	35	25	37	80	59	36.5	14	2	1
524 08	40	30	42	90	65	40	15	2	1
524 09	45	35	47	100	72	44.5	17	2	1
524 10	50	40	52	110	78	48	18	2.5	1

31. 베어링 구석 홈 부 둥글기

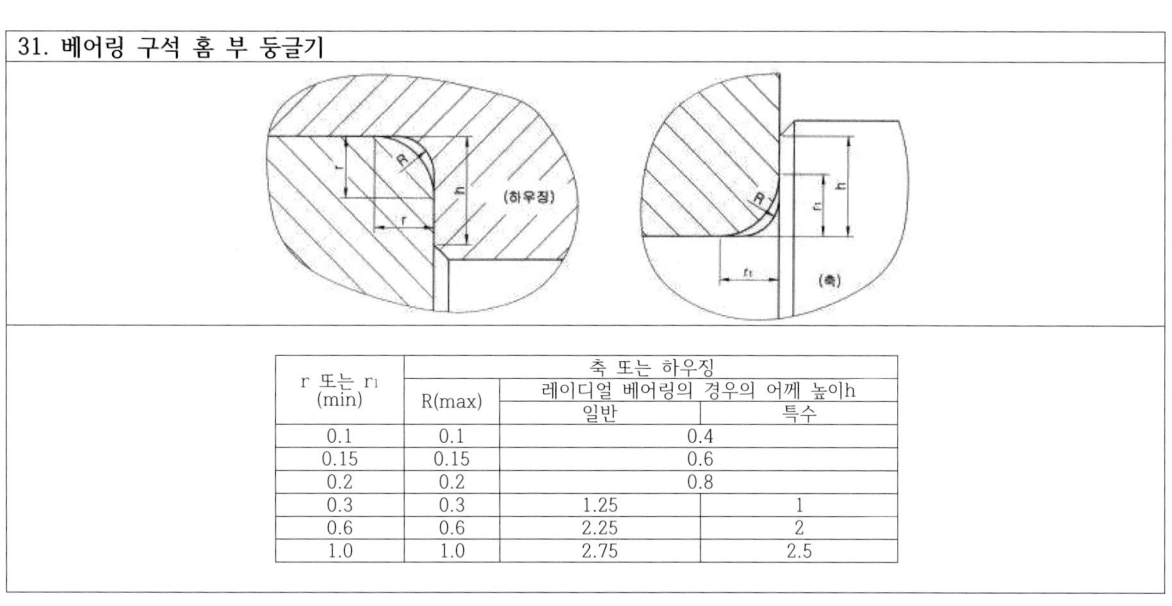

r 또는 r_1 (min)	R(max)	축 또는 하우징	
		레이디얼 베어링의 경우의 어깨 높이 h	
		일반	특수
0.1	0.1	0.4	
0.15	0.15	0.6	
0.2	0.2	0.8	
0.3	0.3	1.25	1
0.6	0.6	2.25	2
1.0	1.0	2.75	2.5

32. 베어링의 끼워 맞춤

내륜회전 하중 또는 방향 부정 하중(보통 하중)

볼 베어링	원통, 테이퍼 롤러 베어링	자동조심 롤러 베어링	허용차 등급
축 지름			
18 이하	-	-	js5
18 초과 100 이하	40 이하	40 이하	k5
100 초과 200 이하	40 초과 100 이하	40 초과 65 이하	m5

내륜정지 하중

볼 베어링	원통, 테이퍼 롤러 베어링	자동조심 롤러 베어링	허용차 등급
축 지름			
내륜이 축 위를 쉽게 움직일 필요가 있다.	전체 축 지름		g6
내륜이 축 위를 쉽게 움직일 필요가 없다.	전체 축 지름		h6

하우징 구멍 공차

외륜 정지 하중	모든 종류의 하중	H7
외륜 회전 하중	보통하중 또는 중하중	N7

스러스트 베어링

		축 지름	
중심 축 하중		전체 축 지름	js6
합성 하중 (스러스트 자동 조심롤러 베어링)	내륜정지하중	전체 축 지름	
	내륜회전하중 또는 방향 부정 하중	200 이하	k6

스러스트 베어링

	중심 축 하중	H8
합성 하중 (스러스트 자동 조심롤러 베어링)	내륜정지하중	H7
	내륜회전하중 또는 방향 부정 하중	K7

33. 그리스 니플

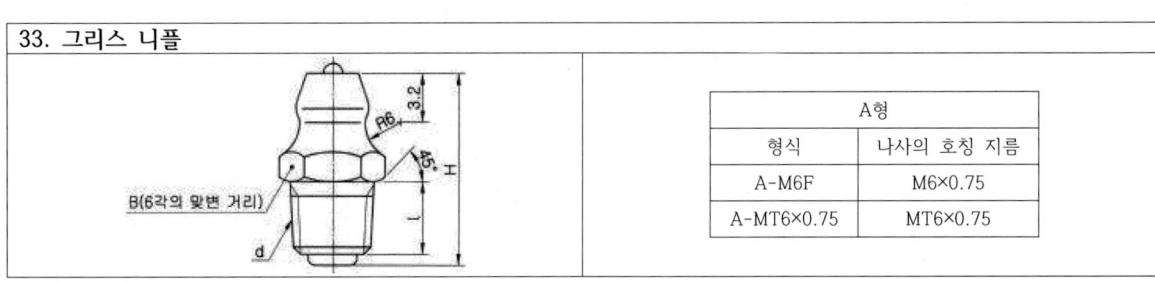

A형	
형식	나사의 호칭 지름
A-M6F	M6×0.75
A-MT6×0.75	MT6×0.75

34. O링(원통면)

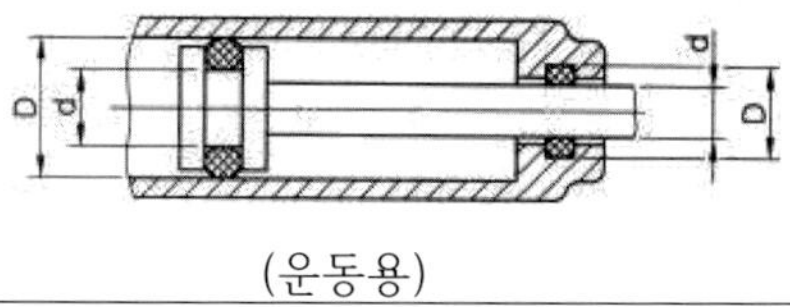

O링의 호칭번호	d	d의 끼워맞춤	D	D의 끼워맞춤	G +0.25 0	R (최대)
P 3	3		6	H10		
P 4	4		7			
P 5	5		8			
P 6	6	0 -0.05 h9	9	+0.05 0 H9	2.5	0.4
P 7	7		10			
P 8	8		11			
P 9	9		12			
P10	10		13			
P10A	10		14			
P11	11		15			
P11.2	11.2		15.2			
P12	12		16			
P12.5	12.5	0 -0.06 h9	16.5	+0.06 0 H9	3.2	0.4
P14	14		18			
P15	15		19			
P16	16		20			
P18	18		22			
P20	20		24			
P21	21		25			
P22	22		26			
P22A	22		28			
P22.4	22.4		28.4			
P24	24		30			
P25	25		31			
P25.5	25.5		31.5			
P26	26		32			
P28	28		34			
P29	29		35			
P29.5	29.5	0 -0.08 h9	35.5	+0.08 0 H9	4.7	0.8
P30	30		36			
P31	31		37			
P31.5	31.5		37.5			
P32	32		38			
P34	34		40			
P35	35		41			
P35.5	35.5		41.5			
P36	36		42			
P38	38		44			
P39	39		45			

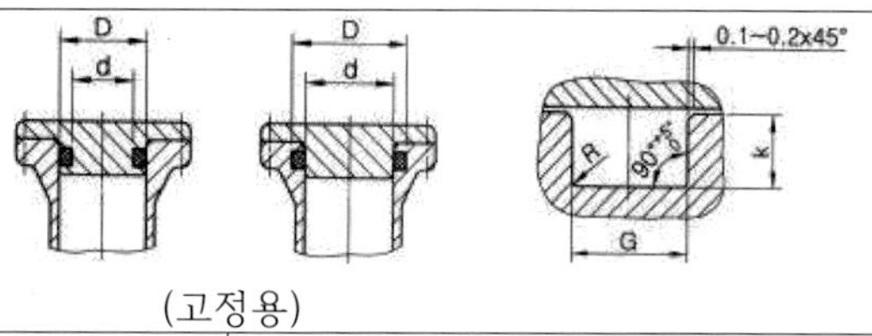

O링의 호칭번호	d	d의 끼워맞춤	D	D의 끼워맞춤	G +0.25 0	R (최대)
P40	40		46			
P41	41		47			
P42	42		48			
P44	44	0 -0.08 h9	50	+0.08 0 H9	4.7	0.8
P45	45		51			
P46	46		52			
P48	48		54			
P49	49		55			
P50	50		56			
P48A	48		58			
P50A	50		60			
P52	52		62			
P53	53		63			
P55	55		65			
P56	56		66			
P58	58		68			
P60	60	0 -0.10 h9	70	+0.10 0 H9	7.5	0.8
P62	62		72			
P63	63		73			
P65	65		75			
P67	67		77			
P70	70		80			
P71	71		81			
P75	75		85			
P80	80		90			

O링의 호칭번호	d	d의 끼워맞춤	D	D의 끼워맞춤	G +0.25 0	R (최대)
G 25	25		30	H10		
G 30	30		35			
G 35	35		40			
G 40	40		45			
G 45	45		50			
G 50	50		55			
G 55	55		60			
G 60	60	0 -0.10 h9	65	+0.10 0	4.1	0.7
G 65	65		70			
G 70	70		75			
G 75	75		80	H9		
G 80	80		85			
G 85	85		90			
G 90	90		95			
G 95	95		100			
G100	100		105			

35. O링 부착 부의 예리한 모서리를 제거하는 설계 방법

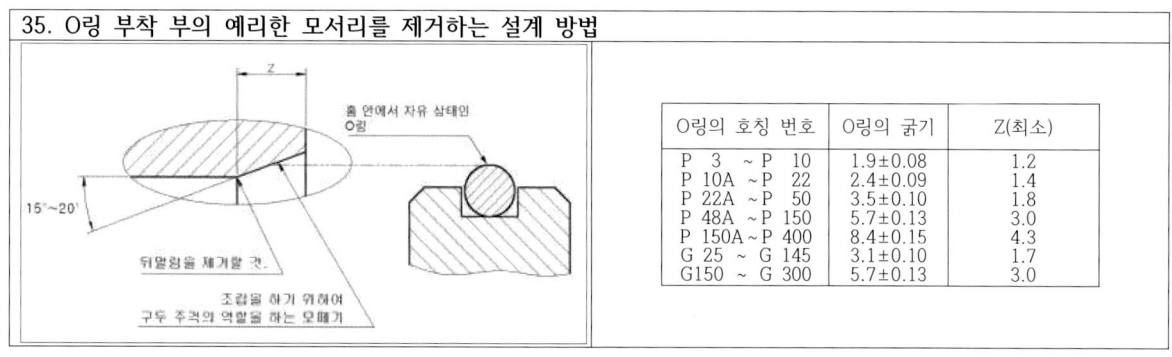

O링의 호칭 번호	O링의 굵기	Z(최소)
P 3 ~ P 10	1.9±0.08	1.2
P 10A ~ P 22	2.4±0.09	1.4
P 22A ~ P 50	3.5±0.10	1.8
P 48A ~ P 150	5.7±0.13	3.0
P 150A ~ P 400	8.4±0.15	4.3
G 25 ~ G 145	3.1±0.10	1.7
G150 ~ G 300	5.7±0.13	3.0

36. O링(평면)

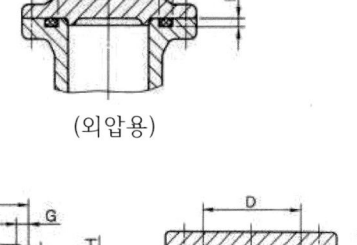
(외압용)

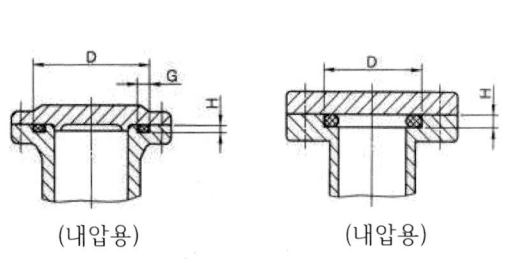
(내압용)　　　　(내압용)

O링의 호칭 번호	d (외압용)	D (내압용)	G +0.25 0	H ±0.05	R (최대)
G25	25	30			
G30	30	35			
G35	35	40			
G40	40	45			
G45	45	50			
G50	50	55			
G55	55	60			
G60	60	65			
G65	65	70			
G70	70	75			
G75	75	80			
G80	80	85			
G85	85	90	4.1	2.4	0.7
G90	90	95			
G95	95	100			
G100	100	105			
G105	105	110			
G110	110	115			
G115	115	120			
G120	120	125			
G125	125	130			
G130	130	135			
G135	135	140			
G140	140	145			
G145	145	150			

O링의 호칭 번호	d (외압용)	D (내압용)	G +0.25 0	H ±0.05	R (최대)
P3	3	6.2			
P4	4	7.2			
P5	5	8.2			
P6	6	9.2	2.5	1.4	0.4
P7	7	10.2			
P8	8	11.2			
P9	9	12.2			
P10	10	13.2			
P10A	10	14			
P11	11	15			
P11.2	11.2	15.2			
P12	12	16			
P12.5	12.5	16.5			
P14	14	18	3.2	1.8	0.4
P15	15	19			
P16	16	20			
P18	18	22			
P20	20	24			
P21	21	25			
P22	22	26			
P22A	22	28			
P22.4	22.4	28.4			
P24	24	30			
P25	25	31			
P25.5	25.5	31.5			
P26	26	32			
P28	28	34			
P29	29	35			
P29.5	29.5	35.5			
P30	30	36			
P31	31	37	4.7	2.7	0.8
P31.5	31.5	37.5			
P32	32	38			
P34	34	40			
P35	35	41			
P35.5	35.5	41.5			
P36	36	42			
P38	38	44			
P39	39	45			
P40	40	46			
P41	41	47			
P42	42	48			

O링의 호칭 번호	d (외압용)	D (내압용)	G +0.25 0	H ±0.05	R (최대)
P44	44	50			
P45	45	51			
P46	46	52	4.7	2.7	0.8
P48	48	54			
P49	49	55			
P50	50	56			
P48A	48	58			
P50A	50	60			
P52	52	62			
P53	53	63			
P55	55	65			
P56	56	66			
P58	58	68			
P60	60	70			
P62	62	72			
P63	63	73			
P65	65	75			
P67	67	77			
P70	70	80			
P71	71	81			
P75	75	85			
P80	80	90			
P85	85	95	7.5	4.6	0.8
P90	90	100			
P95	95	105			
P100	100	110			
P102	102	112			
P105	105	115			
P110	110	120			
P112	112	122			
P115	115	125			
P120	120	130			
P125	125	135			
P130	130	140			
P132	132	142			
P135	135	145			
P140	140	150			
P145	145	155			
P150	150	160			

37. 오일 실

S, SM, SA, D, DM, DA 계열치수

호칭 안지름 d	D	B
7	18	7
7	20	7
8	18	7
8	22	7
9	20	7
9	22	7
10	20	7
10	25	7
11	22	7
11	25	7
12	22	7
12	25	7
*13	25	7
*13	28	7
14	25	7
14	28	7
15	25	7
15	30	7
16	28	7
16	30	7
17	30	8
17	32	8
18	30	8
18	35	8
20	32	8
20	35	8
22	35	8
22	38	8
24	38	8
24	40	8
25	38	8
25	40	8
*26	38	8
*26	42	8
28	40	8
28	45	8
30	42	8
30	45	8
32	52	11
35	55	11

G, GM, GA 계열치수

호칭 안지름 d	D	B
7	18	4
7	20	7
8	18	4
8	22	7
9	20	4
9	22	7
10	20	4
10	25	7
11	22	4
11	25	7
12	22	4
12	25	7
*13	25	4
*13	28	7
14	25	4
14	28	7
15	25	4
15	30	7
16	28	4
16	30	7
17	30	5
17	32	8
18	30	5
18	35	8
20	32	5
20	35	8
22	35	5
22	38	8
24	38	5
24	40	8
25	38	5
25	40	8
*26	38	5
*26	42	8
28	40	5
28	45	8
30	42	5
30	45	8
32	45	5
32	52	11
35	48	5
35	55	11

38. 오일 실 부착 관계 (축 및 하우징 구멍의 모떼기와 둥글기)

모 떼 기	$\alpha = 15° \sim 30°$
	$l = 0.1B \sim 0.15B$
구석의 둥글기	$r \geq 0.5$ mm

d_1	d_2(최대)	d_1	d_2(최대)	d_1	d_2(최대)
7	5.7	17	14.9	35	32
8	6.6	18	15.8	38	34.9
9	7.5	20	17.7	40	36.8
10	8.4	22	19.6	42	38.7
11	9.3	24	21.5	45	41.6
12	10.2	25	22.5	48	44.5
*13	11.2	*26	23.4	50	46.4
14	12.1	28	25.3		
15	13.1	30	27.3		
16	14	32	29.2		

비고 *을 붙인 것은 KS B 0406에 없다.
- 바깥지름에 대응하는 하우징의 **구멍** 지름의 허용차는 원칙적으로 KS B 0401의 H8로 한다.
- **축**의 호칭 지름은 오일시일에 적합한 지름과 같고 그 허용차는 원칙적으로 KS B 0401 h8로 한다.

39. 롤러체인, 스프로킷

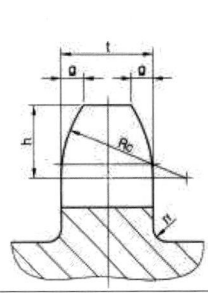
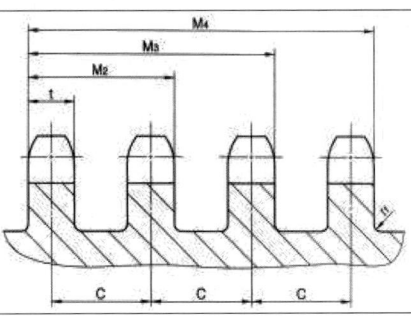

호칭 번호	모떼기폭 g (약)	모떼기 깊이 h (약)	모떼기 반지름 Rc (최소)	둥글기 rf (최대)	이나비 t(최대) 단열	이나비 t(최대) 2열, 3열	이나비 t(최대) 4열 이상	가로 피치 c	피치 p	롤러 바깥 지름 d_1 (최대)	안쪽 링크 안쪽 나비 b_1 (최소)
25	0.8	3.2	6.8	0.3	2.8	2.7	2.4	6.4	6.35	3.30	3.10
35	1.2	4.8	10.1	0.4	4.3	4.1	3.8	10.1	9.525	5.08	4.68
41	1.6	6.4	13.5	0.5	5.8	-	-	-	12.70	7.77	6.25
40	1.6	6.4	13.5	0.5	7.2	7.0	6.5	14.4	12.70	7.95	7.85
50	2.0	7.9	16.9	0.6	8.7	8.4	7.9	18.1	15.875	10.16	9.40
60	2.4	9.5	20.3	0.8	11.7	11.3	10.6	22.8	19.05	11.91	12.57
80	3.2	12.7	27.0	1.0	14.6	14.1	13.3	29.3	25.40	15.88	15.75
100	4.0	15.9	33.8	1.3	17.6	17.0	16.1	35.8	31.75	19.05	18.90
120	4.8	19.0	40.5	1.5	23.5	22.7	21.5	45.4	38.10	22.23	25.22
140	5.6	22.2	47.3	1.8	23.5	22.7	21.5	48.9	44.45	25.40	25.22
160	6.4	25.4	54.0	2.0	29.4	28.4	27.0	58.5	50.80	28.58	31.55
200	7.9	31.8	67.5	2.5	35.3	34.1	32.5	71.6	63.50	39.68	37.85
240	9.5	38.1	81.0	3.0	44.1	42.7	40.7	87.8	76.20	47.63	47.35

< 스프로킷 기준 치수 >

단위 : mm

항목	계산식
피치원 지름(D_P)	$D_P = \dfrac{p}{\sin\dfrac{180°}{N}}$
바깥지름(D_O)	$D_O = p\left(0.6 + \cot\dfrac{180°}{N}\right)$
이뿌리원 지름(D_B)	$D_B = D_P - d_1$
이뿌리 거리(D_C)	$D_C = D_B$ (짝수 흠니) $D_C = D_P \cos\dfrac{90°}{N} - d_1$ (홀수 흠니) $= p \cdot \dfrac{1}{2\sin\dfrac{180°}{2N}} - d_1$
최대 보스 지름 및 최대 흠지름(D_H)	$D_H = p\left(\cot\dfrac{180°}{N} - 1\right) - 0.76$
여기에서 P : 롤러 체인의 피치 d_1 : 롤러 체인의 롤러 바깥지름 N : 잇 수	

39. 롤러체인, 스프로킷

호칭번호 25

잇수 N	피치 원지름 D_p	바깥지름 D_O	이뿌리 원지름 D_B	이뿌리 거리 D_C	최대보스 지름 D_H
25	50.66	54	47.36	47.27	43
26	52.68	56	49.38	49.38	45
27	54.70	58	51.40	51.30	47
28	56.71	60	53.41	53.41	49
29	58.73	62	55.43	55.35	51
30	60.75	64	57.45	57.45	53
31	62.77	66	59.47	59.39	55
32	64.78	68	61.48	61.48	57
33	66.80	70	63.50	63.43	59
34	68.82	72	65.52	65.52	61
35	70.84	74	67.54	67.47	63
36	72.86	76	69.56	69.56	65
37	74.88	78	71.58	71.51	67
38	76.90	80	73.60	73.60	70
39	78.91	82	75.61	75.55	72
40	80.93	84	77.63	77.63	74
41	82.95	87	79.65	79.59	76
42	84.97	89	81.67	81.67	78
43	86.99	91	83.69	83.63	80
44	89.01	93	85.71	85.71	82
45	91.03	95	87.73	87.68	84
46	93.05	97	89.75	89.75	86
47	95.07	99	91.77	91.72	88
48	97.09	101	93.79	93.79	90
49	99.11	103	95.81	95.76	92
50	101.13	105	97.83	97.83	94
51	103.15	107	99.85	99.80	96
52	105.17	109	101.87	101.87	98
53	107.19	111	103.89	103.84	100
54	109.21	113	105.91	105.91	102
55	111.23	115	107.93	107.88	104
56	113.25	117	109.95	109.95	106
57	115.27	119	111.97	111.93	108
58	117.29	121	113.99	113.99	110
59	119.31	123	116.01	115.97	112
60	121.33	125	118.03	118.03	114
61	123.35	127	120.05	120.01	116
62	125.37	129	122.07	122.07	118
63	127.39	131	124.09	124.05	120
64	129.41	133	126.11	126.11	122
65	131.43	135	128.13	128.10	124

호칭번호 35

잇수 N	피치 원지름 D_p	바깥지름 D_O	이뿌리 원지름 D_B	이뿌리 거리 D_C	최대보스 지름 D_H
21	63.91	69	58.83	58.65	53
22	66.93	72	61.85	61.85	56
23	69.95	75	64.87	64.71	59
24	72.97	78	67.89	67.89	62
25	76.00	81	70.92	70.77	65
26	79.02	84	73.94	73.94	68
27	82.05	87	76.97	76.83	71
28	85.07	90	79.99	79.99	74
29	88.10	93	83.02	82.89	77
30	91.12	96	86.04	86.04	80
31	94.15	99	89.07	88.95	83
32	97.18	102	92.10	92.10	86
33	100.20	105	95.12	95.01	89
34	103.23	109	98.15	98.15	93
35	106.26	112	101.18	101.07	96
36	109.29	115	104.21	104.21	99
37	112.31	118	107.23	107.13	102
38	115.34	121	110.26	110.26	105
39	118.37	124	113.29	113.20	108
40	121.40	127	116.32	116.32	111
41	124.43	130	119.35	119.26	114
42	127.46	133	122.38	122.38	117
43	130.49	136	125.41	125.32	120
44	133.52	139	128.44	128.44	123
45	136.55	142	131.47	131.38	126
46	139.58	145	134.50	134.50	129
47	142.61	148	137.53	137.45	132
48	145.64	151	140.56	140.56	135
49	148.67	154	143.59	143.51	138
50	151.70	157	146.62	146.62	141

호칭번호 40

잇수 N	피치 원지름 D_p	바깥지름 D_O	이뿌리 원지름 D_B	이뿌리 거리 D_C	최대보스 지름 D_H
16	65.10	71	57.15	57.15	50
17	69.12	76	61.17	60.87	54
18	73.14	80	65.19	65.19	59
19	77.16	84	69.21	68.95	63
20	81.18	88	73.23	73.23	67
21	85.21	92	77.26	77.02	71
22	89.24	96	81.29	81.29	75
23	93.27	100	85.32	85.10	79
24	97.30	104	89.35	89.35	83
25	101.33	108	93.38	93.18	87
26	105.36	112	97.41	97.41	91
27	109.40	116	101.45	101.26	95
28	113.43	120	105.48	105.48	99
29	117.46	124	109.51	109.34	103
30	121.50	128	113.55	113.55	107
31	125.53	133	117.58	117.42	111
32	129.57	137	121.62	121.62	115
33	133.61	141	125.66	125.50	120
34	137.64	145	129.69	129.69	124
35	141.68	149	133.73	133.59	128
36	145.72	153	137.77	137.77	132
37	149.75	157	141.80	141.67	136
38	153.79	161	145.84	145.84	140
39	157.83	165	149.88	149.75	144
40	161.87	169	153.92	153.92	148

호칭번호 41

잇수 N	피치 원지름 D_p	바깥지름 D_O	이뿌리 원지름 D_B	이뿌리 거리 D_C	최대보스 지름 D_H
16	65.10	71	57.33	57.33	50
17	69.12	76	61.35	61.05	54
18	73.14	80	65.37	65.37	59
19	77.16	84	69.39	69.13	63
20	81.18	88	73.41	73.41	67
21	85.21	92	77.44	77.20	71
22	89.24	96	81.47	81.47	75
23	93.27	100	85.50	85.28	79
24	97.30	104	89.53	89.53	83
25	101.33	108	93.56	93.36	87
26	105.36	112	97.59	97.59	91
27	109.40	116	101.63	101.44	95
28	113.43	120	105.66	105.66	99
29	117.46	124	109.69	109.52	103
30	121.50	128	113.73	113.73	107
31	125.53	133	117.76	117.60	111
32	129.57	137	121.80	121.80	115
33	133.61	141	125.84	125.68	120
34	137.64	145	129.87	129.87	124
35	141.68	149	133.91	133.77	128
36	145.72	153	137.95	137.95	132
37	149.75	157	141.98	141.85	136
38	153.79	161	146.02	146.02	140
39	157.83	165	150.06	149.93	144
40	161.87	169	154.10	154.10	148

40. V 벨트 풀리

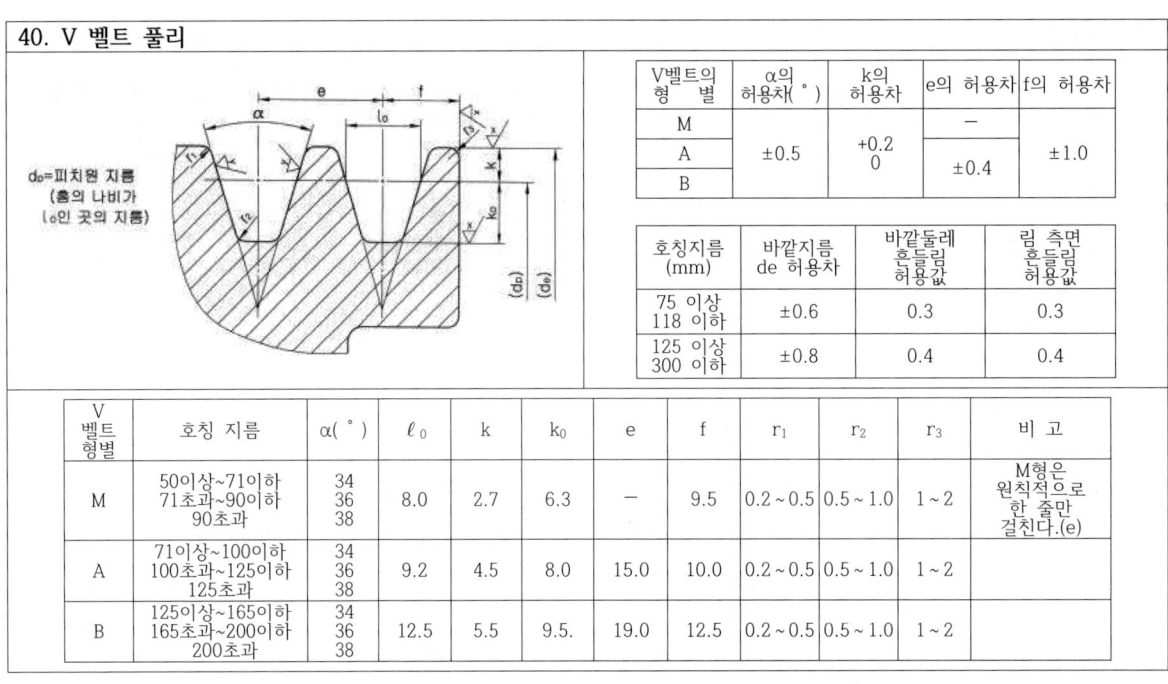

V벨트의 형별	α의 허용차(°)	k의 허용차	e의 허용차	f의 허용차
M	±0.5	+0.2 0	−	±1.0
A			±0.4	
B				

호칭지름 (mm)	바깥지름 de 허용차	바깥둘레 흔들림 허용값	림 측면 흔들림 허용값
75 이상 118 이하	±0.6	0.3	0.3
125 이상 300 이하	±0.8	0.4	0.4

V벨트 형별	호칭 지름	α(°)	ℓ_0	k	k_0	e	f	r_1	r_2	r_3	비고
M	50이상~71이하 71초과~90이하 90초과	34 36 38	8.0	2.7	6.3	−	9.5	0.2~0.5	0.5~1.0	1~2	M형은 원칙적으로 한 줄만 걸친다.(e)
A	71이상~100이하 100초과~125이하 125초과	34 36 38	9.2	4.5	8.0	15.0	10.0	0.2~0.5	0.5~1.0	1~2	
B	125이상~165이하 165초과~200이하 200초과	34 36 38	12.5	5.5	9.5	19.0	12.5	0.2~0.5	0.5~1.0	1~2	

41. 지그용 부시 및 그 부속 부품 (고정 부시)

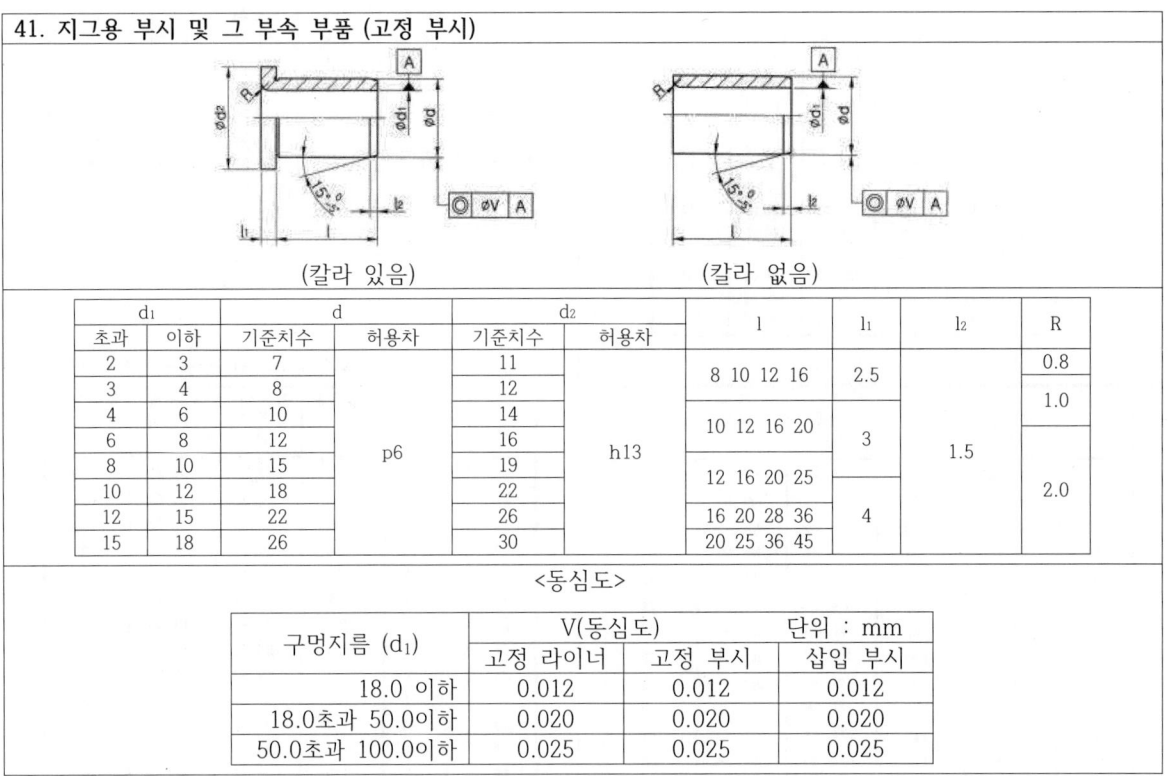

(칼라 있음)　　(칼라 없음)

d_1		d		d_2		l	l_1	l_2	R
초과	이하	기준치수	허용차	기준치수	허용차				
2	3	7	p6	11	h13	8 10 12 16	2.5	1.5	0.8
3	4	8		12					1.0
4	6	10		14		10 12 16 20	3		
6	8	12		16					2.0
8	10	15		19		12 16 20 25			
10	12	18		22					
12	15	22		26		16 20 28 36	4		
15	18	26		30		20 25 36 45			

<동심도>

구멍지름 (d_1)	V(동심도)			단위 : mm
	고정 라이너	고정 부시	삽입 부시	
18.0 이하	0.012	0.012	0.012	
18.0초과 50.0이하	0.020	0.020	0.020	
50.0초과 100.0이하	0.025	0.025	0.025	

42. 삽입 부시

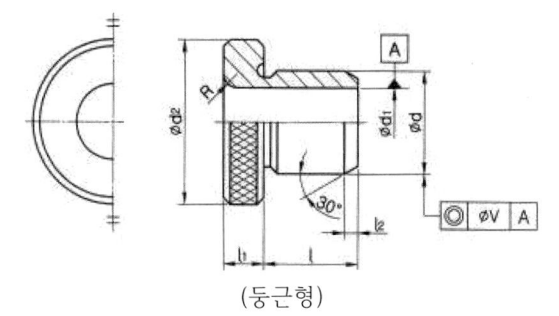

(둥근형)

d_1		d		d_2		l	l_1	l_2	R
초과	이하	기준치수	허용차	기준치수	허용차				
-	4	12	m5	16	h13	10 12 16	8		2
4	6	15		19		12 16 20 25			
6	8	18		22					
8	10	22		26		16 20 (25) 28 36	10	1.5	
10	12	26		30					
12	15	30		35		20 25 (30) 36 45	12		3
15	18	35		40					

*드릴용 구멍 지름 d1의 허용차는 KS B 0401에 규정하는 G6으로 하고, 리머용 구멍지름 d1의 허용차는 KS B 0401에 규정하는 F7로 한다.

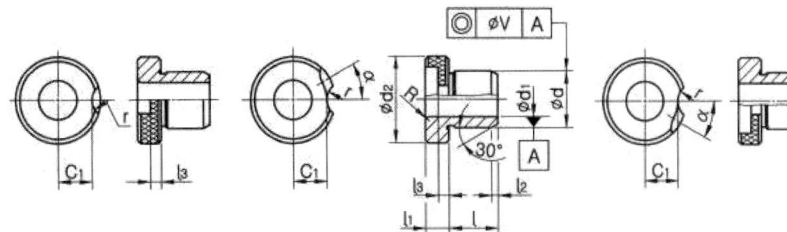

(노치형)　　(우회전용 노치형)　　(좌회전용 노치형)

d_1		d		d_2		l	l_1	l_2	R	l_3		C_1	r	a (°)
초과	이하	기준치수	허용차	기준치수	허용차					기준치수	허용차			
	4	8	m6	15	h13	10 12 16	8	1.5	1	3	-0.1 -0.2	4.5	7	65
4	6	10		18		12 16 20 25						6		
6	8	12		22			10		2	4		7.5	8.5	60
8	10	15		26		16 20 28 36						9.5		50
10	12	18		30								11.5		
12	15	22		34		20 25 36 45	12			5.5		13	10.5	35
15	18	26		39					3			15.5		
18	22	30		46		25 36 45 56						19		30
22	26	35		52								22		
26	30	42		59		30 35 45 56						25.5		
30	35	48		66								28.5		
35	42	55		74		35 45 56 67	16		4	7		32.5	12.5	25
42	48	62		82								36.5		
48	55	70		90		40 56 67 78						40.5		
55	63	78		100								45.5		
63	70	85		110		45 50 67 89						50.5		20
70	78	95		120								55.5		
78	85	105		130								60.5		

*드릴용 구멍 지름 d1의 허용차는 KS B 0401에 규정하는 G6으로 하고, 리머용 구멍지름 d1의 허용차는 KS B 0401에 규정하는 F7로 한다.

※ 동심도(V)는 **41. 지그용 부시 및 그 부속 부품** 항목 참조.

43. 지그용 부시 및 그 부속 부품 (고정 라이너)

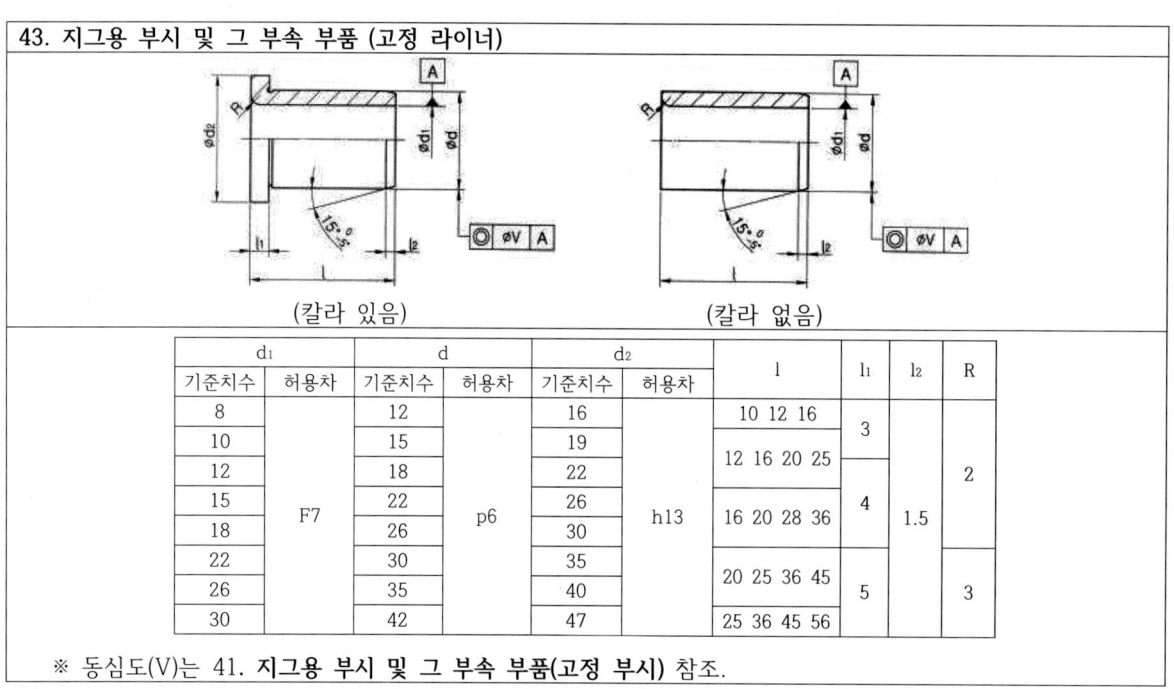

(칼라 있음)　　　　　(칼라 없음)

d_1		d		d_2		l	l_1	l_2	R
기준치수	허용차	기준치수	허용차	기준치수	허용차				
8	F7	12	p6	16	h13	10 12 16	3	1.5	2
10		15		19		12 16 20 25			
12		18		22					
15		22		26		16 20 28 36	4		
18		26		30					
22		30		35		20 25 36 45	5		3
26		35		40					
30		42		47		25 36 45 56			

※ 동심도(V)는 41. 지그용 부시 및 그 부속 부품(고정 부시) 참조.

44. 부시와 멈춤쇠 또는 멈춤나사의 중심 거리 및 부착 나사의 가공 치수

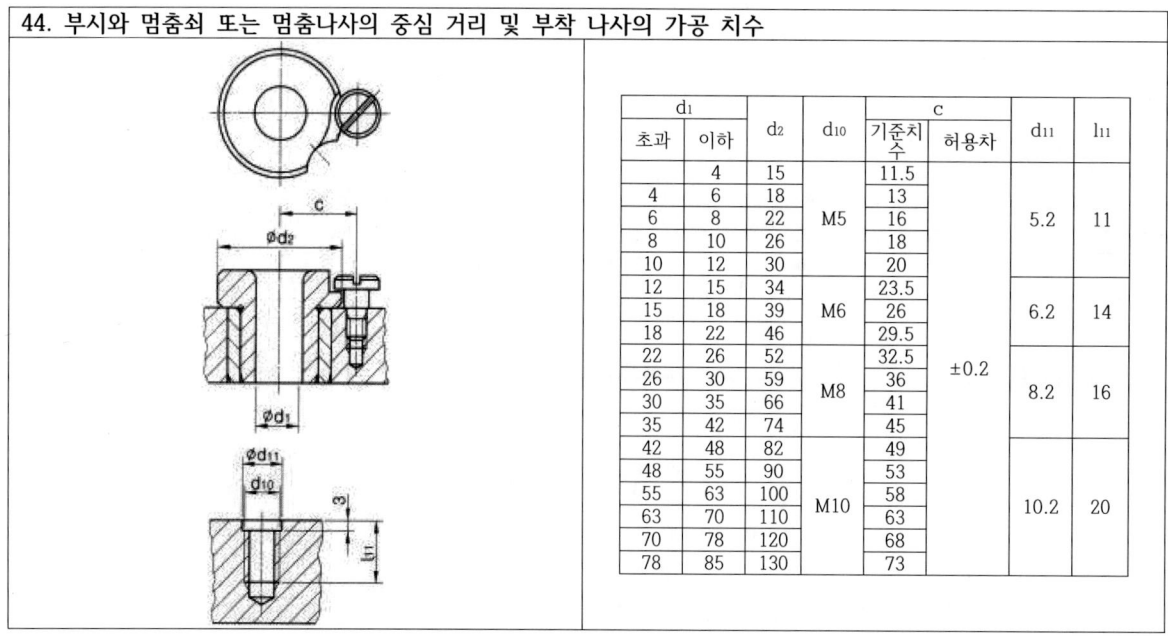

d_1		d_2	d_{10}	c		d_{11}	l_{11}
초과	이하			기준치수	허용차		
	4	15	M5	11.5	±0.2	5.2	11
4	6	18		13			
6	8	22		16			
8	10	26		18			
10	12	30		20			
12	15	34	M6	23.5		6.2	14
15	18	39		26			
18	22	46		29.5			
22	26	52	M8	32.5		8.2	16
26	30	59		36			
30	35	66		41			
35	42	74		45			
42	48	82	M10	49		10.2	20
48	55	90		53			
55	63	100		58			
63	70	110		63			
70	78	120		68			
78	85	130		73			

45. 분할 핀

호칭 지름		1	1.2	1.6	2	2.5	3.2	4
d	기준 치수	0.9	1	1.4	1.8	2.3	2.9	3.7
	허용차	0 / -0.1				0 / -0.2		
적용하는 볼트	초과	3.5	4.5	5.5	7	9	11	14
	이하	4.5	5.5	7	9	11	14	20

46. 주서 (예)

주서

1. 일반공차-가)가공부:KS B ISO 2768-m
   　　　　　나)주조부:KS B 0250-CT11
2. 도시되고 지시없는 모떼기는 1x45° 필렛과 라운드는 R3
3. 일반 모떼기는 0.2x45°
4. ▽ 부위 외면 명녹색 도장
   　　　내면 광명단 도장
5. 파커라이징 처리
6. 전체 열처리 HRC 50±2
7. 표면 거칠기 ▽ = ▽
   　　　　　　w/▽ = 12.5/▽ , N10
   　　　　　　x/▽ = 3.2/▽ , N8
   　　　　　　y/▽ = 0.8/▽ , N6
   　　　　　　z/▽ = 0.2/▽ , N4

47. 센터 구멍

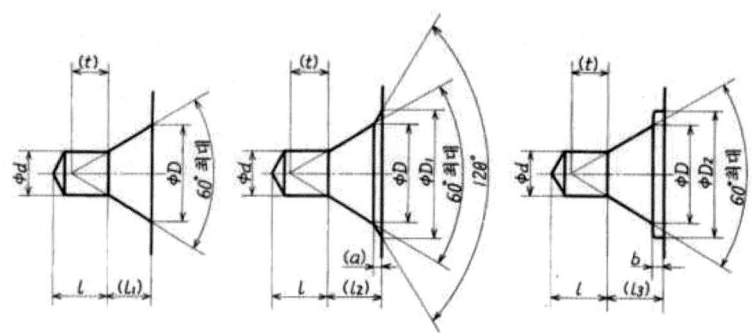

단위 : mm

호칭 지름 d	D	D_1	D_2	$l^{(a)}$ (최소)	b (최대) (약)	참고				
						l_1	l_2	l_3	t	a
(0.5)	1.06	1.6	1.6	1	0.2	0.48	0.64	0.68	0.5	0.16
(0.63)	1.32	2	2	1.2	0.3	0.6	0.8	0.9	0.6	0.2
(0.8)	1.7	2.5	2.5	1.5	0.3	0.78	1.01	1.08	0.7	0.23
1	2.12	3.15	3.15	1.9	0.4	0.97	1.27	1.37	0.9	0.3
(1.25)	2.65	4	4	2.2	0.6	1.21	1.6	1.81	1.1	0.39
1.6	3.35	5	5	2.8	0.6	1.52	1.99	2.12	1.4	0.47
2	4.25	6.3	6.3	3.3	0.8	1.95	2.54	2.75	1.8	0.59
2.5	5.3	8	8	4.1	0.9	2.42	3.2	3.32	2.2	0.78
3.15	6.7	10	10	4.9	1	3.07	4.03	4.07	2.8	0.96
4	8.5	12.5	12.5	6.2	1.3	3.9	5.05	5.2	3.5	1.15
(5)	10.6	16	16	7.5	1.6	4.85	6.41	6.45	4.4	1.56
6.3	13.2	18	18	9.2	1.8	5.98	7.36	7.78	5.5	1.38
(8)	17	22.4	22.4	11.5	2	7.79	9.35	9.79	7	1.56
10	21.2	28	28	14.2	2.2	9.7	11.66	11.9	8.7	1.96

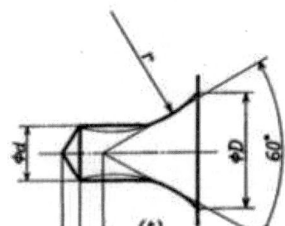

단위 : mm

호칭 지름 d	D	r			$l^{(a)}$ (최대)	참고			
		최대	최소			l_1		t	
						r이 최대일 때	r이 최소일 때	r이 최대일 때	r이 최소일 때
1	2.12	3.15	2.5	2.6		2.14	2.27	1.9	1.8
(1.25)	2.65	4	3.15	3.1		2.67	2.73	2.3	2.2
1.6	3.35	5	4	4		3.37	3.45	2.9	2.8
2	4.25	6.3	5	5		4.24	4.34	3.7	3.5
2.5	5.3	8	6.3	6.2		5.33	5.46	4.6	4.4
3.15	6.7	10	8	7.9		6.77	6.92	5.8	5.6
4	8.5	12.5	10	9.9		8.49	8.68	7.3	7
(5)	10.6	16	12.5	12.3		10.52	10.78	9.1	8.8
6.3	13.2	20	16	15.6		13.39	13.73	11.3	11
(8)	17	25	20	19.7		16.98	17.35	14.5	14
10	21.2	31.5	25	24.6		21.18	21.66	18.2	17.5

주(^{a}) l은 l_1보다 작은 값이 되면 안 된다.
비 고 ( )를 붙인 호칭의 것은 되도록 사용하지 않는다.

48. 센터 구멍의 표시방법

[센터 구멍의 도시 기호와 지시 방법] - 단 규격은 KS A ISO 6411-1 에 따른다.

센터 구멍 필요 여부 (도시된 상태로 다듬질되었을 때)	도시 기호	센터 구멍 규격 번호 및 호칭 방법을 지정하지 않는 경우	센터 구멍의 규격 번호 및 호칭 방법을 지정하는 경우 도시 방법
반드시 남겨둔다	<		규격번호, 호칭방법 / 규격번호, 호칭방법
남아 있어도 좋다			규격번호, 호칭방법
남아있어서는 않된다	K		규격번호, 호칭방법 / 규격번호, 호칭방법

호칭방법 예시) KS A ISO 6411 - B 2.5/8 혹은 KS A ISO 6411-1 - B 2.5/8 로 사용

49. 요목표(예)

스퍼기어 요목표		
기어 치형		표준
공구	모듈	☐
	치형	보통이
	압력각	20°
전체 이 높이		☐
피치원 지름		☐
잇 수		☐
다듬질 방법		호브절삭
정밀도		KS B ISO 1328-1, 4급

베벨 기어 요목표	
기어 치형	글리슨 식
모듈	☐
치형	보통이
압력각	20°
축 각	90°
전체 이 높이	☐
피치원 지름	☐
피치원 추각	☐
잇 수	☐
다듬질 방법	절삭
정밀도	KS B 1412, 4급

헬리컬 기어 요목표		
기어 치형		표준
공구	모듈	☐
	치형	보통이
	압력각	20°
전체 이 높이		☐
치형 기준면		치직각
피치원 지름		☐
잇 수		☐
리 드		☐
방 향		☐
비틀림 각		15°
다듬질 방법		호브절삭
정밀도		KS B ISO 1328-1, 4급

웜과 웜휠 요목표		
품번 / 구분	① (웜)	② (웜휠)
원주 피치	-	☐
리 드	☐	-
피치 원경	☐	☐
잇 수	-	☐
치형 기준 단면	축직각	
줄 수, 방향	☐	
압력각	20°	
진행각	☐	
모 듈	☐	
다듬질 방법	호브절삭	연삭

체인, 스프로킷 요목표		
종류	품번 / 구분	☐
체인	호칭	☐
	원주피치	☐
	롤러외경	☐
스프로킷	잇수	☐
	치형	☐
	피치 원경	☐

래크와 피니언 요목표			
품번 / 구분		① (래크)	② (피니언)
기어 치형		표준	
공구	모듈	☐	
	치형	보통이	
	압력각	20°	
전체 이 높이		☐	☐
피치원 지름		—	☐
잇 수		☐	☐
다듬질 방법		호브절삭	
정밀도		KS B ISO 1328-1, 4급	

래칫 휠	
종류 품번 / 구분	
잇 수	☐
원주 피치	☐
이 높이	☐

50. 기계재료 기호 예시 (KS D)
- 본 예시 이외에 해당 부품에 적절한 재료라 판단되면, 다른 재료기호를 사용해도 무방함

명 칭	기 호	명 칭	기 호
회 주철품[*1]	GC100, GC150 GC200, GC250	구상흑연 주철품[*1]	GCD 350-22, GCD 400-18, GCD 450-10, GCD 500-7
탄소강 주강품[*1]	SC360, SC410 SC450, SC480	탄소강 단강품	SF390A, SF440A SF490A
인청동 주물[*1]	CAC502A CAC502B	청동 주물[*1]	CAC402
침탄용 기계구조용 탄소강재	SM9CK, SM15CK SM20CK	알루미늄 합금주물	AC4C, AC5A
탄소공구강 강재	STC85, STC95 STC105, STC120	기계구조용 탄소강재	SM25C, SM30C, SM35C, SM40C, SM45C
합금공구강 강재	STS3, STD4	화이트메탈	WM3, WM4
크로뮴 몰리브데넘 강	SCM415, SCM430 SCM435	니켈 크로뮴 몰리브데넘 강	SNCM415, SNCM431
니켈 크로뮴 강	SNC415, SNC631	크로뮴 강	SCr415, SCr420, SCr430, SCr435
스프링강재	SPS6, SPS10	스프링용 냉간압연강대	S55C-CSP
피아노선	PW-1	일반 구조용 압연강재	SS235, SS275 SS315
다이캐스팅용 알루미늄 합금	ALDC5, ALDC6	용접 구조용 주강품[*1]	SCW410, SCW450
인청동 봉	C5102B	인청동 선	C5102W

*1 : 해당 재료 기호는 KS 규격이 아닌 단체 표준으로 이관

51. 구름 베어링용 로크너트 와셔							
	호칭번호	d3	M	f1	호칭번호	d3	M	f1
	AW00X	10	8.5	3	AW07X	35	32.5	6
	AW01X	12	10.5	3	AW08X	40	37.5	6
	AW02X	15	13.5	4	AW09X	45	42.5	6
	AW03X	17	15.5	4	AW10X	50	47.5	6
	AW04X	20	18.5	4	AW11X	55	52.5	8
	AW/22X	22	20.5	4	AW12X	60	57.5	8
	AW05X	25	23	5	AW13X	65	62.5	8
	AW/28X	28	26	5	AW14X	70	66.5	8
	AW06X	30	27.5	5	AW15X	75	71.5	8
	AW/32X	32	29.5	5	AW16X	80	76.5	10
(A형, X형 동일하게 적용)							

[비고]

(1) 다음 항목은 KS 규격이 폐지되었거나 혹은 변경되었으나 기계설계 실무에서 유용하게 적용하는 데이터이므로 국가기술자격 실기시험에서 이 규격을 적용함

  - 1. 표면거칠기
  - 20. 생크
  - 27. 테이퍼 롤러 베어링
  - 31. 베어링 구석 홈 부 둥글기
  - 32. 베어링의 끼워맞춤

2 chapter / 일반기계기사 실기 작업형 해설 도면

작품명	동력전달장치-1	척 도	1:1
		투 상	3각법

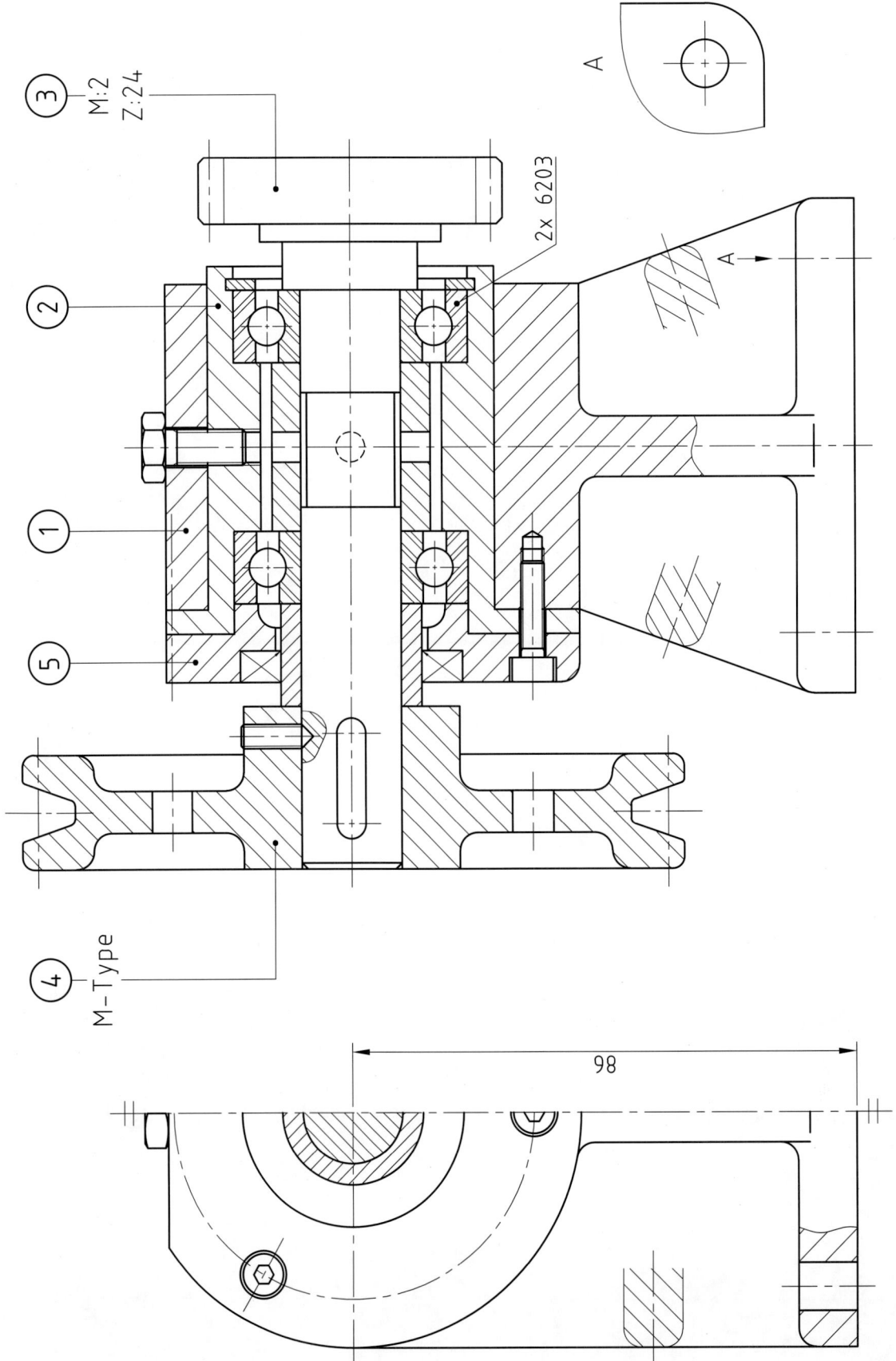

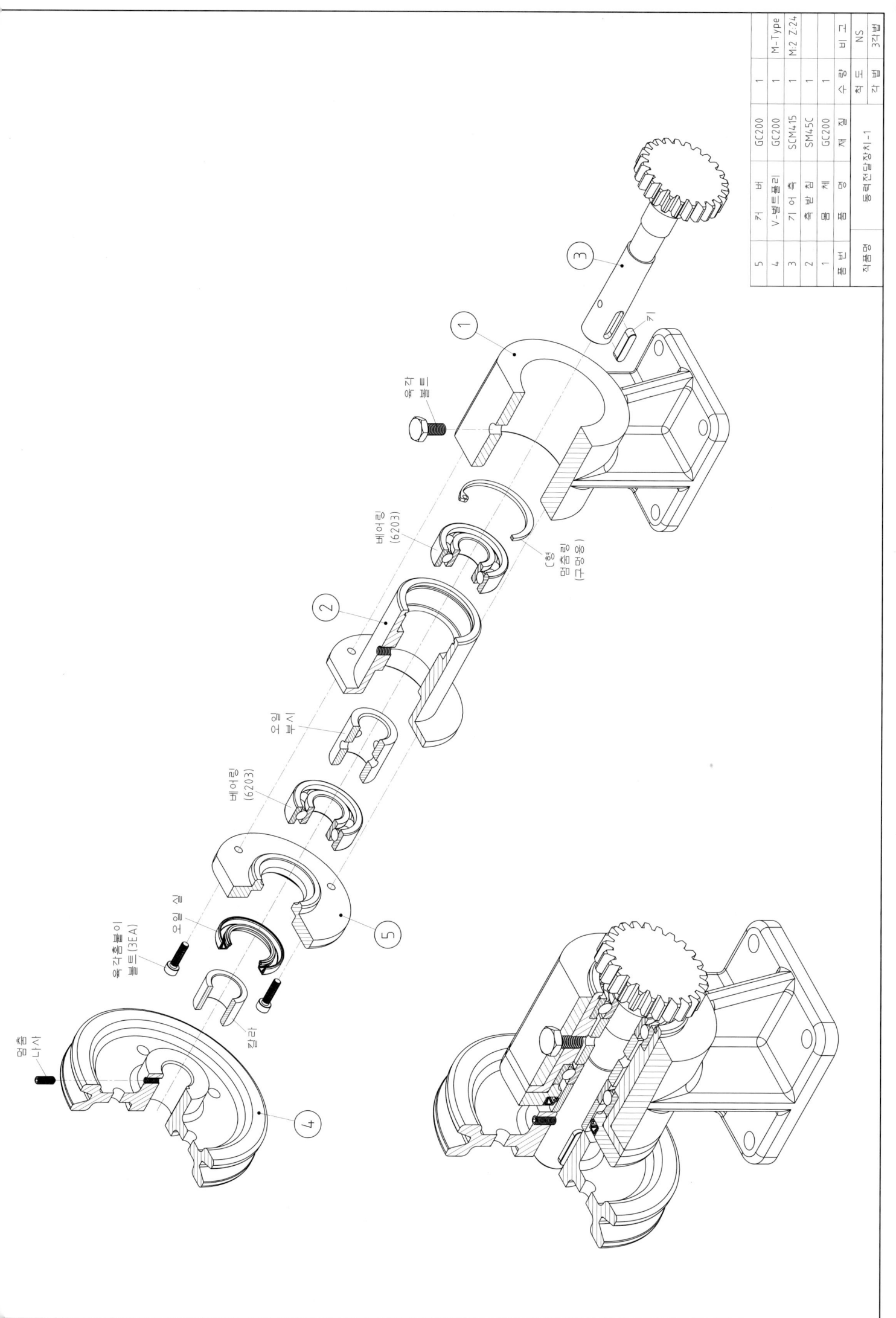

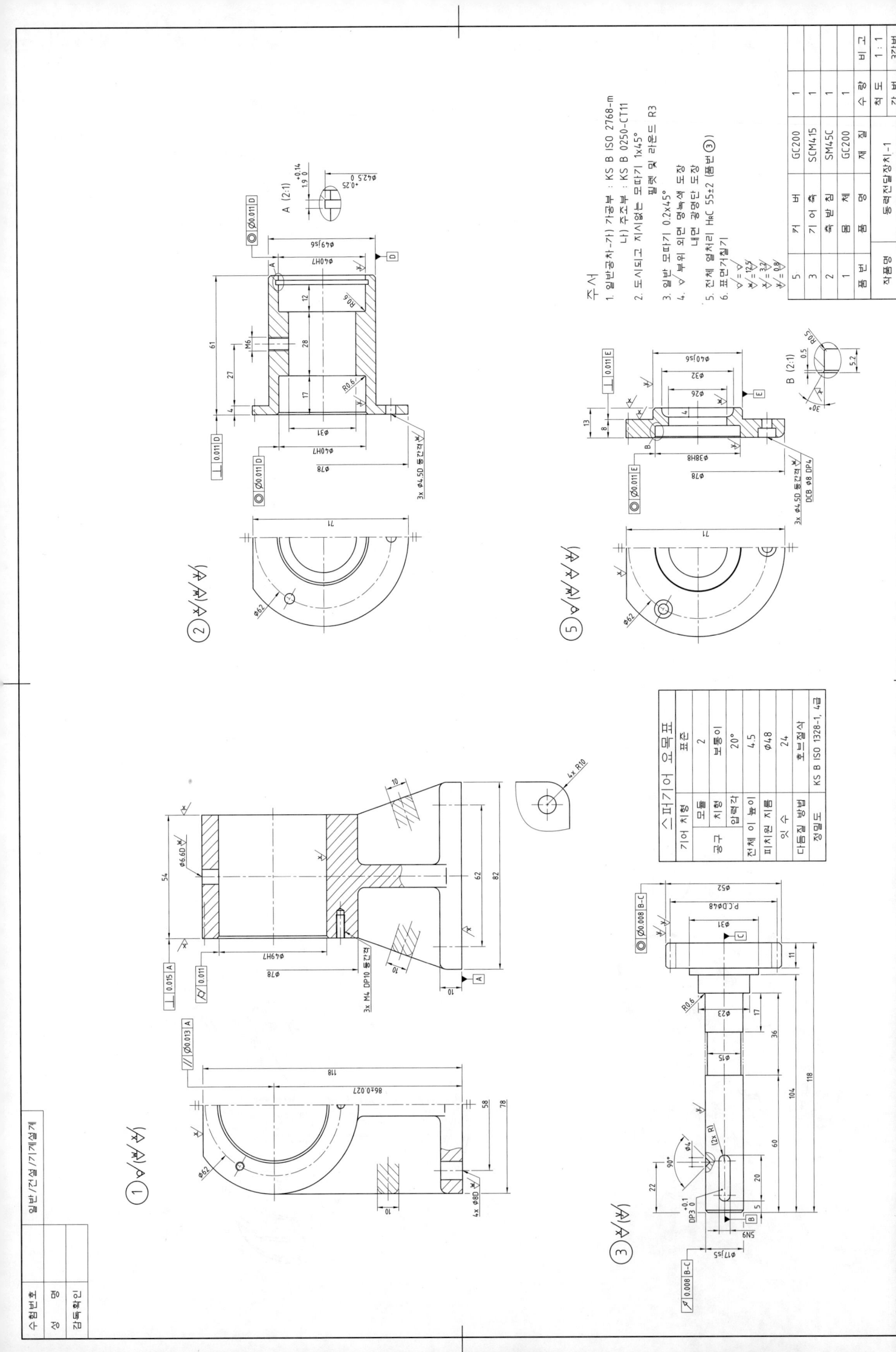

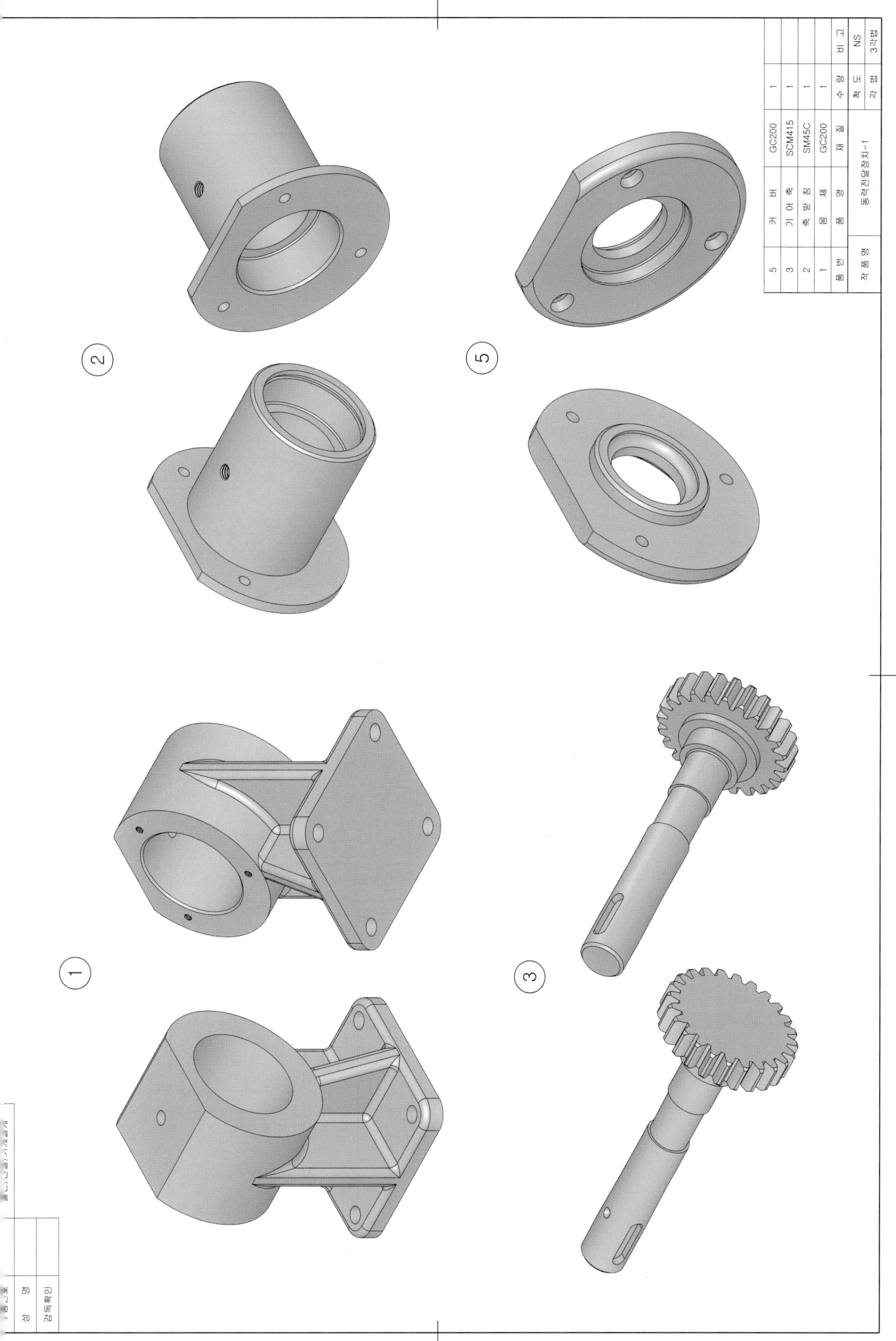

작품명	드릴지그-1	척 도	1 : 1
		투 상	3각법

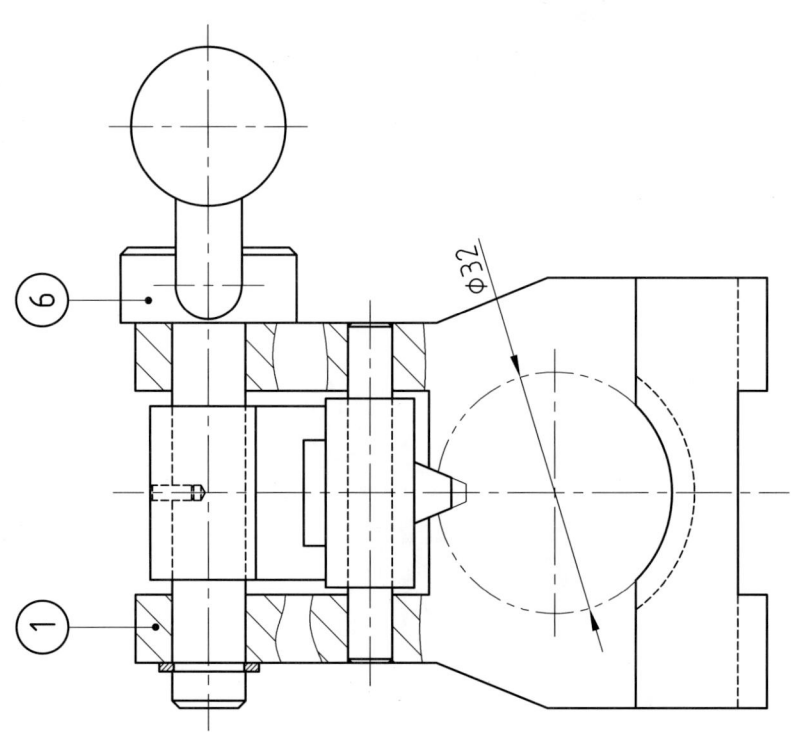

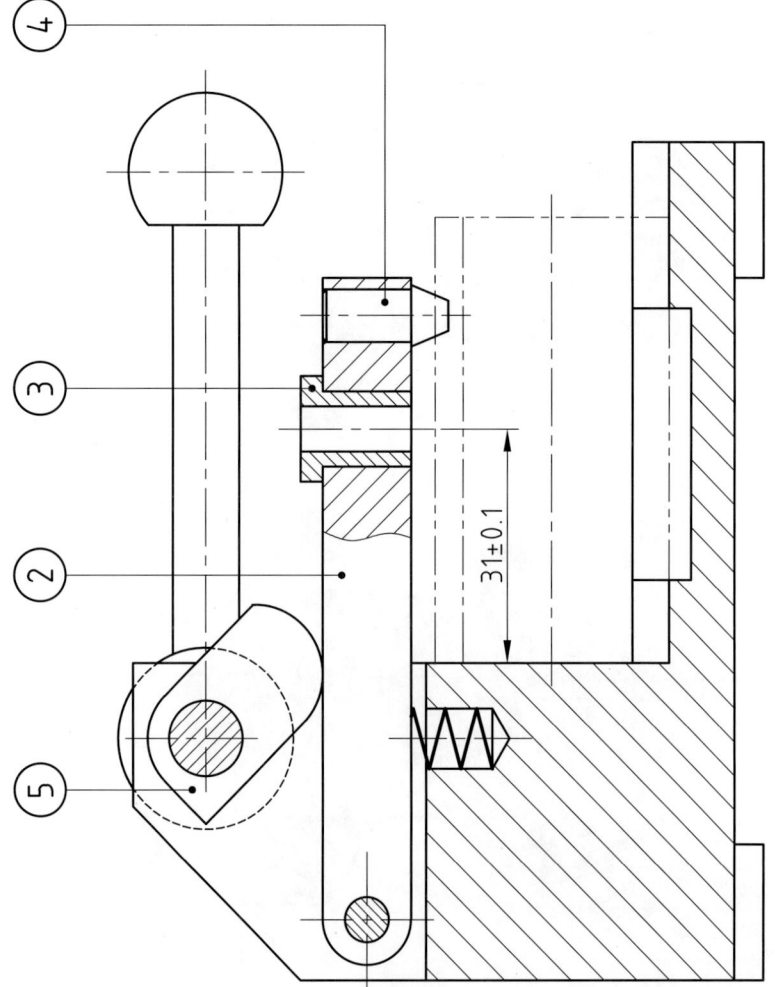

드릴지그-1

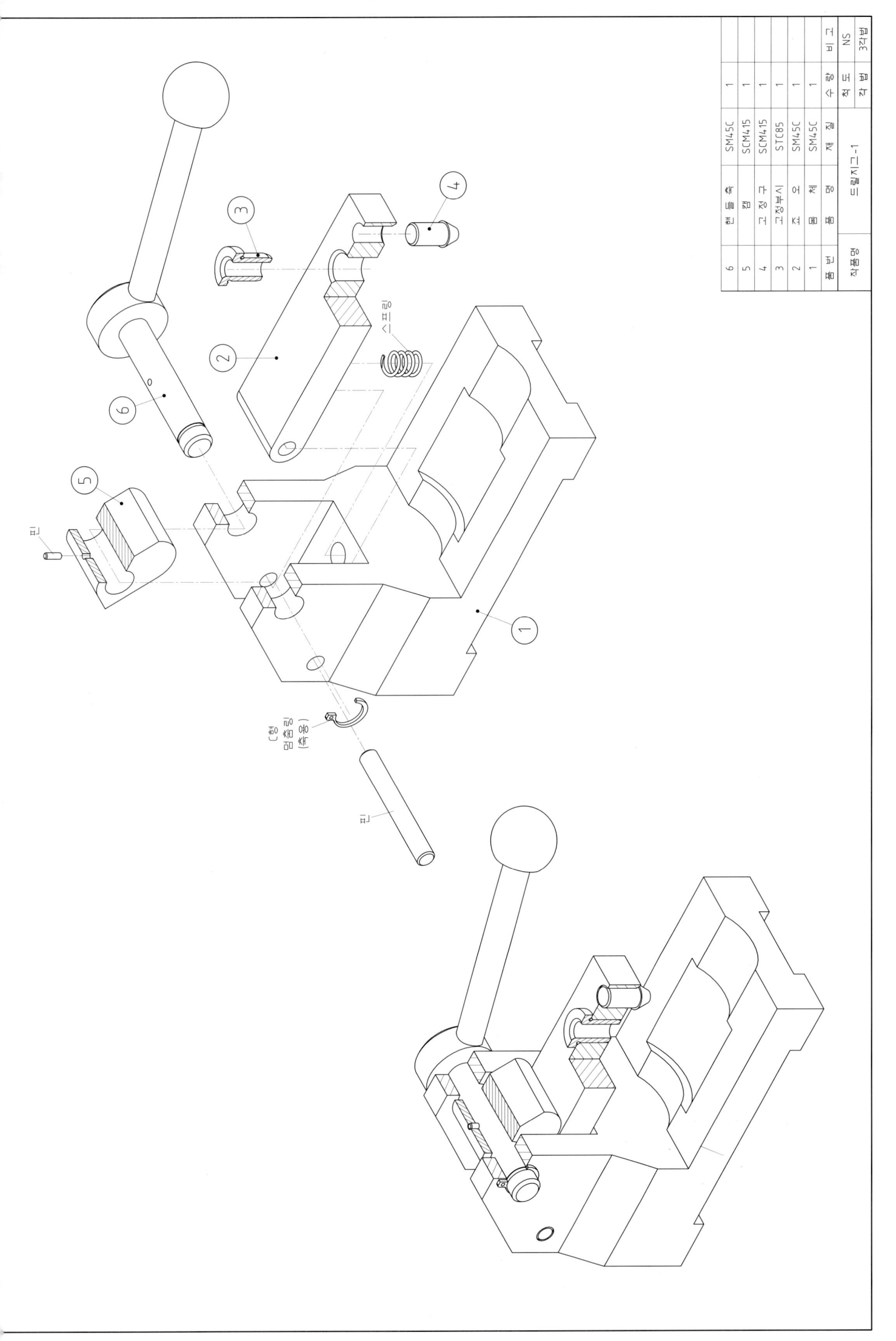

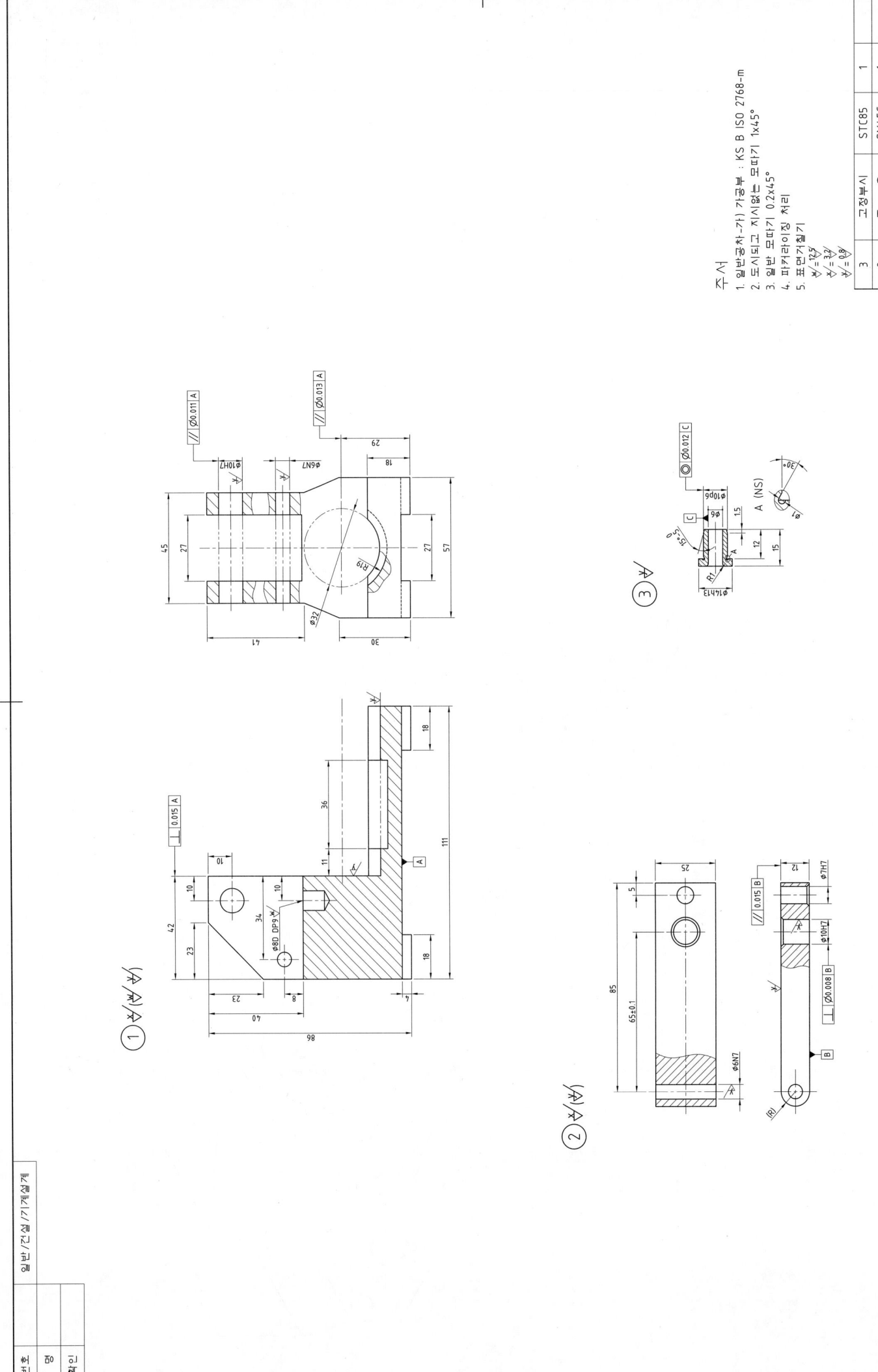

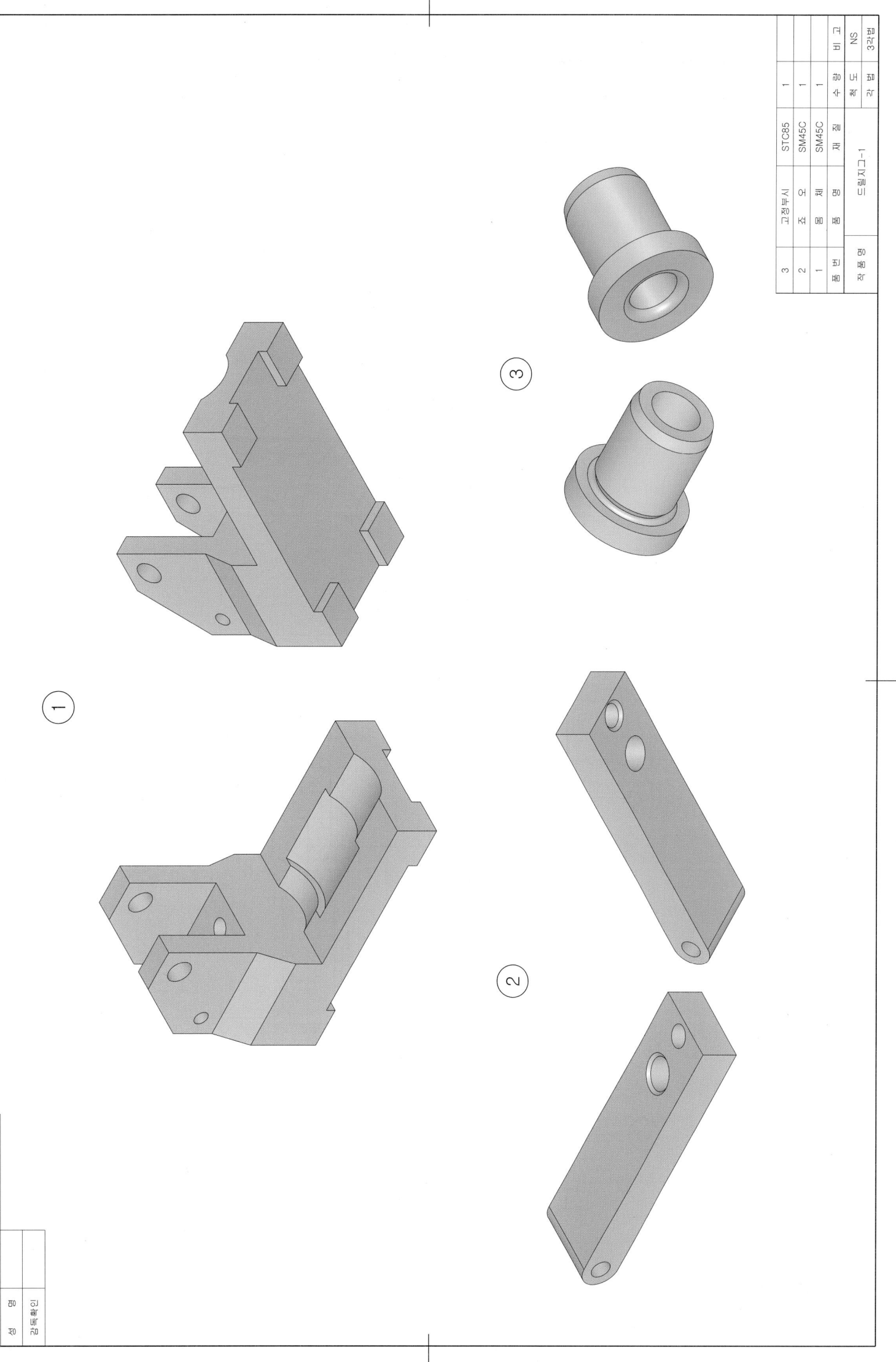

작품명	동력전달장치-3	척 도	1 : 1
		투 상	3각법

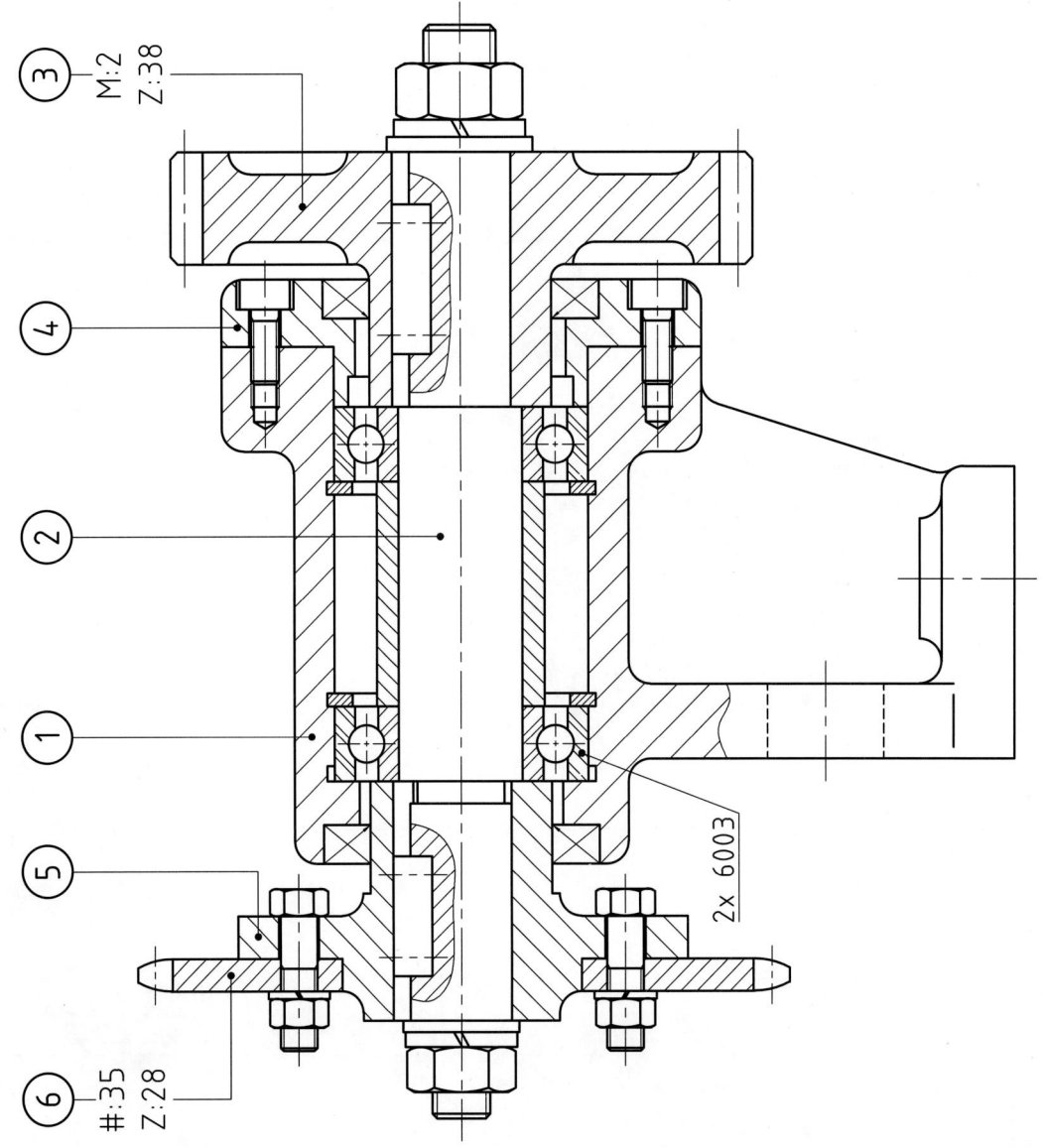

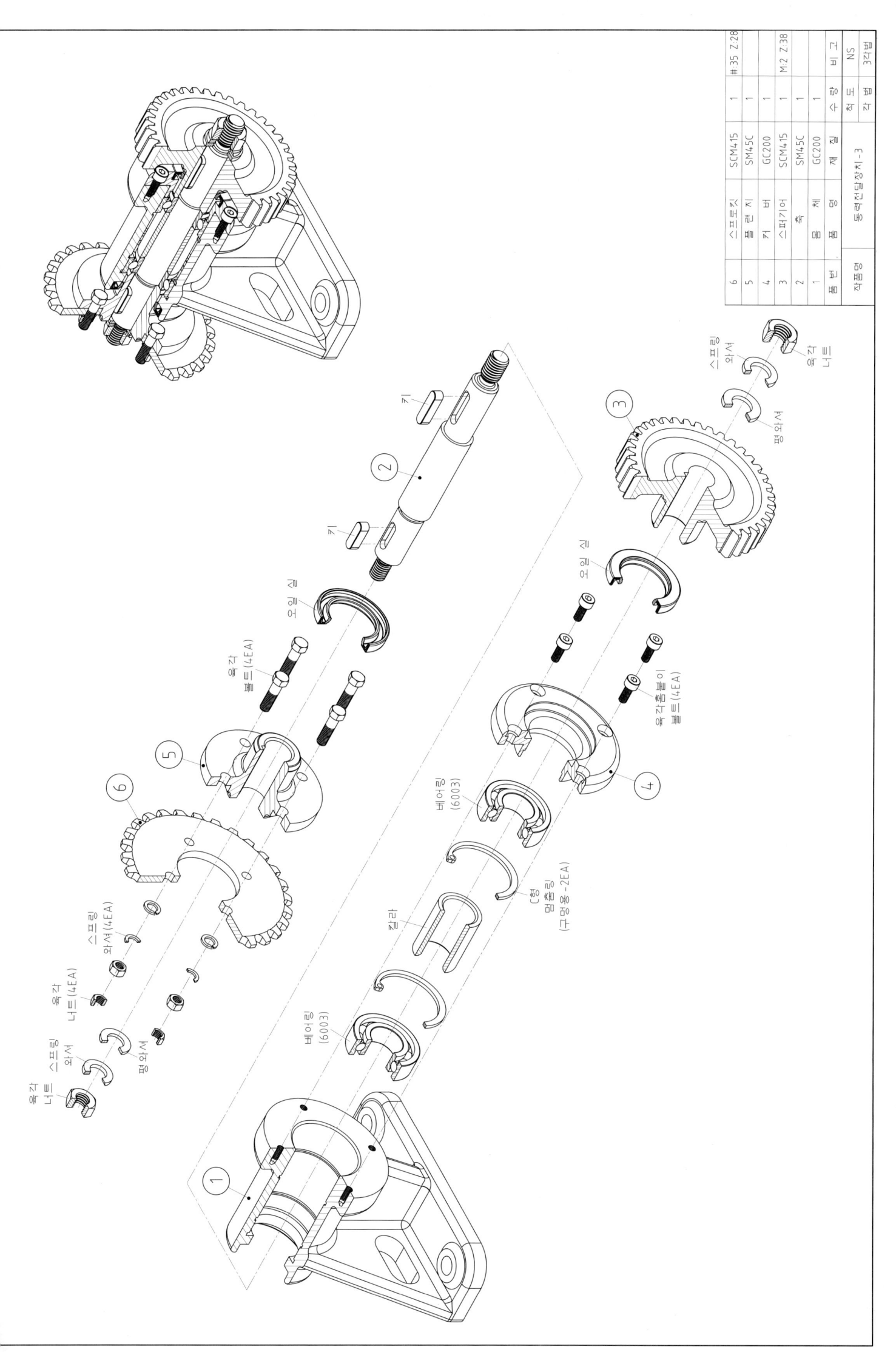

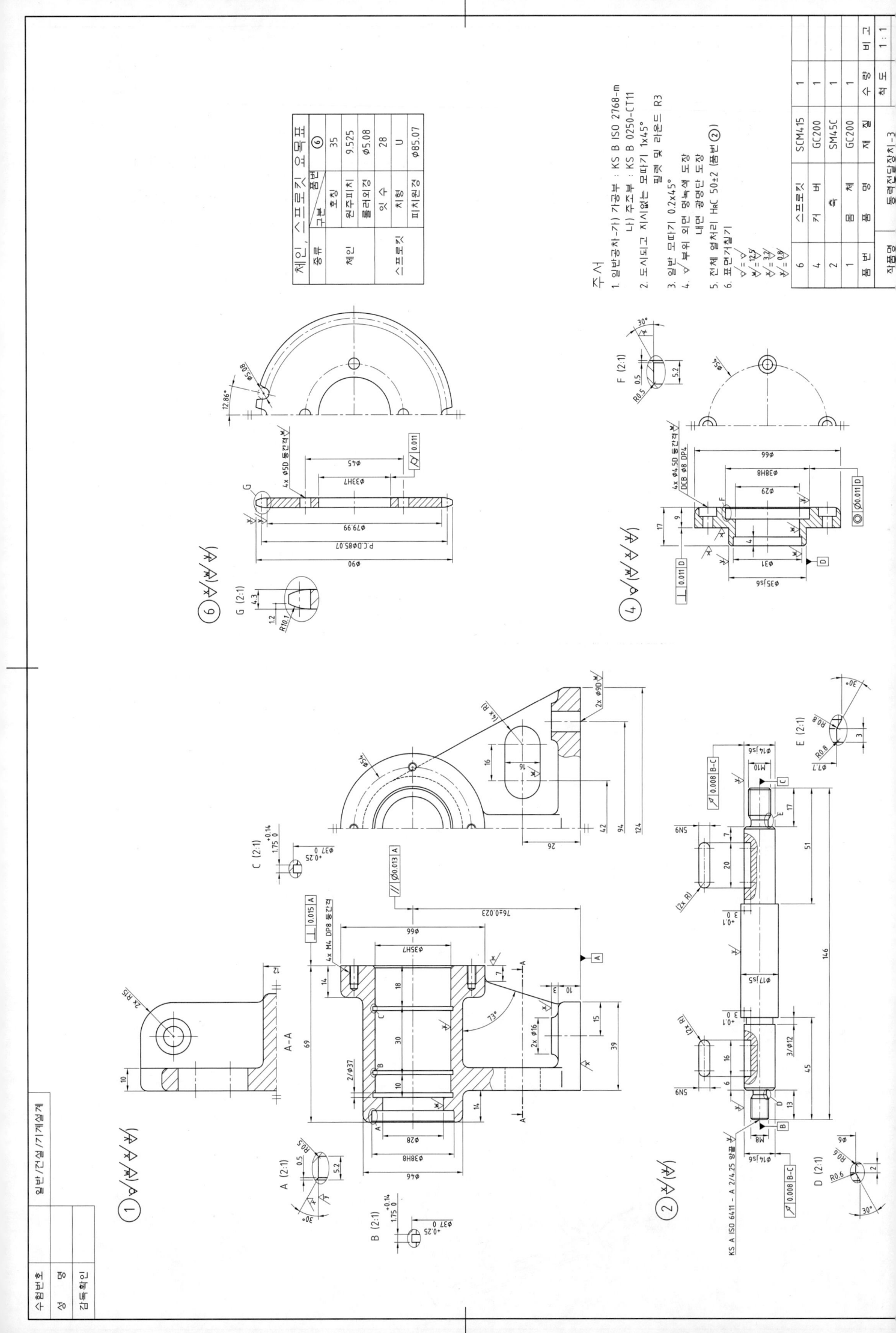

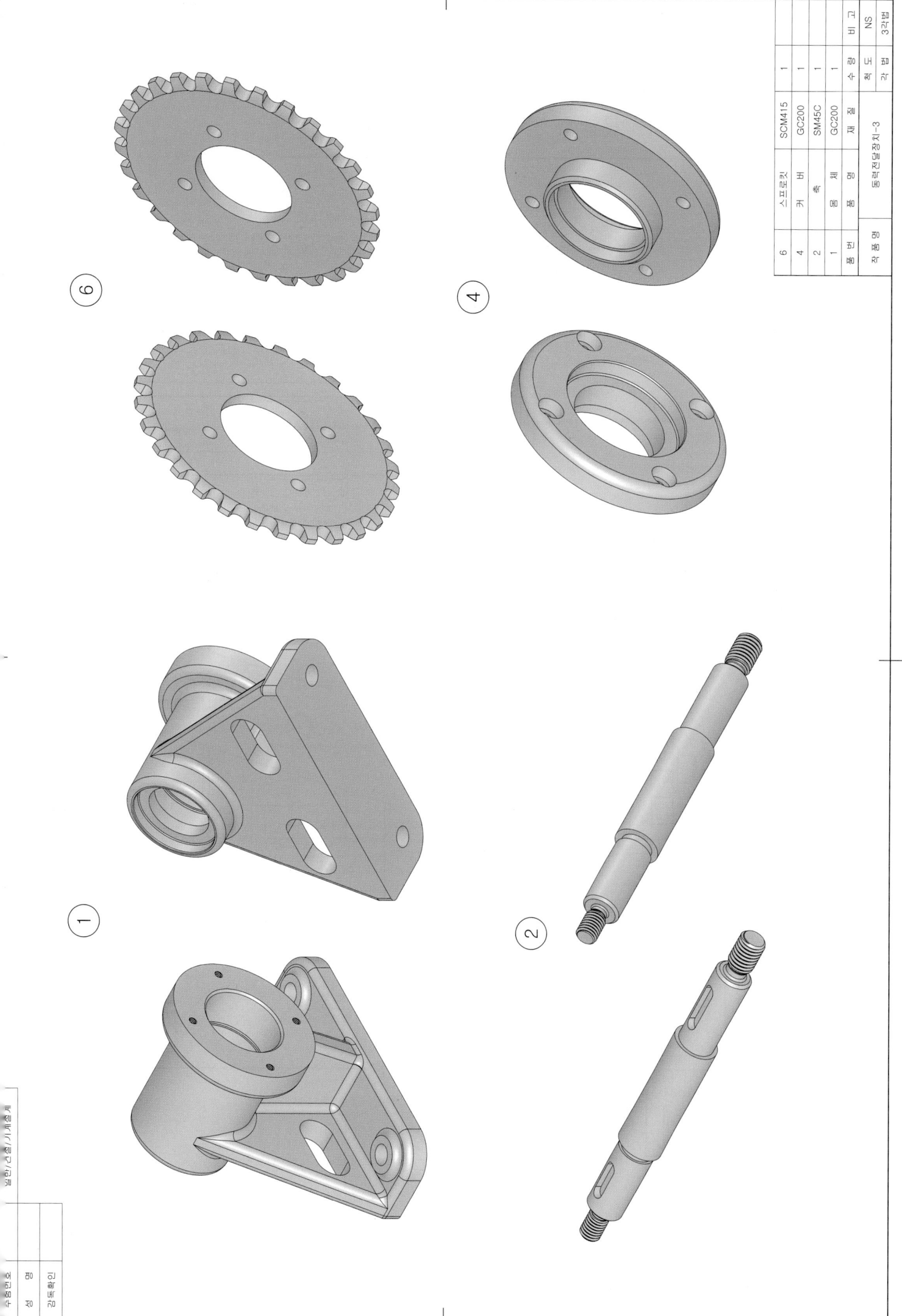

작품명	클램프-1	척 도	1:1
		투 상	3각법

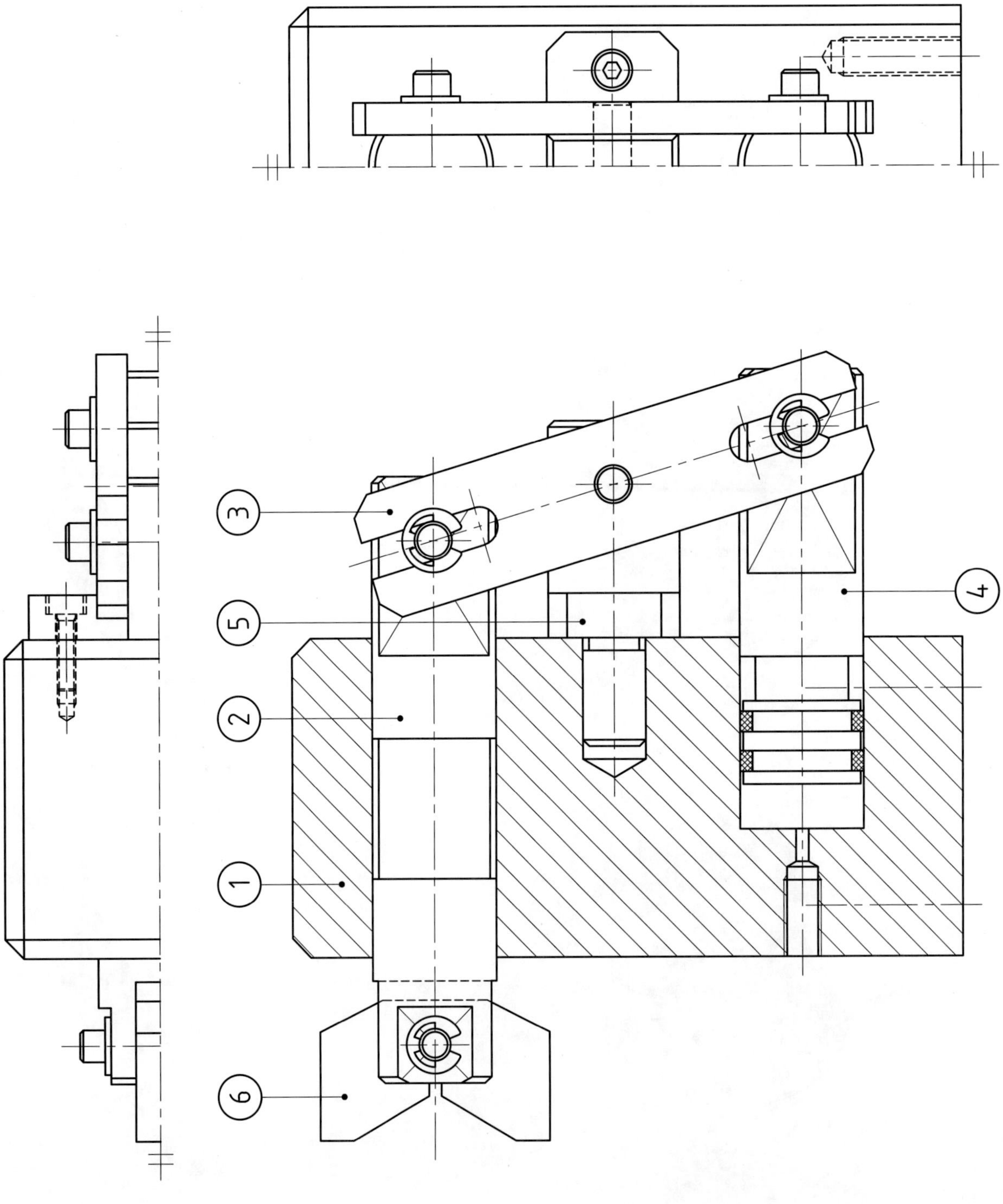

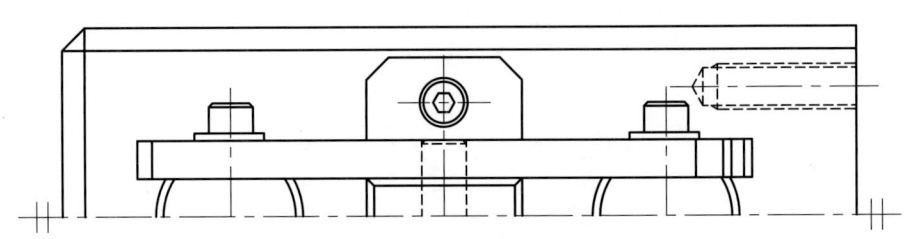

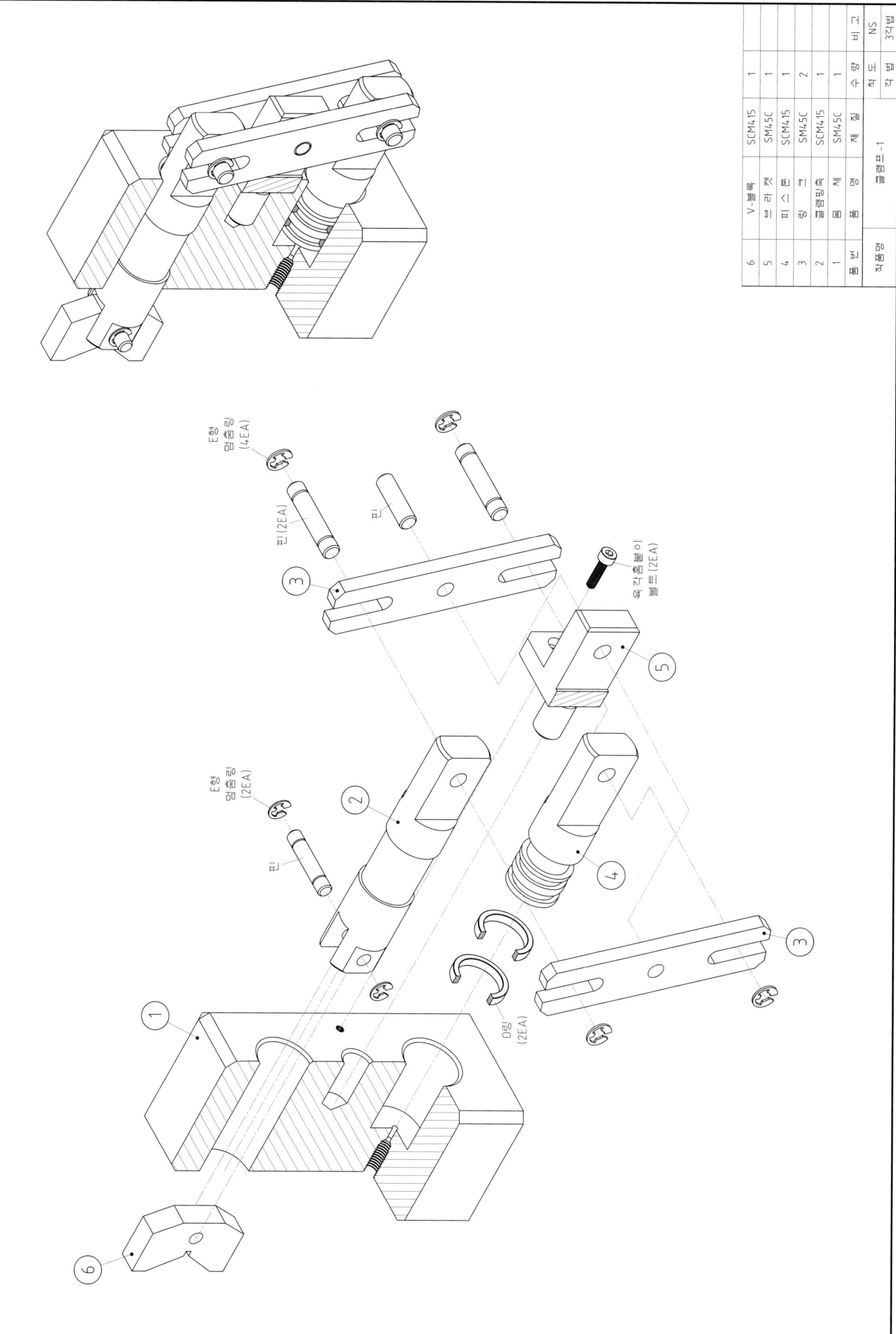

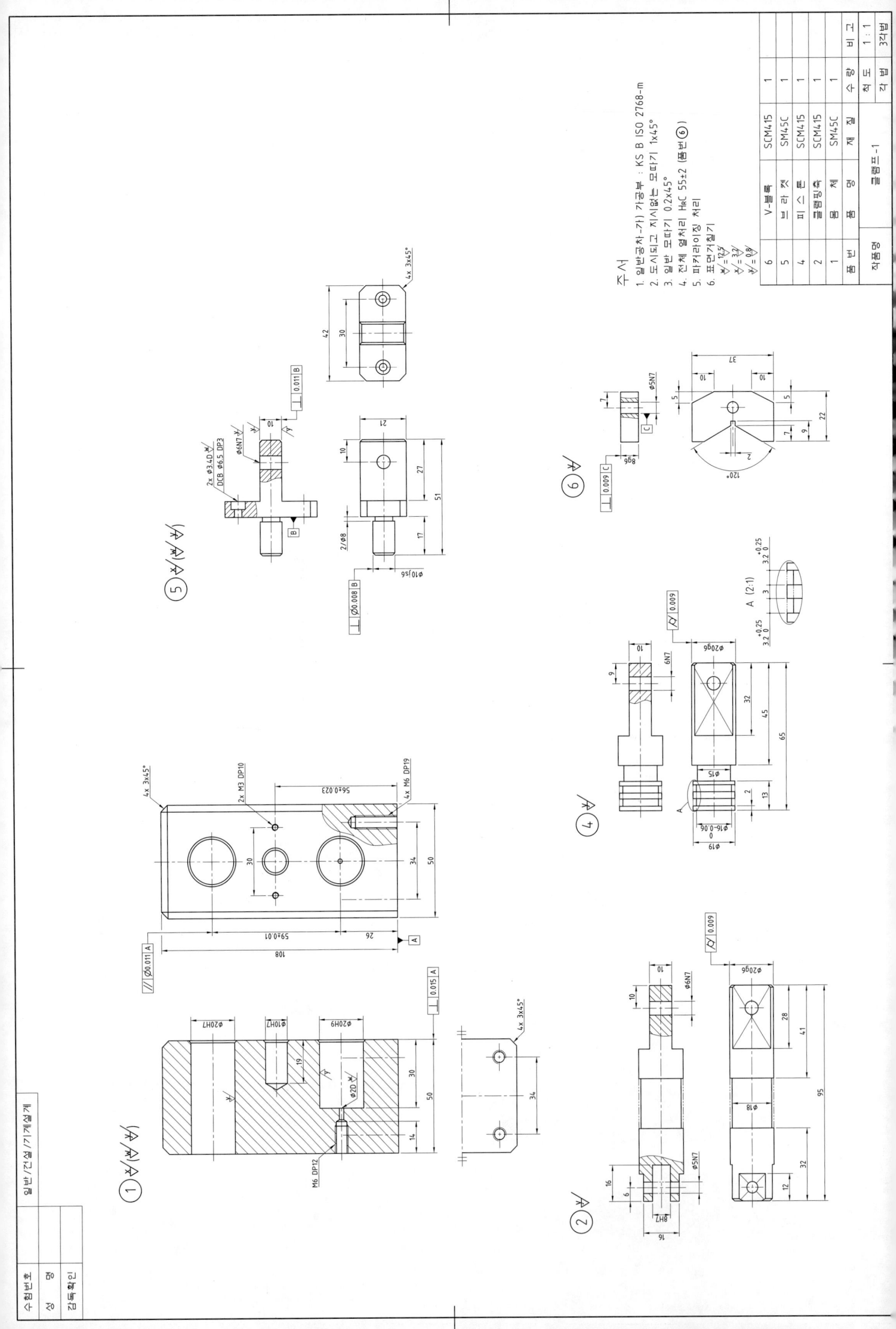

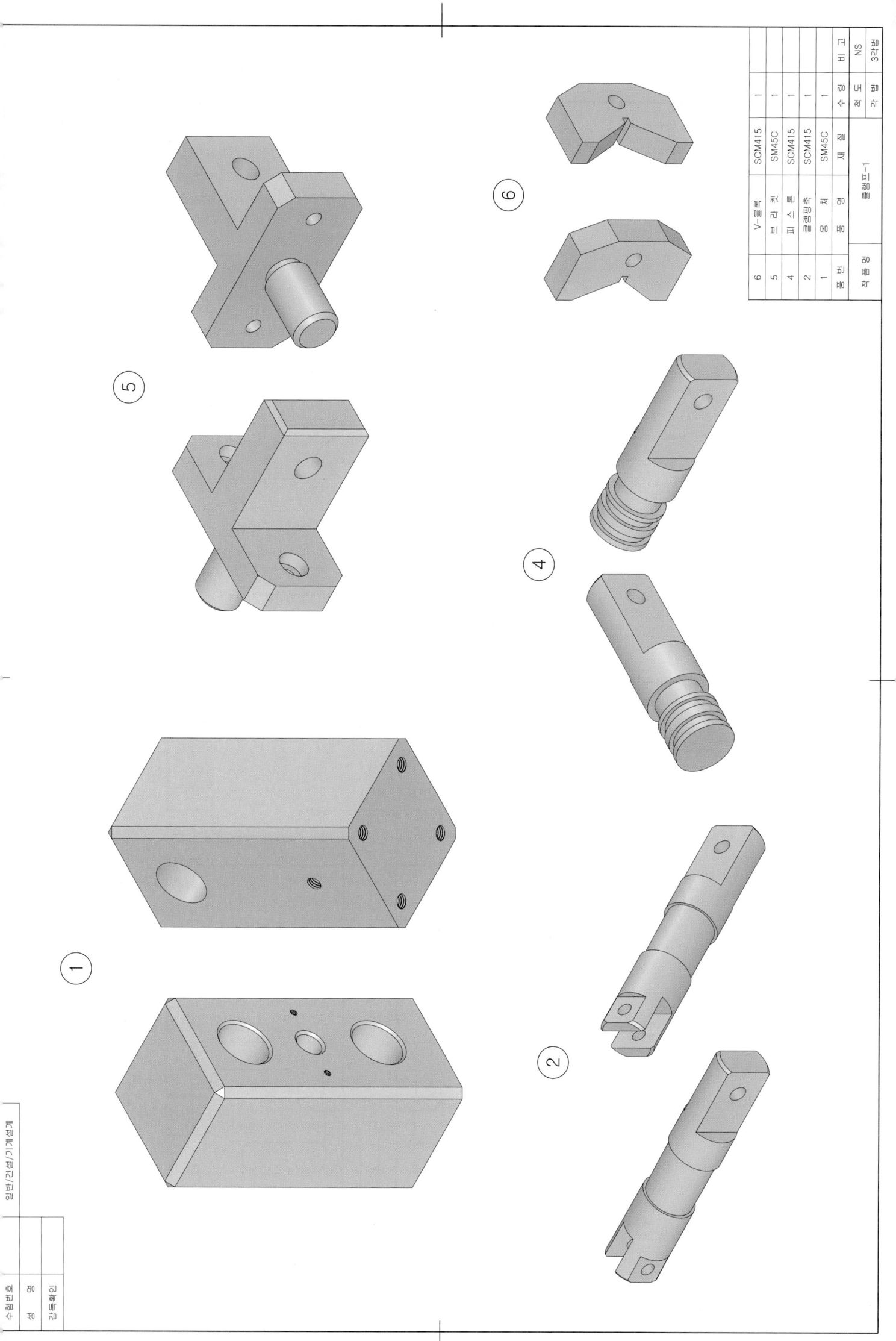

작품명	편심왕복장치-1	척 도	1 : 1
		투 상	3각법

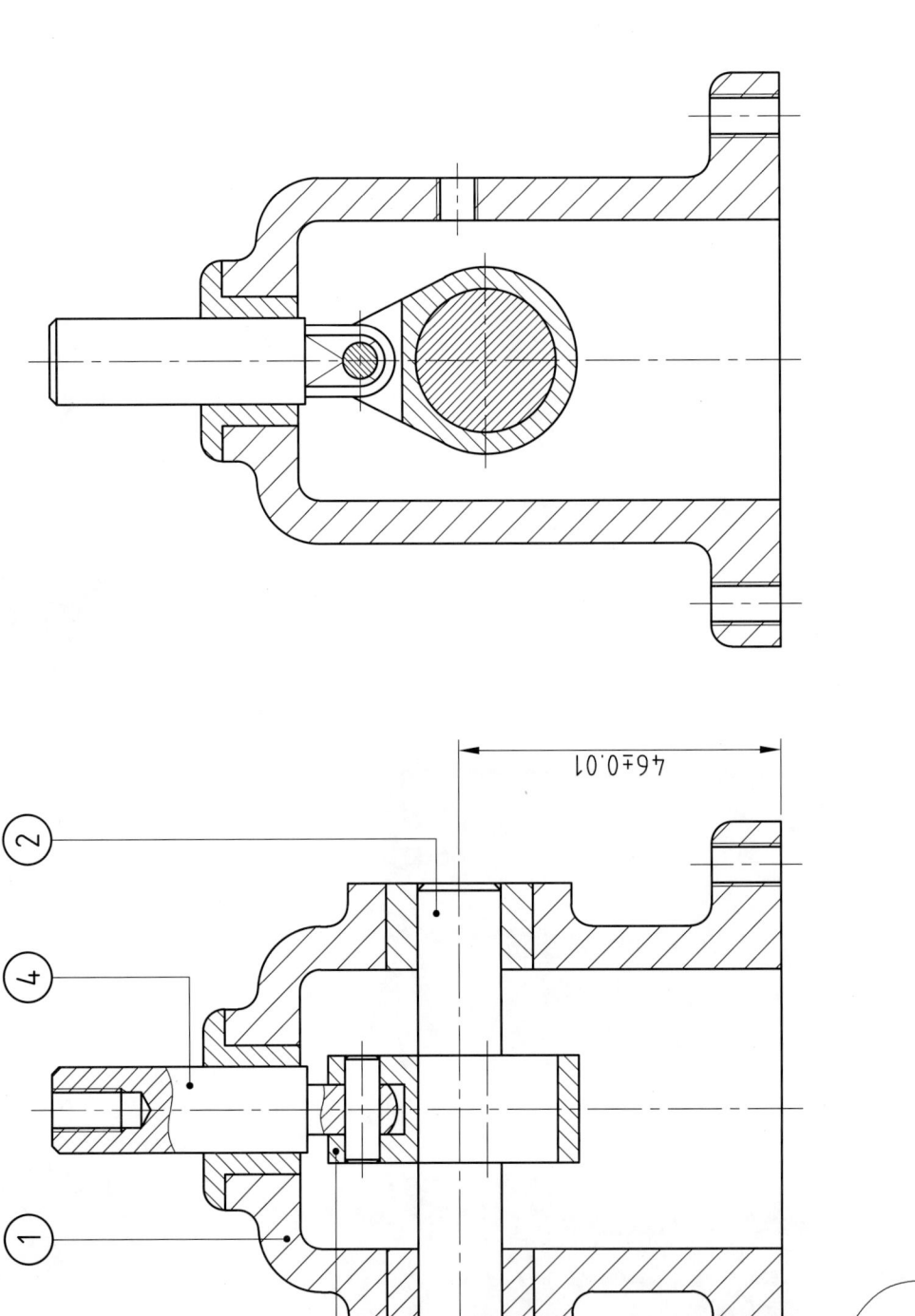

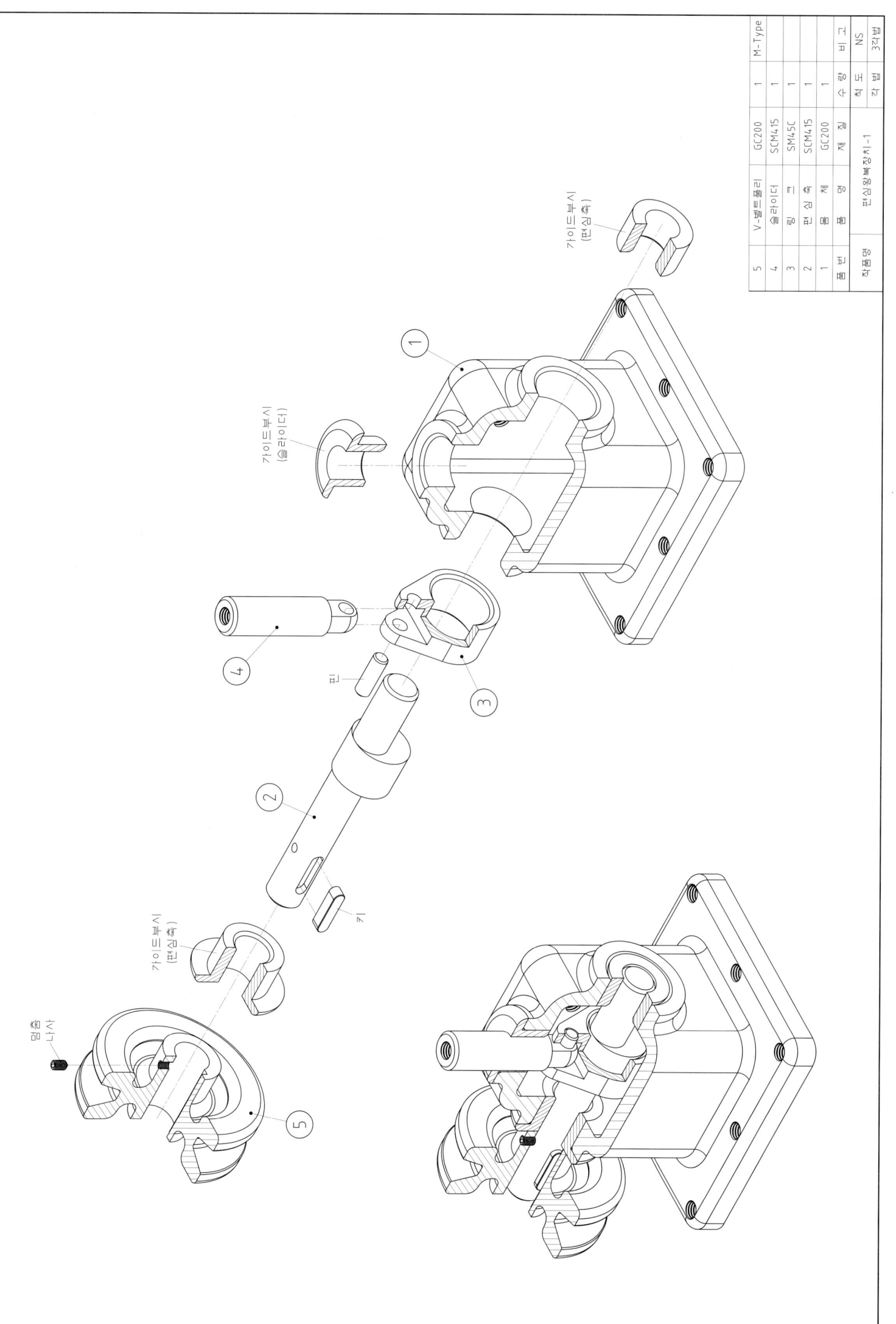

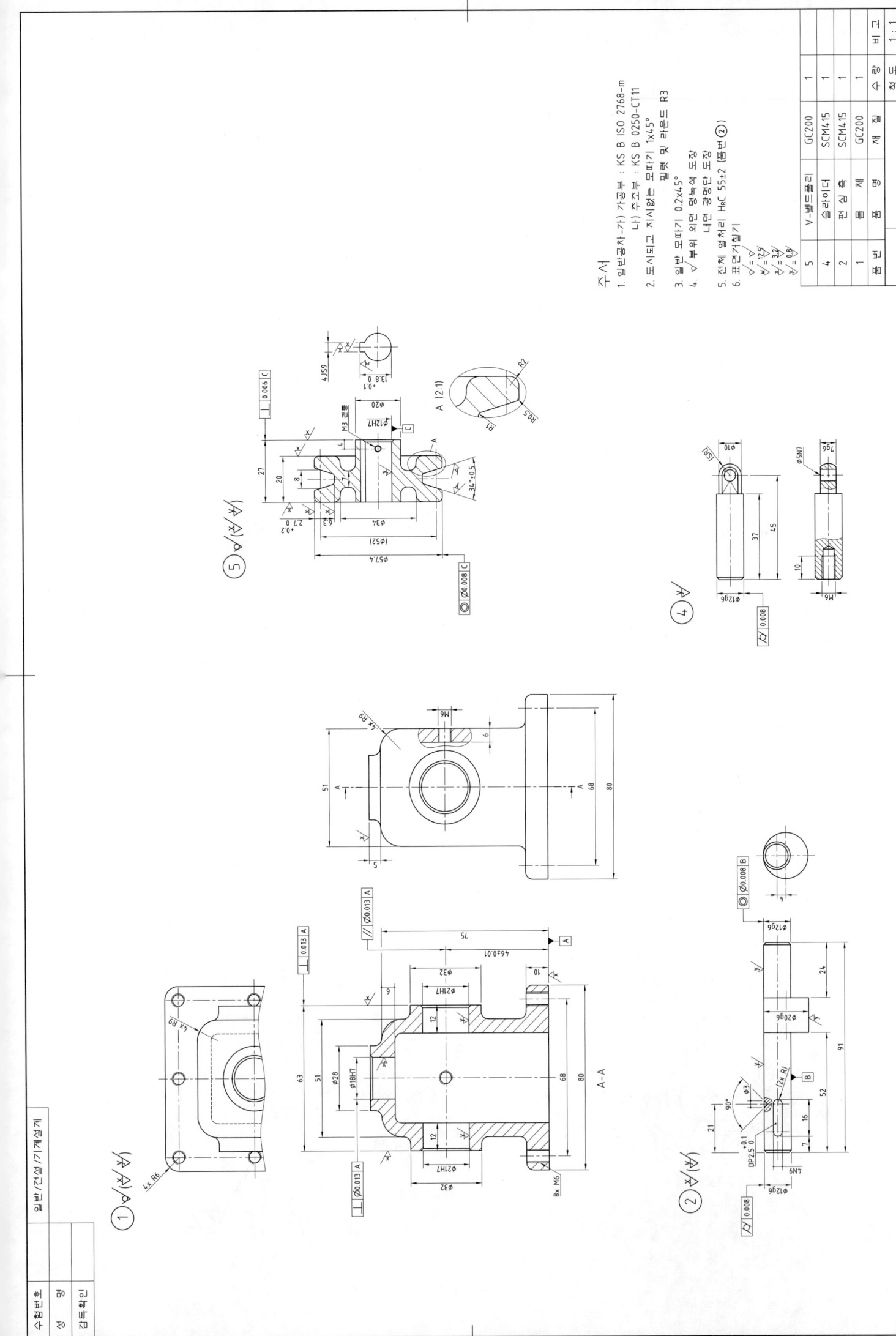

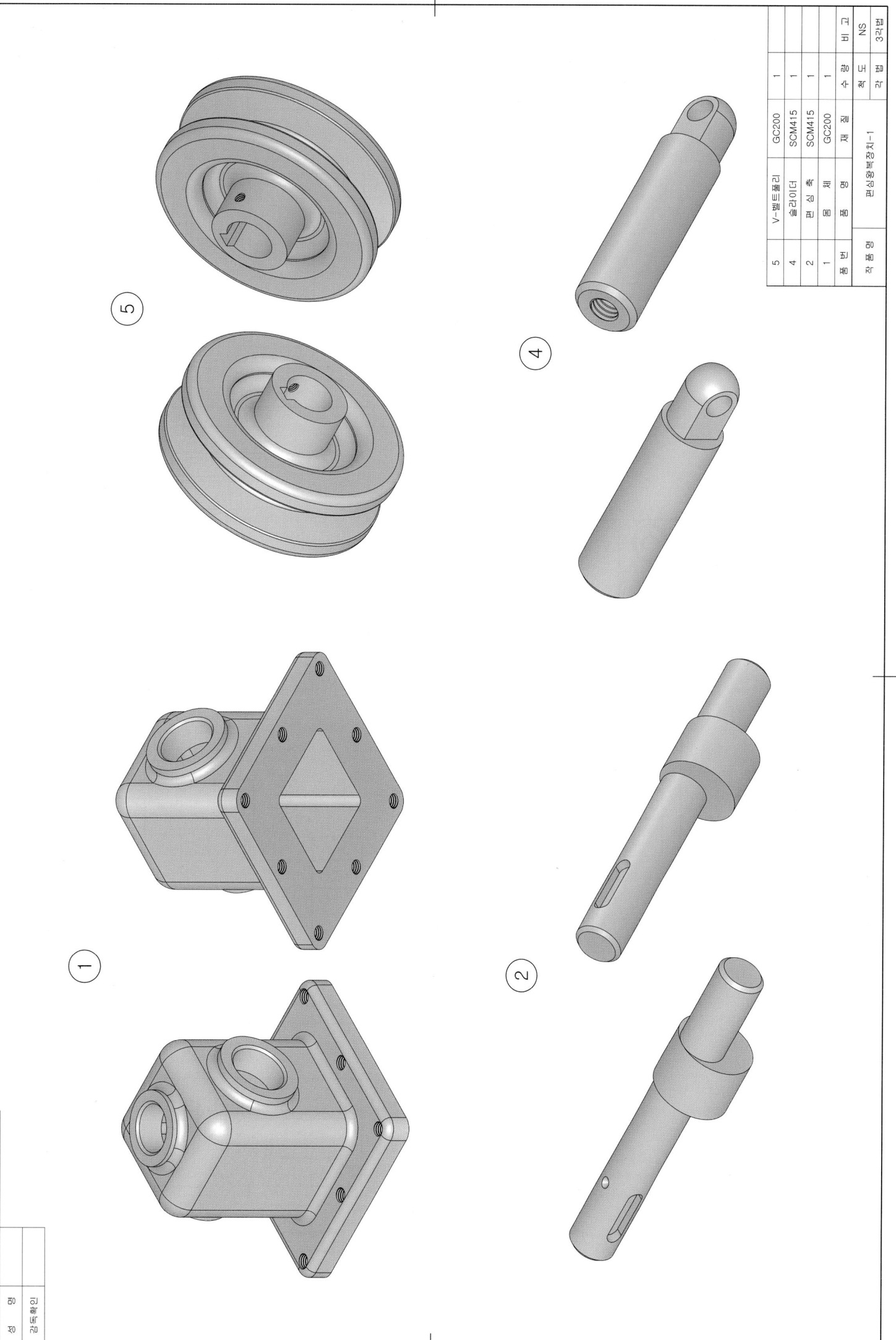

작품명	드릴지그-2	척 도	1:1
		투 상	3각법

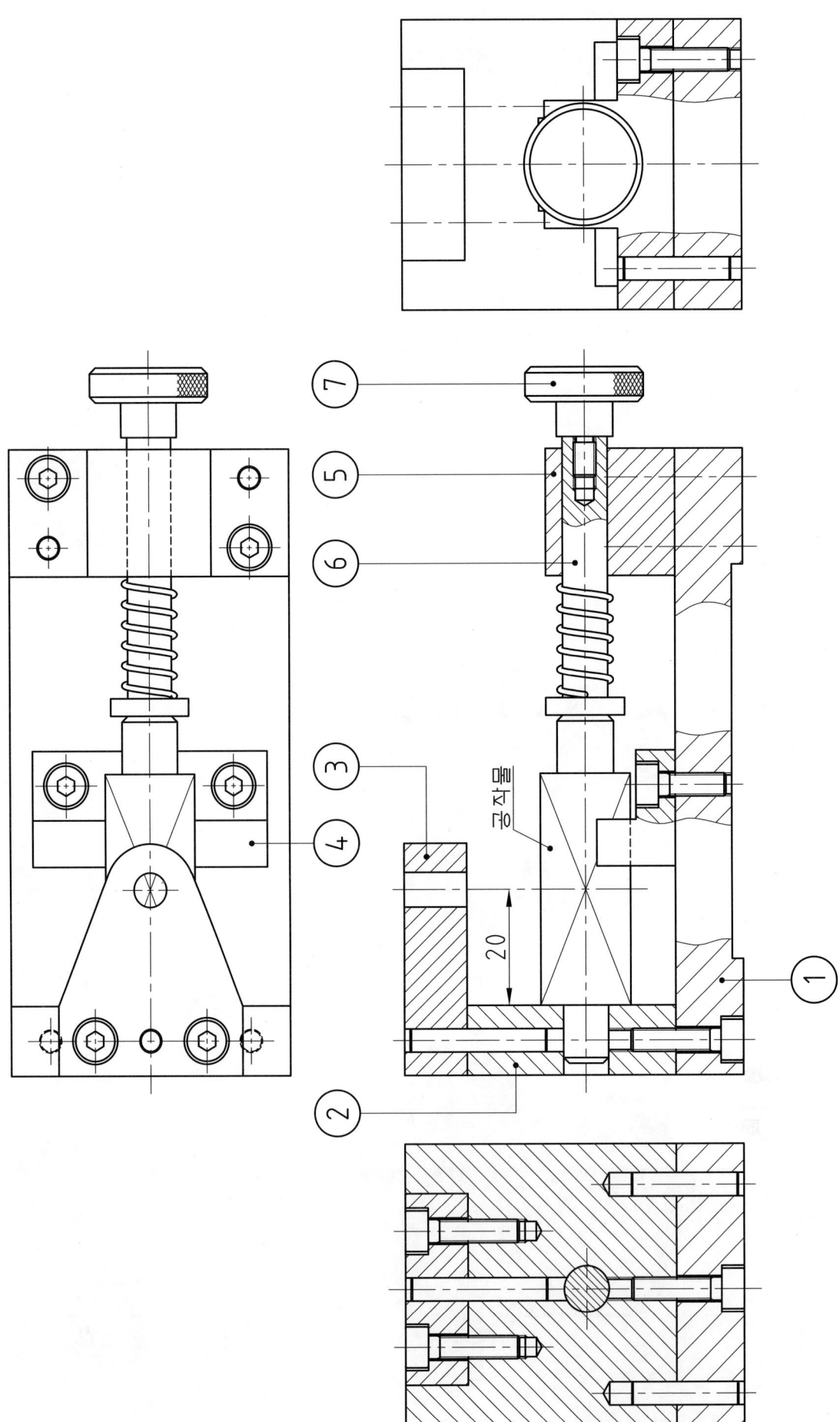

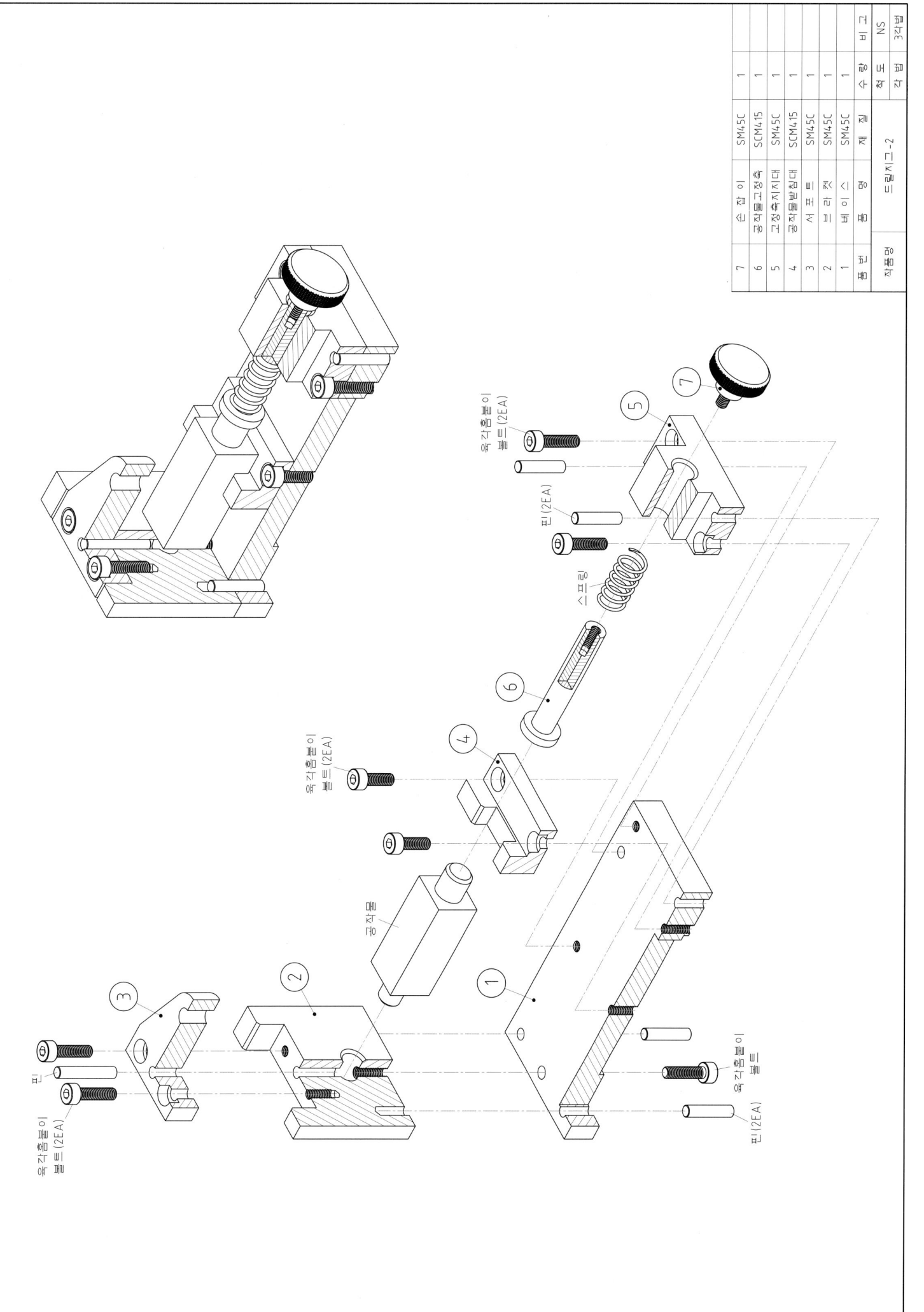

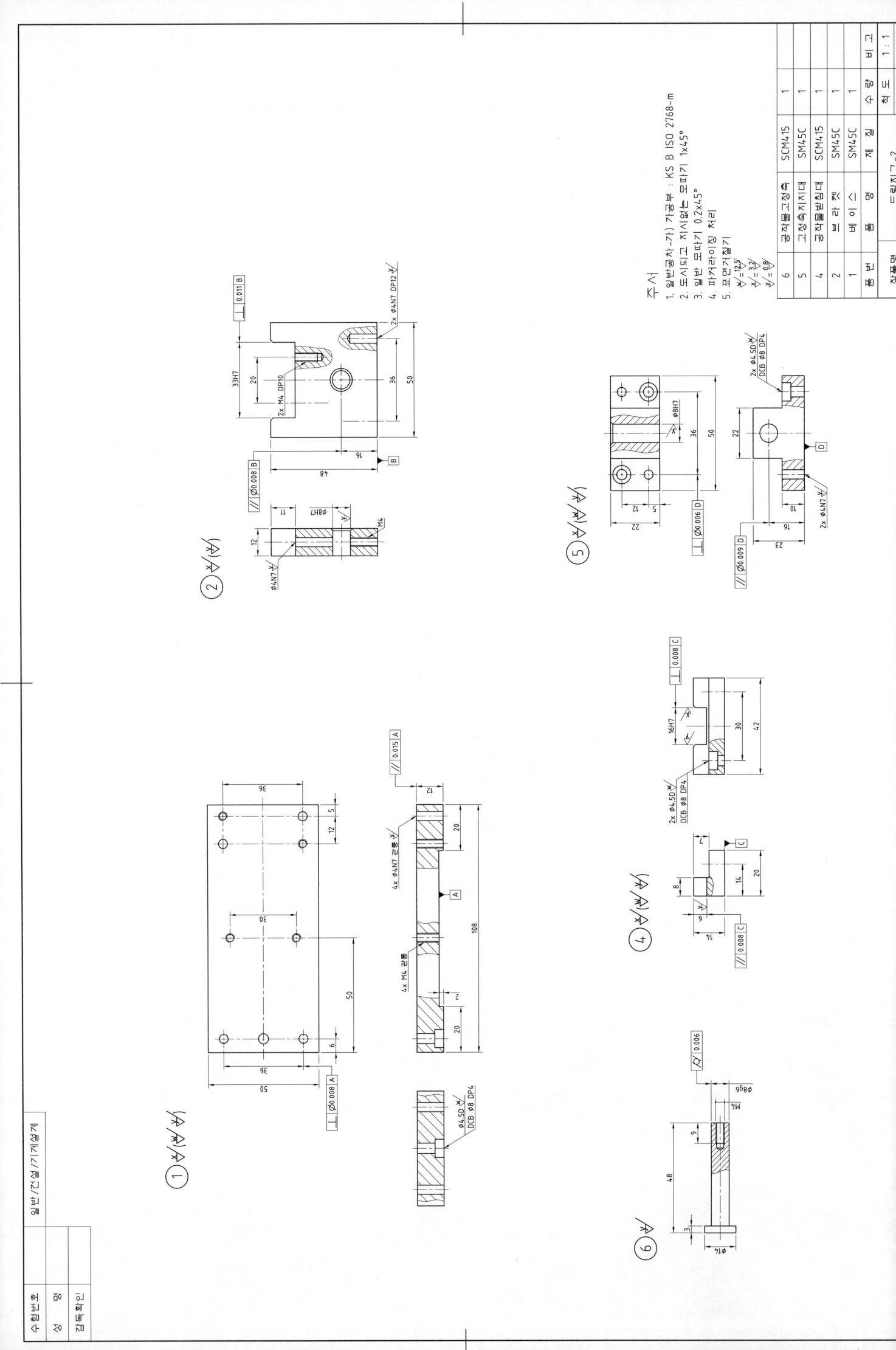

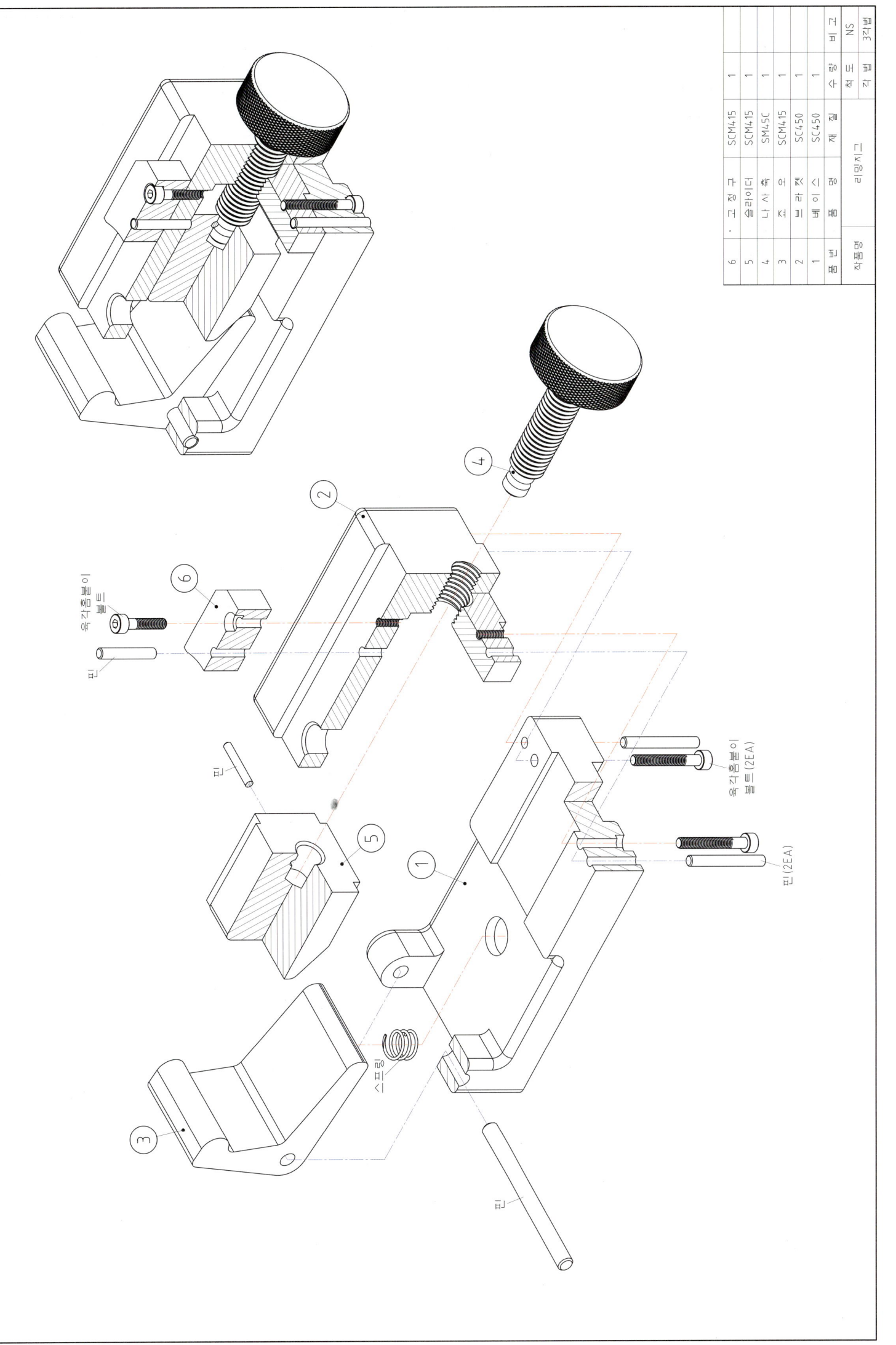

작품명	기어박스	척 도	1:1
		투 상	3각법

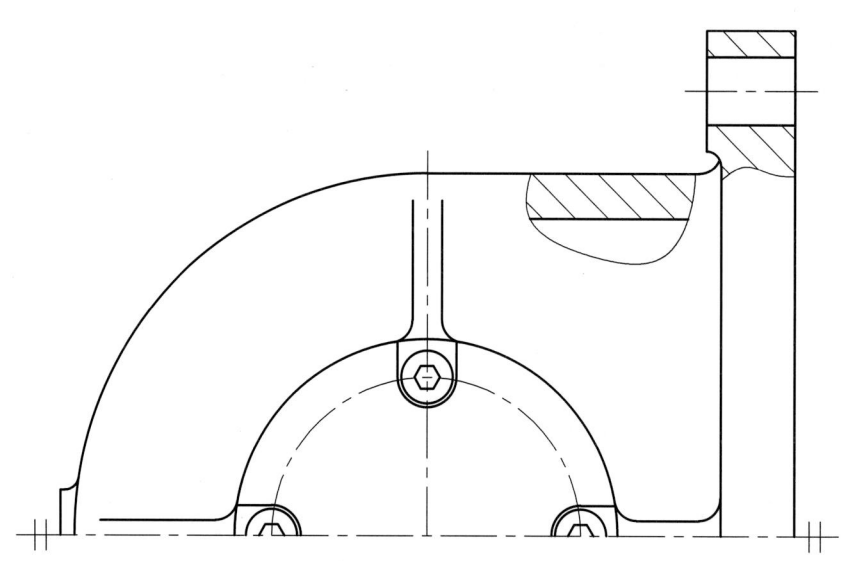
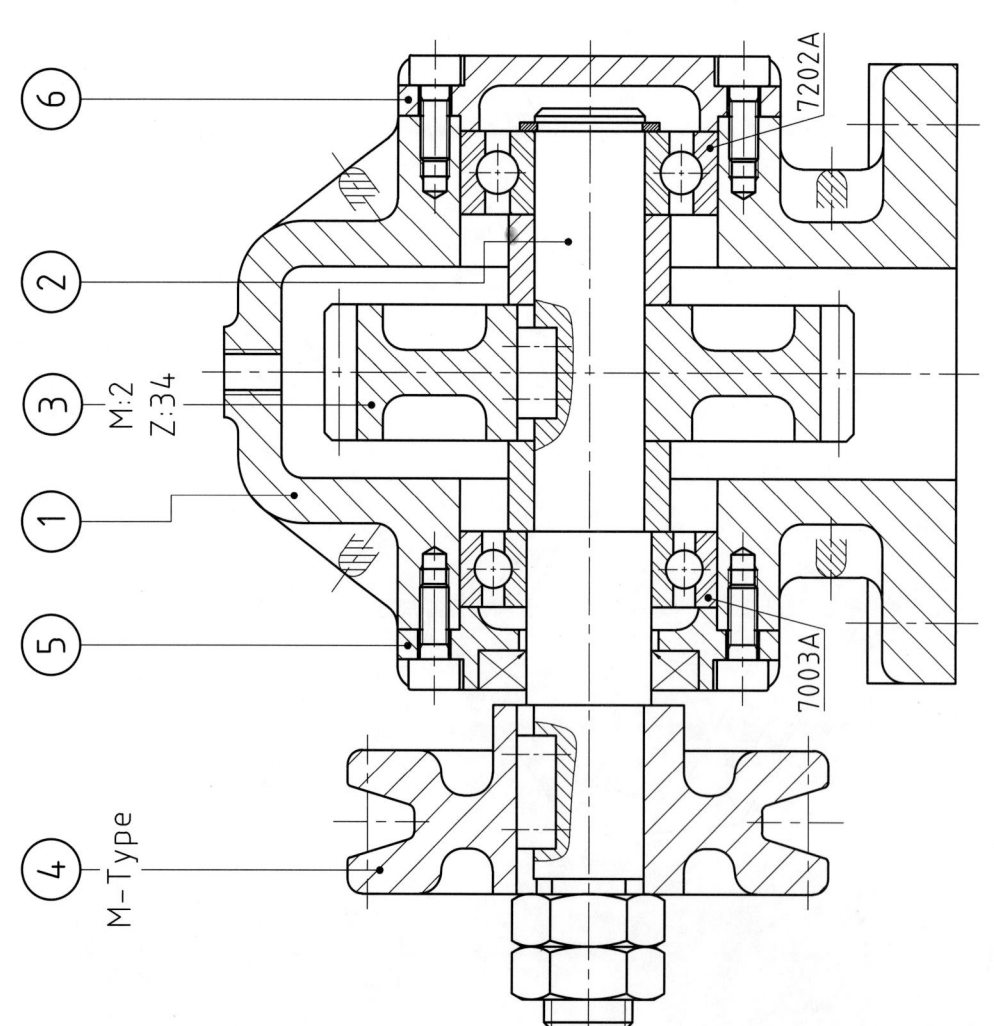

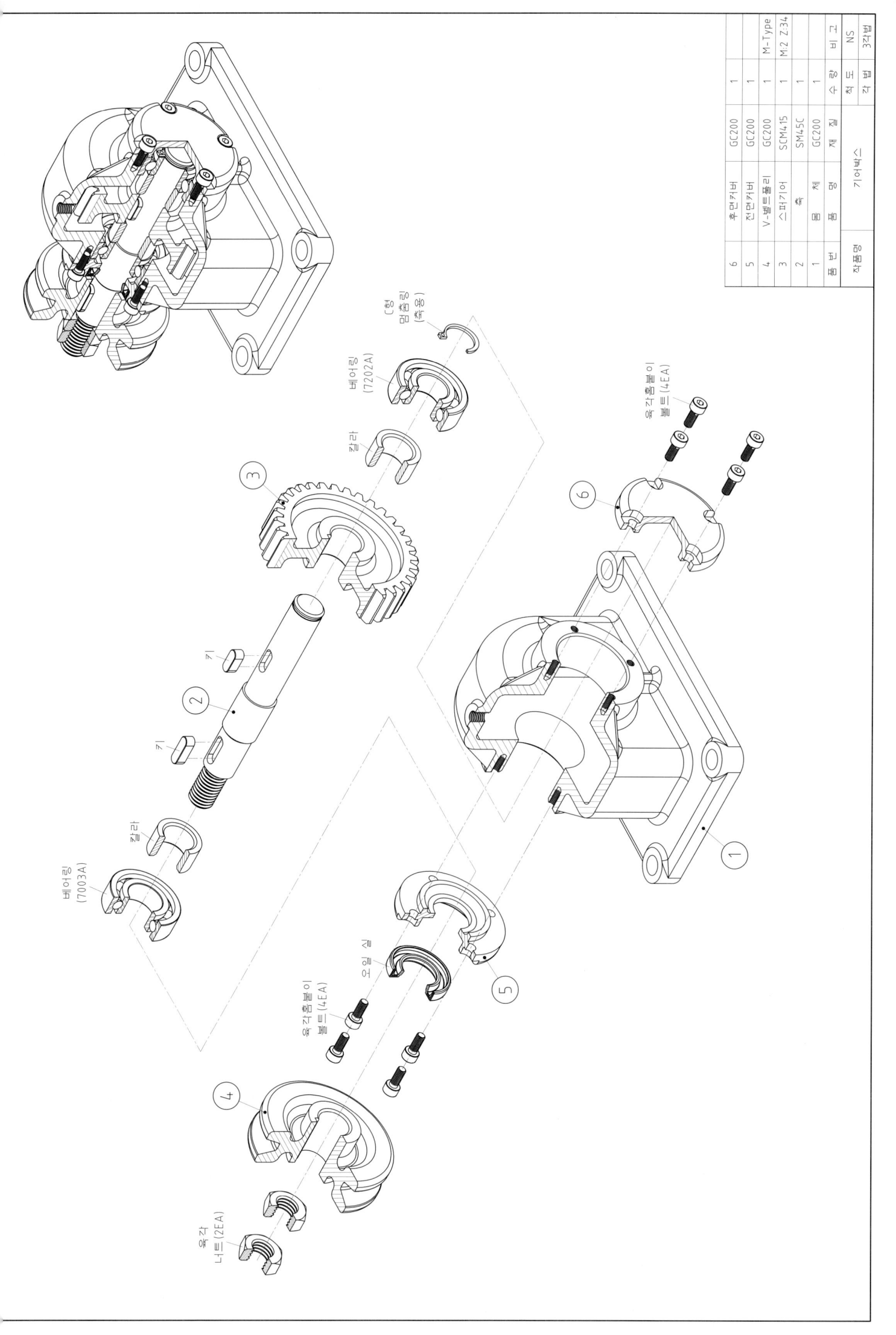

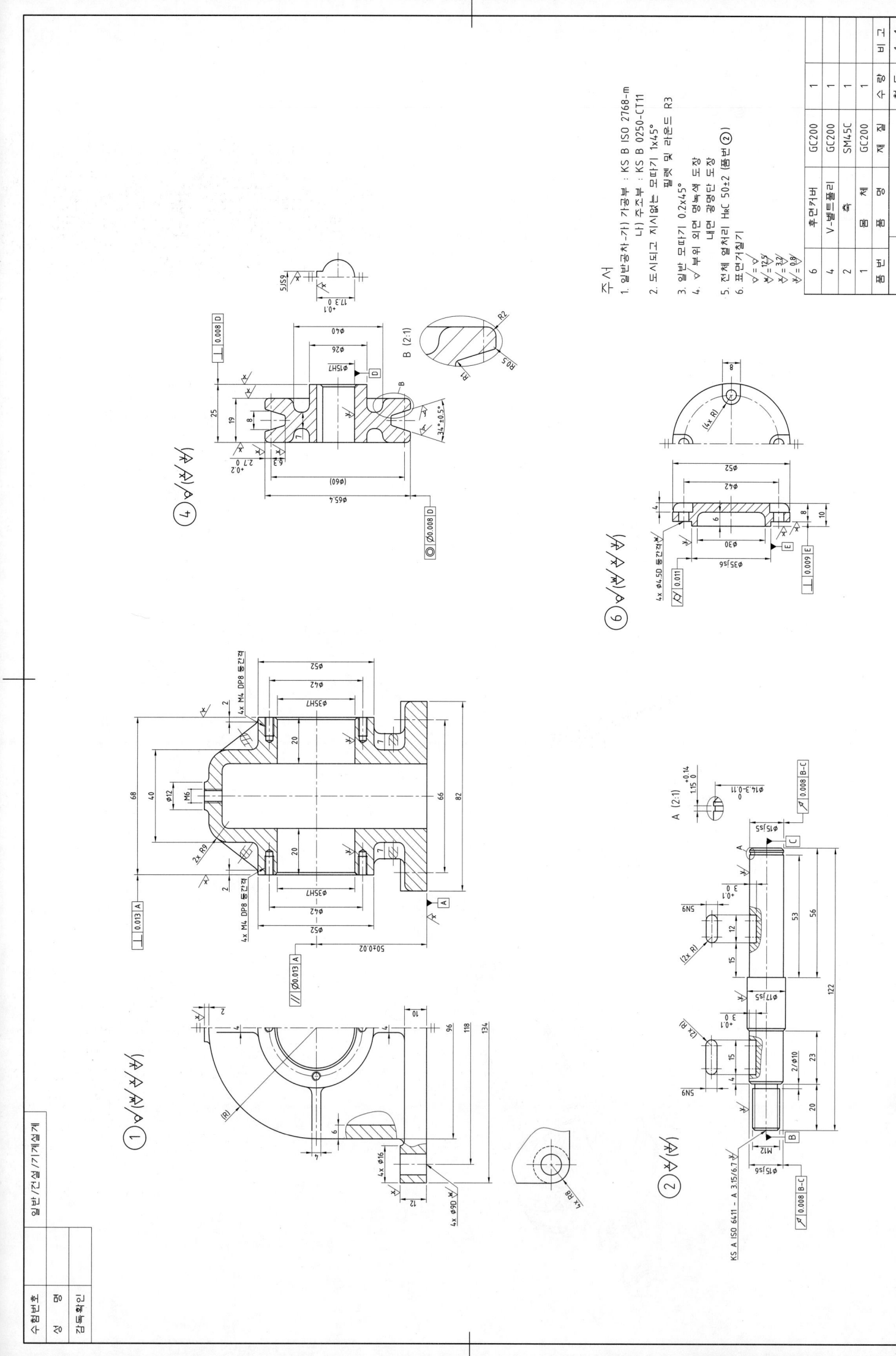

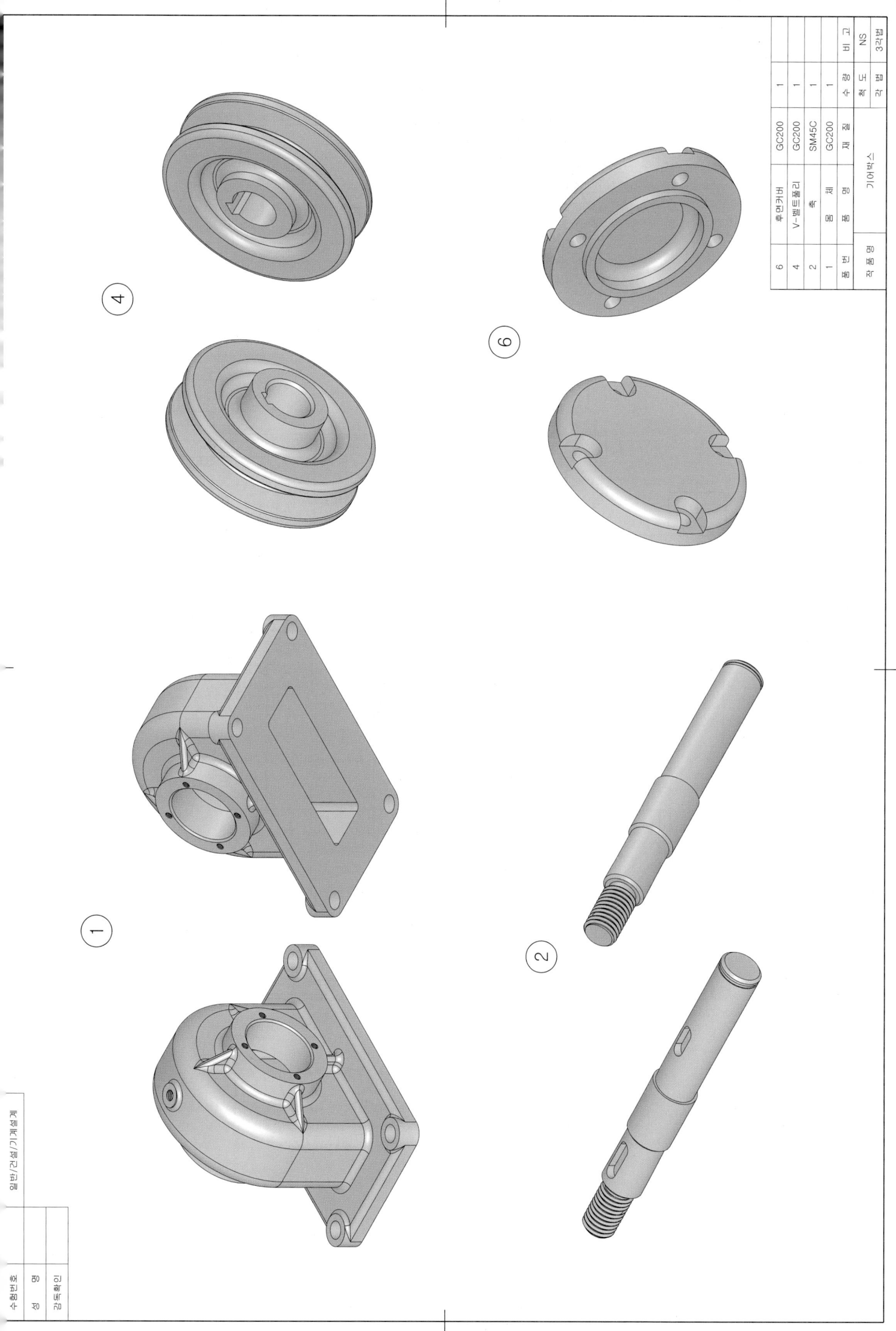

작품명	바이스	척 도	1 : 1
		투 상	3각법

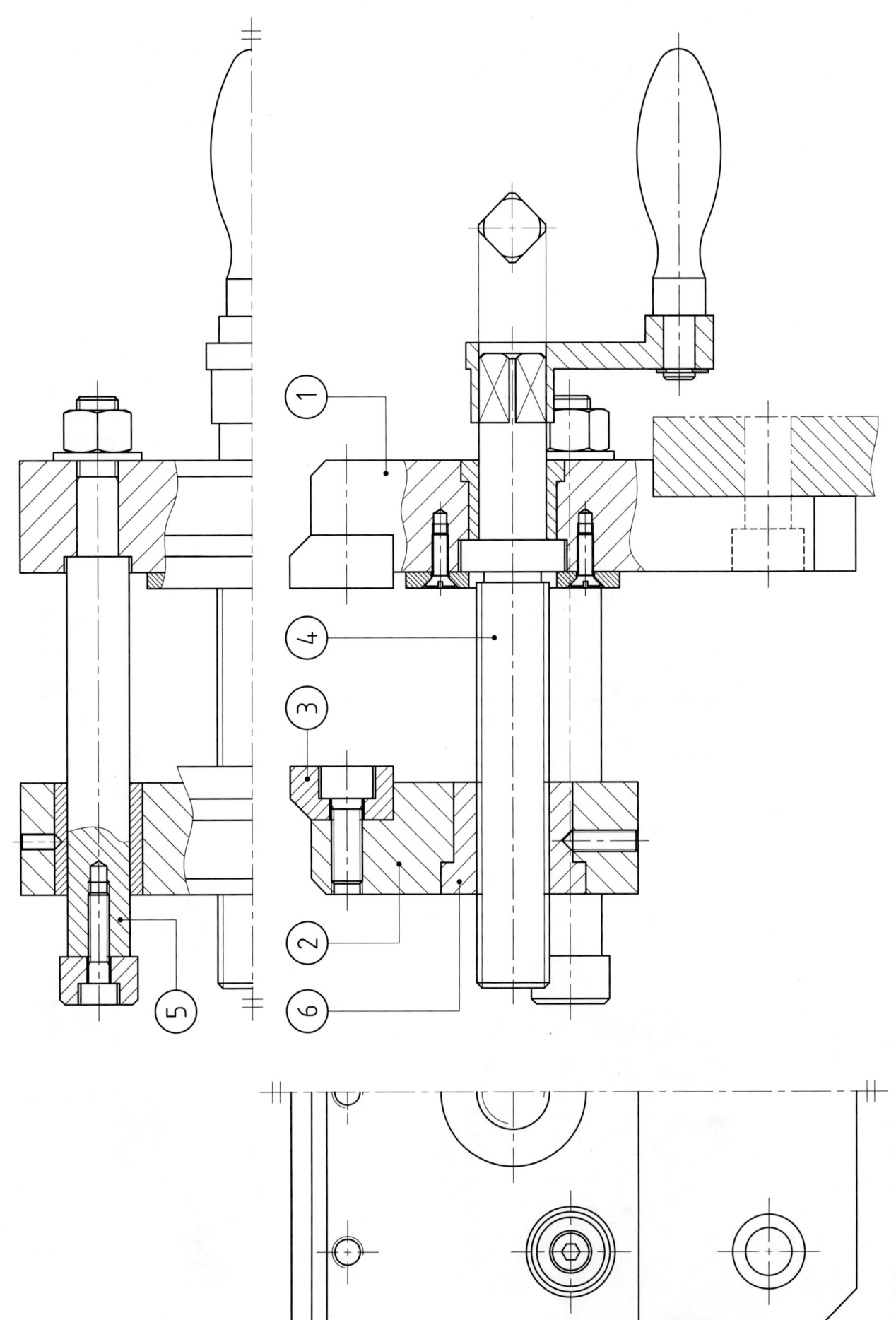

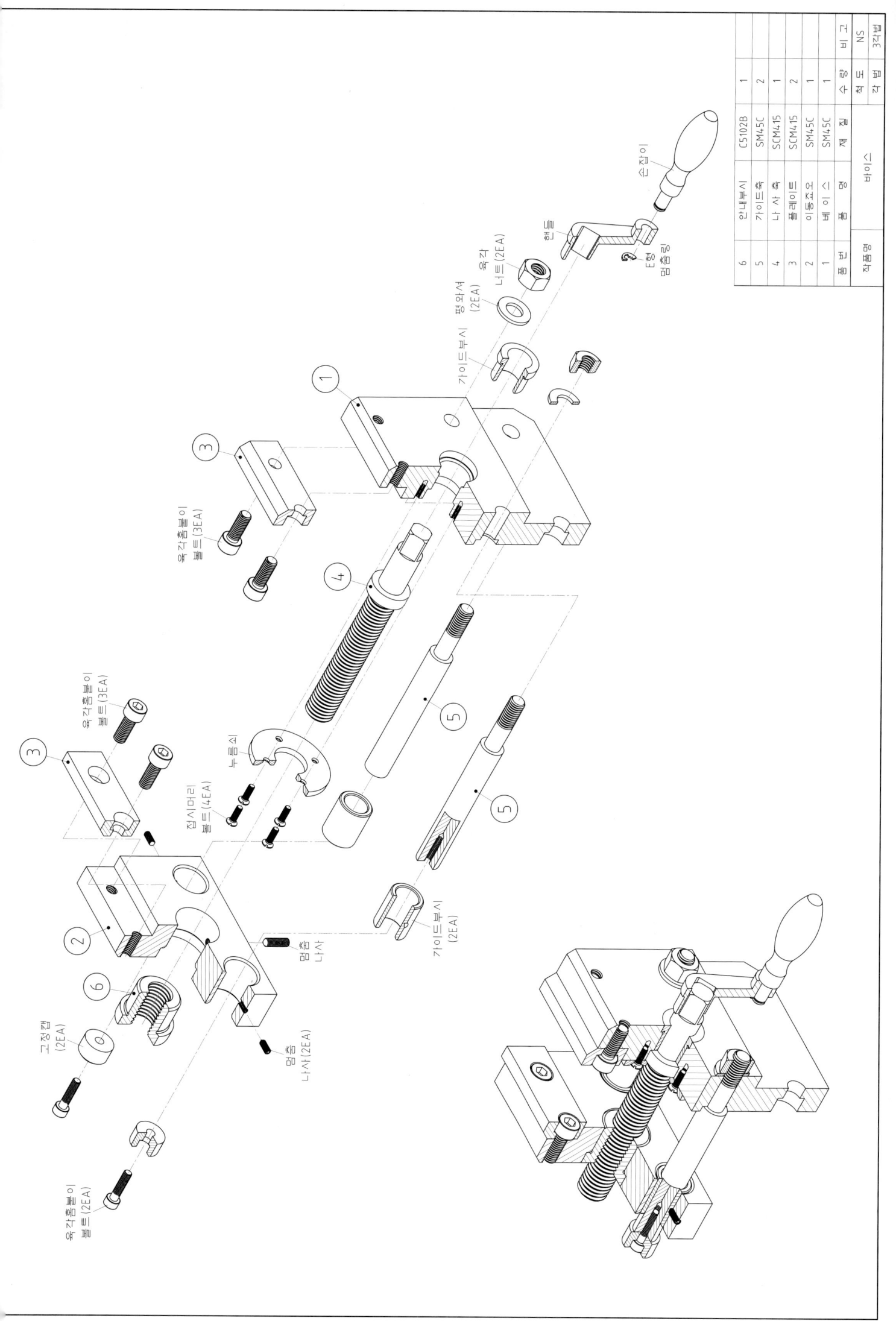

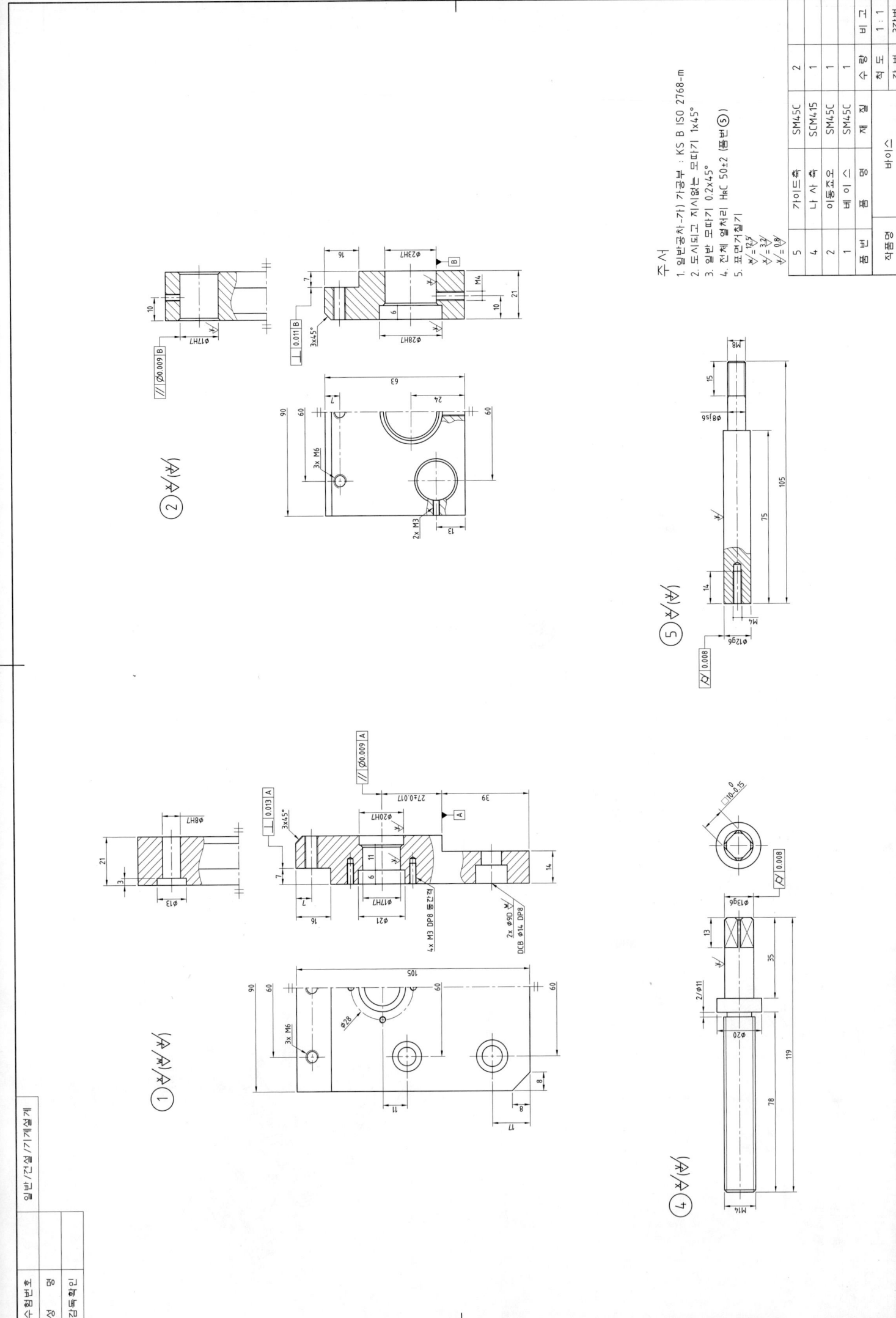

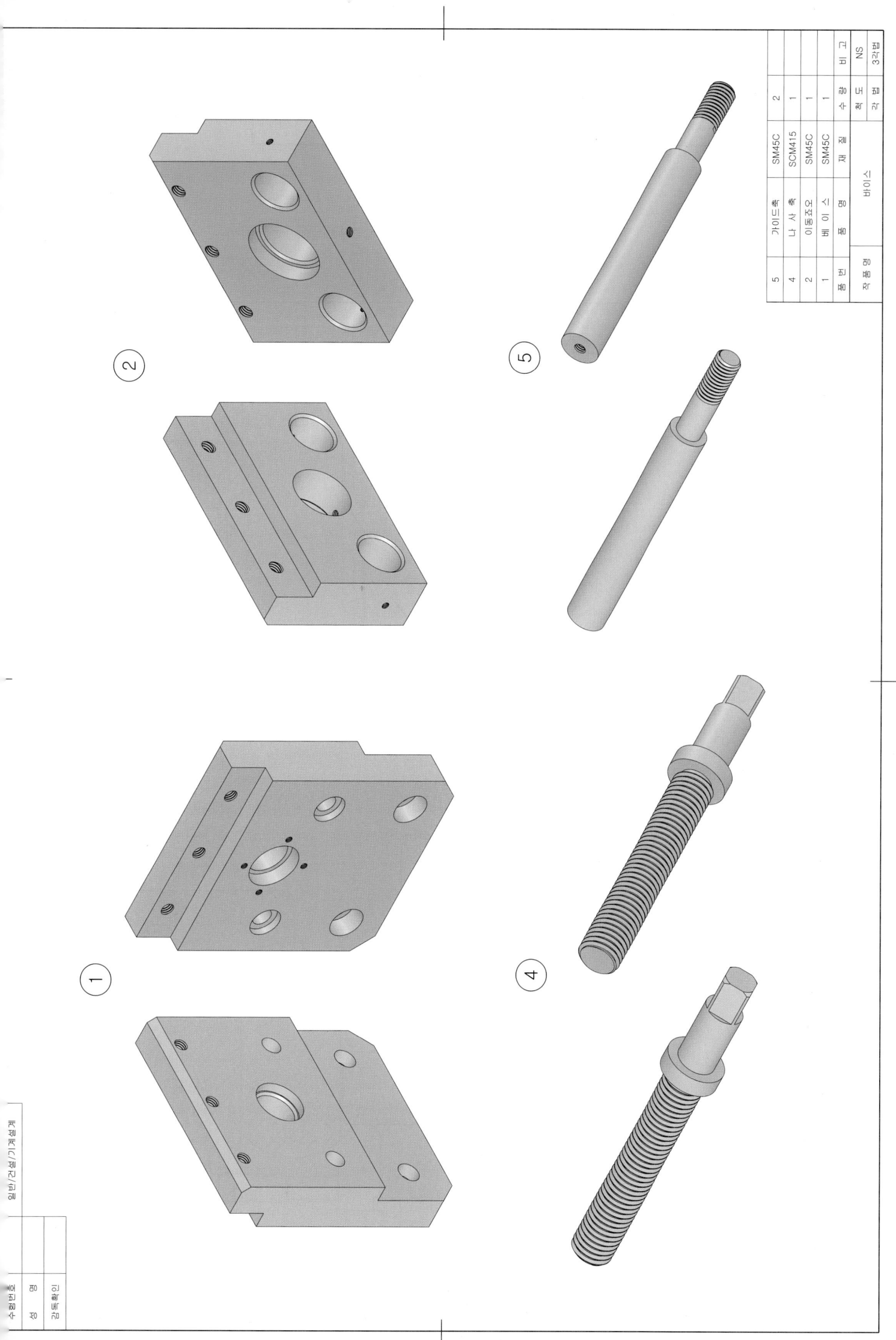

작품명	래크와 피니언	척도	1:1
		투상	3각법

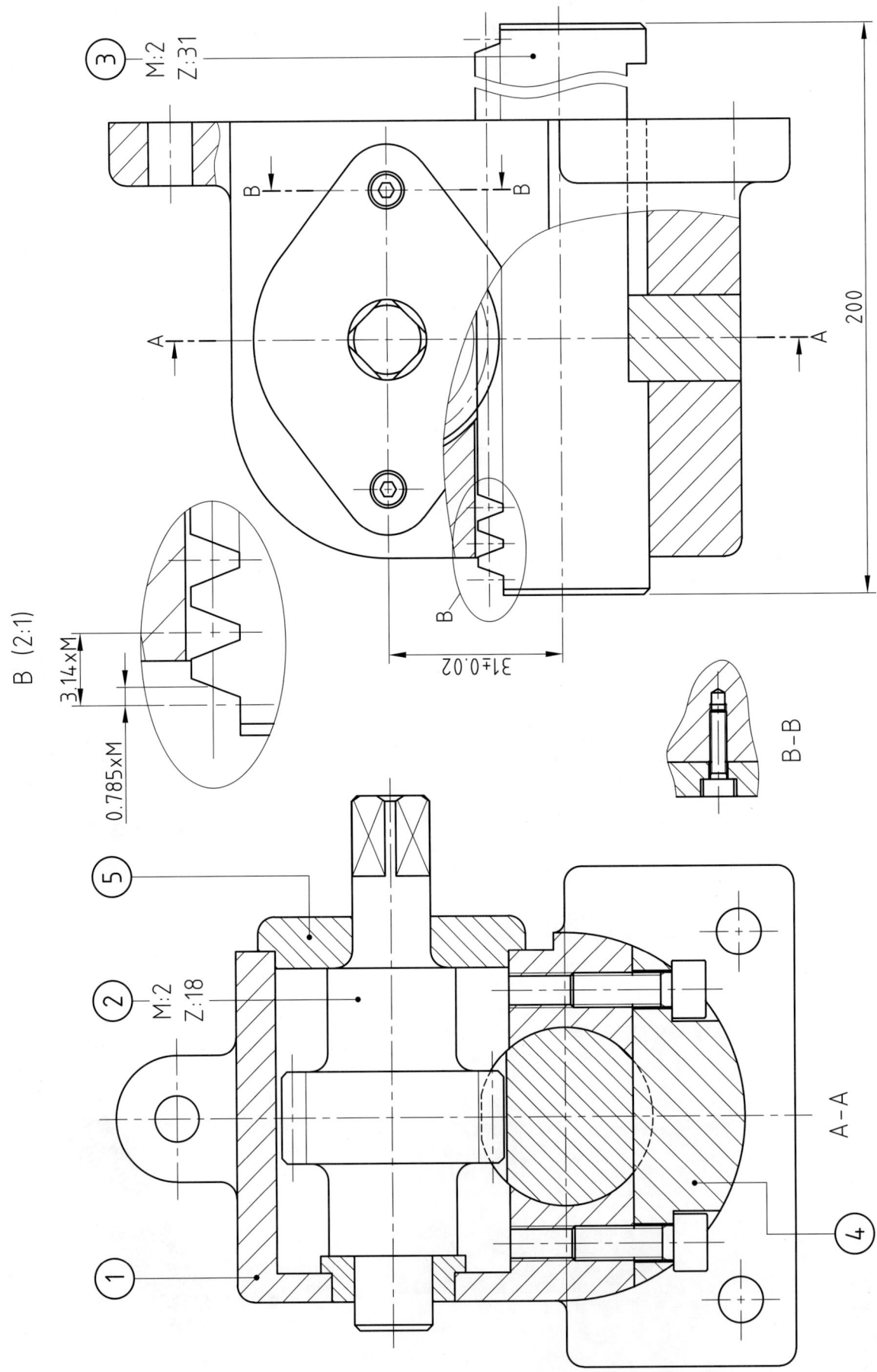

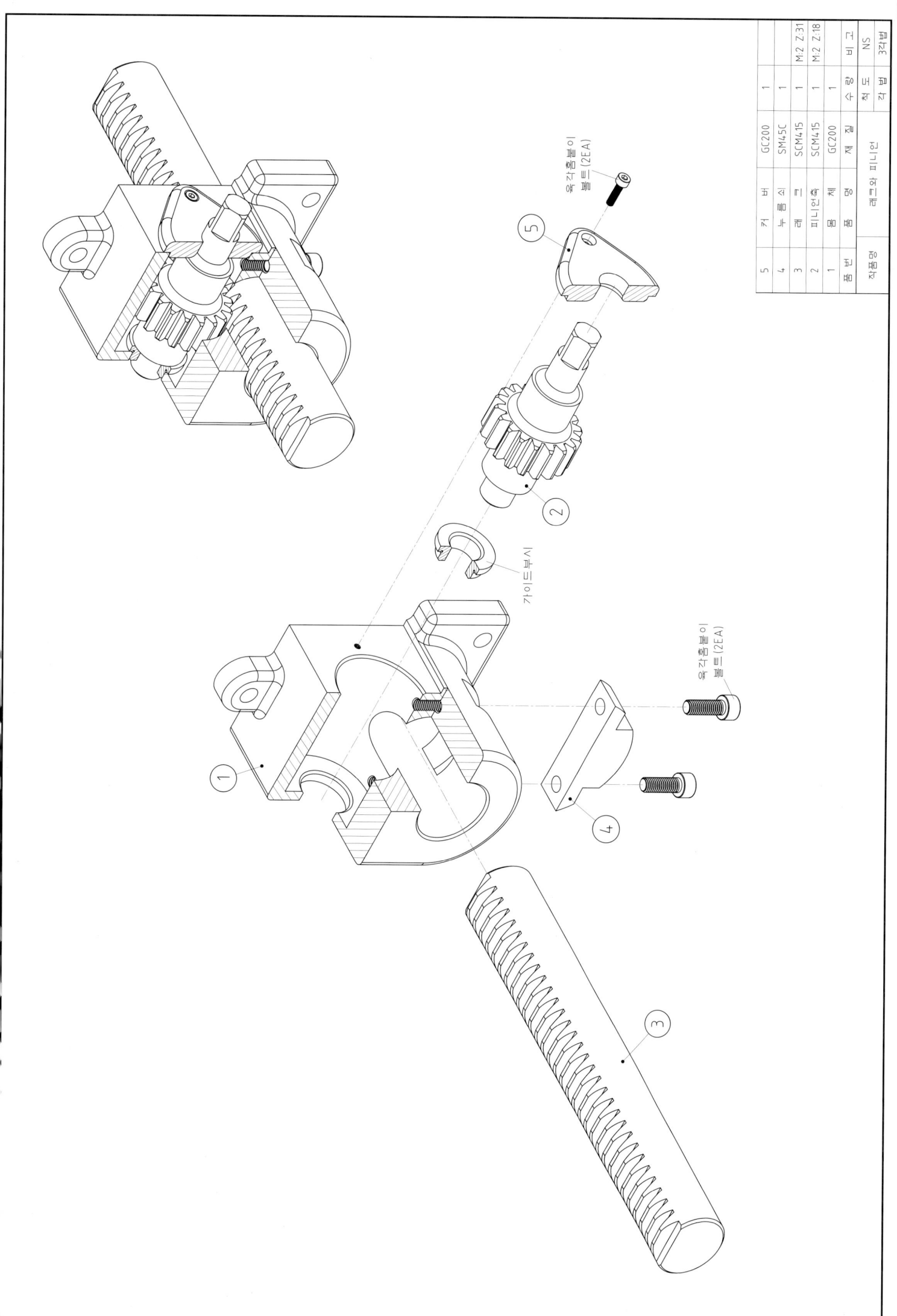

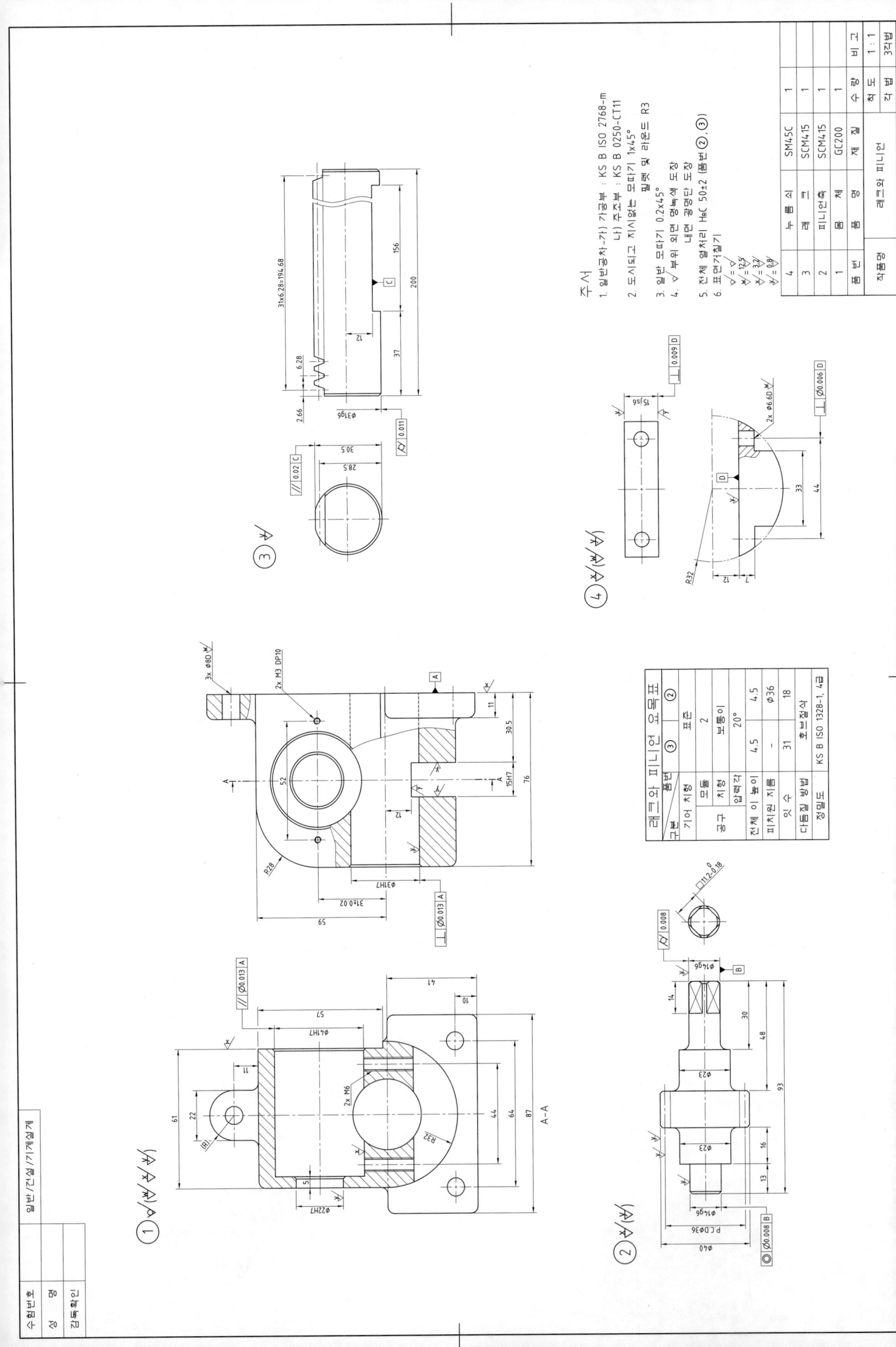

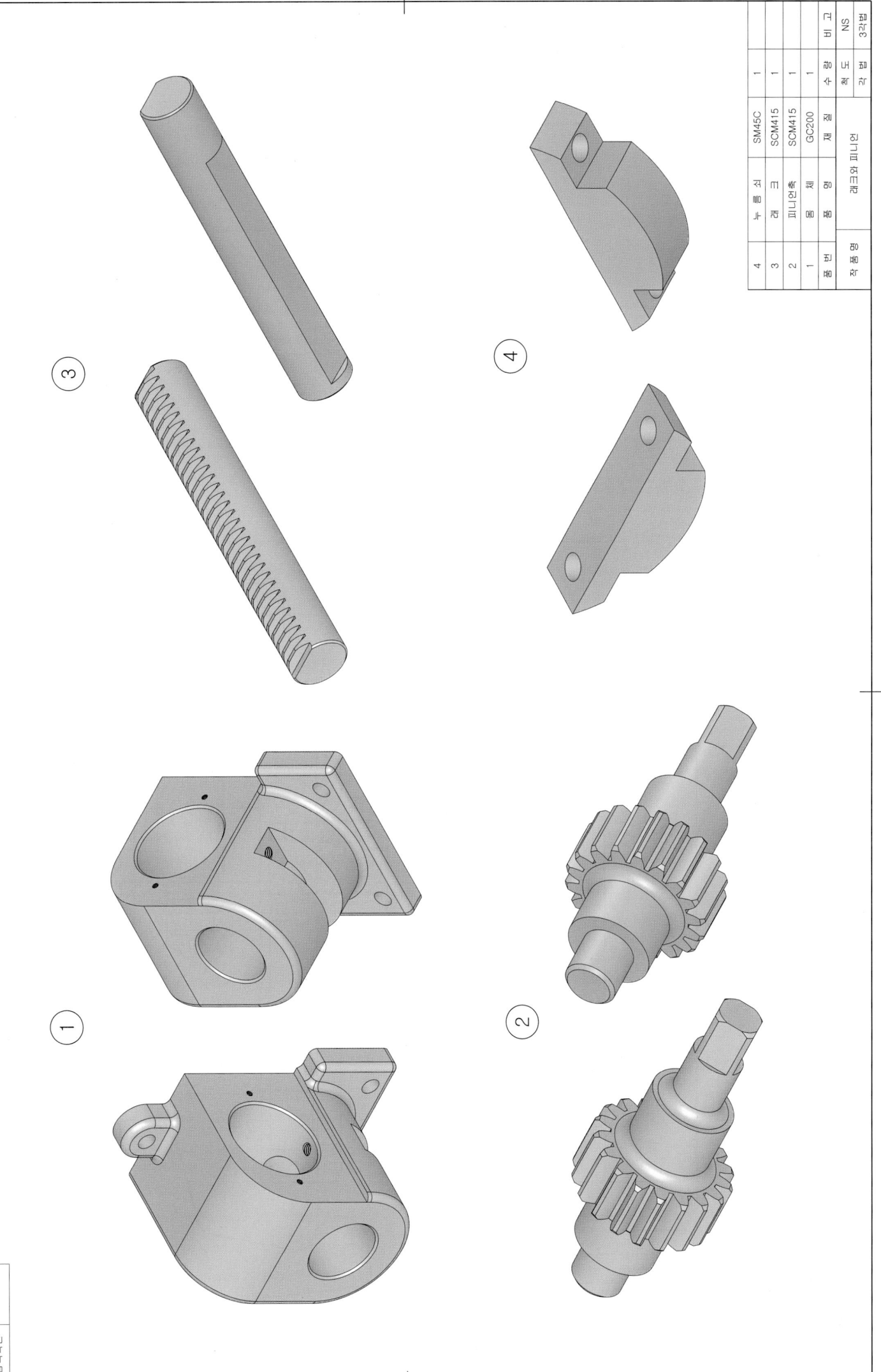

작품명	리밍지그	척 도	1 : 1
		투 상	3각법

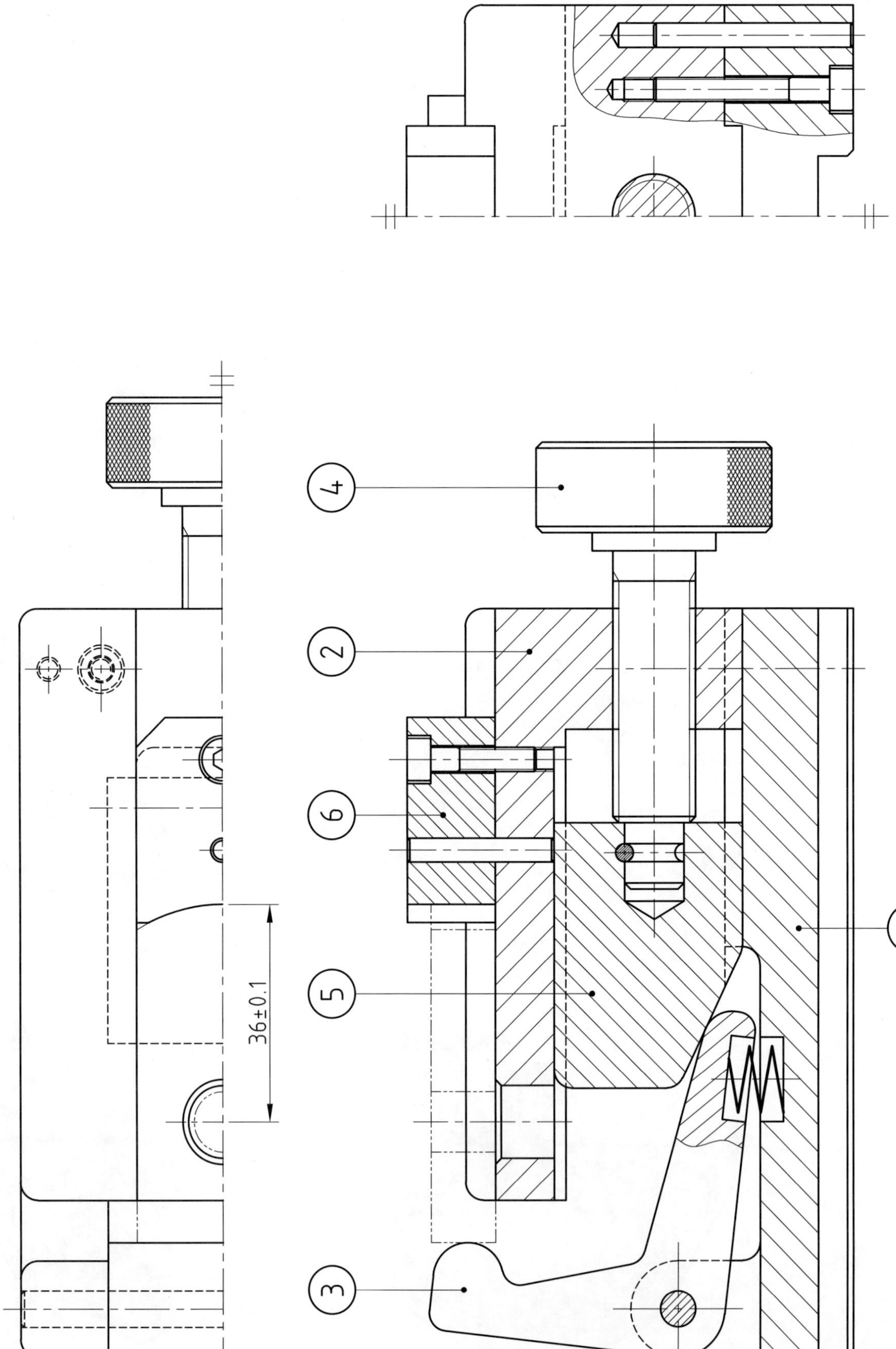

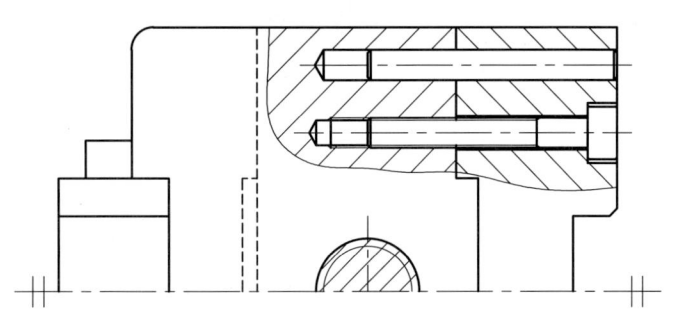

36±0.1

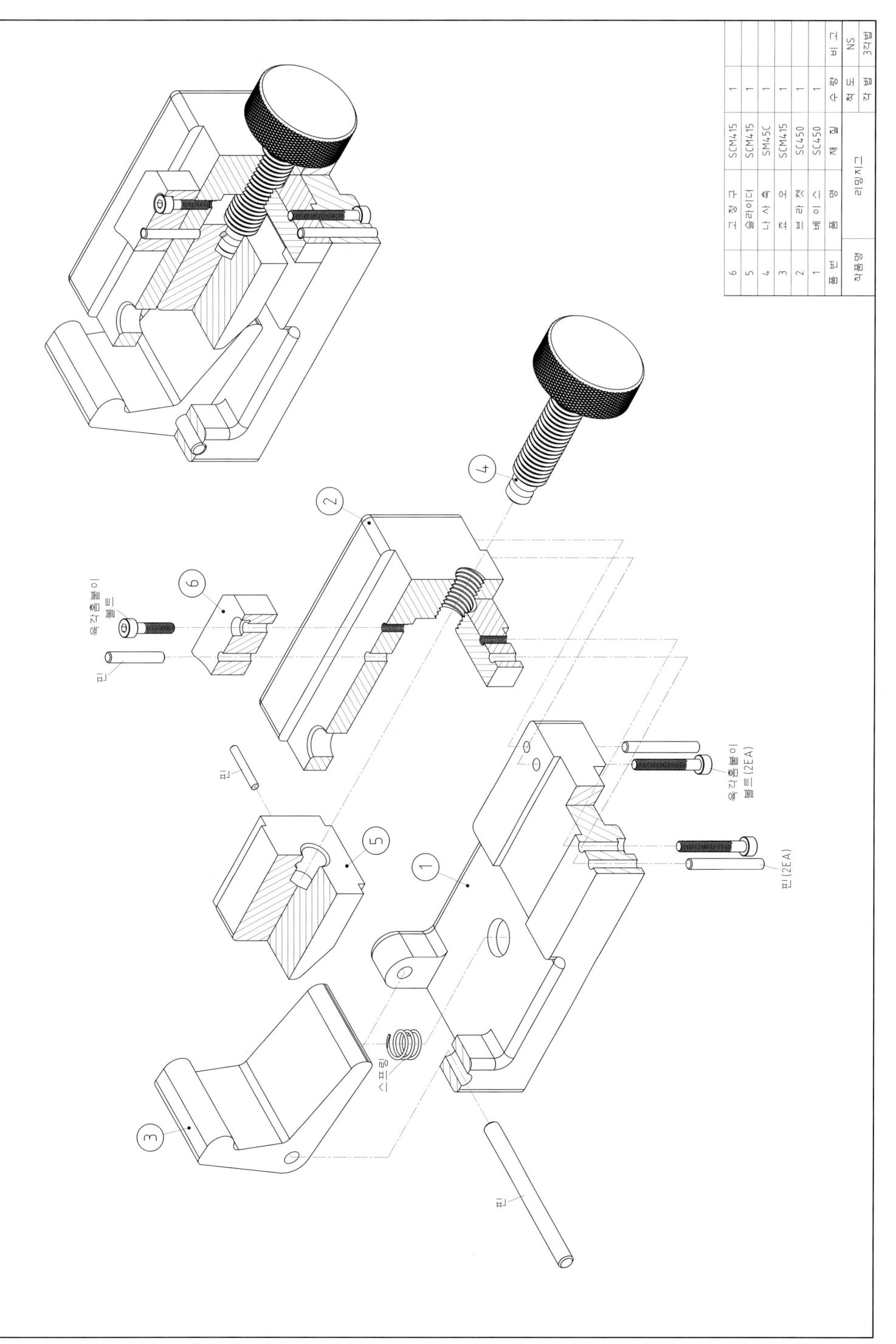

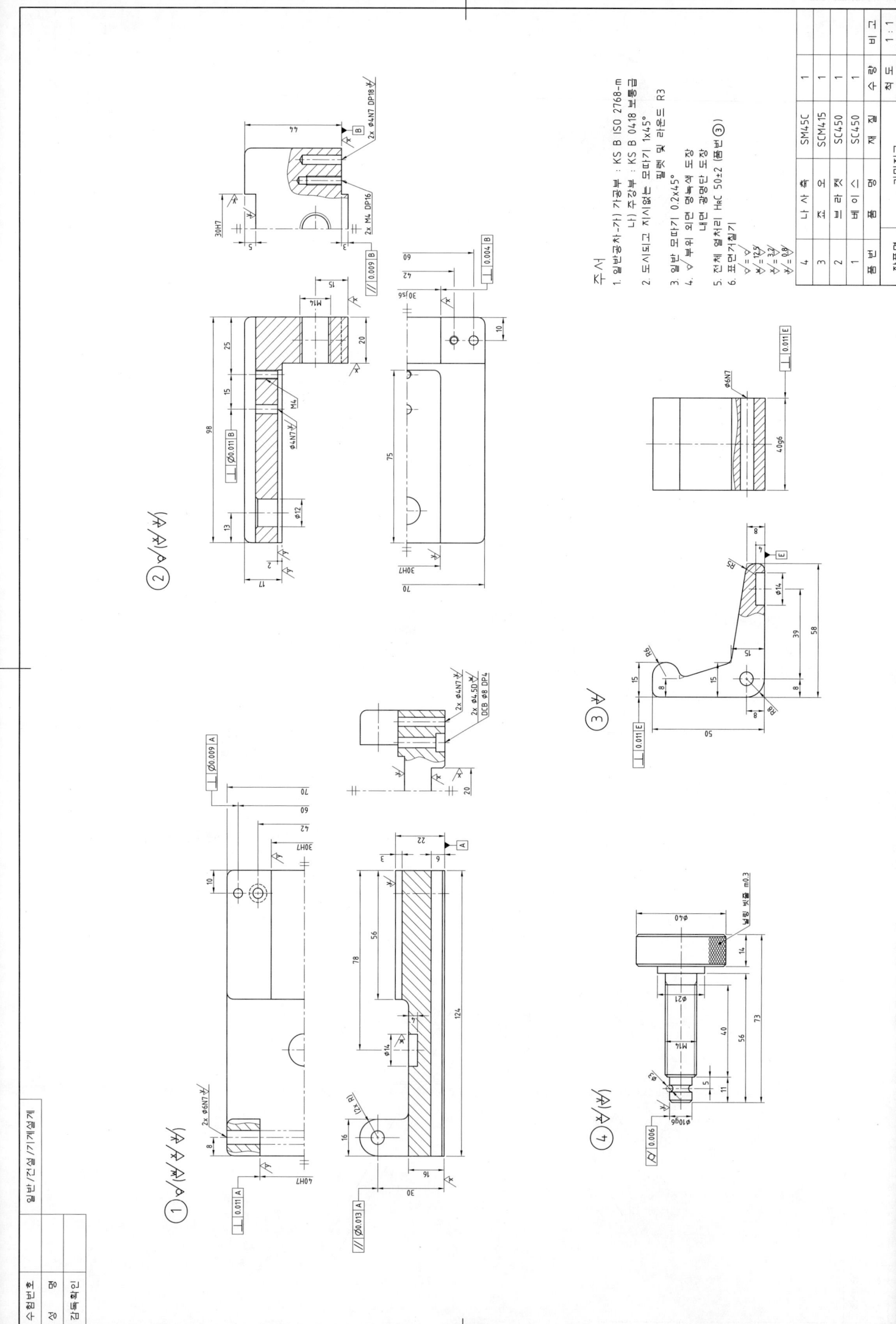

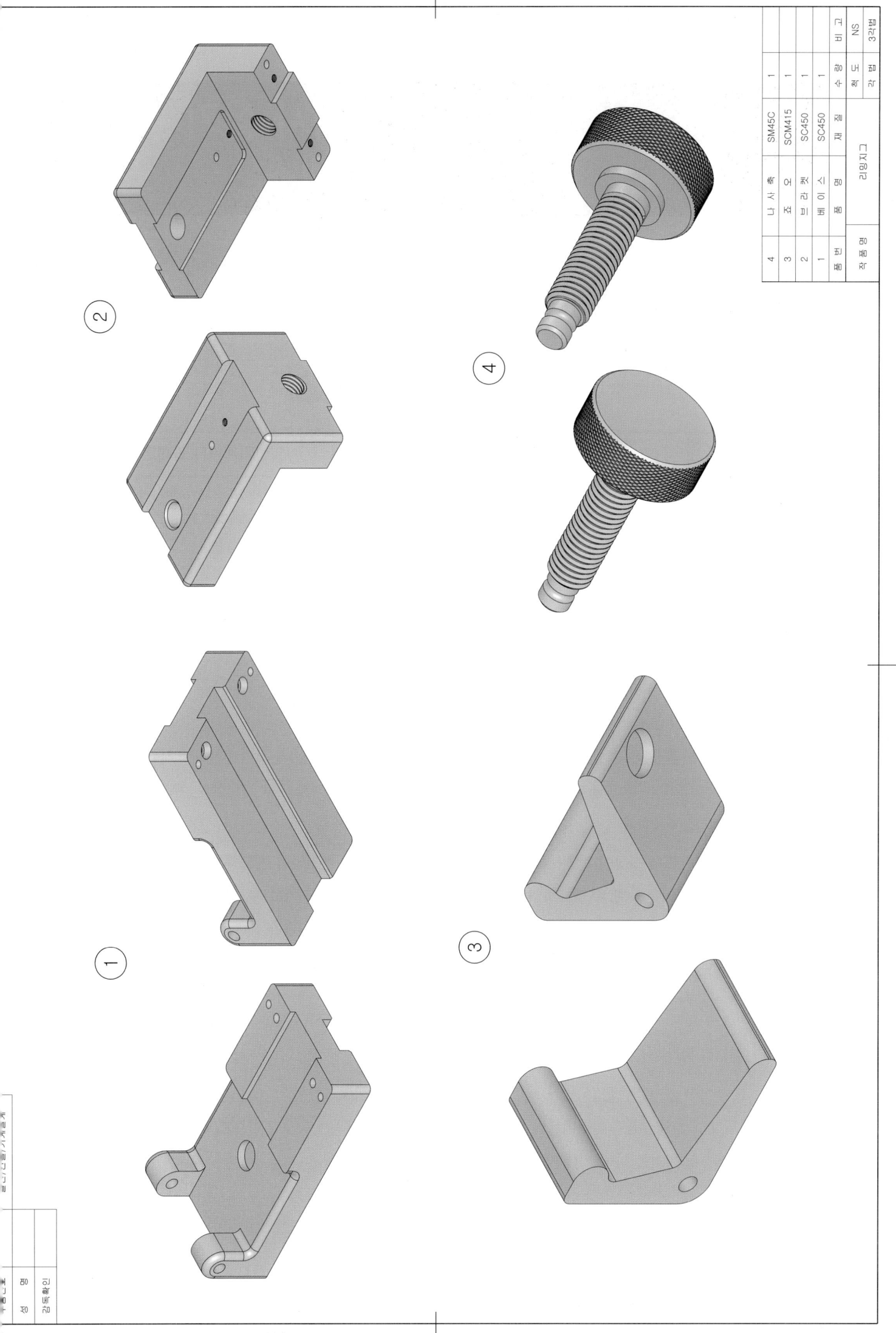

일반기계기사 실기 작업형 문제

1 동력전달장치-1 & 드릴지그-1

일반기계기사 실기 작업형 – 1

자격종목	일반기계기사	과제명	일반기계기사 과제도면

※ 문제지는 시험 종료 후 반드시 반납하시기 바랍니다.

비번호		시험일시		시험장명	

※ 시험시간 : 5시간

1. 요구사항

※ 지급된 재료 및 시설을 사용하여 아래 작업을 완성하라

가. 부품도(2D) 제도

1) 주어진 <u>과제1의 조립도면</u>에 표시된 부품번호 (○,○,○)와(과) <u>과제2의 조립도면</u>에 표시된 부품번호 (○,○,○)의 부품도를 CAD 프로그램을 이용하여 A2용지에 척도는 1:1로 하여, 투상법은 제3각법으로 제도하라.

2) 각 부품들의 형상이 잘 나타나도록 투상도와 단면도 등을 빠짐없이 제도하고, 설계 목적에 맞는 기능 및 작동을 할 수 있도록 치수 및 치수공차, 끼워맞춤 공차와 기하공차 기호, 표면거칠기 기호, 표면처리, 열처리, 주서 등 부품 제작에 필요한 모든 사항을 기입하라.

3) 제도 완료 후 지급된 A3(420x297) 크기의 용지(트레이싱지)에 수험자가 직접 <u>흑백으로</u> 출력하여 확인하고 제출하라.

나. 렌더링 등각 투상도(3D) 제도

1) 주어진 <u>과제1의 조립도면</u>에 표시된 부품번호 (○,○,○)와(과) <u>과제2의 조립도면</u>에 표시된 부품번호 (○,○,○)의 부품을 파라메트릭 솔리드 모델링을 하고, 모양과 윤곽을 알아보기 쉽도록 뚜렷한 음영, 렌더링 처리를 하여 A2용지에 제도하라.

2) 음영과 렌더링 처리는 예시 그림과 같이 형상이 잘 나타나도록 등각 축 2개를 정해 척도는 NS로 실물의 크기를 고려하여 제도하라. (단, 형상은 단면하여 표시하지 않습니다.)

3) 제도 완료 후, 지급된 A3(420x297) 크기의 용지(트레이싱지)에 수험자가 직접 흑백으로 출력하여 확인하고 제출하라.

다. 도면 작성 기준 및 양식

1) 제공한 KS 데이터에 수록되지 않은 제도규격이나 데이터는 과제로 제시된 도면을 기준으로 하여 제도하거나 ISO규격과 관례에 따라 제도하라.

2) 문제의 조립도면에서 표시되지 않은 제도규격은 지급한 KS규격 데이터에서 선정하여 제도하라.

3) 문제의 조립도면에서 치수와 규격이 일치하지 않을 때는 해당규격으로 제도하라. (단, 과제도면에 치수가 명시되어 있을 때는 명시된 치수로 작성하라.)

4) 도면 작성 양식과 3D 렌더링 등각 투상도는 아래 그림을 참고하여 나타내고, 좌측상단 A부에 수험번호을 먼저 작성하고, 오른쪽 하단에 B부에는 표제란과 부품란을 작성한 후 제도작업을 하라. (단, A부와 B부는 부품도(2D)와 렌더링 등각 투상도(3D)에 모두 작성하라.)

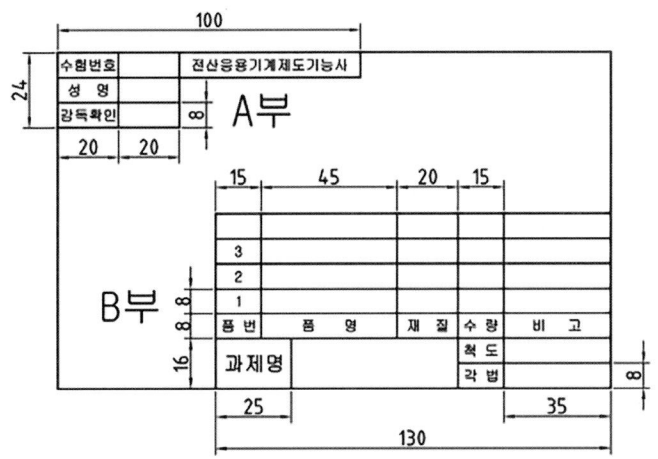
〈도면 작성 양식(부품도 및 등각 투상도)〉

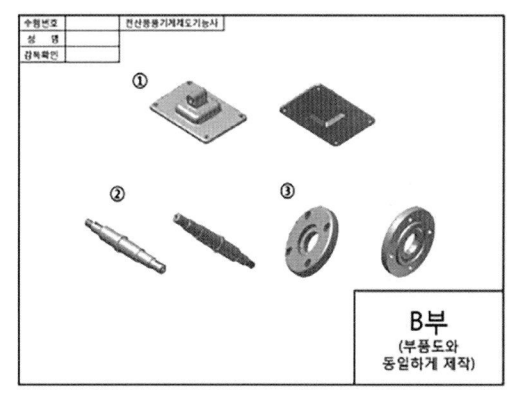
〈3D 렌더링 등각 투상도 예시〉

[도면 작성 양식은 전산응용기계제도기능사 예시]

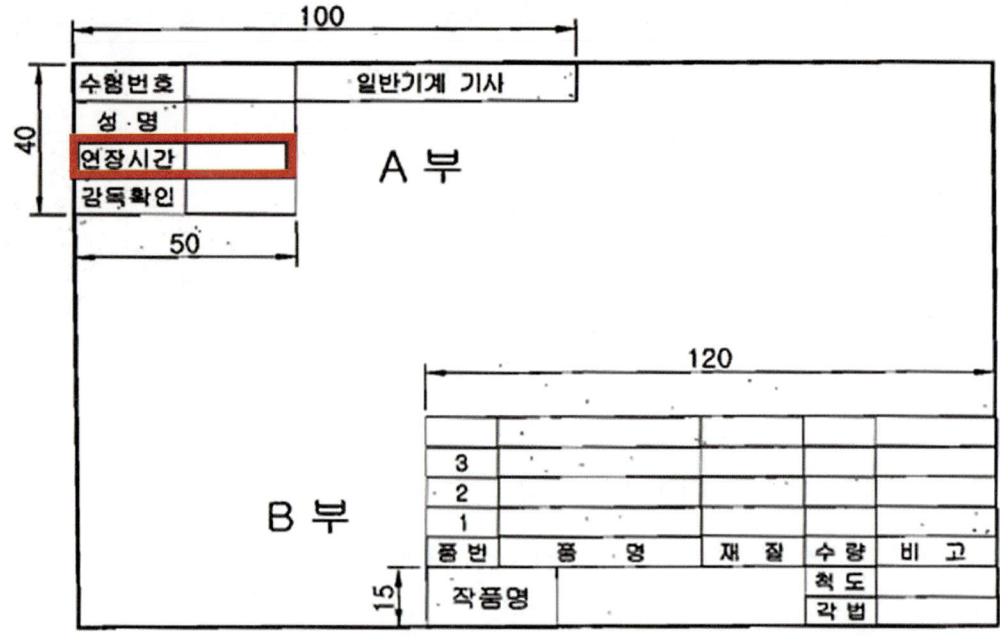

[모범답안 도면 작업시 사용한 양식. 단, 연장시간 칸은 현재 삭제 시행(40→30)]

5) 도면의 크기 및 한계설정(Limits), 윤곽선 및 중심마크 크기는 다음과 같이 설정하고, a와 b의 도면의 한계선(도면의 가장자리 선)이 출력되지 않도록 하라.

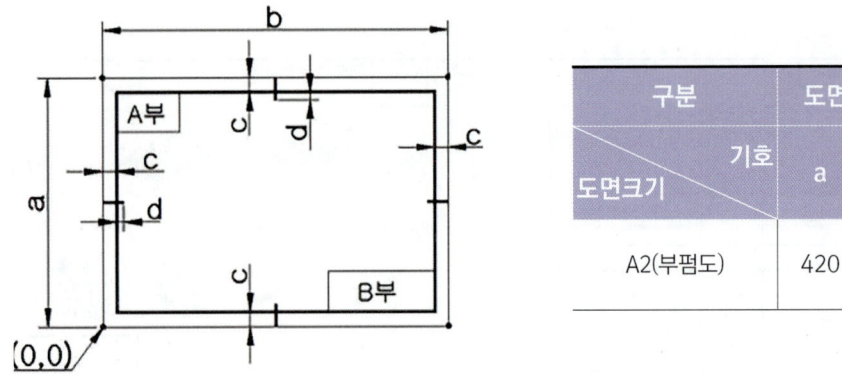

구분 도면크기	기호	도면의 한계		중심마크	
		a	b	c	d
A2(부품도)		420	594	10	5

[도면의 크기 및 한계설정, 윤곽선 및 중심마크]

6) 선 굵기에 따른 색상은 다음과 같이 설정하라.

선 굵기	색 상	용 도
0.70mm	하늘색(Cyan)	윤곽선, 중심 마크
0.50mm	초록색(Green)	외형선 개별주서 등
0.35mm	노란색(Yellow)	숨은선, 치수문자, 일반주서 등
0.25mm	빨강(Red), 흰색(White)	치수선, 치수보조선, 중심선, 해칭선 등

※ 위 표는 Autocad 프로그램 상에서 출력을 용이하게 위한 설정이므로 다른 프로그램을 사용할 경우 위 항목에 맞도록 문자, 숫자, 기호의 크기, 선 굵기를 지정하시기 바랍니다.

7) 문자, 숫자, 기호의 높이는 7.0 mm, 5.0 mm, 3.5 mm, 2.5 mm 중 적절한 것을 사용하라.

2. 수험자 유의사항

※ 다음 유의사항을 고려하여 요구사항을 완성하라.

1) 시작 전 감독위원이 지정한 곳에 본인 비번호로 폴더를 생성한 후 이 폴더에서 비번호를 파일명으로 작업 내용을 저장하고, 작업이 끝나면 비번호 폴더 전체를 감독위원에게 제출하라. (파일제출 후에는 도면(파일) 수정 불가) 그리고 시험 종료 후 PC의 작업내용은 삭제합니다.

2) 수험자에게 주어진 문제는 비번호, 시험일시, 시험장명을 기재하여 반드시 제출합니다.

3) 마련한 양식의 A부 내용을 기입하고 감독위원의 확인 서명을 받아야 하며, B부는 수험자가 작성합니다.

4) 정전 또는 기계고장으로 인한 자료손실을 방지하기 위하여 수시로 저장합니다.
   - 이러한 문제 발생 시 "작업정지시간 + 5분"의 추가시간을 부여합니다.

5) 수험자는 제공된 장비의 안전한 사용과 작업 과정에서 안전수칙을 준수합니다.

6) 연속적인 컴퓨터 작업 시에는 신체에 무리가 가지 않도록 적절한 몸 풀기(스트레칭) 동작을 취하여야 합니다.

7) 도면에는 문제와 관련 없는 불필요한 낙서나 특이한 기록사항 등을 기재하여서는 안되며, 인적사항 기재란 외의 부분에 도면과 관련 없는 특수한 표시를 하거나 특정인임을 암시하는 경우 전체를 0점 처리합니다.

8) 다음 사항에 대해서는 채점 대상에서 제외하니 특히 유의하시기 바랍니다.

가. 기권

(1) 수험자 본인이 수험 도중 기권 의사를 표시한 경우

나. 실격

(1) 시험 시작 전 program 설정을 조정하거나 미리 작성된 Part program(도면, 단축 키 셋업 등) 또는 LISP 등과 같은 Block(도면양식, 표제란, 부품란, 요목표, 주서 및 표면 거칠기 등)을 사용한 경우

(2) 채점 시 도면 내용이 다른 수험자와 일부 또는 전부가 동일한 경우

(3) 파일로 제공한 KS 데이터에 의하지 않고 지참한 노트나 서적을 열람한 경우

(4) 수험자의 장비조작 미숙으로 파손 및 고장을 일으킨 경우

다. 미완성

(1) 시험시간 내에 부품도(1장), 렌더링 등각투상도(1장)를 하나라도 제출하지 아니한 경우

(2) 수험자의 직접 출력시간이 10분을 초과한 경우

　　(다만, 출력시간은 시험시간에서 제외하며, 출력된 도면의 크기 또는 색상 등이 채점하기 어렵다고 판단될 경우에는 감독위원의 판단에 의해 1회에 한하여 재출력이 허용됩니다.)

　　－단, 재출력 시 출력 설정만 변경해야 하며 도면 내용을 수정하거나 할 수는 없습니다.

(3) 요구한 부품도, 렌더링 등각 투상도 중에서 1개라도 투상도가 제도되지 않은 경우

　　(지시한 부품번호에 대하여 모두 작성해야 하며 하나라도 누락되면 미완성 처리)

라. 오작

(1) 요구한 도면 크기에 제도되지 않아 제시한 출력용지와 크기가 맞지 않는 작품

(2) 투상법이나 척도가 요구사항과 전혀 맞지 않은 도면

(3) 전반적으로 KS 제도규격에 의해 제도되지 않았다고 판단된 도면

(4) 지급된 용지(트레이싱지)에 출력되지 않은 도면

(5) 끼워맞춤공차 기호를 부품도에 기입하지 않았거나 아무 위치에 지시하여 제도한 도면

(6) 끼워맞춤 공차의 구멍 기호(대문자)와 축 기호(소문자)를 구분하지 않고 지시한 도면

(7) 기하공차 기호를 부품도에 기입하지 않았거나 아무 위치에 지시하여 제도한 도면

(8) 표면거칠기 기호를 부품도에 기입하지 않았거나 아무 위치에 지시하여 제도한 도면

(9) 조립상태(조립도 혹은 분해조립도)로 제도하여 기본지식이 없다고 판단되는 도면

※ 출력은 수험자 판단에 따라 CAD 프로그램 상에서 출력하거나 PDF 파일 또는 출력 가능한 호환성 있는 파일로 변환하여 출력하여도 무방합니다.

※ 이상은 전산응용기계제도기능사 공개도면을 참고하였고 일반기계기사 실기 작업형 출제 안을 고려한 내용입니다.

작품명	동력전달장치-1	척 도	1:1
		투 상	3각법

3. 문제 도면

※ 과제1의 도면(동력전달장치-1): ①, ③

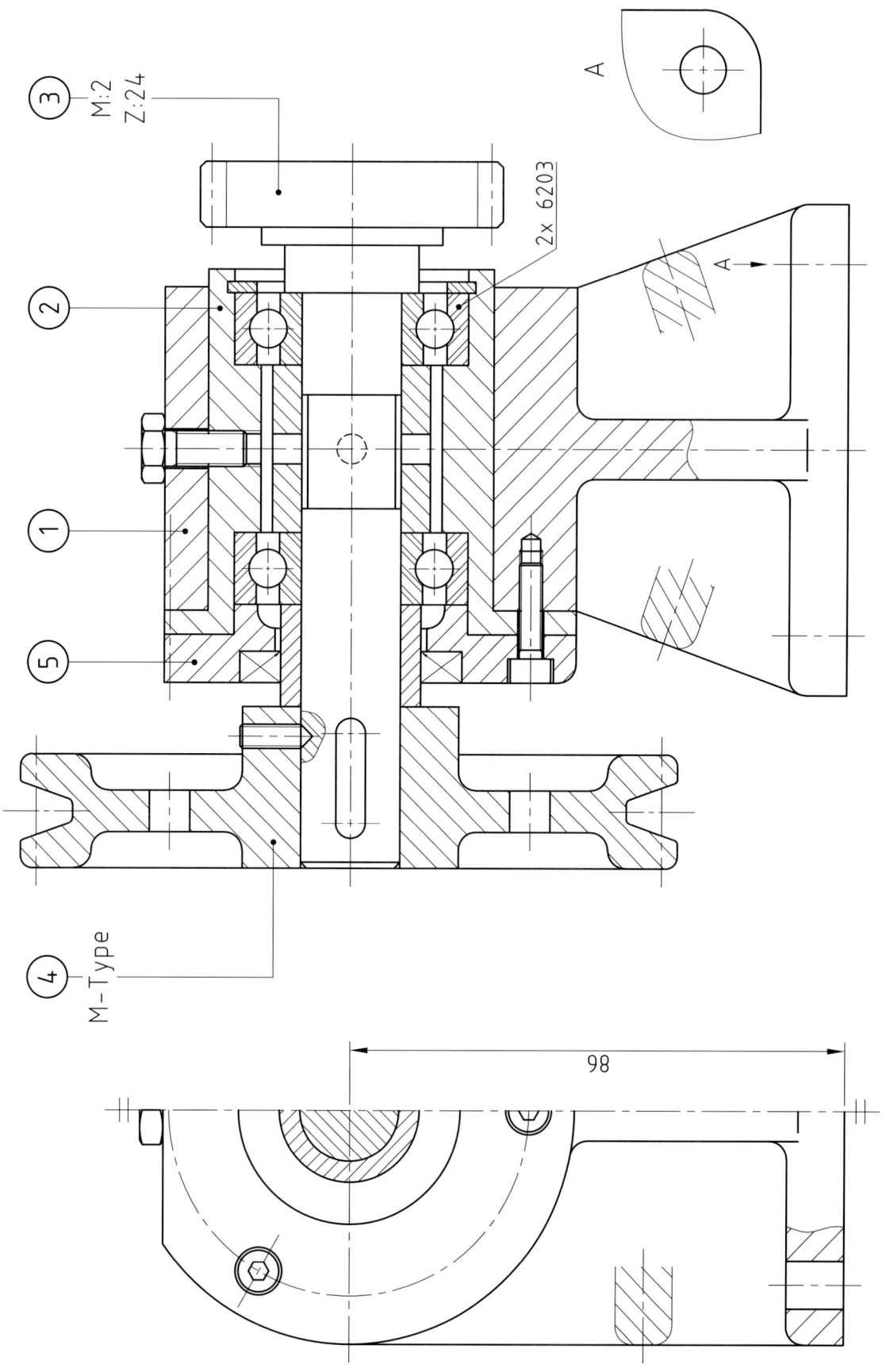

작품명	드릴지그-1	척 도	1:1
		투 상	3각법

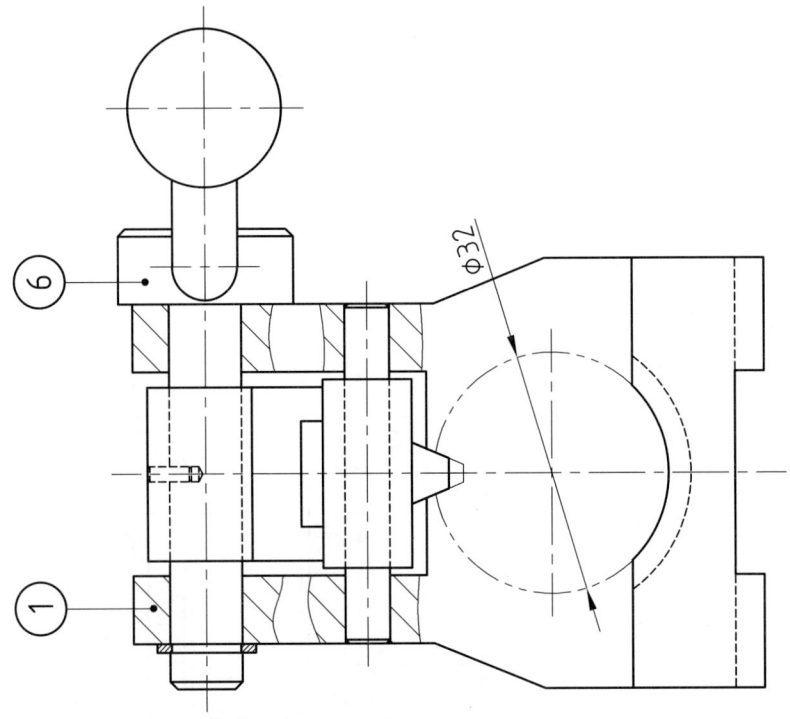

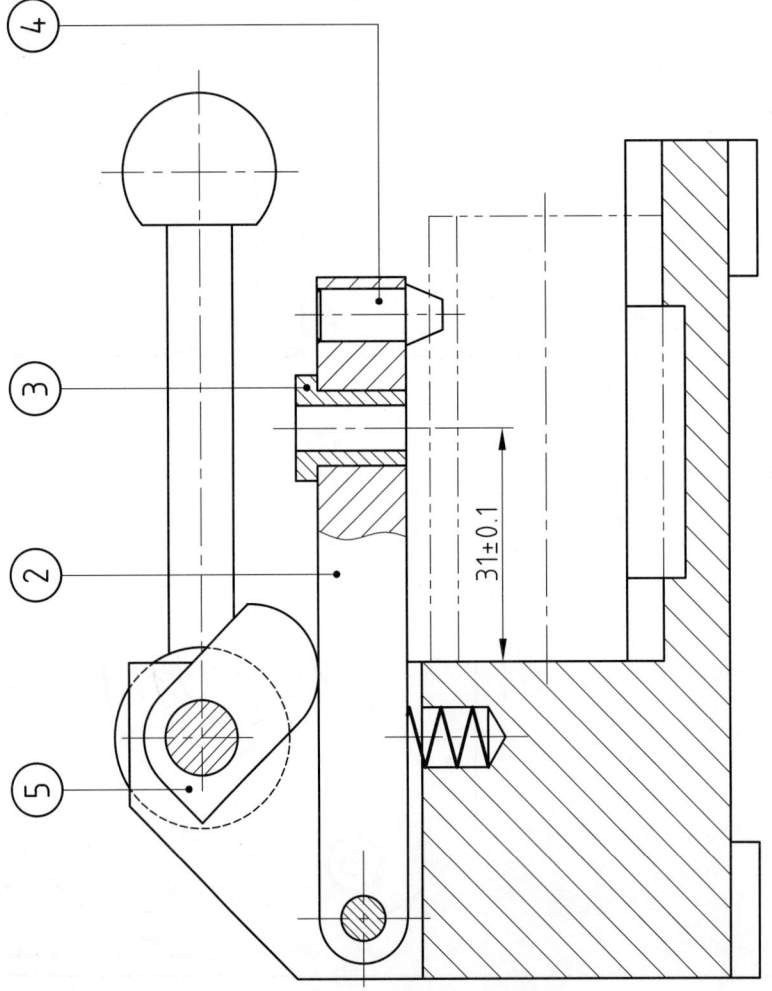

※ 과제2의 도면(드릴지그-1): ②, ⑤

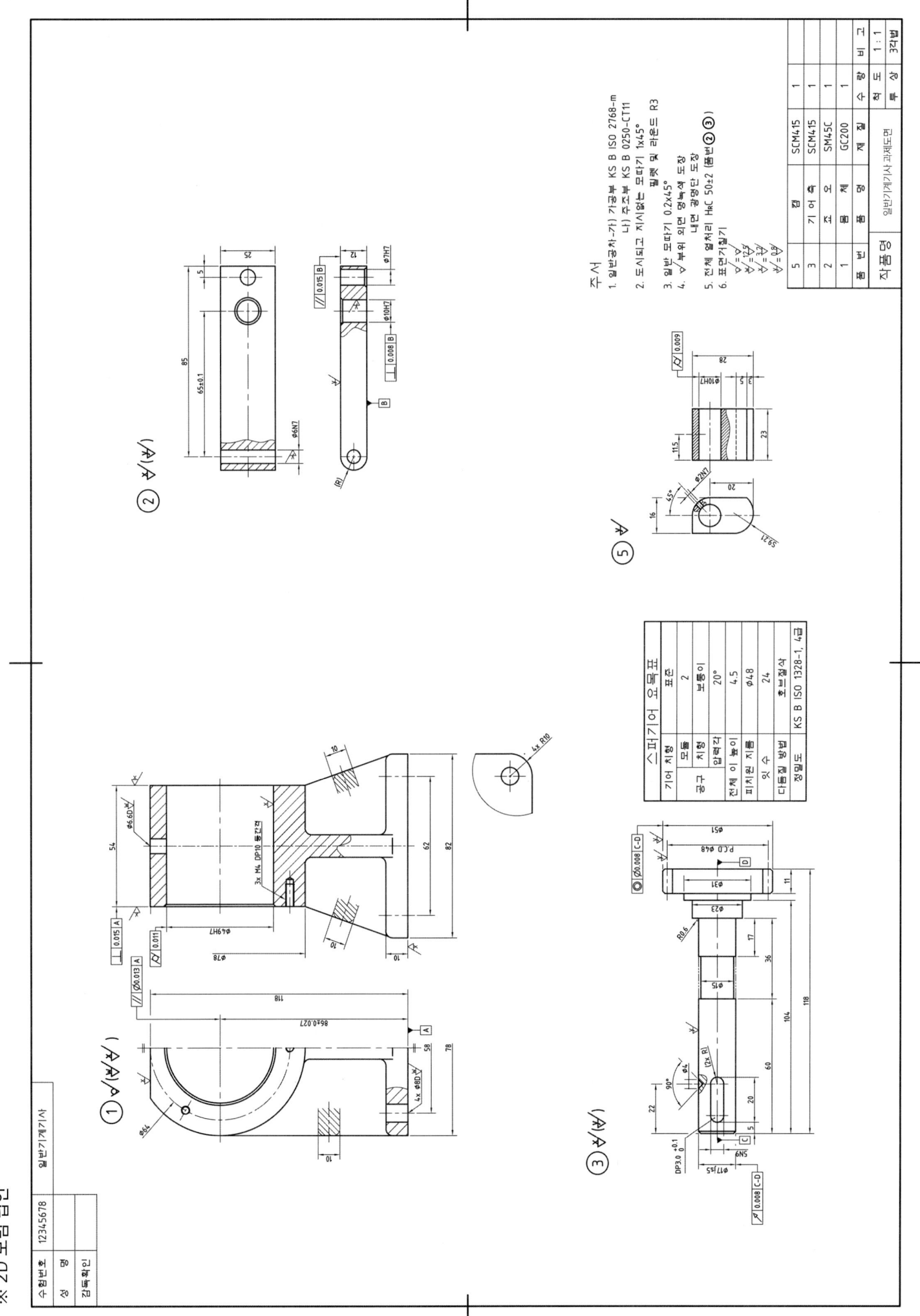

※ 3D 모범 답안

수험번호	12345678	일반기계기사
성 명		
감독확인		

품번	품명	재질	수량	비고
1	본체	GC200	1	
2	죠오	SM45C	2	
3	기어축	SCM415	1	
5	캠	SCM415	1	

작품명 일반기계기사 과제도면 척도 NS

② 동력전달장치-3 & 클램프-1

일반기계기사 실기 작업형 – 2

자격종목	일반기계기사	과제명	일반기계기사 과제도면

※ 문제지는 시험 종료 후 반드시 반납하시기 바랍니다.

비번호		시험일시		시험장명	

※ 시험시간 : 5시간

1. 요구사항

- 이하 생략(일반기계기사 실기 작업형 – 1 참고)
- 문제도면: 과제1 도면과 과제2 도면

작품명	동력전달장치-3	척 도	1 : 1
		투 상	3각법

※ 과제1의 도면(동력전달장치-3): ①, ⑥

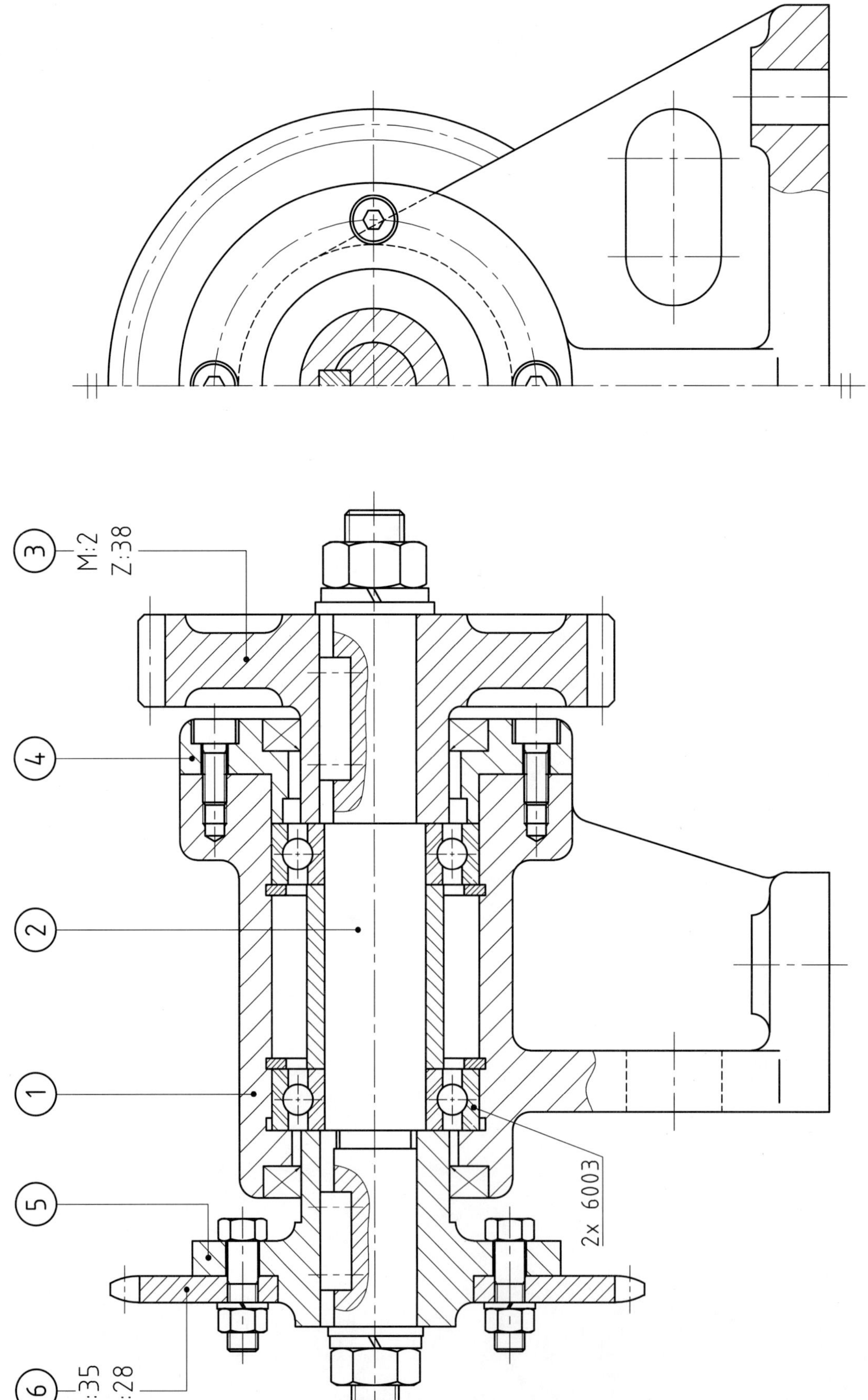

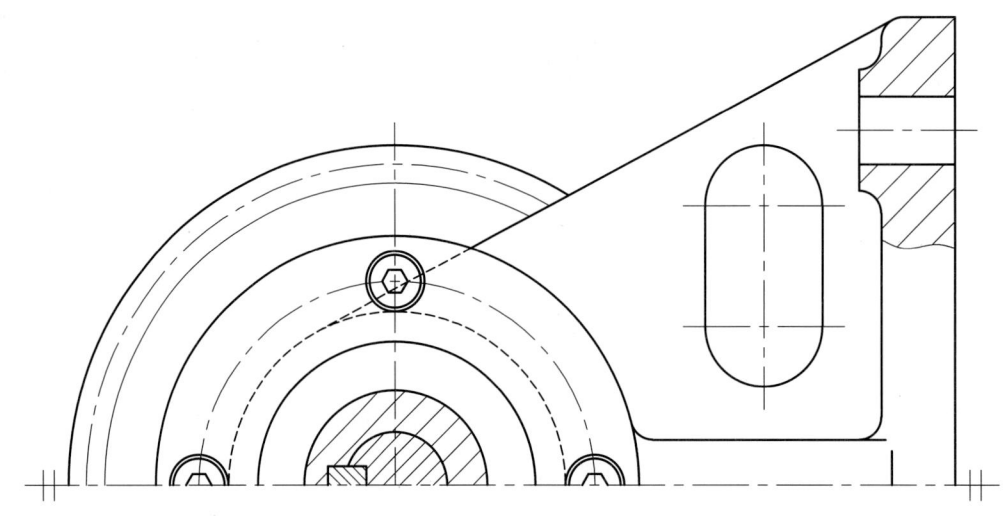

작품명	클램프-1	척 도	1:1
		투 상	3각법

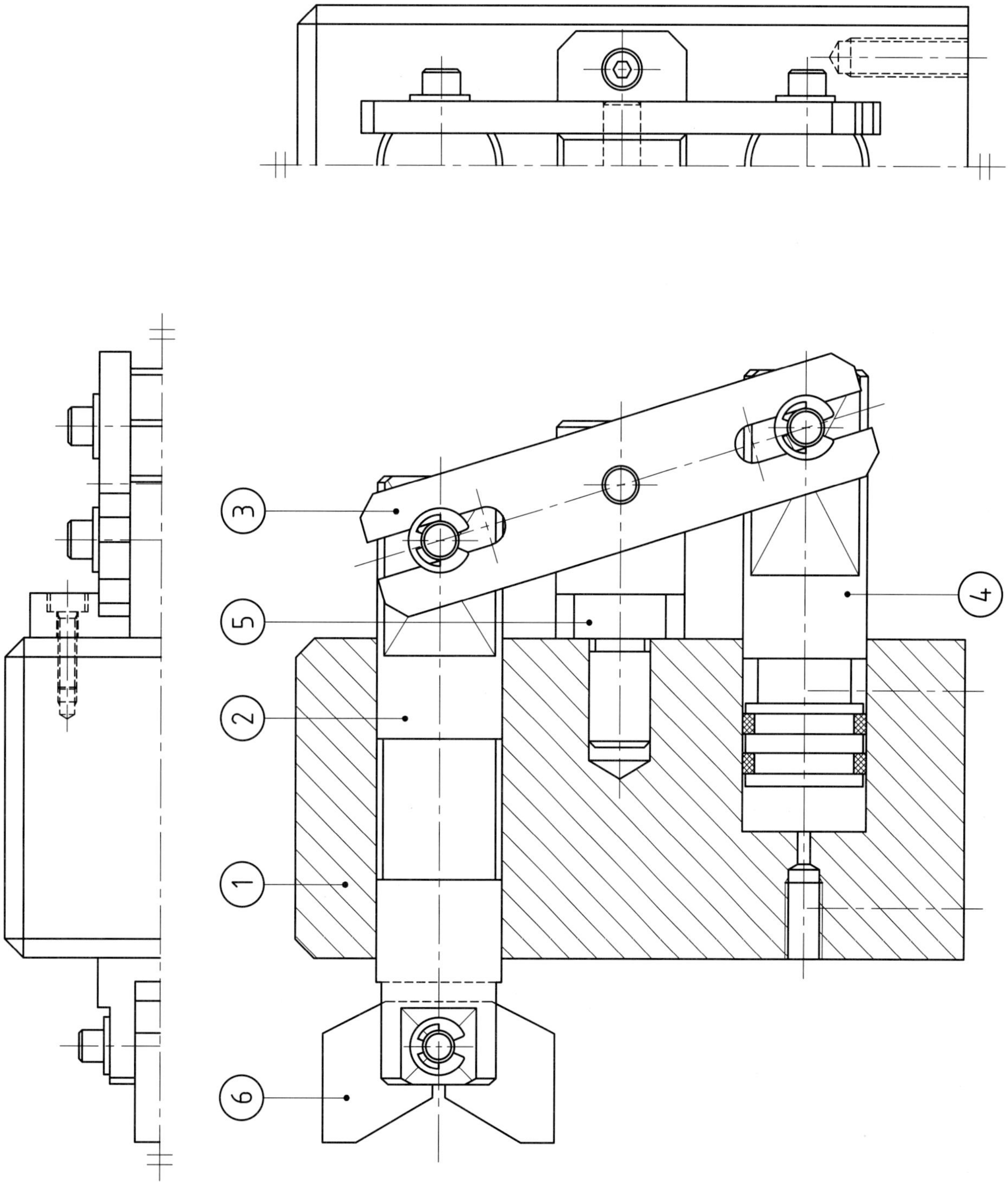

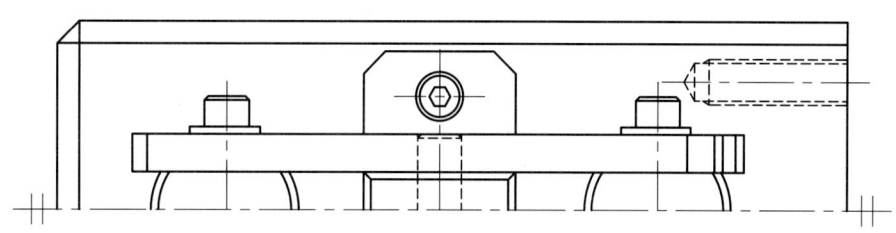

※ 과제2의 도면(클램프-1): ②, ⑤

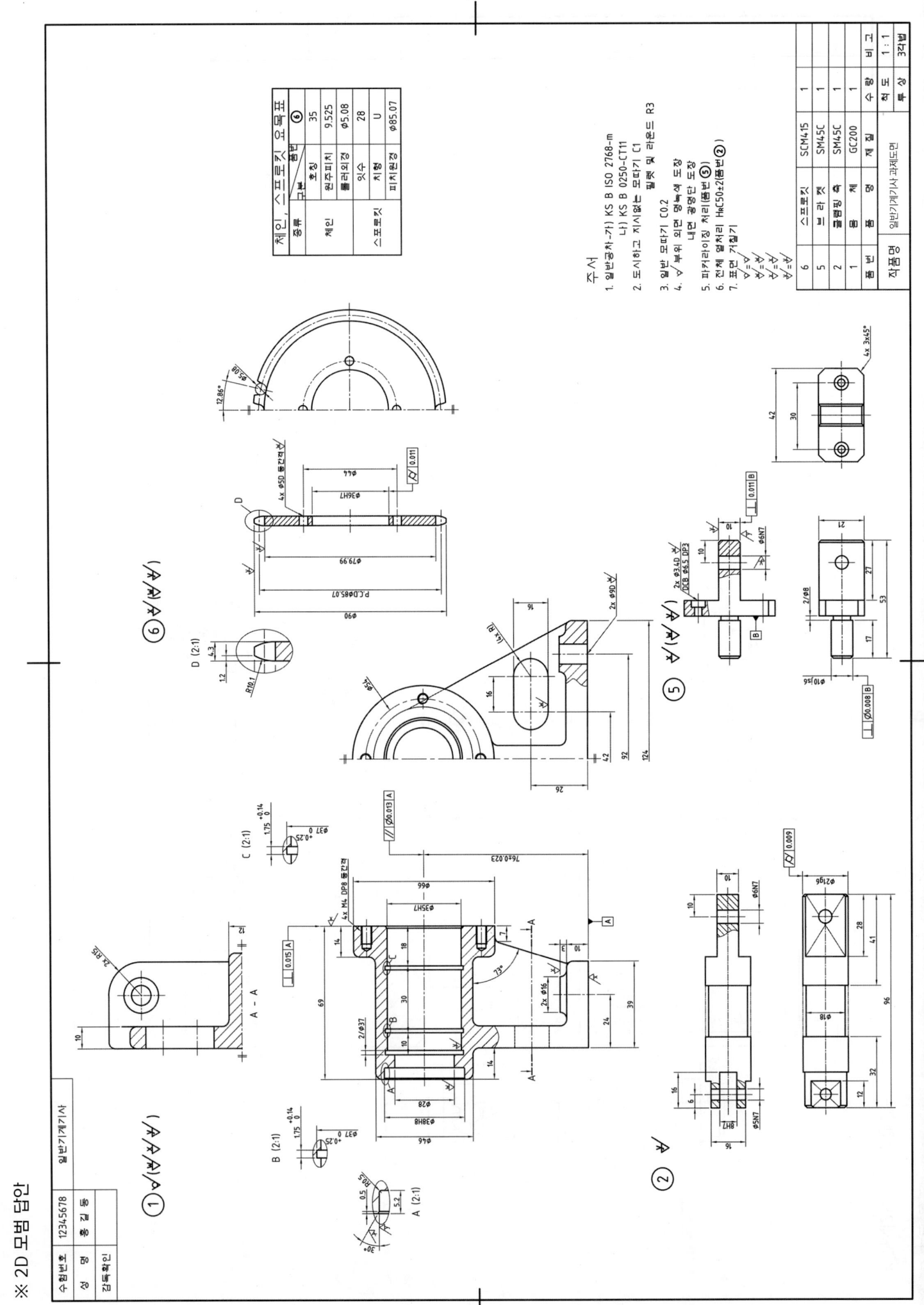

품번	품 명	재 질	수량	비 고
6	스프로킷	SCM415	1	NS
5	브라킷	SM45C	1	
2	플랜지축	SM45C	1	
1	몸체	GC200	1	

| 작품명 | 일반기계기사과제도면 | | | 각법 |

③ 편심왕복장치-1 & 드릴지그-2

일반기계기사 실기 작업형 – 3

자격종목	일반기계기사	과제명	일반기계기사 과제도면

※ 문제지는 시험 종료 후 반드시 반납하시기 바랍니다.

비번호		시험일시		시험장명	

※ 시험시간 : 5시간

1. 요구사항

- 이하 생략(일반기계기사 실기 작업형 – 1 참고)
- 문제도면: 과제1 도면과 과제2 도면

작품명	편심왕복장치-1	척도	1:1
		투상	3각법

※ 과제1의 도면(편심왕복장치-1): ①, ②

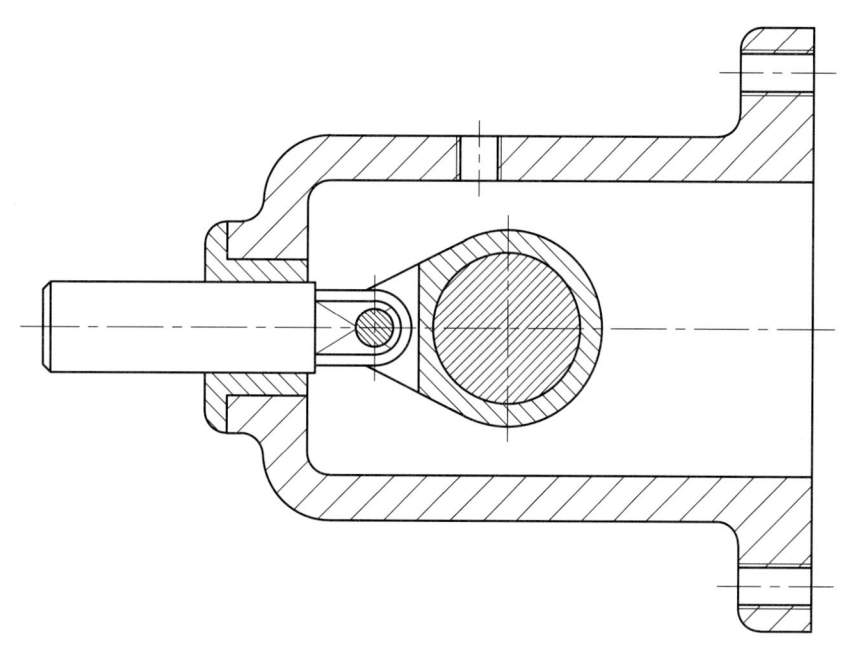
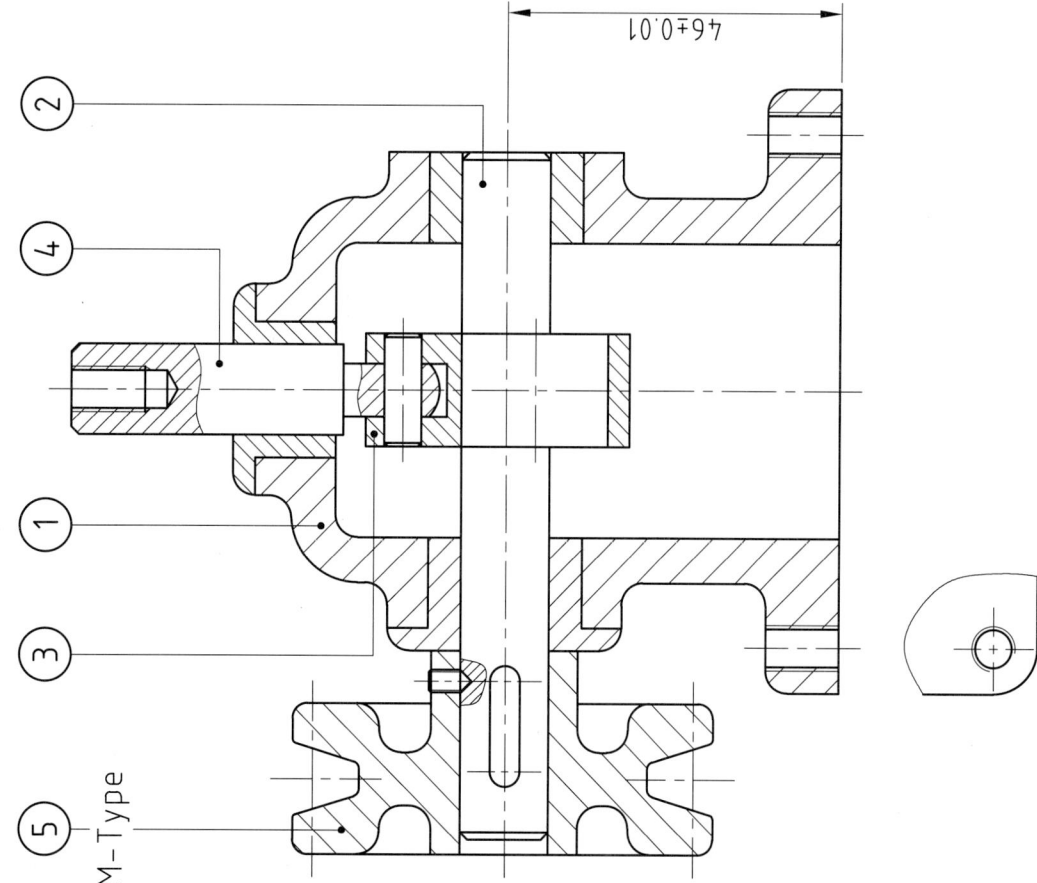

작품명	드릴지그-2	척 도	1 : 1
		투 상	3각법

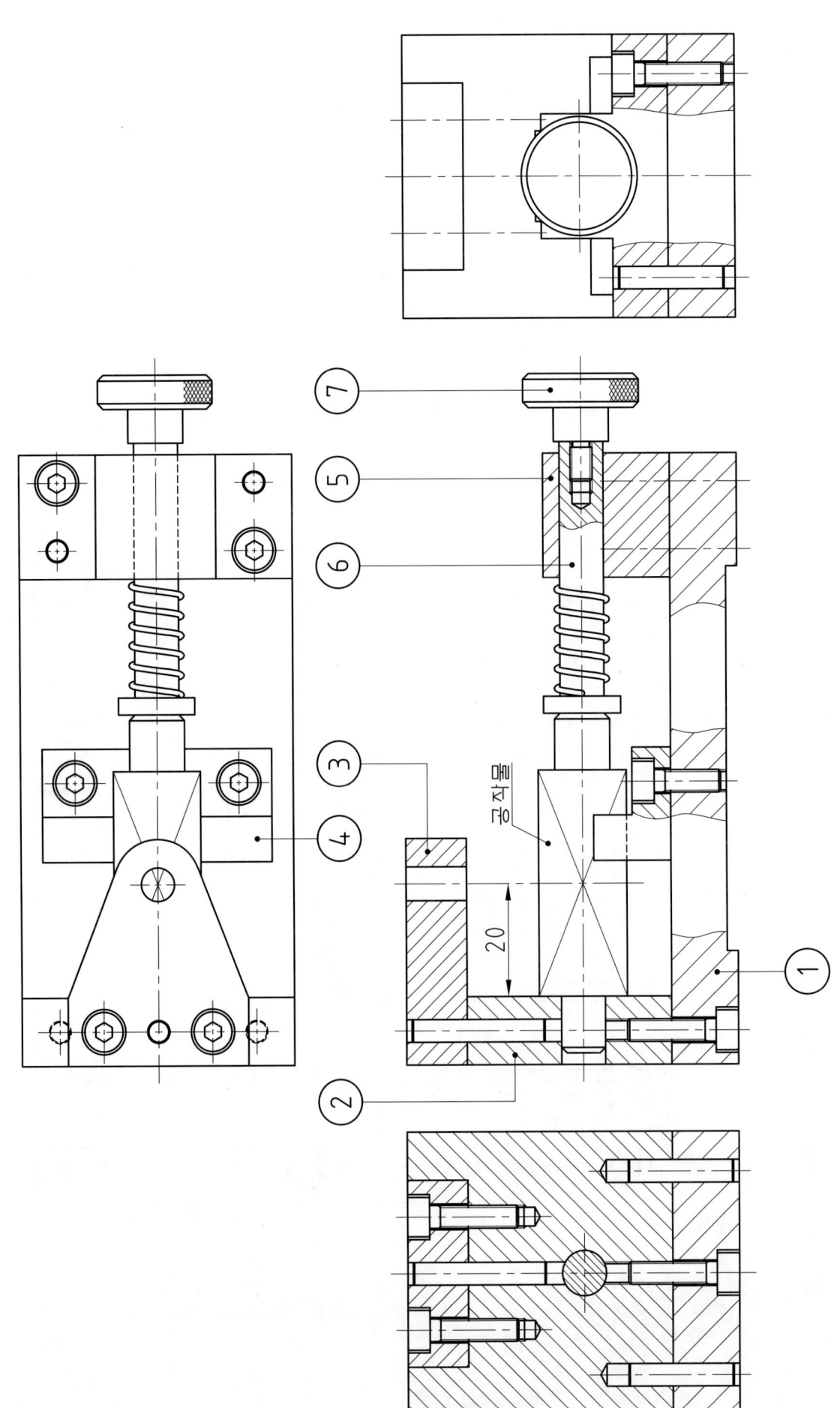

※ 과제2의 도면(드릴지그-2) : ④, ⑤

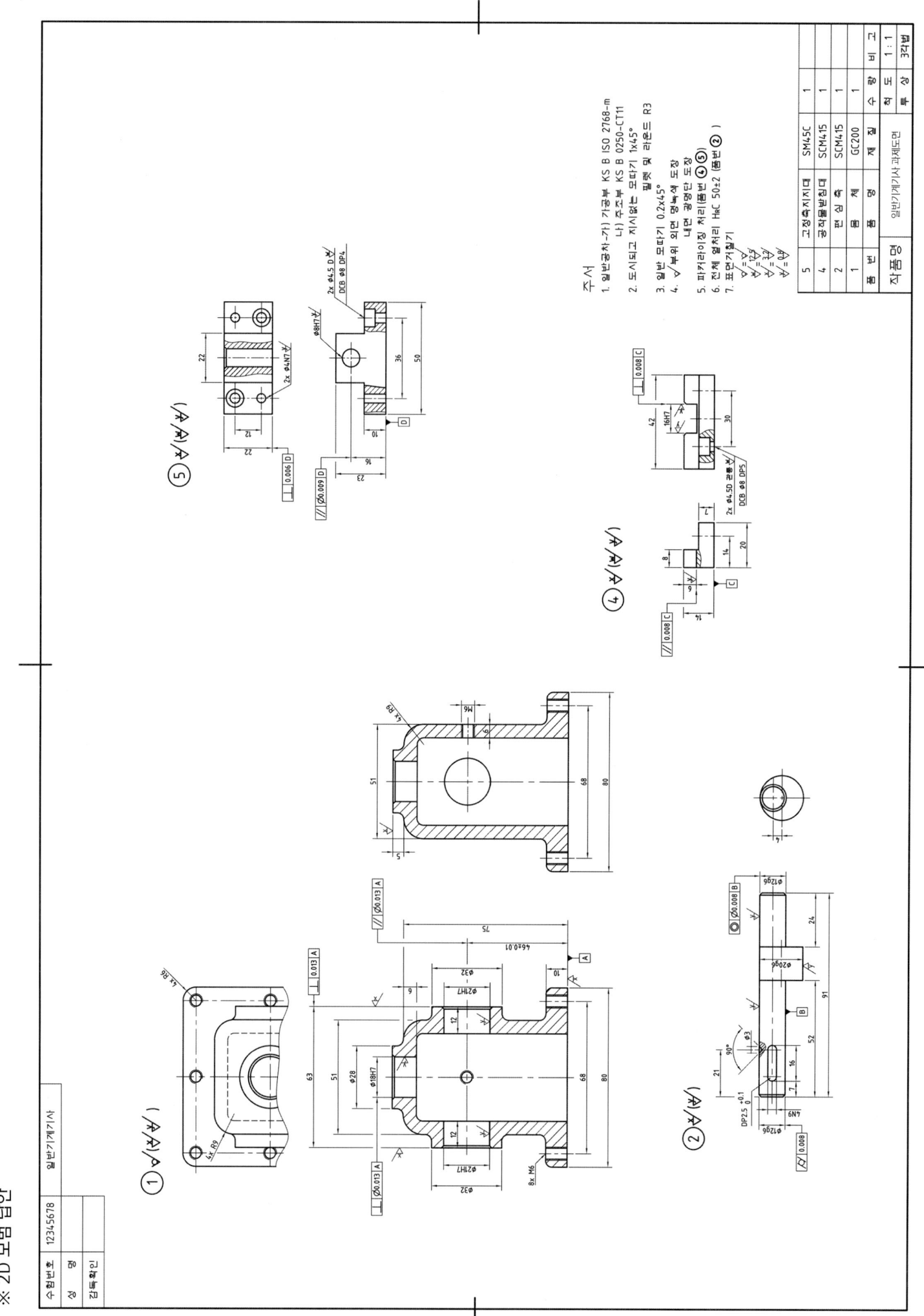

※ 3D 모범 답안

수험번호	12345678
성 명	
감독확인	

일반기계기사

품번	품 명	재 질	수 량	비 고
5	고정축지지대	SM45C	1	
4	공작물받침대	SCM415	1	
2	편심축	SCM415	1	
1	본체	GC200	1	
작품명	일반기계기사 과제도면		척도	NS
			투상	3각법

① ② ④ ⑤

4 기어박스 & 바이스

일반기계기사 실기 작업형 – 4

자격종목	일반기계기사	과제명	일반기계기사 과제도면

※ 문제지는 시험 종료 후 반드시 반납하시기 바랍니다.

비번호		시험일시		시험장명	

※ 시험시간 : 5시간

1. 요구사항

- 이하 생략(일반기계기사 실기 작업형 – 1 참고)
- 문제 도면: 과제1 도면과 과제2 도면

작품명	기어박스	척 도	1 : 1
		투 상	3각법

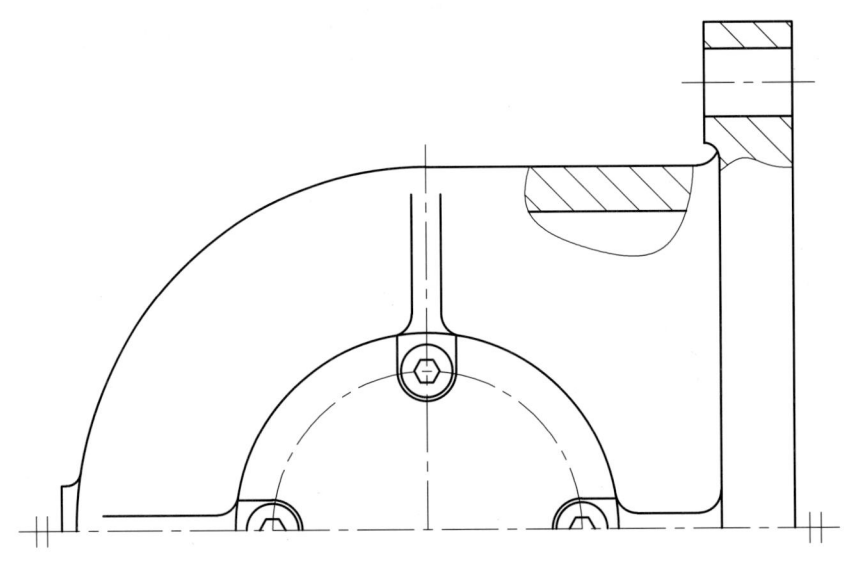

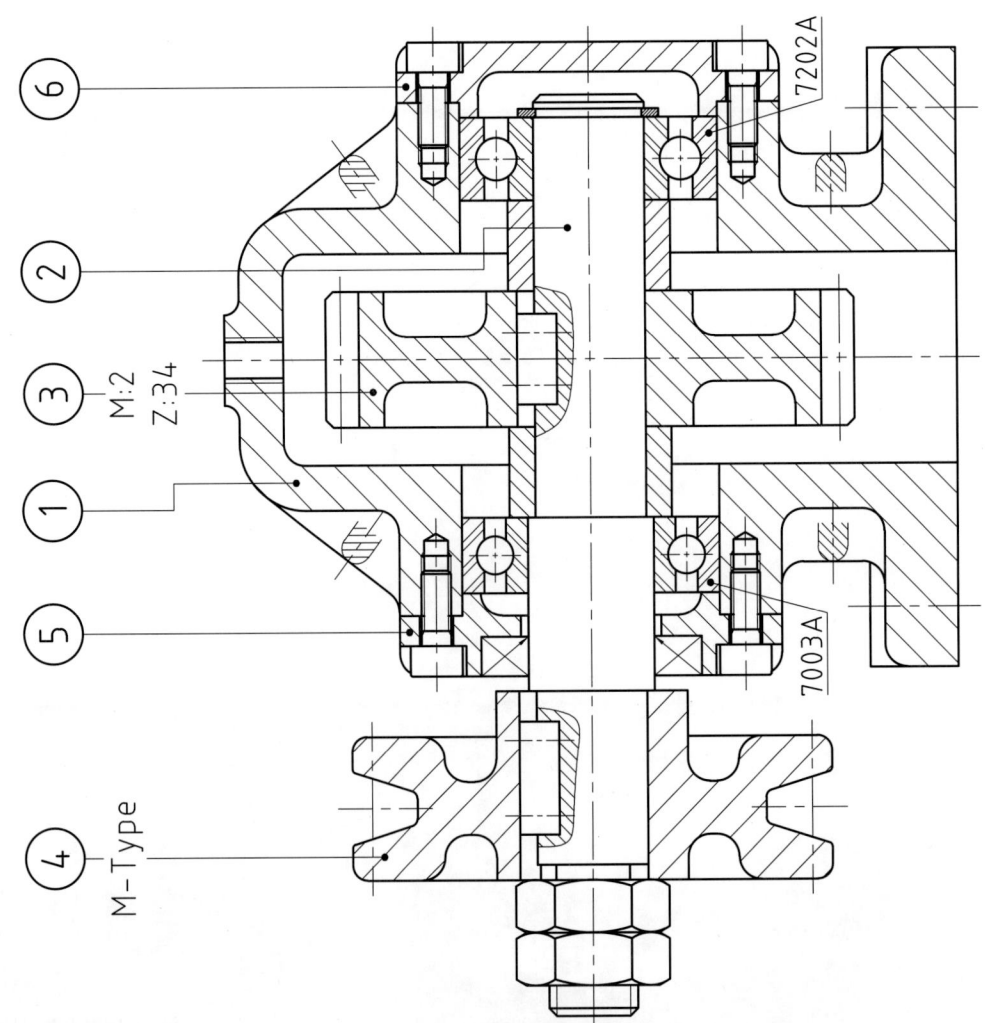

※ 과제1의 도면(기어박스): ①, ⑥

작품명	바이스	척 도	1:1
		투 상	3각법

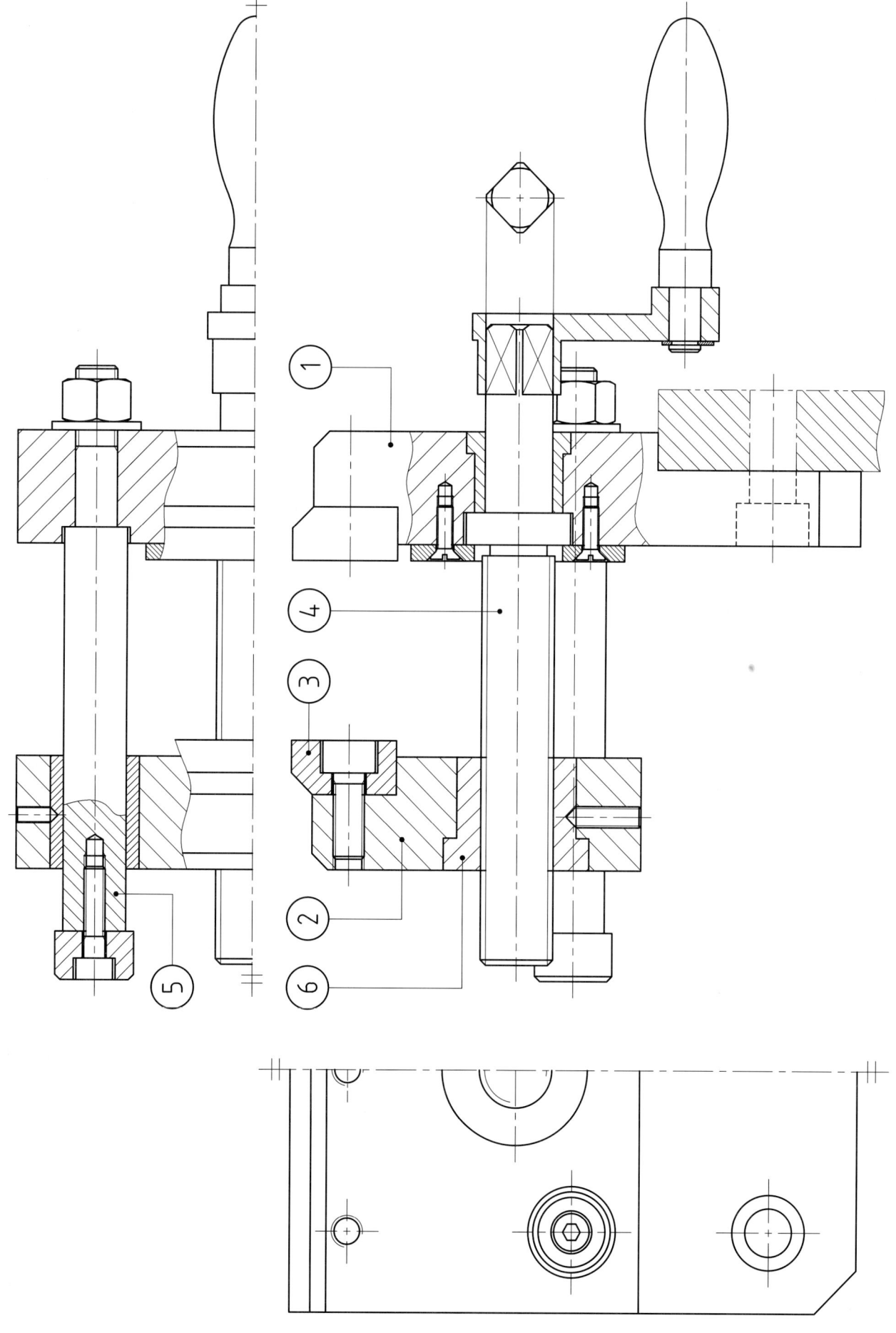

※ 과제2의 도면(바이스): ②, ④

※ 2D 모범답안

주서
1. 일반공차-가) 가공부: KS B ISO 2768-m
   나) 주조부: KS B 0250-CT11
2. 도시되고 지시없는 모떼기 1x45°
   필렛 및 라운드 R3
3. 일반모떼기 0.2x45°
4. ▽부 외면 명녹색 도장
   내면 광명단 도장 (품번 ②)
5. 파커라이징 처리 (품번 ②)
6. 전체 열처리 H_RC 50±2 (품번 ④)
7. 표면 거칠기

품번	품 명	재 질	수 량	비 고
1	본체	GC200	1	
2	이동조오	SM45C	1	
4	나사축	SM45C	1	
6	외측커버	GC200	1	

제품명: 일반기계기사공작기계바이스

척 도: 1:1

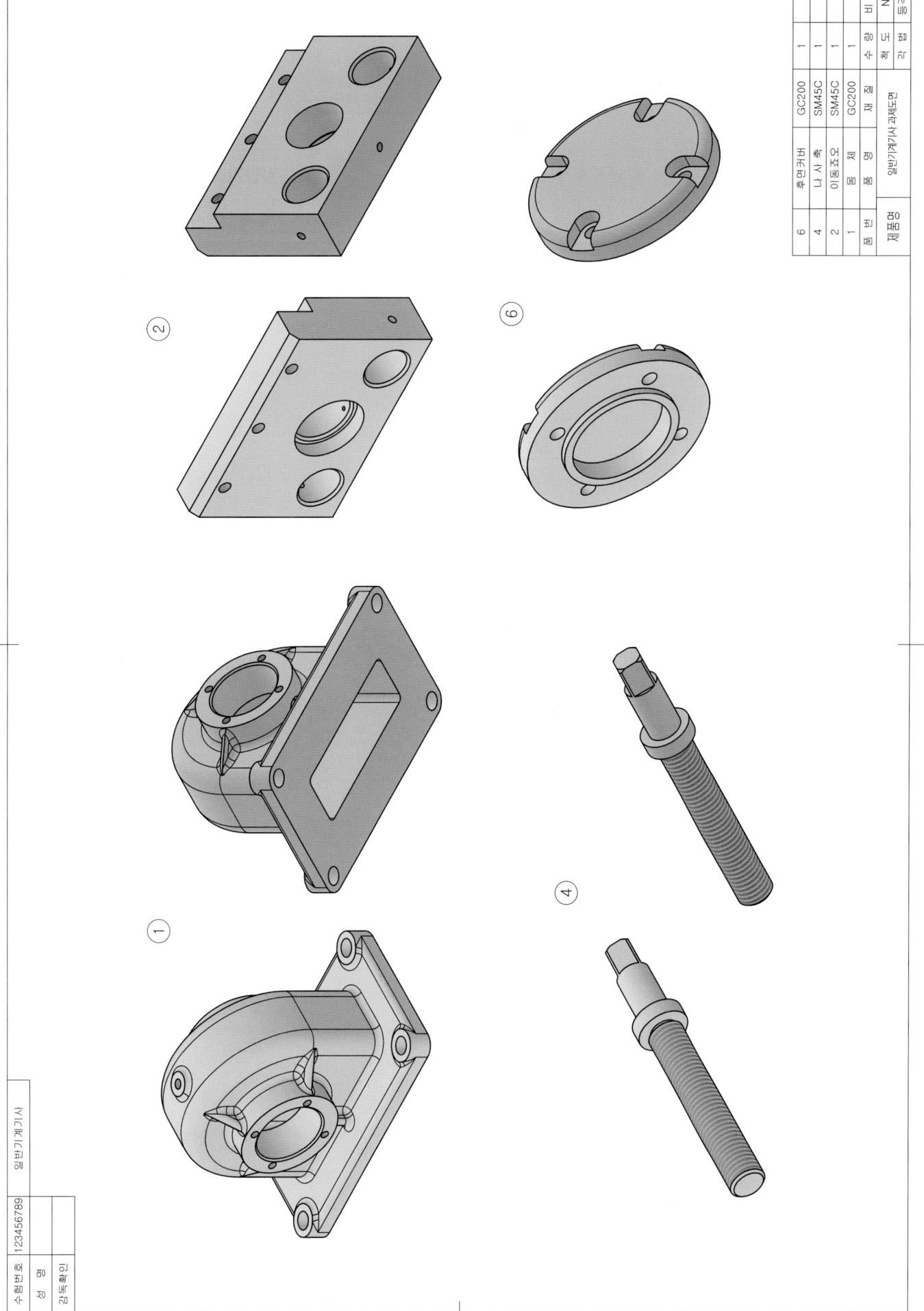

5. 레크와 피니언 & 리밍지그

일반기계기사 실기 작업형 - 5

자격종목	일반기계기사	과제명	일반기계기사 과제도면

※ 문제지는 시험 종료 후 반드시 반납하시기 바랍니다.

비번호		시험일시		시험장명	

※ 시험시간 : 5시간

1. 요구사항

- 이하 생략(일반기계기사 실기 작업형 - 1 참고)
- 문제 도면: 과제1 도면과 과제2 도면

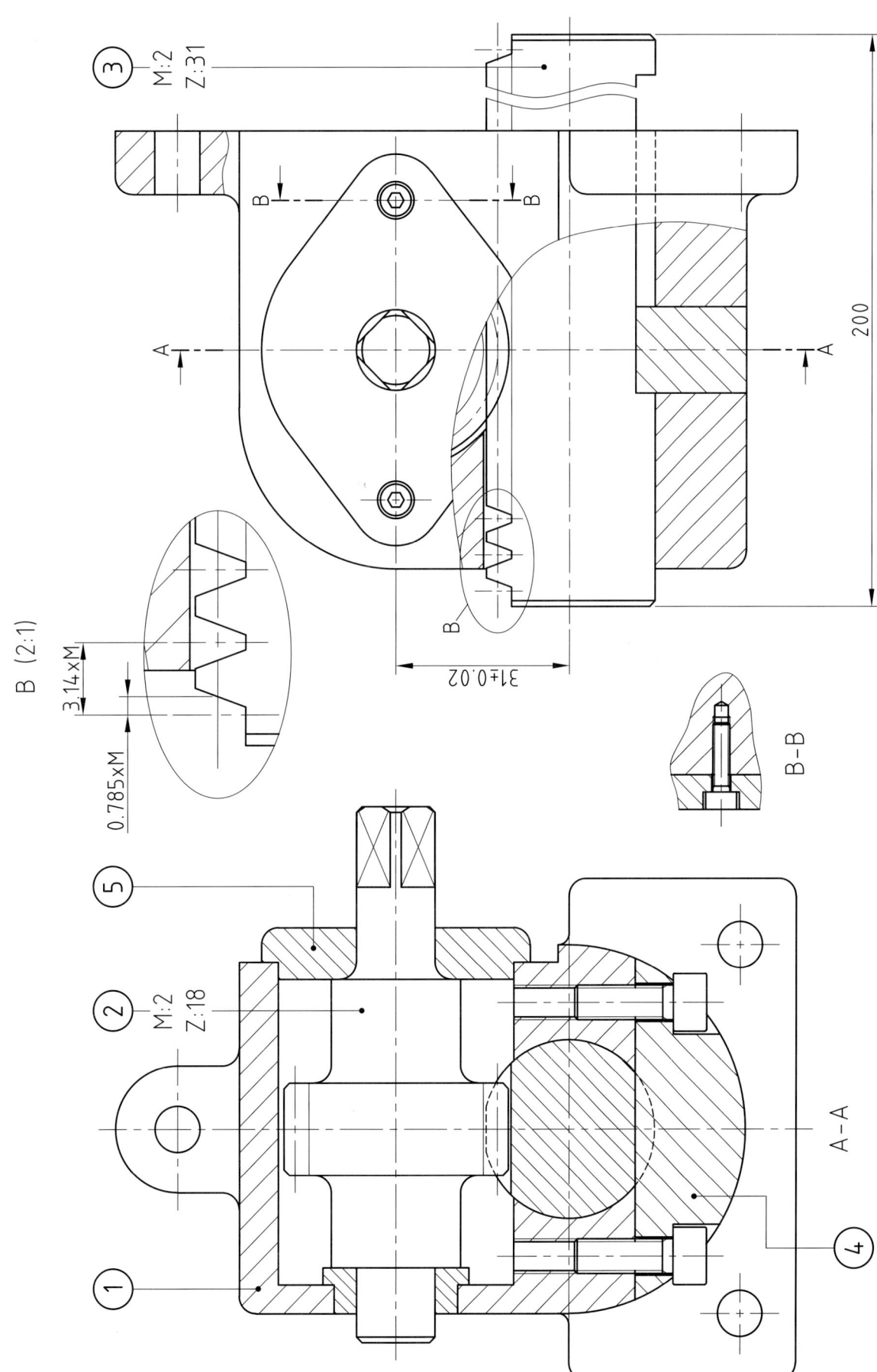

작품명	리밍지그	척 도	1:1
		투 상	3각법

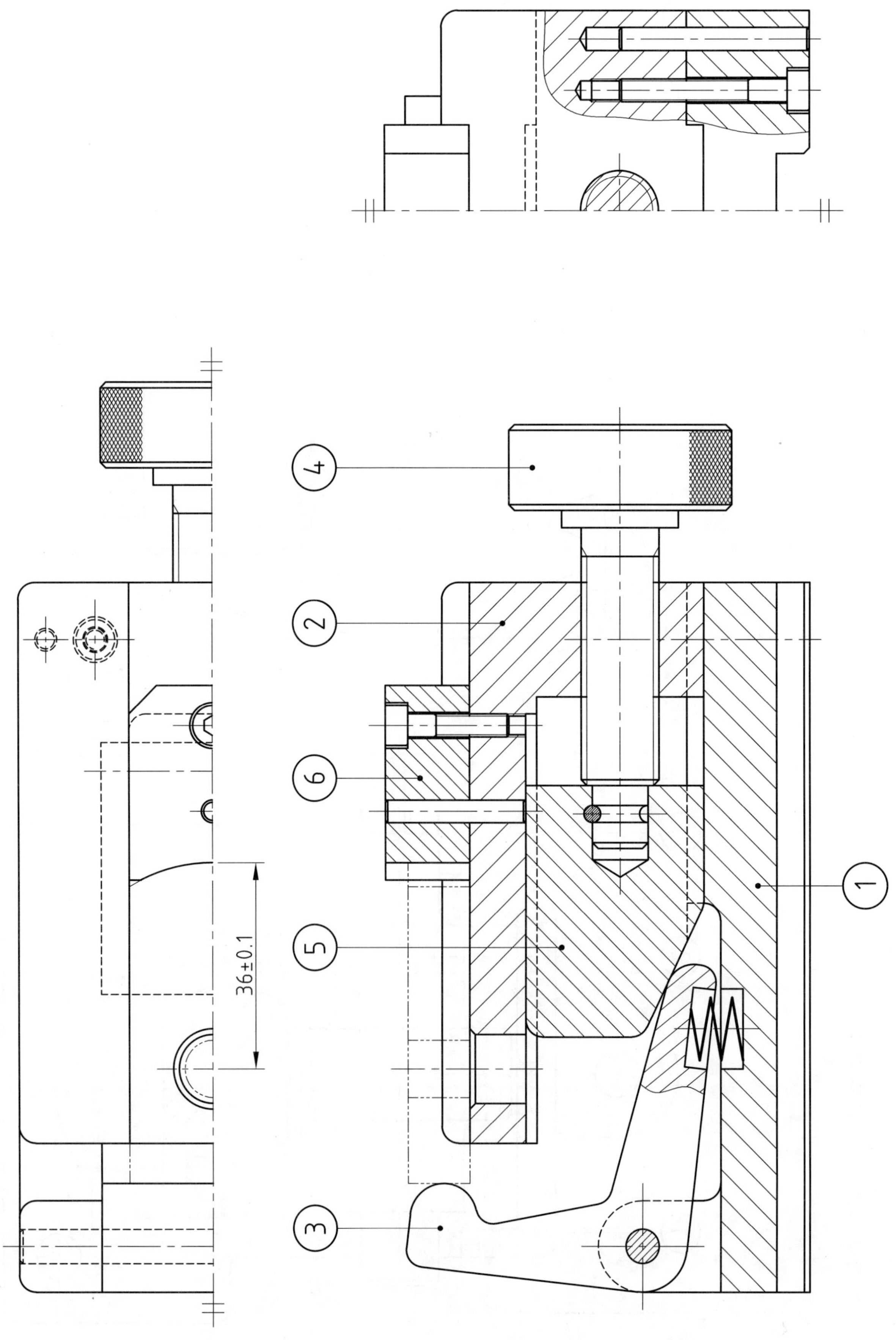

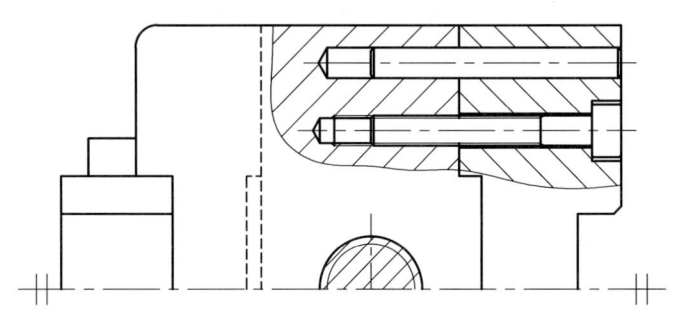

36±0.1

※ 과제2의 도면(리밍지그): ①, ⑤

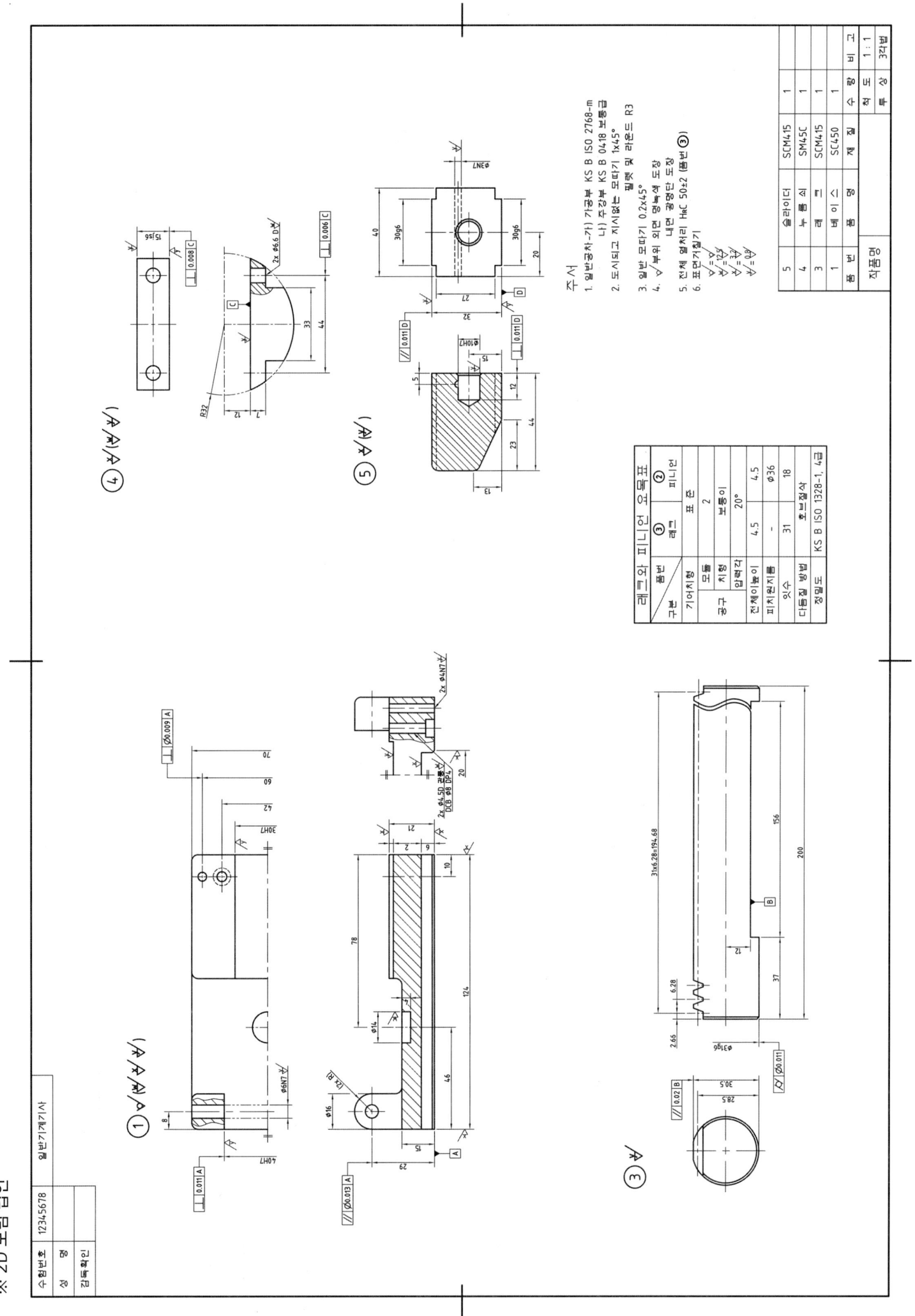

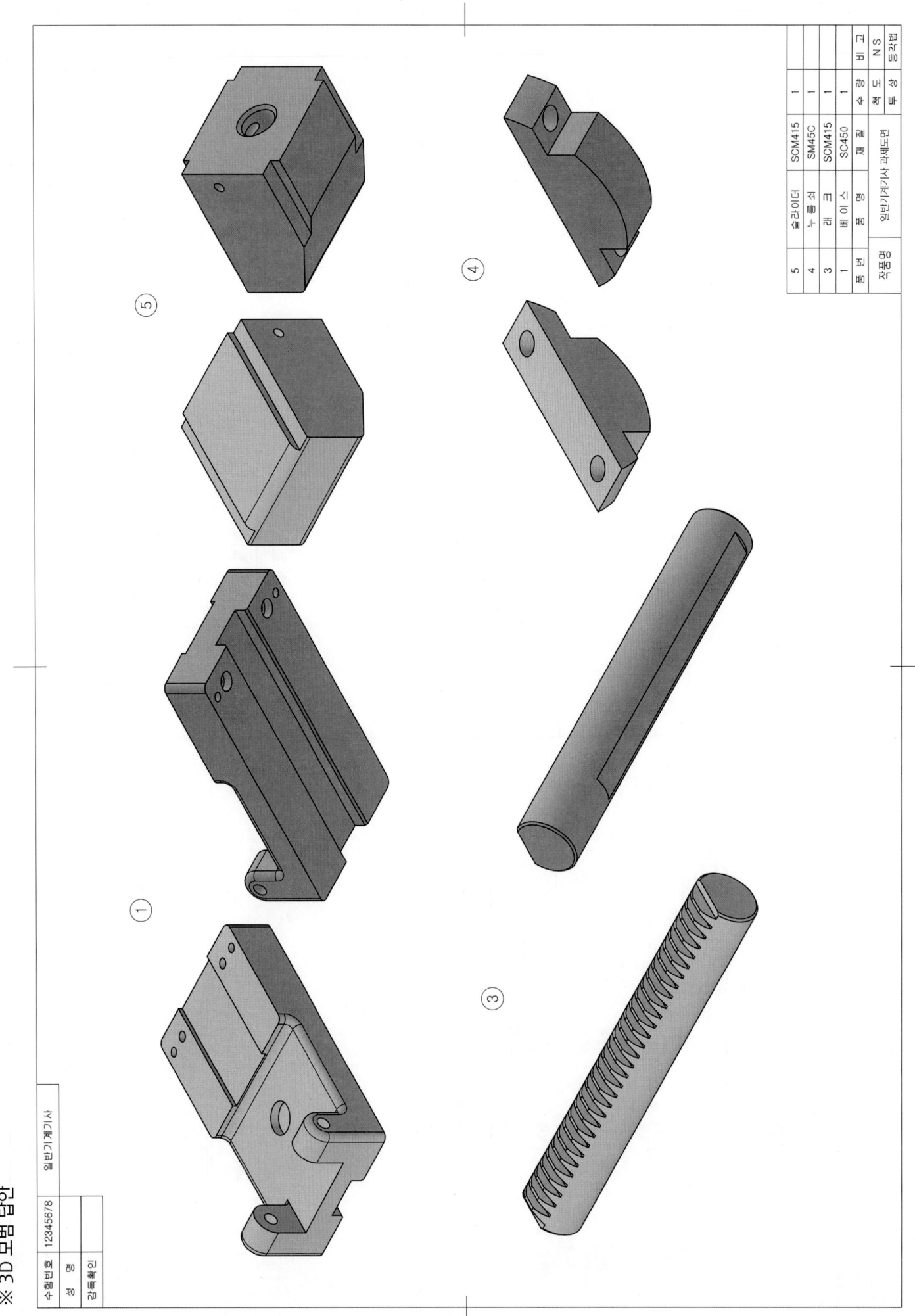

일반기계기사 실기(필답형+작업형)

초판 인쇄 | 2025년 2월 20일
초판 발행 | 2025년 2월 25일

저　　자 | 김영기
발 행 인 | 조규백
발 행 처 | 도서출판 구민사
　　　　　 (07293) 서울시 영등포구 문래북로 116, 604호(문래동 3가 46, 트리플렉스)
전　　화 | (02) 701-7421
팩　　스 | (02) 3273-9642
홈 페 이 지 | www.kuhminsa.co.kr
신 고 번 호 | 제2012-000055호(1980년 2월 4일)

I S B N | 979-11-6875-510-9 (13500)
정　　가 | 34,000원

이 책은 구민사가 저작권자와 계약하여 발행했습니다.
본사의 서면 허락 없이는 어떠한 형태나 수단으로도 이 책의 내용을 이용할 수 없음을 알려드립니다.